Zahlen und Größen 8

Brandenburg

Herausgegeben von Dieter Aits
Ursula Aits
Dr. Henning Heske
Reinhold Koullen

unter Mitarbeit von Gudrun Wende
und der Verlagsredaktion

Berater: Bärbel Dietze
Gabriele Nennmann

Cornelsen
VOLK UND WISSEN

Erarbeitet von Dieter Aits
Ursula Aits
Helga Berkemeier
Henning Heske
Reinhold Koullen
Doris Ostrow
Hans-Helmut Paffen
Jutta Schaefer
Willi Schmitz
Herbert Strohmayer
Gudrun Wende

Redaktion: Sabine Eicke
Gestaltung und technische Umsetzung:
Regine Schmidt
Satz: Universitätsdruckerei H. Stürtz AG, Würzburg
Umschlaggestaltung: Knut Waisznor
Titelfoto: Bergholländer-Mühle (Immanuel); Internationales Wind- und Wassermühlen-Museum Gifhorn

www.cornelsen.de

1. Auflage, 4. Druck 2008

Alle Drucke dieser Auflage sind inhaltlich unverändert und können im Unterricht nebeneinander verwendet werden.

Druck: CS-Druck CornelsenStürtz, Berlin

ISBN 978-3-464-55078-6

Inhalt gedruckt auf säurefreiem Papier
aus nachhaltiger Forstwirtschaft

Arbeit mit dem Buch

Zu jedem Themenfeld werden im Anhang des Buches **Trainingsaufgaben** angeboten, die auch dem selbstständigen Arbeiten mit Selbstkontrolle dienen (Lösungen ab Seite 193).
Im Anhang befindet sich auch eine Übersicht zu den Größen und ihren Umwandlungen, außerdem wichtige Formeln.
Mit dem Stichwortverzeichnis lassen sich mathematische Begriffe im Buch auffinden.

Symbole im Inhaltsverzeichnis

Checkpoint-Seiten für die Selbstkontrolle am Ende eines Themenfeldes (Lösungen ab Seite 196)
Um den unterschiedlichen Anforderungen im Grund- und im Erweiterungskurs zu entsprechen, sind die Aufgaben differenziert. Nach den grundlegenden Aufgaben (schwarz) müssen sich die Schülerinnen und Schüler zwischen blauen Aufgaben mit durchschnittlichem und roten mit erhöhtem Schwierigkeitsgrad entscheiden. Nur durch die Bearbeitung aller roten Aufgaben kann die maximale Punktzahl erreicht werden.

offene Seiten, die in einem Themenfeld das selbsttätige Lernen und das Begreifen der Mathematik in Sachzusammenhängen ermöglichen

Seiten, in denen eine **mathematische Reise** durchgeführt wird

Differenzierungszeichen

1 Aufgaben zur Einführung in neue Inhalte

2 Aufgaben mit durchschnittlichem Schwierigkeitsgrad, die im Wesentlichen den Anforderungen eines Grundkurses entsprechen

3 Aufgaben mit erhöhtem Schwierigkeitsgrad, die im Wesentlichen den Anforderungen eines Erweiterungskurses entsprechen

4 Aufgaben mit hohem Schwierigkeitsgrad, die den erhöhten Anforderungen eines Erweiterungskurses entsprechen

Inhaltsverzeichnis

5 Mathematische Grundfertigkeiten (Wiederholung)

6 Prozentrechnung
8 Zinsrechnung
9 Rationale Zahlen
11 Terme
12 Gleichungen
14 Kreise
15 Flächen und Körper

17 Rechnen mit Potenzen und Wurzeln

18 Der Potenzbegriff
20 Addition von Potenzen
22 Multiplikation und Division von Potenzen mit gleicher Basis
23 Multiplikation und Division von Potenzen mit gleichen Exponenten
24 Gleichungen mit Potenzen
25 Negative und positive Potenzwerte
26 Erweiterung des Potenzbegriffes
27 Zinseszinsen
28 Mikrokosmos-Makrokosmos
30 Schreibweise großer Zahlen mit Zehnerpotenzen
32 Schreibweise kleiner Zahlen mit Zehnerpotenzen
34 Quadratzahlen
35 Quadratwurzeln
36 Wurzelzeichen und Radikand
37 Kubikwurzeln
38 Vermischte Übungen
40 *Checkpoint*

41 Zuordnungen

42 Veränderungen beschreiben
44 Zuordnungen
46 Nicht eindeutige und eindeutige Zuordnungen
47 Funktionen
48 Funktionen und ihre graphische Darstellung
51 Koordinatengleichung einer Funktion
52 Graph einer Funktion
54 Übersicht: Darstellungsformen von Funktionen
55 *Themenseite:* Streckenprofil
56 Steigung und Steigungsdreieck
57 Steigung einer Strecke im Koordinatensystem
59 Positive und negative Steigung
61 Die Geradengleichung $y = mx$
63 Die Geradengleichung $y = mx + n$
66 Schnittpunkte mit den Koordinatenachsen
67 Einsetzen in die Koordinatengleichung
68 Bestimmung der Koordinatengleichung einer linearen Funktion
69 Vermischte Übungen
70 *Checkpoint*

71 Gleichungssysteme

72 Tarifsysteme untersuchen
74 Lineare Gleichung mit zwei Variablen
75 Nichtlineare Gleichung mit zwei Variablen
76 Graphische Lösung von Gleichungssystemen
78 Gleichsetzungsverfahren
80 Einsetzungsverfahren
82 *Der Eulersche Polyedersatz*
83 Additions- und Subtraktionsverfahren
86 Sonderfälle beim Lösen linearer Gleichungssysteme
87 Vermischte Übungen
89 *Historische Aufgaben*
90 *Themenseite*: Zahlenrätsel
92 *Themenseite*: Altersrätsel
93 *Themenseite*: Ferien und Reisen
94 *Themenseite*: Kosten und Erlös vergleichen
96 Lineare Gleichungssysteme mit mehr als zwei Variablen
98 *Checkpoint*

99 Beziehungen in Ebene und Raum

100 Ähnlichkeit
101 *Themenseite*: Vergrößerte Bilder herstellen
102 Der Ähnlichkeitsfaktor
104 Rechnen mit Maßstäben
106 Auf Ähnlichkeit untersuchen
108 Hauptähnlichkeitssatz für Dreiecke
109 Zentrische Streckung
110 Fotoformate
112 Ähnlichkeit an sich schneidenden Geraden - Strahlensätze
114 Berechnen von Seitenlängen mit den Strahlensätzen
117 Das Försterdreieck
118 Strecken teilen mithilfe der Strahlensätze
119 *Themenseite*: Möbelbau
120 *Themenseite*: Sport
121 *Themenseite*: Aus der Physik
122 Messgeräte
123 Checkpoint
124 Herstellen rechtwinkliger Dreiecke
125 Kathete und Hypotenuse
126 Der Satz des Pythagoras
130 Pythagoras - gestern und heute
132 *Themenseite:* Sichtweite
133 Der Kathetensatz des Euklid
134 Der Höhensatz des Euklid
135 Checkpoint
136 Die Pyramiden von Gizeh
137 Pyramiden
138 Oberfläche von Pyramiden
141 Volumen von Pyramiden
144 Checkpoint

145 Zufall

146 Geheimschriften entschlüsseln
148 Ergebnisse von Zufallsexperimenten
150 Ereignisse bei Zufallsexperimenten
152 Das Gesetz der großen Zahl
154 Geschätzte Wahrscheinlichkeit
156 Laplace-Wahrscheinlichkeit
159 Wahrscheinlichkeitsverteilung
160 Summenregel
162 Pfadregel
165 Das Ziegenproblem
166 Glücksspiele
168 Checkpoint

169 Anwendungen

170 Verkehrsmittel Auto
172 Belastungen durch den Verkehr
174 Schulwege
175 Vergleich verschiedener Verkehrsmittel
176 Augen auf beim Ratenkauf
178 Raten
179 Kredit
180 Kosten vergleichen
181 Ausflug nach Dresden
182 Klassenfahrt

183 Training

193 Lösungen zum Training
196 Lösungen zum Checkpoint
199 Gehirnjogging aus Berufseignungstests
200 Lösungen zum Gehirnjogging
201 Maße und Maßeinheiten
202 Formeln
205 Stichwortverzeichnis
207 Bildnachweis

Mathematische Grundfertigkeiten

(Wiederholung)

Prozentrechnung

1 Ergänze die Tabelle in deinem Heft.

a)

0,39	0,23	0,9	0,1	0,03	0,07
$\frac{39}{100}$					
39%					

b)

80%					6%
$\frac{80}{100}$	$\frac{50}{100}$		$\frac{2}{100}$		
0,8		0,4		0,08	

2 Gib in Prozent an.

Beispiel: $0{,}041 = \frac{41}{1000} = \frac{4{,}1}{100} = 4{,}1\%$

a) 0,037; 0,059; 0,166; 0,003; 0,009
b) 0,1312; 0,0105; 0,0017; 0,0002

3 Schreibe als Dezimalbruch.
a) 93%; 5%; 70%; 1%; 20,7%; 5,6%
b) 23,15%; 7,04%; 90,25%; 0,33%; 0,05%

4 Schreibe als Bruch mit dem Nenner 100 und dann als Prozent.

a) $\frac{4}{25}; \frac{3}{20}; \frac{41}{50}; \frac{9}{10}; \frac{12}{20}$ b) $\frac{190}{200}; \frac{240}{600}; \frac{285}{500}; \frac{21}{300}; \frac{36}{400}$

5 Schreibe als Dezimalbruch und dann als Prozent.

a) $\frac{1}{2}; \frac{3}{4}; \frac{4}{5}; \frac{7}{20}; \frac{11}{25}$ c) $\frac{12}{80}; \frac{60}{150}; \frac{135}{250}; \frac{189}{540}; \frac{204}{850}$
b) $\frac{1}{5}; \frac{1}{10}; \frac{1}{20}; \frac{1}{25}; \frac{1}{50}$ d) $\frac{36}{40}; \frac{51}{68}; \frac{42}{105}; \frac{60}{75}; \frac{91}{130}$

6 Schreibe als Dezimalbruch. Runde an der Tausendstelstelle. Gib das Ergebnis in Prozent an.

Beispiel: $\frac{2}{13} \approx 0{,}1538 \approx 0{,}154 = 15{,}4\%$

a) $\frac{1}{3}; \frac{1}{6}; \frac{1}{7}; \frac{1}{9}; \frac{1}{12}$ b) $\frac{4}{7}; \frac{3}{14}; \frac{7}{15}; \frac{11}{21}; \frac{1}{11}$

7 Bestimme den Bruchteil in Prozent.

a) 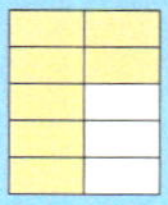 b) 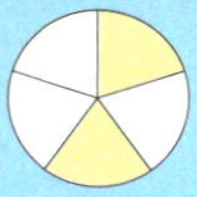 c)  d) 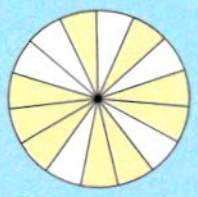

8 Gib in Prozent an.

Beispiel: 9 € von 20 €
$\frac{9}{20} = 0{,}45 = 45\%$
9 € von 20 € sind 45%

a) 14 € von 100 € c) 13 € von 25 €
b) 5 € von 100 € d) 24 € von 60 €

9 Gib in Prozent an.
a) 85 Cent von 1 Euro d) 18 Cent von 6 Euro
b) 315 g von 1 kg e) 8 m von 4 km
c) 6 min von 1 h f) 18 min von 5 h

10 An einer Schule wurde die Verkehrssicherheit der Fahrräder überprüft. Von 150 Fahrrädern hatten 39 erhebliche Mängel. Wie viel Prozent waren das?

11 Berechne.
Beispiel: 6% von 80 €
$\frac{6}{100} \cdot 80 = 4{,}8$
6% von 80 € sind 4,80 €

a) 20% von 76 € d) 7% von 70 m
b) 25% von 35 € e) 12% von 48 m
c) 40% von 16 € f) 45% von 25 m

12 Ein Trainingsanzug kostet 124 €.
a) Wie viel € beträgt der Preisnachlass für Vereinsmitglieder, wenn sie eine Ermäßigung von 8% bekommen?
b) Wie viel € müsste ein Vereinsmitglied für diesen Trainingsanzug bezahlen?

13 Kirschen bestehen zu 83% aus Wasser, 15% aus Kohlenhydraten und zu 2% aus anderen Bestandteilen. Berechne, wie viel g der einzelnen Bestandteile in 300 g Kirschen enthalten sind.

14 Berechne mithilfe des Dreisatzes.
Beispiel: 6% eines Betrages sind 21 €

	%	€	
	6	21	
:6			:6
	1	$\frac{21}{6}$	
· 100			· 100
	100	$\frac{21}{6} \cdot 100 = 350$	

100% entsprechen 350 €.

a) 5% sind 30 € d) 8% sind 13 g
b) 20% sind 75 € e) 25% sind 27,6 g
c) 16% sind 72 € f) 8% sind 9,3 g

15 Der Preis 490 € für ein Fahrrad wird um 6% erhöht. Berechne den jetzigen Preis.

16 Wie viele Schülerinnen und Schüler hat die Klasse?
a) In einer Abschlussklasse der Gesamtschule wollen 15 Schülerinnen und Schüler eine weiterführende Schule besuchen, das sind 60%.
b) Von den Schülerinnen und Schülern einer Abschlussklasse erhielten 12 die Fachoberschulreife mit Qualifikation, das waren 48%.
c) Bei den Bundesjugendwettkämpfen erhielten 15 Schülerinnen und Schüler einer Klasse eine Urkunde, das waren 62,5%.
d) In der Klasse 8 a konnten 8 Schülerinnen und Schüler nicht schwimmen, das waren 25%. In der Klasse 8 b konnten mit einer Schülerin nur 4% nicht schwimmen.

17 Nach der Vereinigung Deutschlands entschieden die 662 Abgeordneten des Deutschen Bundestages am 20. Juni 1991 über den Sitz des Bundestages. 337 Abgeordnete wählten Berlin, 320 entschieden sich für den Verbleib in Bonn, der Rest enthielt sich der Stimme. Berechne die Stimmenanteile in Prozent.

18 Schon lange wird die Windenergie zum Betreiben von Wasserrädern oder Mühlsteinen genutzt. Seit einigen Jahren nutzt man auch privat die Windenergie zur Stromerzeugung. Überschüssiger Strom wird von Versorgungsunternehmen abgekauft. Nach dem Gesetz muss dafür 90% vom Durchschnittspreis des Vorjahres gezahlt werden. Für eine Kilowattstunde (kWh) betrug das ca. 8 Cent. Berechne den Durchschnittspreis des Vorjahres pro kWh.

19 Bei einer Lotterie sollen 35% aller Lose gewinnen, sodass 140 Gewinne möglich sind. Wie viele Nieten müssen zugefügt werden?

20 André verdient als Lehrling monatlich 410 €. Hiervon spart er 123 €. Wie viel Prozent seines Verdienstes spart er?

21 Herr Nursen kauft für 15 000 € ein neues Auto. Er gibt das alte Auto in Zahlung, für das er noch 6900 € bekommt. Wie viel Prozent des Kaufpreises muss er noch aufbringen?

22 In der Bundesrepublik Deutschland gibt es ungefähr 11 Mio. Skater. Sie leben gefährlich. Nach einer Statistik der Bundesanstalt für Arbeitsschutz und Arbeitsmedizin wurden 1997 von 52 500 Skatern Unfälle gemeldet.
Damit haben sie fast den gleichen Unfallanteil wie Hobbybastler, bei denen 76 500 Unfälle verzeichnet wurden.
a) Welcher prozentuale Unfallanteil kann für beide Personengruppen angenähert angegeben werden?
b) Wie hoch war im Jahr 1997 in Deutschland ungefähr die Gesamtanzahl der Hobbybastler?

23 „Energie sparen schont die Umwelt und den Geldbeutel." Der größte Teil des Energieverbrauchs der privaten Haushalte entfällt mit 80% auf die Raumheizung. Ein Durchschnittshaus benötigt 175 kWh (Kilowattstunden) Energie im Jahr, ein Niedrigenergiehaus 52,5 kWh. Berechne jeweils den Energieverbrauch, der sich durchschnittlich durch die Heizung ergibt.

24 Irene Sanft hat ihr Fahrzeug ein halbes Jahr lang unfallfrei gefahren. Sie braucht nur noch 120% Beitragssatz zu zahlen, das sind 486 €. Wie hoch ist der Versicherungsbeitrag nach einem Jahr unfallfreier Fahrt in der SF 1?

25 Herr Gombart kaufte einen gebrauchten Rasenmäher für 120 €, das waren 60% des Neupreises. Wie viel hat der Rasenmäher neu gekostet?

26 Das Blut eines Menschen besteht zu 56% aus Blutplasma und zu 44% aus Blutzellen.
Eine erwachsene Frau hat 5 l Blut und ein erwachsener Mann etwa 6 l.
a) Wie viel cm^3 Blutplasma enthält das Blut bei einer Frau und bei einem Mann?
b) Wie viel cm^3 Blutzellen enthält das Blut bei einer Frau und bei einem Mann?
c) Beim Spenden von Blut wird abhängig vom Gewicht zwischen $\frac{1}{2}$ l und 1 l Blut abgenommen. Berechne die entsprechenden Anteile von Blutplasma und Blutzellen in cm^3 bei einer Blutspende von $\frac{3}{4}$ l Blut.

Grundlegende Zinsformel:
Zinsen = Zinssatz · Kapital
$Z = p\% \cdot K$

Diese Formel kann durch äquivalente Umformung umgewandelt werden zu:
$K = \frac{Z}{p\%}$ und $p\% = \frac{Z}{K}$

Allgemeine Zinsformel:
Zinsen = Kapital · Zinssatz · Zeitfaktor
$Z = K \cdot p\% \cdot \frac{t}{360}$ (*t* Tage bezogen auf 360 Zinstage im Jahr)

1 Berechne die Zinsen, die nach Ablauf eines Jahrs gezahlt werden müssen.

a) 1520 € zu 2%
b) 3800 € zu 4,5%
c) 16 400 € zu 7,3%
d) 5600 € zu 6,25%
e) 2572 € zu $2\frac{1}{2}\%$
f) 4830 € zu $3\frac{3}{4}\%$
g) 20 826 € zu $7\frac{1}{4}\%$
h) 12,5 € zu $3\frac{1}{2}\%$

2 Alina zahlt bei einer Bank 320 € auf ihr Sparkonto ein. Wie viel Zinsen erhält sie für dieses Kapital nach Ablauf eines Jahrs, wenn der Zinssatz 1,5% beträgt?

3 Für die Renovierung des Hauses hat Familie Wronski einen Kredit aufgenommen, der mit $5\frac{1}{4}\%$ verzinst wird. Nach Ablauf eines Jahrs zahlen sie 1050 € Zinsen. Wie hoch ist der Kredit?

4 Für ein Sparguthaben von 3000 € bekommt Frau Münz nach Ablauf eines Jahrs 82,50 € Zinsen. Zu welchem Zinssatz hat sie das Geld angelegt?

5 Ein Darlehen von 15 000 € soll nach einem Jahr einschließlich Zinsen zurückgezahlt werden. Die Bank fordert 16 650 €.
a) Wie viel Zinsen müssen für das Darlehen gezahlt werden?
b) Welchen Zinssatz berechnete die Bank?

6 Banken und Sparkassen zahlen ihren Kunden bei Sparkonten, die länger als ein Jahr bestehen, Zinseszinsen. Berechne den Kontostand nach 3 Jahren, wenn das Anfangskapital 4000 € und der Zinssatz in jedem Jahr 4% beträgt.

7 Berechne die Zinsen (p. a. bedeutet „für ein Jahr"; lateinisch: per annum)

	Kapital	Zinssatz p. a.	Zeit
a)	750 €	6%	120 Tage
b)	276 €	4%	330 Tage
c)	2400 €	6,3%	75 Tage
d)	4760 €	6,75%	96 Tage
e)	59 000 €	4,8%	116 Tage
f)	34 200 €	3,5%	5 Monate

8 Auf welchen Betrag wächst ein Sparguthaben von 8600 € an, das 8 Monate zu 2,7% p. a. verzinst wird?

9 Übertrage die Tabelle in dein Heft und ergänze die fehlenden Daten. Der Zinssatz beträgt 1,75%.

Datum	Tage	Auszahlung	Einzahlung	Guthaben	Zinsen
30. 12.				860,00	
05. 03.		120,00	——		
16. 09.		590,00	——		
02. 12.		——	870,00		
30. 12.					
				Zinsen für das Jahr	

10 Ein Angestellter eröffnete am 20. März ein Sparkonto mit 150 €. Im Lauf des Jahrs ergaben sich diese Kontoänderungen:
12. 04. 120 € Einzahlung
03. 05. 125 € Einzahlung
10. 07. 300 € Abhebung
29. 08. 90 € Einzahlung
10. 10. 225 € Einzahlung
05. 12. 360 € Abhebung
Welcher Kontostand ist am 30. Dezember einschließlich der Zinsen erreicht, wenn das Konto mit 1,75% verzinst wird?

11 Berechne die Zinsen.
a) 320 € zu 1,6% vom 19. 03. bis 17. 06.
b) 176 € zu 1,9% vom 06. 01. bis 04. 02.
c) 425 € zu 2,25% vom 01. 08. bis 17. 10.
d) 576 € zu 1,5% vom 09. 01. bis 25. 02.
e) 1200 € zu 2,3% vom 16. 02. bis 14. 04.

Regel: Die Addition (Subtraktion) einer negativen Zahl wird durch die Subtraktion (Addition) der positiven Gegenzahl ersetzt.

Regel: Die Vorzeichenregelung für die Multiplikation und die Division rationaler Zahlen ist aus den Tabellen ersichtlich:

·	4	−4
3	12	−12
−3	−12	12

:	7	−7
35	5	−5
−35	−5	5

1 Berechne.
a) $55 + (-32)$
b) $32 + (-66)$
c) $-1{,}7 + (-2{,}5)$
d) $-3{,}7 + (-1{,}8)$
e) $55 - (-32)$
f) $32 - (-66)$
g) $-1{,}7 - (-2{,}5)$
h) $-3{,}7 - (-1{,}8)$

2 Berechne.
a) $-\frac{5}{9} + \frac{2}{9}$
b) $\frac{5}{9} + (-\frac{2}{9})$
c) $-(\frac{5}{9} + \frac{2}{9})$
d) $-\frac{5}{9} + (-\frac{2}{9})$
e) $\frac{5}{9} - \frac{2}{9}$
f) $\frac{5}{9} - (-\frac{2}{9})$
g) $-(\frac{5}{9} - \frac{2}{9})$
h) $-\frac{5}{9} - (-\frac{2}{9})$
i) $-(-\frac{5}{9} - \frac{2}{9})$

3 Berechne.
a) $\frac{2}{5} + (-\frac{4}{15})$
b) $-\frac{5}{8} + (-\frac{4}{9})$
c) $\frac{3}{8} + (-\frac{9}{6})$
d) $-\frac{3}{10} + (-\frac{11}{12})$
e) $\frac{3}{5} - (-\frac{4}{25})$
f) $-\frac{5}{6} - (-\frac{2}{5})$

4 Berechne.
a) $-\frac{1}{9} + \frac{5}{9}$
b) $-\frac{3}{7} - \frac{2}{9}$
c) $4\frac{1}{12} + (-\frac{65}{12})$
d) $-\frac{12}{7} + \frac{39}{14}$
e) $\frac{11}{6} + (-2\frac{1}{4})$
f) $-2\frac{7}{12} - (-4\frac{1}{9})$
g) $1{,}9 - 2\frac{3}{5}$
h) $-3{,}8 + 1\frac{1}{20}$

5 Übertrage und ergänze die Tabelle.

x	y	$x+y$	$x-y$
1,7		−2,1	
−7,2			−12,6
	−9,7	1,2	

6 Berechne.
a) $5 \cdot 19$
b) $-7 \cdot 13$
c) $14 \cdot (-7)$
d) $-7 \cdot (-12)$
e) $-3{,}2 \cdot (-1000)$
f) $-0{,}3 \cdot 7{,}1$
g) $-0{,}4 \cdot 0{,}02$
h) $0{,}01 \cdot 0{,}1$

7 Übertrage den Multiplikationsturm in dein Heft und fülle ihn aus.

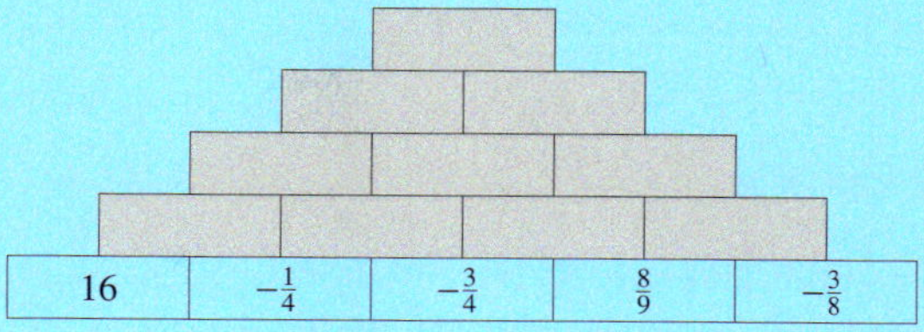

8 Übertrage den Divisionsturm in dein Heft und fülle ihn aus.

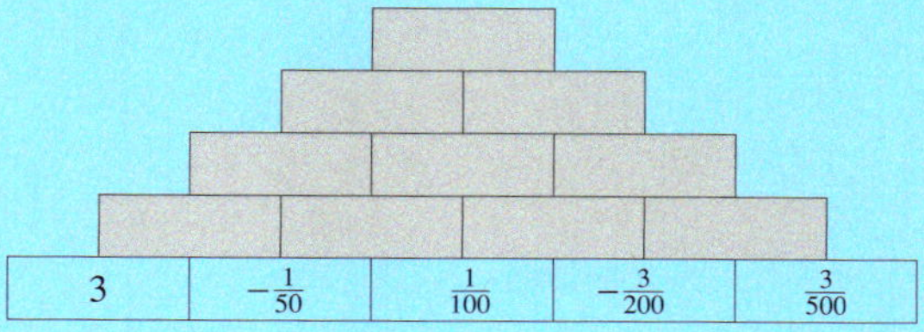

9 Berechne.
a) $-96 : 12$
b) $117 : (-13)$
c) $-256 : (-16)$
d) $-1{,}44 : 12$
e) $5{,}2 : (-4)$
f) $-0{,}25 : (-5)$

10 Berechne.
a) $-6 : (-\frac{2}{5})$
b) $-35 : \frac{5}{7}$
c) $\frac{1}{2} : (-\frac{1}{8})$
d) $-\frac{5}{6} : (-\frac{5}{12})$
e) $-1\frac{2}{3} : \frac{5}{9}$
f) $3\frac{3}{4} : 2\frac{1}{4}$

11 Berechne und runde das Ergebnis an der Zehntelstelle.
a) $12{,}6 : (-7{,}5)$
b) $9{,}6 \cdot 7{,}9$
c) $-13{,}1 : 0{,}6$
d) $-24 : (-1{,}1)$
e) $-2{,}1 \cdot (-2{,}1)$
f) $-5{,}3 \cdot (-0{,}4)$
g) $-0{,}9 \cdot (-0{,}2)$
h) $4{,}1 \cdot 0{,}3$

12 Berechne.
a) $-0{,}3 : 10$
b) $-0{,}3 \cdot 10$
c) $-0{,}3 \cdot \frac{1}{10}$
d) $-0{,}3 : \frac{1}{10}$

13 Bilde das Produkt aus $\frac{7}{8}$ und der entgegengesetzten Zahl von $\frac{2}{5}$. Dividiere das Ergebnis durch den Kehrwert von $-\frac{25}{4}$. Gib die Lösung als gemischte Zahl an.

14 Bilde den Quotienten aus $\frac{3}{4}$ und $-\frac{1}{3}$. Addiere dazu $\frac{6}{3}$. Welchen Betrag hat das Ergebnis?

Regel: Da man jede Subtraktion als Addition schreiben und die Summanden vertauschen darf, ist die Reihenfolge des Addierens und Subtrahierens beliebig.

Regel: Punktrechnung geht vor Strichrechnung.

Regel: Man multipliziert eine Summe mit einer Zahl, indem man jeden Summanden mit der Zahl multipliziert (Distributivgesetz).

15 Rechne vorteilhaft.

a) $57 - 18 - 17$
b) $-93 + 68 + 23$
c) $-193 - 16 + 66$
d) $-8,4 + 15,3 + 3,4$
e) $-7,9 + 9,4 - 5,4$
f) $4,2 - 8,7 - 1,2$

16 Rechne vorteilhaft.

a) $-9 + 17 - 11 - 4 + 13$
b) $-57 + 71 - 23 - 5 - 11$
c) $20,4 - 7,2 - 5,4 + 9,2$
d) $-12,5 - 1,3 + 8,5 + 5,1 - 9,7$

17 Rechne vorteilhaft.

a) $-4 \cdot (-17) \cdot (-2,5)$
b) $-0,5 \cdot 16 \cdot (-4)$
c) $1,25 \cdot (-5) \cdot (-8) \cdot (-0,6)$
d) $-0,8 \cdot (-1,9) \cdot (-1,25) \cdot 0$

18 Berechne.

a) $-9 + 7 \cdot 8$
b) $-9 \cdot 7 + 8$
c) $9 - 7 \cdot 8$
d) $-9 \cdot (-7) - 8$
e) $-9 + 7 \cdot (-8)$
f) $-9 - 7 \cdot (-8)$

19 Berechne.

a) $240 : 48 + 18 : (-3)$
b) $16 - 96 : (-6) - 16$
c) $-1,21 : (-1,1) - 1,44 : 1,2$
d) $5,6 - 5,6 : (-8) - 0,7 : (-0,1)$

20 Rechne vorteilhaft wie im Beispiel.

Beispiel:
$(5 + \frac{4}{7}) \cdot (-7) = 5 \cdot (-7) + \frac{4}{7} \cdot (-7) = -35 - 4 = -39$

a) $(3 + \frac{5}{8}) \cdot 8$
b) $(5 + \frac{2}{3}) \cdot 9$
c) $(7 + \frac{4}{5}) \cdot (-5)$
d) $(4 + \frac{3}{10}) \cdot (-50)$
e) $(5 - \frac{3}{4}) \cdot 4$
f) $(\frac{4}{9} - 13) \cdot 9$
g) $(\frac{3}{7} - 12) \cdot (-7)$
h) $(9 - \frac{5}{6}) \cdot (-12)$

21 Rechne vorteilhaft.

a) $(4,3 + 3,9) \cdot 10$
b) $100 \cdot (1,23 - 3,75)$
c) $(5,8 - 7,2) \cdot (-10)$
d) $20 \cdot (7 - 0,5)$
e) $(11 - 2,5) \cdot (-40)$
f) $(12,5 + 3) \cdot (-80)$

22 Berechne.

a) $(\frac{3}{8} + \frac{1}{2}) \cdot 8$
b) $12 \cdot (\frac{1}{3} - \frac{7}{12})$
c) $(\frac{1}{9} - \frac{5}{6}) \cdot (-18)$
d) $66 \cdot (\frac{3}{11} + \frac{7}{22})$
e) $15 \cdot (-\frac{4}{5} + \frac{2}{3})$
f) $(\frac{5}{12} - \frac{4}{15}) \cdot (-60)$
g) $(-\frac{2}{9} + \frac{11}{12}) \cdot 72$
h) $(-\frac{2}{15} - \frac{4}{25}) \cdot (-75)$

23 Rechne vorteilhaft wie im Beispiel.

Beispiel:
$-7,5 \cdot 6 - 1,5 \cdot 6 = (-7,5 - 1,5) \cdot 6 = -9 \cdot 6 = -54$

a) $-3,9 \cdot 5 - 5,1 \cdot 5$
b) $1,7 \cdot 9 - 9,7 \cdot 9$
c) $8 \cdot 9,6 + 8 \cdot 12,4$
d) $13 \cdot 9,8 - 13 \cdot 4,8$
e) $8,8 \cdot (-4) + 4,2 \cdot (-4)$
f) $5,9 \cdot (-7) - 2,9 \cdot (-7)$
g) $12 \cdot 1,2 - 12 \cdot 0,1$
h) $4 \cdot 13,2 + 4 \cdot (-14,3)$

24 Berechne.

a) $-13 \cdot \frac{3}{5} - 27 \cdot \frac{3}{5}$
b) $66 \cdot \frac{2}{7} - 17 \cdot \frac{2}{7}$
c) $-94 \cdot \frac{4}{9} + 22 \cdot \frac{4}{9}$
d) $191 \cdot \frac{2}{11} + 84 \cdot \frac{2}{11}$
e) $\frac{2}{3} \cdot 16 + \frac{2}{3} \cdot 23$
f) $\frac{3}{4} \cdot 21 + \frac{3}{4} \cdot (-5)$
g) $\frac{5}{6} \cdot (-19) - \frac{5}{6} \cdot 29$
h) $\frac{3}{2} \cdot (-7) - \frac{3}{2} \cdot (-5)$

25 Berechne.

a) $-5 \cdot 7 - 12$
b) $-8 : 2 - 10$
c) $29 + 28 : (-7)$
d) $0,5 \cdot (-1,6) + 2$
e) $2,5 - 7,4 \cdot 3 - 5,5$
f) $98,5 - 80,96 : 9,2$
g) $-3,6 + 1,6 \cdot 10,7$
h) $-\frac{3}{4} \cdot 8 - \frac{1}{2}$
i) $\frac{1}{2} \cdot (-\frac{1}{5}) + \frac{5}{2}$
j) $\frac{2}{3} : \frac{6}{5} - \frac{2}{9}$
k) $\frac{1}{4} : (-\frac{1}{2}) + \frac{1}{2} - \frac{2}{5}$
l) $2\frac{1}{2} : (-1\frac{1}{4}) - 1\frac{2}{3}$
m) $-3\frac{3}{8} \cdot 2\frac{1}{4} - 3\frac{5}{8}$
n) $-2\frac{2}{5} : \frac{1}{5} - (-\frac{1}{2})$
o) $-24 \cdot 3\frac{3}{8} - 4 : \frac{1}{2}$
p) $-4 : 5 - 1\frac{1}{2} : (-5) - 1\frac{1}{10}$
q) $6\frac{2}{3} : 5\frac{1}{4} - 3\frac{1}{7} : 4\frac{2}{5}$
r) $3 \cdot (-\frac{1}{2}) + \frac{3}{4} \cdot 3 + 3$
s) $-\frac{4}{5} : (-8) - \frac{1}{2} \cdot (-\frac{3}{5})$
t) $2 - \frac{2}{5} : \frac{1}{5} + \frac{3}{7} \cdot (-2\frac{1}{3})$

26 Berechne.

a) $2,7 - [3,5 + 0,4 \cdot (-5)]$
b) $-13,5 + [0,6 : (-0,2) + 7,5] \cdot 3$
c) $\frac{1}{4} - [\frac{1}{3} \cdot (-12) + 5]$
d) $[\frac{1}{7} \cdot (-42) - 5 : \frac{1}{2}] \cdot \frac{1}{4}$

1 Berechne, wie lang insgesamt das Drahtstück mindestens sein muss, um dieses Teilstück einer Kette herstellen zu können.

$a = 1{,}3\,\text{cm}$
$b = 0{,}7\,\text{cm}$
$u = 2{,}5\,\text{cm}$

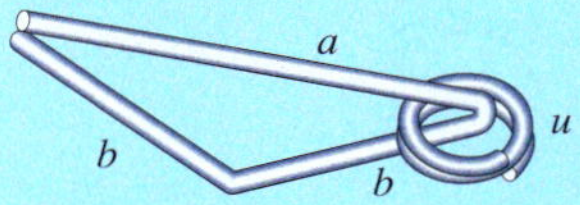

2 Berechne den Wert des Terms $9 \cdot x + 7$ für

a) $x = 2$, c) $x = 11$, e) $x = 0{,}5$, g) $x = \frac{1}{3}$,
b) $x = 5$, d) $x = 0$, f) $x = 0{,}7$, h) $x = \frac{2}{9}$.

3 Übertrage ins Heft und ergänze.

a)

a	0	1	2	3	4	5	6
$7 \cdot a$							

b)

m	0	0,5	1	1,5	2	2,5	3
$m + 4$							

c)

z	9	8	7			4	
$z - 3$				3	2		0

4 Fasse zusammen.

a) $5e + 4e$ c) $9n + 14n$ e) $4{,}9c - 4{,}9c$
b) $8x - 3x$ d) $1{,}3a + 2{,}7a$ f) $9{,}8z - 8{,}8z$

5 Berechne den Wert des Terms für $y = 9$.

a) $10y + 4y - 7y$
b) $14y - 11y + y - 3y - y$
c) $18y + y - 12y - 4y + 17$

6 Fasse zusammen.

a) $\frac{5}{7}r + \frac{4}{9}r$ c) $\frac{7}{6}x + \frac{5}{9}x$ e) $\frac{7}{9}m - \frac{2}{3}m$
b) $\frac{7}{12}z + \frac{3}{8}z$ d) $\frac{3}{4}t - \frac{2}{5}t$ f) $1\frac{1}{3}n - \frac{1}{12}n$

7 Vereinfache.

a) $8{,}9x + 9{,}8x$
b) $0{,}5y + 0{,}7y - 0{,}9y$
c) $4{,}95d - 3{,}02d + 1{,}37d - 2{,}1d$

8 Fasse zusammen.

a) $u + 3 + u + 2 + 3u$
b) $m + 1 + m + 4m + 7 + m$
c) $x + 3x + 2 + 9x + 9 + x$
d) $3y + 9 + 2 + 5y - 11 - 7y$
e) $3a + 1 - 2{,}5a + 4{,}3 - 2a - 5{,}6$

9 Vervollständige das „Kreuztermrätsel“ in deinem Heft.

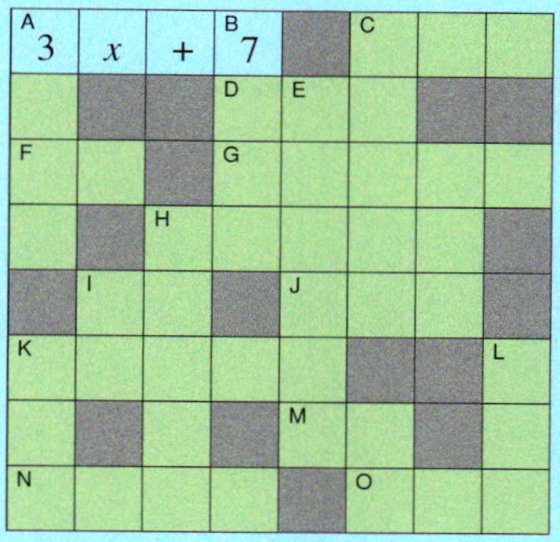

waagerecht

A: $x - 8 + 15 + 2x$
C: $7 - 4x - 3 + 7x - 4 + 9x$
D: $12x - 4 - 7x - 9 - 4x + 12$
F: $-3x + 2 + x - 3 + 2x$
G: $7 - 8x + 2 + 5x - 6$
H: $-21x + 10 + 13x - 8 + 22x$
I: $36 - 14x - 5 + 6x - 11 + 8x$
J: $2x - 3 - 7x + 4 - 4x - 1$
K: $27x - 18 - 13x + 12 - 16x + 8$
M: $0{,}7x + 8 - x + 2 + 0{,}3x$
N: $14x + 25 - 9{,}7x - 2 - 3{,}3x$
O: $3{,}4 - 2x - 1{,}2 - 1{,}2x - 2{,}2 - 0{,}8x$

senkrecht

A: $4x - 5 - x - 3$
B: $5x + 3 + x - 2 + x - 5$
C: $25x - 19 - 14x + 28$
E: $7x - 5 - 8x - 16 - 2x$
H: $2{,}6x - 1{,}8 - 0{,}5x - 0{,}2 + 7{,}9x$
I: $-1{,}7x + 12{,}8 + 0{,}7x + 9{,}2 + x$
K: $3{,}6 - 5{,}7x - 1{,}2 - 2{,}3x - 2{,}4$
L: $1{,}9 + 15{,}7x - 0{,}7 + 4{,}3x - 1{,}2$

10 Schreibe ohne Klammern.

Beispiele: 1. $x + (y + 3) = x + y + 3$
2. $5 - (a - 3b) = 5 - a + 3b$

a) $a + (b + 9)$ e) $-y + (-5 + z)$
b) $a + (b - 9)$ f) $-y + (-5 - z)$
c) $x - (3 + 2y)$ g) $3 - (-8m + n)$
d) $x - (3 - 2y)$ h) $3 - (-8m + n)$

11 Multipliziere.

Beispiele:
1. $(a + b)(c + d) = ac + ad + bc + bd$
2. $(x - 3y)(2z + 5) = 2xz + 5x - 6yz - 15y$

a) $(r + s)(t + u)$ e) $(u + 2y)(r + s)$
b) $(x + y)(z - 9)$ f) $(5 - c)(d + e)$
c) $(3a - b)(4c + d)$ g) $(9x - 4y)(3 + 2z)$
d) $(7 - u)(5v - 8w)$ h) $(7r - 6s)(4t - 5u)$

12 Multipliziere.

Beispiele: 1. $8(x - 5) = 8x - 40$
2. $-5y(-3 + x) = 15y - 5xy$

a) $3(y - 5)$ e) $-8(2{,}5b + 0{,}5)$
b) $a(4 + a)$ f) $-z(-z + 0{,}1)$
c) $9(-m - n)$ g) $-3q(0{,}1 - 0{,}2q)$
d) $4a(-b + 1)$ h) $-0{,}3(-x - 0{,}3)$

Löse die Gleichungen in den folgenden Aufgaben. Wenn angegeben, verfahre wie im Beispiel. Mache auch die Probe.

1 Beispiel: $x + 12 = 25 \quad | -12$
$x + 12 - 12 = 25 - 12$
$x = 13$

a) $x + 8 = 15$
b) $x + 3 = 21$
c) $x + 17 = 17$
d) $x + 9 = 5$
e) $x + 12 = -14$
f) $x + 19 = -12$
g) $-53 = x + 53$
h) $135 = x + 97$

2 Beispiel: $x - 9 = 12 \quad | +9$
$x - 9 + 9 = 12 + 9$
$x = 21$

a) $x - 15 = 15$
b) $x - 7 = -7$
c) $x - 3 = -71$
d) $x - 19 = -15$
e) $x - 49 = 13$
f) $x - 18 = -32$
g) $-65 = x - 66$
h) $129 = x - 29$

3 a) $x + 1{,}9 = 3{,}7$
b) $x - 0{,}5 = 6{,}6$
c) $x - 2{,}8 = -5{,}4$
d) $x + 3{,}6 = -2{,}1$
e) $x + \frac{1}{7} = \frac{5}{7}$
f) $x - \frac{1}{8} = -\frac{3}{4}$
g) $x + \frac{3}{5} = \frac{11}{15}$
h) $x - \frac{7}{9} = \frac{1}{6}$

4 Beispiel: $15 \cdot x = 10 \quad |: 15$
$\frac{15 \cdot x}{15} = \frac{10}{15}$
$x = \frac{10}{15}$
$x = \frac{2}{3}$

a) $7x = 49$
b) $11x = -99$
c) $60x = -48$
d) $39x = 52$
e) $5x = \frac{5}{9}$
f) $17x = -\frac{17}{4}$
g) $-\frac{18}{25} = 9x$
h) $\frac{7}{3} = 14x$
i) $-\frac{8}{9} = 32x$

5 a) $-3x = 156$
b) $-14x = -14$
c) $-0{,}4x = 2{,}4$
d) $-2{,}5x = 40$
e) $-19x = -5{,}7$
f) $-7x = 0{,}63$

6 a) $x + 14 = 12$
b) $x - 14 = 12$
c) $14x = 12$
d) $x - 14 = -12$
e) $-14x = -12$
f) $14x = -12$

7 a) $x + 11 = 23$
b) $17x = 153$
c) $64 - x = 75$
d) $46 = 18 - x$
e) $704 = x \cdot 4$
f) $99 = x - 19$

8 Beispiel: $-\frac{x}{3} = -5 \quad | \cdot (-3)$
$\frac{x}{-3} \cdot (-3) = -5 \cdot (-3)$
$\frac{-3 \cdot x}{-3} = 15$
$x = 15$

a) $-\frac{x}{7} = 3$
b) $\frac{x}{8} = 9$
c) $\frac{x}{24} = -2$
d) $-\frac{x}{4} = -15$
e) $-\frac{x}{9} = 23$
f) $\frac{x}{1{,}3} = 6$
g) $-0{,}5 = \frac{x}{0{,}5}$
h) $0{,}1 = -\frac{x}{0{,}9}$
i) $-\frac{4}{15} = -\frac{x}{5}$

9 a) $x + 11{,}9 = -9{,}8$
b) $-3{,}5b = -42$
c) $y + 17{,}8 = -9{,}3$
d) $\frac{a}{8} = -0{,}9$
e) $0{,}4m = -6{,}4$
f) $w - \frac{4}{7} = \frac{5}{7}$
g) $-\frac{z}{12} = \frac{2}{3}$
h) $n + 0{,}3 = \frac{7}{10}$
i) $10g = 0{,}1$
j) $-\frac{v}{11} = -\frac{7}{22}$

10 a) $3x + 5 = 8$
b) $2x + 8 = 16$
c) $6x + 2 = -28$
d) $4x + 7 = -1$
e) $-5x + 6 = 11$
f) $-7x + 16 = -5$
g) $2x - 5 = 7$
h) $9x - 20 = -2$
i) $-8x - 40 = 16$
j) $-3x - 2 = -17$

11 a) $5x - 2{,}1 = 2{,}9$
b) $24{,}4 - x = 12{,}4$
c) $7{,}2x - 2 = 12{,}4$
d) $0{,}3x + 2 = 8$
e) $1{,}2x - 9 = 3$
f) $-7{,}5x - 0{,}5 = 8{,}5$
g) $9{,}5 = 1{,}8 + 7{,}7x$
h) $2{,}9 = 6{,}9 - 2x$
i) $8{,}7 = 3x + 2{,}7$
j) $-8{,}4 = -3{,}6x + 6$
k) $1 = -2{,}7x - 0{,}35$
l) $-0{,}9 = -0{,}2x - 0{,}6$

12 a) $\frac{x}{5} + 3 = 8$
b) $\frac{x}{2} + 2 = -4$
c) $-\frac{x}{2} + 7 = 9$
d) $x + \frac{5}{4} = 2$
e) $\frac{11}{8} - x = \frac{1}{4}$
f) $-\frac{x}{9} - 1 = -11$
g) $\frac{x}{8} - \frac{1}{8} = -\frac{1}{8}$
h) $-\frac{x}{3} - \frac{1}{3} = \frac{1}{3}$
i) $2x - \frac{3}{4} = \frac{1}{4}$
j) $\frac{x}{9} - \frac{1}{3} = \frac{1}{9}$

13 a) $5x - 1{,}5 = 8{,}5$
b) $12 - 3x = 5{,}4$
c) $x - 0{,}8 = 2{,}34$
d) $3{,}2x - 6{,}24 = 4$
e) $6x - 0{,}5 = 6{,}5$
f) $10 - 2x = 1{,}2$
g) $\frac{x}{4} = 4{,}6$
h) $\frac{1}{6}x = \frac{3}{4}$
i) $0{,}02x = 20$
j) $0{,}6x + 1{,}3 = 4{,}6$
k) $\frac{x}{3} = 3{,}5$
l) $\frac{1}{4}x = \frac{5}{6}$

14 Das Fünffache einer Zahl vermindert um $\frac{3}{4}$ ist genauso groß wie die Summe von $\frac{3}{8}$ und 0,75. Wie lautet die Zahl?

15 Löse die Gleichung.
a) $6x + 15 = 5x + 17$
b) $17x + 42 = 97 - 5x$
c) $-7x + 43 = 9x - 13$
d) $-2x - 11 = -11 - 14x$
e) $1{,}1x + 0{,}6 = 0{,}5x + 5{,}4$
f) $1{,}7x + 2{,}5 = 0{,}5 - 0{,}8x$
g) $\frac{1}{5}x - 5 = -12 - \frac{4}{15}x$

16 Löse die Gleichung.
a) $4p + 2p - 3p = 36$
b) $9p + 3 - 2p = 3p - 5$
c) $3 - 9p - 14 = -11p + 27 + 4p$
d) $7p - 21 - p = 6p - 24 + 5p$
e) $1{,}7 + 5{,}7p - 4{,}9 = 2{,}9 + 2{,}1p + 15{,}5$
f) $7{,}1p + 59{,}7 + 4{,}9p - 2{,}1 + 2{,}4p = 0$
g) $-12{,}6p + 12{,}7 + 7{,}2p = 24{,}6p + 3{,}7$

17 Löse die Gleichung.
a) $\frac{1}{3}x + 1 = \frac{1}{6}x + 6$
c) $\frac{3}{4} - \frac{5}{6}x = -\frac{1}{3}x - \frac{1}{2}$
b) $\frac{1}{2}x - \frac{2}{5} = \frac{3}{4}x + \frac{3}{5}$
d) $3 - \frac{2}{5}x = -\frac{1}{5}x + 2 - \frac{1}{2}x$

18 Löse die Klammern auf, fasse zusammen und bestimme x.
a) $5x + (3x - 27) = 7x - 20$
b) $7x - (17 + 2x) = 47 + 9x$
c) $-(8x - 21) + 53 = 3x - 14$
d) $41 + 9x = 27 - (13 - x) + 17x$

19 Löse die Gleichung.
a) $3(y + 2) = 36$
b) $4(y - 5) = 11y - 6$
c) $(2 + y)4 = y - 7$
d) $-6(5 - y) = 51y - 21$
e) $5(y - 1) = -3y - 1$
f) $17 = 4y - 10(20 - y)$

20 Setze in der Gleichung $5 + y(2x - 1) = 3$ für y die gegebene Zahl ein und berechne x.
a) $y = 4$ b) $y = -2$ c) $y = -0{,}5$

21 Löse die Klammern auf, fasse zusammen und bestimme x.
a) $5(m - 8) + 3(4 - m) = -32$
b) $7(3m - 5) - 5(1 + m) = 0$
c) $(m - 5)9 - m = 5 + 3(5m + 2)$
d) $m - 2(m - 5) = -10m - (2 - 3m)$

22 Löse die Gleichung.
a) $2{,}5 - (x + 0{,}3) + 6(0{,}1 - x) = 0$
b) $1{,}2(x - 5) - 7{,}3 = -11{,}5 - (1{,}6 - x)$
c) $11(0{,}3 + x) - 5(2x - 0{,}1) = 1{,}9 - x$

23 Löse zuerst die inneren Klammern, dann die äußeren auf. Bestimme x.
a) $8x - [3x - (4 + x)] = 4x - 2$
b) $11 + [5x - (7x + 9) + 12x] = 32$
c) $5x - [17 + (2x - 7) + 3x] + 6 = 3x + 8$

24 Löse die Gleichung.
a) $11 - [5 - (y - 1)] = 1$
b) $8y - [7 - (2y + 5)] - 2y = -34$
c) $4 - [12 - 5(y + 2)] + 2 = 4y - 3$

25 Löse die Gleichung.
a) $(x + 2)(x - 3) = x^2 + 6$
b) $(x - 1)(x - 5) = x^2 + 4x$
c) $(x + 8)(5 - x) = -x^2 + 2x - 10$
d) $(3x + 1)(3 + x) = 3x^2 + 8x$

26 Die Summe aus dem Vierfachen einer Zahl und 73 ist 141. Wie heißt die Zahl?

27 Jens ist 11 Jahre älter als Inga. Ute ist doppelt so alt wie Jens. Zusammen sind sie 61 Jahre alt.
a) Wie alt ist Inga?
b) Wie alt sind Jens und Ute?

28 Ein Radweg wird für insgesamt 38 400 € neu ausgebaut. Die Firma A stellt 1250 m^2 Radweg, die Firma B stellt 1310 m^2 Radweg fertig. Wie wird der Gesamtbetrag auf beide Firmen verteilt?

29 Ein Rechteck hat einen Umfang von 446 cm und ist 156 cm lang. Wie breit ist das Rechteck?

30 Lisa hat eine Gleichung aufgestellt, um drei aufeinanderfolgende natürliche Zahlen zu finden, deren Summe 75 ist.
$(n - 1) + n + (n + 1) = 75$
a) Für welche Zahl steht die Variable n?
b) Wie heißen die Zahlen?

1 Zeichne ein Koordinatensystem. Zeichne in das Koordinatensystem den Kreis um $M\ (4|3)$ mit dem Radius $r = 3$ cm. Konstruiere von den Punkten $P\ (0|10)$ und $Q\ (10|1)$ die Tangenten an den Kreis.

Umkreis des Dreiecks

Die Mittelsenkrechten der Seiten $\overline{AB}$, $\overline{BC}$, $\overline{AC}$ schneiden sich im Mittelpunkt M des Umkreises. Sein Radius r ist die Strecke vom Mittelpunkt M zu einem Eckpunkt des Dreiecks.

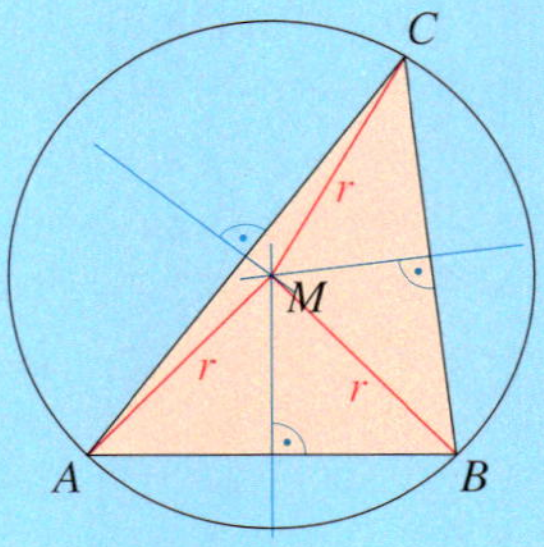

2 a) Übertrage das Dreieck ins Heft und konstruiere den Umkreis.
b) Zeichne den Radius ein, der im Punkt C endet.

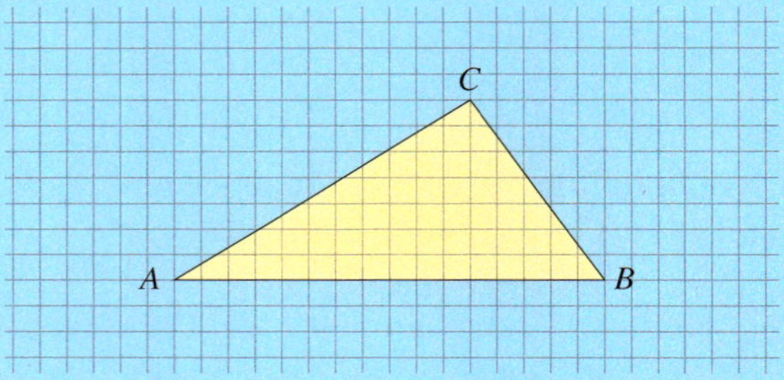

3 Zeichne in einen Kreis ein rechtwinkliges Dreieck mit der längsten Seite $\overline{AB} = 7$ cm und $\overline{AC} = 4$ cm.

4 Es sei $\alpha = 114°$. Ermittle die Größe der Winkel β, γ und ε.

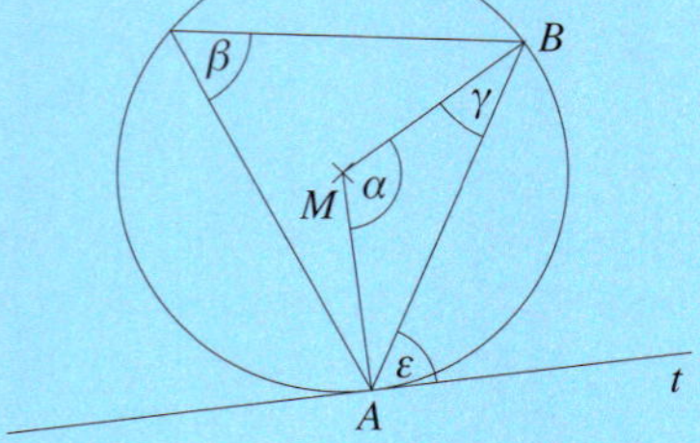

5 Zeichne um einen kreisförmigen Gegenstand einen Kreis. Kennzeichne darauf 4 Punkte A, B, C und D. Zeichne das Sehnenviereck $ABCD$. Miss zwei Innenwinkel und berechne die Größe der anderen beiden Innenwinkel.

6 Zeichne einen Kreis mit dem Durchmesser 5,4 cm und darin ein Sehnenviereck $ABCD$, das gleichzeitig ein Quadrat ist.

Formeln zur Kreisberechnung:

$u = 2\pi r$
$u = \pi d$
$A = \pi r^2$

7 Berechne den Umfang u des Kreises.

a) $d = 8$ cm	c) $r = 4{,}7$ cm	e) $d = 3{,}25$ m
b) $r = 4{,}9$ cm	d) $r = 10{,}9$ m	f) $d = 1{,}6$ km

8 Wie groß ist der Radius r des Kreises?
a) $u = 17{,}5$ cm b) $u = 100$ m c) $u = 43{,}9$ dm

9 Berechne den Flächeninhalt A des Kreises.

a) $r = 9$ cm	d) $d = 15{,}5$ m
b) $r = 3{,}5$ cm	e) $d = 2{,}4$ dm
c) $r = 4{,}9$ m	f) $d = 25$ mm

10 Ein kreisrunder Tisch hat 1,20 m Durchmesser. Berechne die Tischfläche.

11 Um ein kreisrundes Beet sollen Azaleen gepflanzt werden. Man rechnet mit 2 Azaleen auf 1 m. Das Beet hat 4,5 m Durchmesser. Wie viele Pflanzen werden mindestens benötigt?

12 Berechne den Flächeninhalt und den Umfang der Figur.

a)
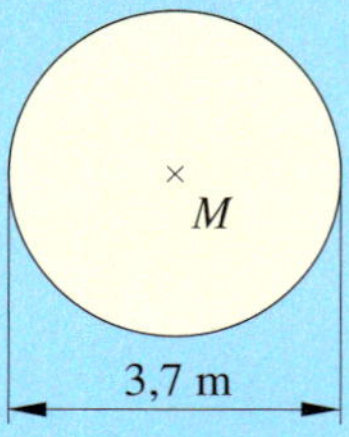

c)
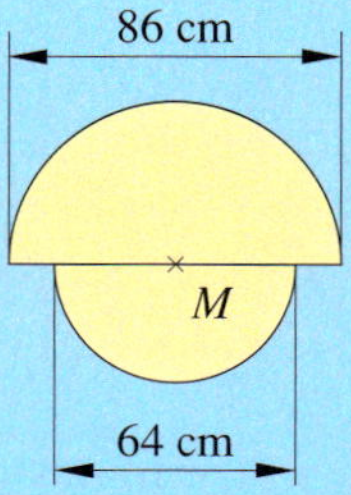

b)
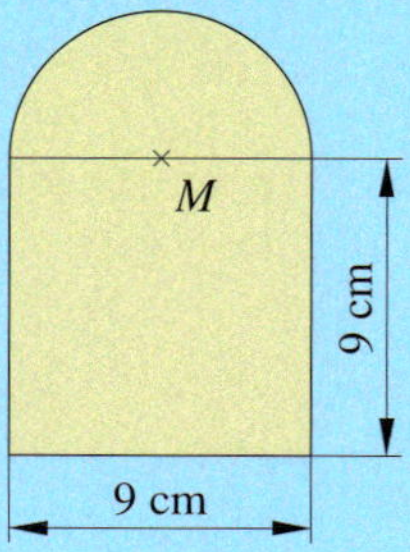

d)
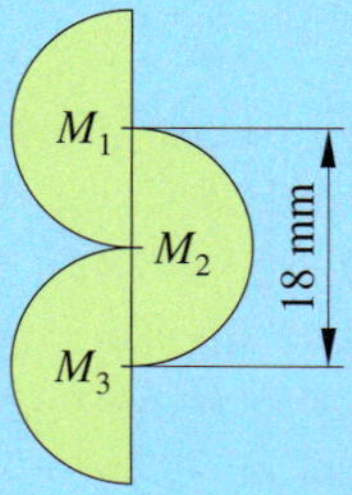

1 Berechne den Umfang und den Flächeninhalt der Figuren.

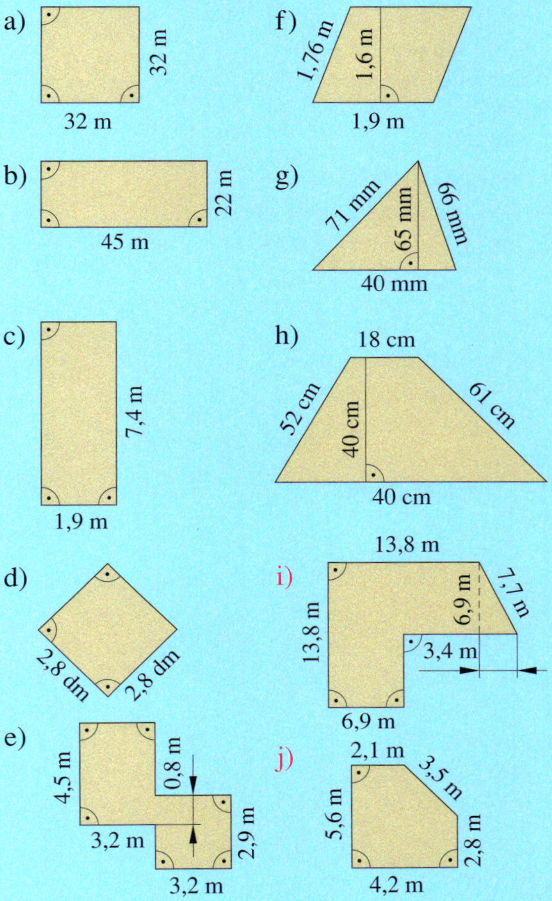

2 Ein Glaser bekommt den Auftrag, die Giebelfenster für den Ausbau des Dachbodens zu verglasen.

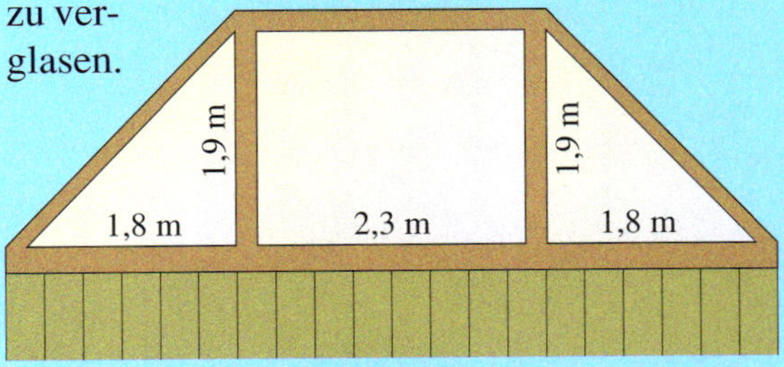

a) Wie groß ist jede Scheibe?
b) Wie teuer ist jede Scheibe, wenn 1 m^2 Isolierglas 129 € kostet und für die Dreiecksscheiben ein Aufschlag von 70% berechnet wird?
c) Berechne die Gesamtkosten einschließlich 16% Mehrwertsteuer.

3 Konstruiere das Dreieck *ABC*. Zeichne eine Höhe ein und miss ihre Länge, sowie die Länge der zugehörigen Grundseite. Bestimme damit den Flächeninhalt des Dreiecks.
a) $a = 5$ cm; $b = 7$ cm; $c = 8$ cm
b) $b = 7$ cm; $\beta = 40°$; $\gamma = 80°$
c) $c = 6$ cm; $a = 4$ cm; $\beta = 30°$

4 Zeichne das Parallelogramm *ABCD* mit $a = 6$ cm, $b = 2{,}5$ cm und $\beta = 110°$. Miss eine Höhe des Parallelogramms und berechne seinen Flächeninhalt.

5 Berechne das Volumen V, die Mantelfläche A_M und die Oberfläche A_O des Zylinders.

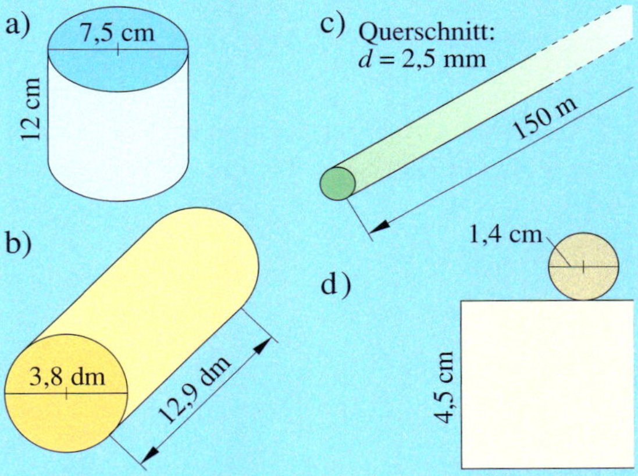

6 Berechne von dem Zylinder die Mantelfläche, die Oberfläche und das Volumen.
a) $r = 18$ cm; $h = 43$ cm
b) $r = 15$ cm; $h = 18$ cm
c) $d = 40$ mm; $h = 50$ mm
d) $d = 11$ dm; $h = 7$ dm

7 Der zylindrische Kessel eines Streuwagens hat den Umfang 6,28 m und 1,50 m Höhe. Wie viel Liter fasst er?

8 Eine Litfaßsäule hat 58 cm Radius. Sie ist 2,8 m hoch. Berechne die Fläche, die zum Bekleben mit Plakaten genutzt werden kann.

9 Wie viel Tonnen wiegt eine 3 m hohe Säule aus Beton, deren Radius 0,5 m beträgt? Wir gehen davon aus, dass 1 m^3 des Materials 2,4 t wiegt.

10 Bestimme das Volumen des Prismas mit der Grundfläche A_G und der Höhe h.

a) $A_G = 17{,}5\ \text{cm}^2$; $h = 2{,}7\ \text{cm}$
b) $A_G = 820\ \text{dm}^2$; $h = 3\ \text{m}$
c) $A_G = 50\ \text{m}^2$; $h = 250\ \text{cm}$
d) $A_G = 116\ \text{mm}^2$; $h = 5{,}4\ \text{cm}$
e) $A_G = 0{,}8\ \text{dm}^2$; $h = 11\ \text{cm}$

11 Berechne das Volumen des Prismas.

a)

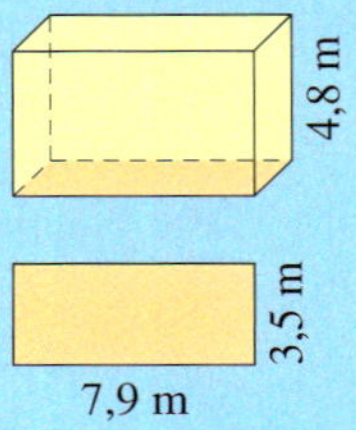

b)

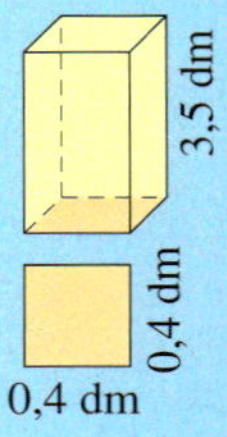

c)

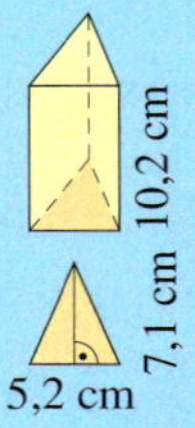

12 Berechne die Oberfläche des Prismas mit der gegebenen Grundfläche und der gegebenen Höhe.

a) b) c)

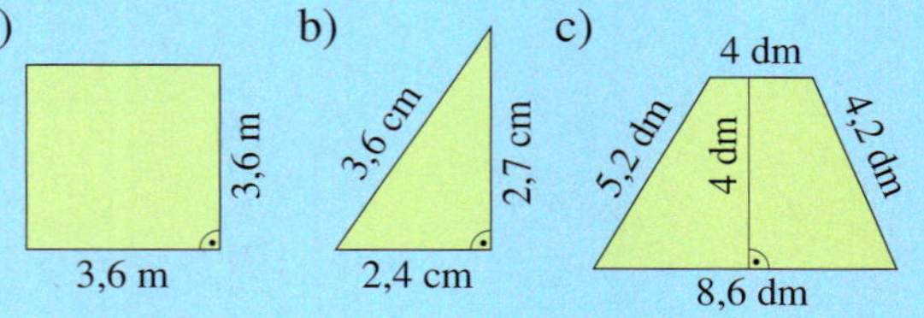

Höhe 3,6 cm   Höhe 5,3 cm   Höhe 19 dm

13 Berechne das Volumen des Körpers.

a)

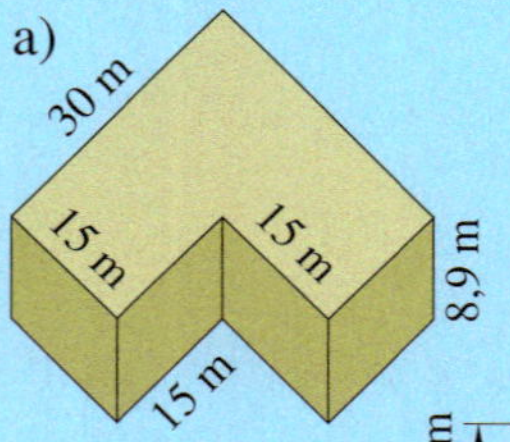

c)

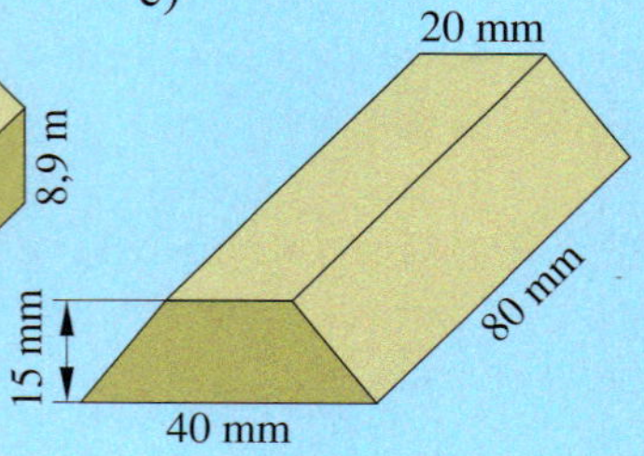

b)

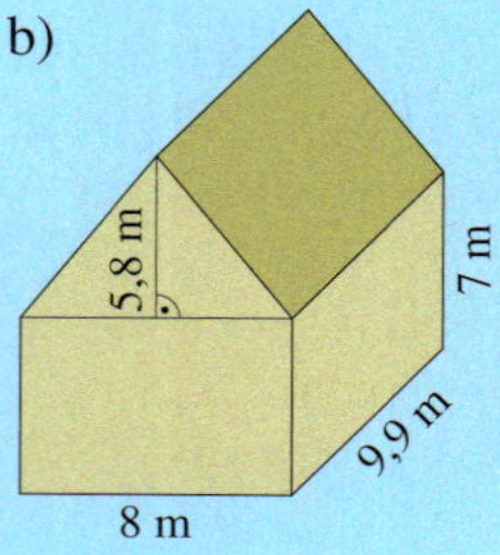

d)

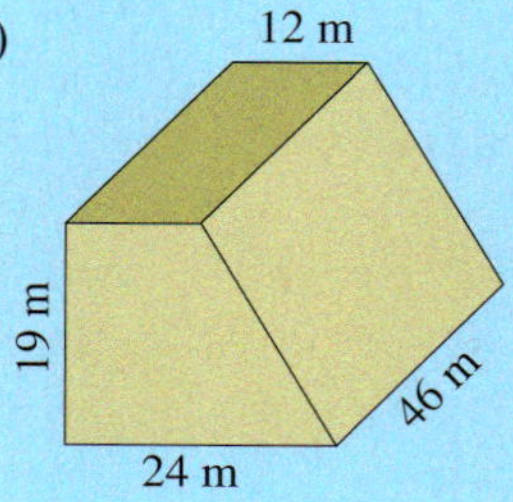

14 Ein 4,5 m langer, gerader Eisenträger hat die abgebildete Grundfläche.

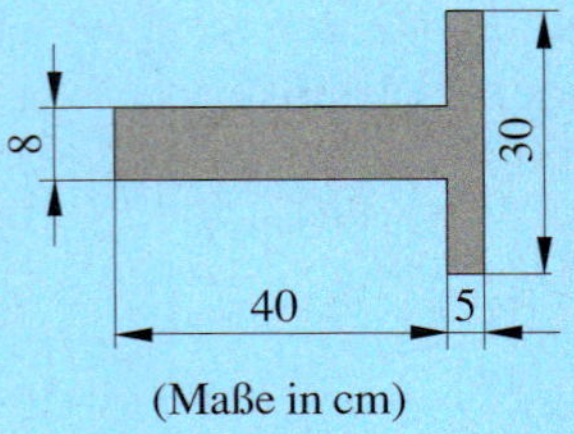

a) Berechne das Volumen des Trägers.
b) Wie schwer ist der Eisenträger? (1 cm^3 Eisen wiegt 7,9 g)

15 a) Berechne das Volumen der Metallschiene.
b) Wie schwer ist die Schiene, wenn 1 cm^3 des Metalls 7,8 g wiegt?

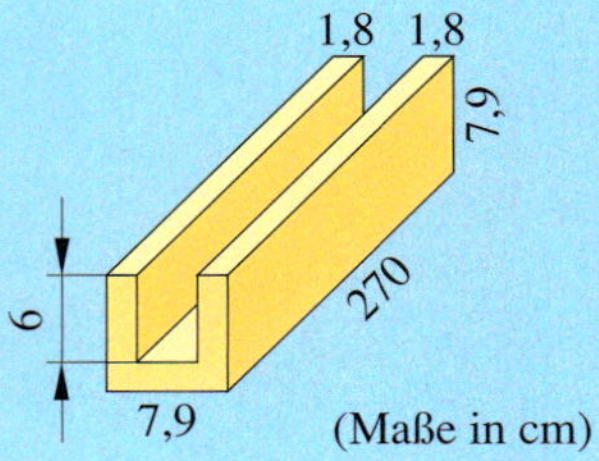

16 a) Berechne das Volumen des Stahlträgers.
b) Wie groß ist sein Gewicht, wenn 1 dm^3 Stahl 7,9 kg wiegt?

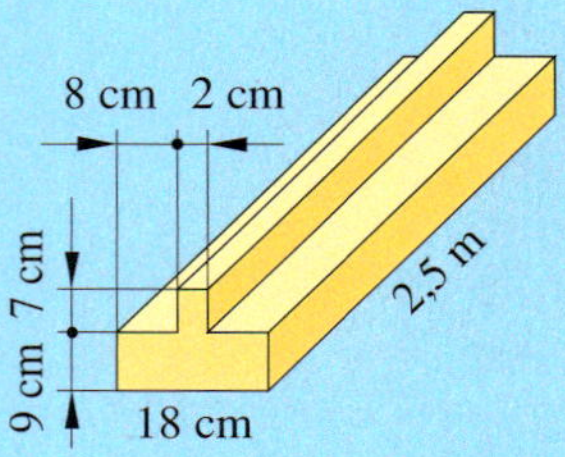

17 Wie viel Liter Beton sind für die Herstellung des Formstücks nötig? (Maße in cm)

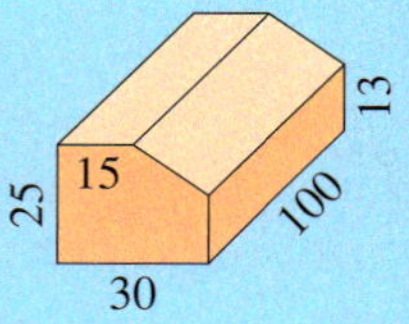

18 Wie groß ist das Volumen der Scheune?

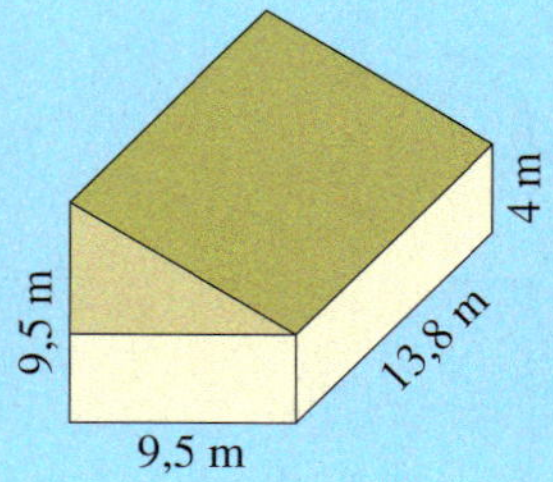

19 Bei einem Neubau werden für den Dachstuhl 36 Balken benötigt. Jeder Balken muss 8,75 m lang sein. Der rechteckige Querschnitt ist 16 cm lang und 9 cm breit. Wie viel m^3 Holz werden benötigt?

Rechnen mit Potenzen und Wurzeln

Der Potenzbegriff

Dem Erfinder des Schachspiels, einem gewissen Sessa Ibn Daher, soll der indische König Sheram für seine geniale Erfindung einen Wunsch gewährt haben. Der Erfinder wünschte sich:

für das 1. Schachbrettfeld 1 Reiskorn,
für das 2. Schachbrettfeld 2 Reiskörner,
für das 3. Schachbrettfeld 4 Reiskörner,
für das 4. Schachbrettfeld 8 Reiskörner,
für das 5. Schachbrettfeld 16 Reiskörner;

also für jedes Feld doppelt so viele Reiskörner wie für das vorangehende. Der König stimmte dieser scheinbar bescheidenen Bitte zu. Er ahnte nicht, dass diese Bitte für ihn unerfüllbar war.

Für die Anzahl der Reiskörner gilt nebenstehende Übersicht.

Auf 64 Feldern würden mehr als 18 Trillionen Reiskörner liegen. Rechnet man 40 Körner für 1 Gramm, ergäbe das etwa 460 Milliarden Tonnen Reis. Das ist ungefähr das Tausendfache der heutigen Welternte.

Felder	Anzahl der Körner
1. Feld	1
2. Feld	$2 \cdot 1 = 2$
3. Feld	$2 \cdot 2 = 2^2 = 4$
4. Feld	$2 \cdot 4 = 2^3 = 8$
5. Feld	$2 \cdot 8 = 2^4 = 16$
6. Feld	$2 \cdot 16 = 2^5 = 32$
…	
64. Feld	$2^{63} \approx 9{,}22$ Trillionen

Die Schreibweise $2^2, 2^3, 2^4, 2^5, \dots, 2^{63}$ heißt **Potenz**:

Die Anzahl der Reiskörner wird jeweils durch eine Potenz mit der Basis 2 erfasst.

Ein Produkt aus gleichen Faktoren schreibt man kürzer als Potenz.
Allgemein gilt:

$$\underbrace{a \cdot a \cdot \ldots \cdot a}_{n \text{ Faktoren}} = a^n$$

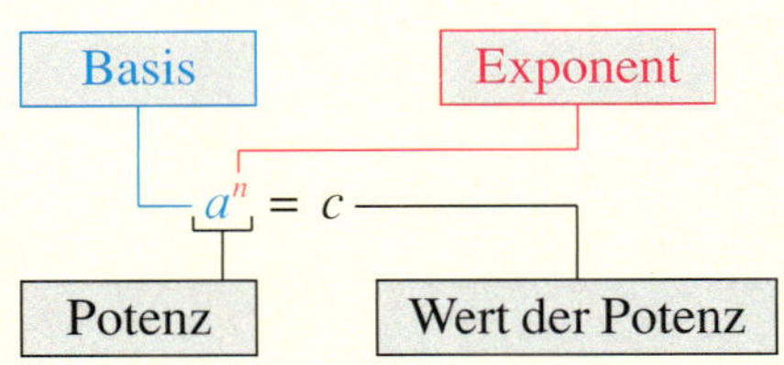

Die Basis gibt den Faktor a an, der Exponent die Anzahl der Faktoren.

Beispiele

1. $8 \cdot 8 = 8^2$
2. $x \cdot x = x^2$
3. $7 \cdot 7 \cdot 7 = 7^3$
4. $y \cdot y \cdot y = y^3$
5. $2 \cdot 2 \cdot 2 \cdot 2 \cdot 2 = 2^5$
6. $(-2) \cdot (-2) \cdot (-2) \cdot (-2) \cdot (-2) = (-2)^5 = -32$
7. $(\frac{1}{3})^4 = \frac{1}{3} \cdot \frac{1}{3} \cdot \frac{1}{3} \cdot \frac{1}{3} = \frac{1}{81}$
8. $(2d)^4 = 2d \cdot 2d \cdot 2d \cdot 2d = 16d^4$

Übungen

1 Schreibe das Produkt der Zahlen vereinfacht als Potenz.

a) $8 \cdot 8$
b) $5 \cdot 5 \cdot 5 \cdot 5$
c) $3 \cdot 3 \cdot 3$
d) $2 \cdot 2 \cdot 2 \cdot 2 \cdot 2$
e) $7 \cdot 7 \cdot 7 \cdot 7$
f) $4 \cdot 4 \cdot 4 \cdot 4 \cdot 4 \cdot 4$

2 Schreibe das Produkt der Variablen vereinfacht als Potenz.

a) $b \cdot b$
b) $y \cdot y \cdot y$
c) $z \cdot z \cdot z \cdot z$
d) $m \cdot m \cdot m \cdot m \cdot m \cdot m$
e) $q \cdot q \cdot q \cdot q \cdot q$
f) $r \cdot r \cdot r \cdot r$

3 Schreibe die Potenz ausführlich als Produkt und rechne aus.

a) 3^2
b) 4^3
c) 8^2
d) 9^3
e) 5^2
f) 1^3
g) 3^4
h) 7^2
i) 6^3
j) 5^3
k) 1^7
l) 9^4
m) 7^5
n) 8^6
o) 6^8
p) 9^6

4 Berechne den Wert des Terms für $x = 2$.

a) x^2
b) x^4
c) x^3
d) x^5
e) x^6
f) x^7
g) x^8
h) x^9

5 Berechne für die in Aufgabe 4 gegebenen Terme jeweils den Wert für $x = 1{,}2$.

6 Übertrage die Tabelle in dein Heft und fülle sie aus.

	a)	b)	c)	d)	e)	f)
y	1	3	6	2	2,1	$\frac{2}{3}$
y^2						
y^3						
y^4						

7 Berechne die Potenzwerte.

a) a^3 für $a = 1, 2, \ldots, 10$
b) a^4 für $a = 1, 2, \ldots, 5$
c) 2^n für $n = 2, 3, \ldots, 10$
d) 3^n für $n = 2, 3, \ldots, 6$

8 Schreibe die Zahl entweder als Potenz mit der Basis 2 oder mit der Basis 3.

a) 8
b) 27
c) 81
d) 243
e) 32
f) 128

9 Schreibe die Zahl entweder als Potenz mit der Basis 4 oder mit der Basis 5.

c) 125
b) 64
c) 16
d) 256
e) 625
f) 3125

10 Schreibe die Zahl als Potenz sowohl mit der Basis 2 als auch mit der Basis 4.

a) 16
b) 256
c) 1024
d) 64

11 Schreibe als Potenz.

a) 36
b) 125
c) 343
d) 289
e) 216
f) 0,0256
g) 0,008
h) $\frac{1}{81}$
i) 0,027

12 Setze im Heft <, > oder = richtig ein.

a) $7^2 \square 49$
b) $5^3 \square 625$
c) $8^2 \square 54$
d) $13^2 \square 169$
e) $3^4 \square 12$
f) $11^2 \square 22$
g) $2^6 \square 64$
h) $9^2 \square 18$
i) $1^3 \square 3$

13 Die gewürfelten Augenzahlen von zwei Würfeln sollen miteinander multipliziert werden. Finde alle acht Möglichkeiten von Potenzen, die in den Ergebnissen auftreten können. Beachte, dass bestimmte Augenzahlen des Würfels sich auch als Produkte schreiben lassen.

14 a) Berechne und vergleiche.
$2^3 \square 3^2$; $4^3 \square 3^4$; $1^6 \square 6^1$; $4^2 \square 2^4$; $5^3 \square 3^5$
b) Was stellst du fest?

Berechne in den folgenden Aufgaben die Potenzwerte mit dem Taschenrechner.
Für die Berechnung der Potenzwerte haben die verschiedenen Taschenrechner verschiedene Tastenbeschriftungen ([x^y]; [y^x]; [^]).

15 Beispiel: $1{,}9^4$

1.9 [x^y] 4 [=] [13.0321]

a) 17^3
b) 3^{12}
c) 2^{16}
d) $1{,}8^5$
e) $1{,}25^3$
f) 3^{15}
g) $0{,}3^4$
h) 5^{10}
i) 4^{14}

16 Runde das Ergebnis auf zwei Stellen nach dem Komma.

a) $3{,}2^3$
b) $3{,}2^4$
c) $3{,}05^5$
d) $7{,}45^3$
e) $25{,}9^4$
f) $8{,}6^3$

Addition von Potenzen

Ein Rechteck wurde aus gleich großen Quadraten zusammengesetzt.

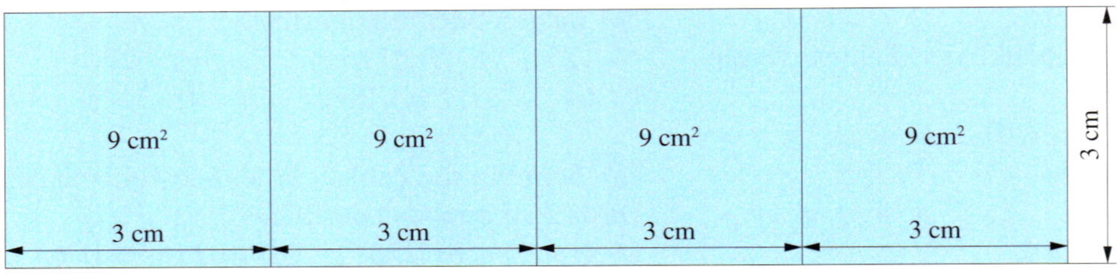

Der Flächeninhalt dieses Rechtecks lässt sich aus den Flächeninhalten der Quadrate berechnen.

Vereinfacht: $A = 3^2 + 3^2 + 3^2 + 3^2 = 9 + 9 + 9 + 9 = 36$
$A = 4 \cdot 3^2 = 4 \cdot 9 = 36$
Flächeninhalt: $36\ cm^2$

Ein anderes Rechteck lässt sich ebenfalls in gleich große Quadrate zerlegen.

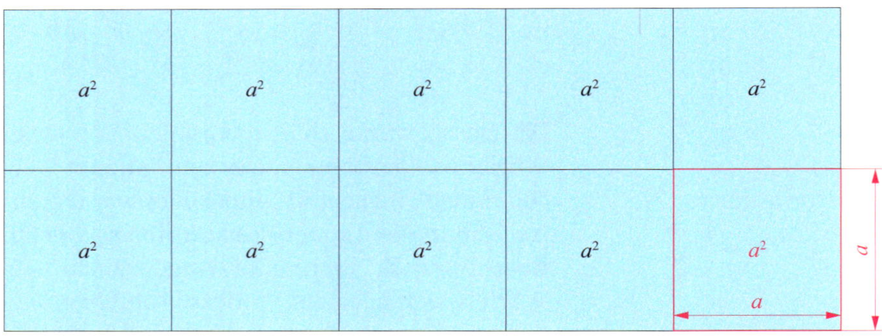

Für den Flächeninhalt des Rechtecks, das aus den Quadraten mit der Seitenlänge a zusammengesetzt ist, gilt: $A = a^2 + a^2 + a^2 + a^2 + a^2 + a^2 + a^2 + a^2 + a^2 + a^2 = 10 \cdot a^2 = 10\,a^2$

1 a) Entnimm der Zeichnung die Länge von a. Berechne den Flächeninhalt eines Quadrats und daraus den Flächeninhalt des Rechtecks.

b) Entnimm der Zeichnung die Maße des Rechtecks und berechne den Flächeninhalt. Vergleiche mit dem Ergebnis von a).

Für Potenzen als Summanden gilt:
Gleiche Summanden kann man zusammenfassen.

Wenn man den Wert von Termen, in denen Potenzen vorkommen, berechnen will, muss man zuerst den Wert der Potenzen berechnen.

Beispiele

1. $3^2 + 3^2 + 3^2 + 3^2 = 4 \cdot 3^2$
2. $y^3 + y^3 + y^3 + y^3 + y^3 = 5\,y^3$
3. $a^2 + 5\,a^2 = 1\,a^2 + 5\,a^2 = 6\,a^2$
4. $8\,a^2$ hat für $a = 3$ den Wert $8 \cdot 3^2 = 8 \cdot 9 = 72$
5. $5\,x^3$ hat für $x = 2$ den Wert $5 \cdot 2^3 = 5 \cdot 8 = 40$
6. $4\,y^4$ hat für $y = -2$ den Wert $4 \cdot (-2)^4 = 4 \cdot 16 = 64$

Übungen

2 Schreibe als Produkt.

a) $x^2 + x^2 + x^2 + x^2$
b) $r^2 + r^2 + r^2 + r^2 + r^2 + r^2$
c) $a^5 + a^5 + a^5$
d) $y^4 + y^4 + y^4 + y^4$
e) $z^3 + z^3 + z^3 + z^3 + z^3 + z^3$

3 Schreibe als Summe.

a) $3m^2$ b) $2n^3$ c) $6w^4$ d) $4v^6$

4 Vereinfache.

a) $3c^2 + c^2$
b) $2x^3 + x^3 + x^3$
c) $a^2 + 2a^2 + a^2 + a^2$
d) $b^2 + b^2 + 3b^2 + b^2$
e) $y^4 + 4y^4 + y^4 + y^4 + y^4 + y^4$

5 Vereinfache.

a) $2x^2 + 3x^2$
b) $5a^2 - 4a^2$
c) $5b^3 + 6b^3$
d) $9v^2 + 15v^2$
e) $17s^5 - 14s^5$
f) $34y^7 - 25y^7$

6 Berechne den Wert der Terme für $x = 2$.

a) $x^2 + x^2$
b) $x^2 + x^2 + x^2 + x^2$
c) $x^3 + x^3 + x^3 + x^3 + x^3$
d) $x^4 + x^4 + x^4$

7 Berechne den Wert der Terme für $x = -3$.

a) $3x^2$ c) $2x^3$ e) $2x^4$ g) $7x^5$
b) $6x^2$ d) $4x^3$ f) $10x^4$ h) $3x^6$

8 Ordne zuerst und vereinfache.

a) $a^2 + b^2 + a^2 + b^2$
b) $x^2 + y^2 + x^2 - x^2 + y^2 + x^2$
c) $m^2 + n^3 + m^2 + n^3 - n^3 + m^2$
d) $y^3 + y^2 + y^3 + y^2 - y^2 + y^3 - y^3$

9 Ordne zuerst und fasse zusammen.

a) $2a^2 + 4b^2 + 3a^2$
b) $4t^2 + 6s^3 - 2s^3 + 5t^2$
c) $2u^2 + 3w^3 + 2u^2 + w^3$
d) $14x^3 - 6x^3 + 14x^2 - 6x^2 + 2x^3$
e) $3x^2 + 2y^2 + 8z + 2x^2 + 3y^2 + 4z + y^2$
f) $2x + 2x^2 + 3x^3 - 2x^3 + 3x^2 - 3x + x$

10 Ordne zuerst und fasse zusammen.

a) $3{,}4y^2 + 7{,}8x^3 + 2{,}8x^3 + 1{,}4y^2$
b) $1{,}08a^4 + 0{,}75b^4 + 3{,}25b^4 + 2{,}38a^4$
c) $0{,}07b + 0{,}32a^2 - 0{,}15a^2 + 1{,}05a^2$
d) $\frac{1}{8}u^2 + \frac{1}{4}v^3 + \frac{3}{8}u^2 + \frac{3}{4}v^3$
e) $\frac{4}{7}x^2 + \frac{3}{9}y^2 + \frac{1}{3}x^2 + \frac{1}{6}y^2$

11 a) Aus wie vielen Feldern besteht das Spielfeld eines Schachbretts?

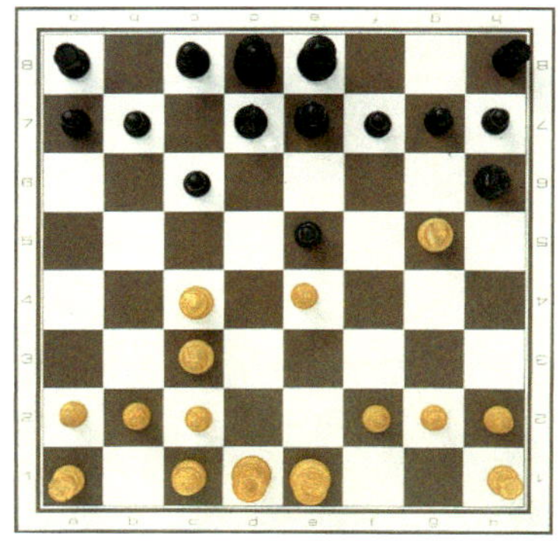

b) Gib einen Term an, mit dem der Flächeninhalt eines Feldes berechnet werden kann.
c) Gib einen Term an, mit dem der Flächeninhalt des gesamten Spielfeldes aus den Einzelflächen berechnet werden kann.

12 In einer Parkanlage befindet sich ein großes Schachspiel. Es wurden nicht nur für das Spielfeld quadratische Betonplatten mit 40 cm Kantenlänge verwendet.
a) Gib den Term zur Berechnung des Flächeninhalts einer Betonplatte an.
b) Gib den Term zur Berechnung der gesamten Fläche an, die mit diesen Platten belegt ist.
c) Berechne den gesamten Flächeninhalt der Fläche in m^2, die mit quadratischen Platten belegt wurde.

Multiplikation und Division von Potenzen mit gleicher Basis

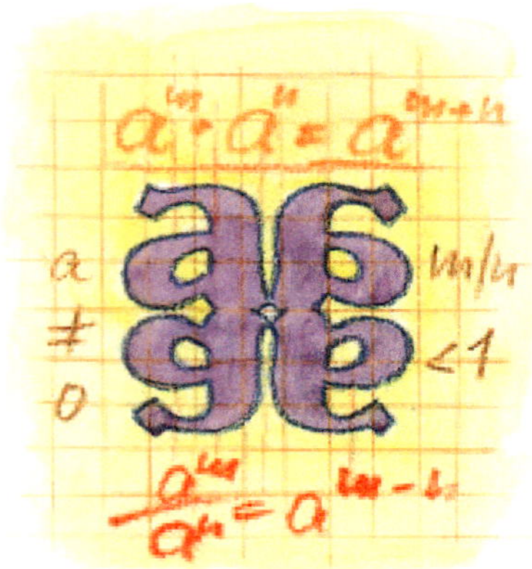

Wir können uns das Rechnen mit Potenzen erleichtern, wenn die Potenzen die gleiche Basis haben.

1. Potenzen mit gleicher Basis kann man multiplizieren.

$$2^3 \cdot 2^4 = (2 \cdot 2 \cdot 2) \cdot (2 \cdot 2 \cdot 2 \cdot 2) = 2 \cdot 2 \cdot 2 \cdot 2 \cdot 2 \cdot 2 \cdot 2 = 2^{3+4} = 2^7$$

$$a^3 \cdot a^4 = \underbrace{(a \cdot a \cdot a)}_{\text{3 Faktoren}} \cdot \underbrace{(a \cdot a \cdot a \cdot a)}_{\text{4 Faktoren}} = \underbrace{a \cdot a \cdot a \cdot a \cdot a \cdot a \cdot a}_{\text{(3 + 4) Faktoren}} = a^{3+4} = a^7$$

2. Potenzen mit gleicher Basis kann man dividieren.

$$2^7 : 2^4 = \frac{2^7}{2^4} = \frac{2 \cdot 2 \cdot 2 \cdot 2 \cdot 2 \cdot 2 \cdot 2}{2 \cdot 2 \cdot 2 \cdot 2} = 2 \cdot 2 \cdot 2 = 2^{7-4} = 2^3$$

$$a^7 : a^4 = \frac{a^7}{a^4} = \frac{a \cdot a \cdot a \cdot a \cdot a \cdot a \cdot a}{a \cdot a \cdot a \cdot a} = \underbrace{a \cdot a \cdot a}_{\text{(7 – 4) Faktoren}} = a^{7-4} = a^3$$

> Potenzen mit gleicher Basis werden multipliziert, indem man die Exponenten addiert und die Basis beibehält.
>
> Potenzen mit gleicher Basis werden dividiert, indem man die Exponenten subtrahiert und die Basis beibehält.

Beispiele

1. $3^5 \cdot 3^2 = 3^{5+2} = 3^7$

2. $(-2)^3 \cdot (-2)^2 = (-2)^{3+2} = (-2)^5$

3. $x^4 \cdot x^3 \cdot x^2 = x^{4+3+2} = x^9$

4. $3^5 : 3^2 = 3^{5-2} = 3^3$

5. $(-2)^3 : (-2)^2 = (-2)^{3-2} = (-2)^1 = -2$

6. $\frac{x^3 y^4}{x^2 y^3} = x^{3-2} y^{4-3} = x\,y$

Übungen

1 Schreibe das Produkt als eine Potenz.

a) $4^5 \cdot 4^6$ b) $(-3)^2 \cdot (-3)^5$ c) $(\frac{2}{3})^3 \cdot (\frac{2}{3})^7$ d) $8^3 \cdot 8^6$ e) $0{,}6^3 \cdot 0{,}6^5$ f) $(-\frac{3}{4})^2 \cdot (-\frac{3}{4})^3$

2 Schreibe das Produkt als eine Potenz.

a) $a^5 \cdot a^7$ b) $(-x)^3 \cdot (-x)^{10}$ c) $-2x^3 \cdot x^5$ d) $y^n \cdot y^4$ e) $b^{2x} \cdot b^x$ f) $x^m \cdot x^m$

3 Schreibe als Produkt zweier Potenzen.

a) 3^{2+4} b) $(-7)^{5+3}$ c) a^{x+y} d) a^{3n+1} e) $5x^{2r+3s}$ f) $\frac{1}{3}b^{mx+ny}$ g) 4^8 h) $(-5)^9$ i) -2^6 j) -10^5 k) a^{11} l) a^{4x}

4 Schreibe den Quotienten als eine Potenz.

a) $\frac{2^9}{2^5}$ b) $\frac{(-5)^4}{(-5)^2}$ c) $\frac{-0{,}4^6}{-0{,}4^3}$ d) $\frac{3^2}{3^1}$ e) $\frac{(-8)^4}{(-8)^2}$ f) $(\frac{2}{3})^5 : (\frac{2}{3})^4$ g) $(-1)^5 : (-1)^4$ h) $\frac{(-3)^8}{3^4}$ i) $\frac{(-4)^7}{4^3}$

5 Schreibe als Quotienten zweier Potenzen.

a) 4^{5-3} b) $(-8)^{7-4}$ c) x^{a-b} d) 7^5 e) $(-3)^{11}$ f) -2^9 g) $(-10)^7$ h) x^{13} i) x^m

6 Berechne den Potenzwert.

a) $\frac{3^5}{3^3}$ b) $\frac{7^4}{7^2}$ c) $(-4)^4 : (-4)^2$ d) $0{,}1^7 : 0{,}1^3$ e) $(\frac{1}{3})^4 : (\frac{1}{3})^2$ f) $(-\frac{3}{10})^5 : (-\frac{3}{10})^2$ g) $\frac{625}{5^2}$ h) $\frac{4^7}{64}$ i) $\frac{3^5}{27}$

Multiplikation und Division von Potenzen mit gleichen Exponenten

Auch das Rechnen mit Potenzen, bei denen die Basen verschieden, aber die Exponenten gleich sind, lässt sich vereinfachen.

1. Potenzen mit gleichen Exponenten kann man multiplizieren.

$a^3 \cdot b^3 = a \cdot a \cdot a \cdot b \cdot b \cdot b = (a \cdot b) \cdot (a \cdot b) \cdot (a \cdot b) = (a \cdot b)^3$

2. Potenzen mit gleichen Exponenten kann man dividieren.

$a^2 : b^2 = \frac{a^2}{b^2} = \frac{a \cdot a}{b \cdot b} = \left(\frac{a}{b}\right) \cdot \left(\frac{a}{b}\right) = \left(\frac{a}{b}\right)^2$

Potenzen mit gleichen Exponenten werden multipliziert, indem man die Basen multipliziert und das Produkt mit dem Exponenten potenziert.

Zwei Potenzen mit gleichen Exponenten werden dividiert, indem man die Basen dividiert und den Quotienten mit dem Exponenten potenziert.

Beispiele

1. $2^3 \cdot 5^3 = (2 \cdot 5)^3 = 10^3$

2. $(-4)^3 \cdot 2^3 = (-8)^3$

3. $c^4 \cdot (-d)^4 = (-c\,d)^4$

4. $x^3 \cdot y^3 \cdot z^3 = (x\,y\,z)^3$

5. $\frac{4^6}{5^6} = (\frac{4}{5})^6 = 0{,}8^6$

6. $(-4)^3 : 2^3 = (-2)^3$

7. $c^2 : (-d)^2 = (-\frac{c}{d})^2$

8. $(3\,a\,b)^3 : (9\,a)^3 = (\frac{b}{3})^3$

Übungen

1 Schreibe als Potenz und berechne.

a) $5^3 \cdot 4^3$
b) $(-10)^2 \cdot (-5)^2$
c) $(-2)^4 \cdot 2^4$
d) $6^1 \cdot 0{,}5^1$
e) $8^2 \cdot 125^2$
f) $(\frac{1}{3})^4 \cdot (\frac{9}{2})^4$

2 Schreibe als Potenz und berechne.

a) $3^5 : 2^5$
b) $0{,}4^2 : 0{,}2^2$
c) $3{,}6^4 : 0{,}9^4$
d) $30^3 : 6^3$
e) $(-3)^6 : 6^6$
f) $125^3 : (-5)^3$

3 Schreibe als Produkt oder Quotient.

a) $(4\,a)^3$
b) $(0{,}2\,x)^2$
c) $(-6\,v)^3$
d) $(\frac{x}{2})^4$
e) $(\frac{a}{2b})^4$
f) $(-3\,a\,b)^5$

4 Schreibe als Produkt oder Quotient.

a) $(\frac{2}{3}a)^3$
b) $(\frac{28}{8})^2$
c) $(\frac{1}{4}x)^3$
d) $(-10\,z)^6$
e) $-(\frac{1}{2}a\,b)^4$
f) $(-3\,y)^3$

5 Vereinfache so weit wie möglich.

a) $3^3 : 9^3$
b) $\frac{(a\,b)^6}{a^6}$
c) $(5 \cdot 3)^4 : 3^4$
d) $\frac{(2\,a\,b)^3 \cdot (5\,r\,b)^3}{(2\,r\,b)^3}$

6 Berechne.

a) $\frac{32^4}{16^4}$
b) $(\frac{1}{2})^3 \cdot (\frac{2}{3})^3 \cdot (\frac{6}{5})^3$
c) $8^4 : 2^4$
d) $(-3)^3 : 12^3$
e) $-\frac{7^3}{21^3}$
f) $(-0{,}5)^5 \cdot (-4)^5$
g) $\frac{(-2)^3}{(-4)^3}$
h) $(-5)^3 \cdot 5^3$

Gleichungen mit Potenzen

Info

Auch in Gleichungen können Potenzen vorkommen. Eine der berühmtesten physikalischen Gleichungen hat Albert Einstein (1879–1955) aufgestellt. Sie lautet: $E = mc^2$. E steht für Energie, m für Masse und c für die Geschwindigkeit des Lichtes im luftleeren Raum. Die Formel besagt, dass sich Materie in Energie umwandeln lässt und umgekehrt.

Aus Klasse 7 und aus dem Wiederholungs-Kapitel wissen wir, wie man Summen miteinander multipliziert. Bei dieser Multiplikation spielen häufig Potenzen eine Rolle.
Wir können Gleichungen lösen, die solche Potenzen enthalten.

Beispiele

1.

$$
\begin{aligned}
(x+3)(x+7) &= x^2 - 19 && \text{Wir lösen zuerst die Klammern auf.}\\
x^2 + 7x + 3x + 21 &= x^2 - 19 && \text{Gleiche Variablen werden zusammengefasst.}\\
x^2 + 10x + 21 &= x^2 - 19 && |-x^2\\
x^2 - x^2 + 10x + 21 &= x^2 - x^2 - 19 &&\\
10x + 21 &= -19 && |-21\\
10x + 21 - 21 &= -19 - 21 &&\\
10x &= -40 && |:10\\
\frac{10x}{10} &= \frac{-40}{10} &&\\
x &= -4 &&
\end{aligned}
$$

Probe:

$$
\begin{aligned}
(x+3)(x+7) &= x^2 - 19\\
(-4+3)(-4+7) &= (-4)^2 - 19\\
-1 \cdot 3 &= 16 - 19\\
-3 &= -3 \text{ (w)}
\end{aligned}
$$

Übungen

Löse zunächst die Klammern auf. Fasse, wenn möglich, zusammen. Löse dann die Gleichung.

1 a) $(x+2)(x+3) = x^2 + 11$
b) $(x-2)(x+3) = x^2 - 8$
c) $(x-6)(x+6) = x^2 - 2x$
d) $(x+9)(x-5) = x^2 + 49x$
e) $(-x+1)(x-2) = -x^2 - 2$
f) $(x+8)(-x-5) = -x^2 + 25$
g) $(-x-9)(-x-3) = x^2 + 15x + 15$
h) $(-2-x)(x-4) = -x^2 + 4x + 14$
i) $(x-4)(x+4) = x^2 + 7x - 2$

2 Finde die gesuchte Zahl durch Probieren und Überlegen.

a) $9 \cdot 2^3 + x \cdot 2^3 = 16 \cdot 2^3$
b) $3^2 \cdot 3^x = 3^5$
c) $2^7 \cdot 2^2 = 2^x$
d) $5^x : 5^4 = 5^3$
e) $12^6 : 12^3 = 12^x$
f) $20\,000 = 2 \cdot 10^x$
g) $4^x \cdot 4^1 = 4^2$
h) $9^4 : 9^6 = 9^x$
i) $(4x)^3 = 4^3 \cdot 2^3$
j) $\left(\frac{3}{y}\right)^2 = \frac{9}{4}$
k) $\left(\frac{x}{3}\right)^5 = \frac{32}{243}$

Negative und positive Potenzwerte

Wir untersuchen Potenzwerte von Potenzen, deren Basis negativ ist.

$(-2)^2 = (-2) \cdot (-2) = 4$
$(-3)^4 = (-3) \cdot (-3) \cdot (-3) \cdot (-3) = 81$
$(-4)^6 = (-4) \cdot (-4) \cdot (-4) \cdot (-4) \cdot (-4) \cdot (-4) = 4096$

$(-2)^3 = (-2) \cdot (-2) \cdot (-2) = -8$
$(-3)^5 = (-3) \cdot (-3) \cdot (-3) \cdot (-3) \cdot (-3) = -243$
$(-4)^7 = (-4) \cdot (-4) \cdot (-4) \cdot (-4) \cdot (-4) \cdot (-4) \cdot (-4) = -16\,384$

Der Wert einer Potenz mit negativer Basis kann positiv oder negativ sein.

Wenn der Exponent eine gerade Zahl $(2n)$ ist, ist der Potenzwert positiv.
$(-a)^{2n} = a^{2n}$; $a > 0$

Wenn der Exponent eine ungerade Zahl $(2n+1)$ ist, ist der Potenzwert negativ.
$(-a)^{2n+1} = -a^{2n+1}$; $a > 0$

Der Wert einer Potenz mit positiver Basis ist unabhängig vom Exponenten immer positiv.

Beachte: $(-5)^4 = (-5) \cdot (-5) \cdot (-5) \cdot (-5) = 625$, aber $-5^4 = -(5 \cdot 5 \cdot 5 \cdot 5) = -625$
$-(-5)^4 = -625$

Beispiele

1. $4^5 = 4 \cdot 4 \cdot 4 \cdot 4 \cdot 4 = 1024$
2. $(-a)^4 = (-a) \cdot (-a) \cdot (-a) \cdot (-a) = a^4$
3. $(-a)^3 = (-a) \cdot (-a) \cdot (-a) = -a^3$
4. $(-5a)^4 = 625a^4$

Übungen

1 Gib an, ob der Potenzwert positiv oder negativ ist.

a) $-0{,}4^5$ c) $(-0{,}4)^6$ e) $-1{,}2^4$ g) $-1{,}2^3$
b) $(-0{,}4)^5$ d) $-0{,}4^6$ f) $(-1{,}2)^3$ h) $(-1{,}2)^4$

2 Bestimme den Potenzwert. Überlege zuerst, ob er positiv oder negativ ist.

a) $(-\frac{1}{5})^4$ c) $-0{,}4^3$ e) $(-0{,}1)^5$
b) $(-2)^6$ d) $(-\frac{1}{10})^6$ f) $(-4)^3$

3 Übertrage in dein Heft und setze die richtigen Zeichen ein (<, =, >).

a) $(-4)^2 \;\square\; (-2)^4$ e) $-4^2 \;\square\; -2^4$
b) $2^3 \;\square\; (-2)^3$ f) $(-4)^2 \;\square\; 4^2$
c) $-3^3 \;\square\; (-3)^3$ g) $(-4)^3 \;\square\; (-3)^4$
d) $(-5)^3 \;\square\; (-3)^5$ h) $(-2)^6 \;\square\; 2^6$

4 Berechne mit dem Taschenrechner.

a) $1{,}4^6$ c) $(-0{,}2)^7$ e) $(-3{,}6)^3$ g) $(-\frac{2}{5})^4$
b) $-2{,}4^5$ d) $3{,}14^3$ f) $(-0{,}75)^2$ h) $-(\frac{2}{3})^3$

5 Benutze die Potenzschreibweise.

Beispiel: $-27 = (-3)^3$ oder $-27 = -3^3$

a) -25 c) 81 e) -125 g) -128
b) 25 d) $1{,}69$ f) $-2{,}56$ h) -243

6 Bestimme den Potenzwert und ordne die Potenzen der Größe nach.

a) 2^6; 3^5; 4^4; 5^3; 6^2
b) $(-2)^6$; $(-3)^5$; $(-4)^4$; $(-5)^3$; $(-6)^2$
c) -2^6; -3^5 -4^3; -4^4; -5^3; -6^2
d) 3^4; -3^4; 4^3; -4^3
e) 1^4; -1^8; 2^4; -2^8

7 Benutze die Potenzschreibweise.

Beispiel: $3m \cdot 3m \cdot m = 3^2 m^3 = 9m^3$

a) $6a \cdot 6 \cdot 6a \cdot a$
b) $3 \cdot 3d \cdot d \cdot 3d \cdot 3d$
c) $4x \cdot 4 \cdot x \cdot 4x \cdot 4x$
d) $(-2) \cdot v \cdot (-2) \cdot v \cdot v \cdot b \cdot v \cdot b$
e) $x \cdot y \cdot (-x) \cdot (-y) \cdot y \cdot (-y) \cdot (-x)$
f) $(-5) \cdot a \cdot a \cdot (-5) \cdot (-b) \cdot (-b) \cdot (-5) \cdot (-b)$
g) $(-3) \cdot x \cdot (-3) \cdot y \cdot (-3) \cdot x \cdot y \cdot (-3)$

Erweiterung des Potenzbegriffs

Bisher haben wir Potenzen mit natürlichen Exponenten betrachtet, es gibt aber auch Potenzen mit negativen Exponenten.
Was bedeutet zum Beispiel 5^{-2}? Wir überlegen, durch welche Rechnung diese Zahl entstanden sein könnte.

Zum Beispiel:

	:5		:5		:5		:5		:5		:5		
… 5^3		5^2		5^1		5^0		5^{-1}		5^{-2}		5^{-3}	…
125		25		5		1		$\frac{1}{5}$		$\frac{1}{25}$		$\frac{1}{125}$	

Aus dieser Übersicht lassen sich drei Erweiterungen des Potenzbegriffs ableiten.

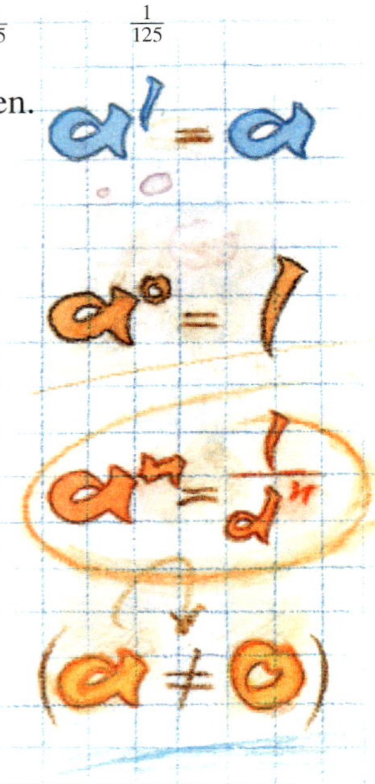

1. Potenzen mit dem Exponenten 1
Nach der Übersicht gilt: $5^1 = 5$ — Allgemein gilt: $a^1 = a$

2. Potenzen mit dem Exponenten 0
Nach der Übersicht gilt: $5^0 = 1$ — Allgemein gilt: $a^0 = 1$

3. Potenzen mit negativem Exponenten
Nach der Übersicht gilt zum Beispiel: $5^{-2} = \frac{1}{25}$

Die 25 im Nenner kann als Potenz 5^2 geschrieben werden: $5^{-2} = \frac{1}{5^2}$

Entsprechend gilt zum Beispiel: $5^{-3} = \frac{1}{125}$

Die 125 im Nenner kann als Potenz 5^3 geschrieben werden: $5^{-3} = \frac{1}{5^3}$

Allgemein gilt: $a^{-n} = \frac{1}{a^n}$

> Sind die Exponenten von Potenzen ganze Zahlen (natürliche Zahlen oder ihre Gegenzahlen), so gilt:
> $a^1 = a$ $\quad a^0 = 1$ $\quad a^{-n} = \frac{1}{a^n}\ (a \neq 0)$
> $0^1 = 0$
> 0^0 ist nicht definiert

Beispiele

1. $2^{-3} = \frac{1}{2^3} = \frac{1}{8}$
2. $10^{-4} = \frac{1}{10^4} = \frac{1}{10\,000} = 0{,}0001$
3. $(-5)^{-2} = \frac{1}{(-5)^2} = \frac{1}{25}$
4. $-3^{-5} = -\frac{1}{3^5} = -\frac{1}{243}$

Übungen

1 Schreibe ohne negativen Exponenten.

a) 7^{-1} c) $\left(\frac{2}{5}\right)^{-2}$ e) $(-8)^{-3}$
b) 12^{-3} d) 9^{-5} f) -10^{-4}

2 Berechne.

a) 5^{-2} c) 10^{-3} e) 37^1
b) 1^{-3} d) 23^0 f) 6^{-3}

3 Schreibe mit negativem Exponenten.

a) $\frac{1}{100}$ c) $\frac{1}{8}$ e) $-\frac{1}{32}$
b) $\frac{1}{16}$ d) $\frac{1}{25}$ f) $\frac{1}{1000}$

4 Schreibe als Potenz.

a) 0,01 e) 0,125
b) 0,001 f) 0,0625
c) 0,000 001 g) 0,0081
d) 0,25 h) 0,04

Zinseszinsen

Petra will 1500 € auf einem Konto 3 Jahre lang „arbeiten" lassen. Sie erhält 3,2% Zinsen p. a. Die Zinsen werden am Jahresende zum jeweiligen Kapital addiert und mit verzinst. Man spricht hier von **Zinseszinsen**, da die jährlichen Zinsen weiter verzinst werden.

Nach dem **ersten Jahr** ist ihr Kapital von 1500 € (K_0) von 100% auf 103,2% angewachsen:

$K_1 = 1{,}032 \cdot 1500\,€$
$K_1 = 1{,}032 \cdot K_0$

Nach dem **zweiten Jahr** ist ihr Kapital K_1 von 100% auf 103,2% angewachsen:

$K_2 = 1{,}032 \cdot K_1 = 1{,}032 \cdot 1{,}032 \cdot K_0$

Nach dem **dritten Jahr** ist ihr Kapital K_2 von 100% auf 103,2% angewachsen:

$K_3 = 1{,}032 \cdot K_2 = 1{,}032 \cdot 1{,}032 \cdot 1{,}032 \cdot K_0$

Bei gleich bleibendem Zinssatz hat Petra nach 3 Jahren ein Kapital von 1648,66 €.

$K_3 = \mathbf{1{,}032^3} \cdot K_0$
$K_3 = 1{,}032^3 \cdot 1500\,€ \approx 1648{,}66\,€$

Petra kann so auch das Kapital bei gleich bleibendem Zinssatz von $p\% = 3{,}2\%$ für beliebige Zeiträume (n Jahre) berechnen. Der Faktor 1,032 wird **Zinsfaktor** genannt. $K_n = \mathbf{1{,}032^n} \cdot K_0$

Der Zinsfaktor ergibt sich allgemein aus $1 + p\%$, also gilt: $\boldsymbol{K_n = (1 + p\%)^n \cdot K_0}$

Oft gibt es Angebote, bei denen sich der Zinssatz ständig ändert. Dann muss man für jedes Jahr die Zinsen einzeln ausrechnen.

Bei Bundesschatzbriefen vom Typ B werden die jährlichen Zinsen zum Kapital addiert und im Folgejahr mit verzinst. Zusätzlich ändern sich die Zinssätze meist von Jahr zu Jahr.

Bundesschatzbriefe Typ B
Geldzuwachs mit wachsendem Zins

Wir berechnen für ein Anfangskapital von 4000 € am 1. Januar den Kapitalzuwachs nach 3 Jahren und füllen schrittweise das „Berechnungsformular" aus.

4000 € bringen nach einem Jahr 2,25% Zinsen.
$Z_1 = 4000\,€ \cdot 0{,}0225 = 90\,€$.
Die Zinsen werden zum Kapital addiert.

Im 2. Jahr wurden 4090 € mit 2,75% verzinst.
$Z_2 = 4090\,€ \cdot 0{,}0275 \approx 112{,}48\,€$

Im 3. Jahr wurden 4202,48 € mit 3% verzinst.
$Z_3 = 4202{,}48\,€ \cdot 0{,}03 \approx 126{,}07\,€$

Anfangskapital am 01.01.	4000,00 €
Zinsen für das 1. Jahr	90,00 €
Kapital nach 1 Jahr	4090,00 €
Zinsen für das 2. Jahr	112,48 €
Kapital nach 2 Jahren	4202,48 €
Zinsen für das 3. Jahr	126,07 €
Kapital nach 3 Jahren	4328,55 €

Nach 3 Jahren hat sich das Kapital auf 4328,55 € erhöht.

Übungen

1 Welche Geldanlage ergibt nach 3 Jahren für 2000 € das größere Endkapital?
I. Zinssatz 4,25% p. a. (fest)
II. Zinssatz im ersten Jahr 3,75%, im zweiten Jahr 4,2%, im dritten Jahr 4,4%

2 Berechne das Kapital nach 5 Jahren, wenn 3600 € in der Zeit mit Zinseszinsen bei einem Zinssatz von 2,75% p. a. angelegt werden.

3 Berechne den Kapitalzuwachs mit Bundesschatzbriefen vom Typ B nach 7 Jahren für ein Kapital von 2500 € (5000 €; 7500 €).

MIKROKOSMOS – MAKROKOSMOS

Im Vergleich zum Weltall, dem **Makrokosmos**, ist die Welt des Menschen winzig. Vergleicht man sie dagegen mit dem **Mikrokosmos** der Kleinstwesen und der physikalischen Teilchen, ist die Welt des Menschen riesig.

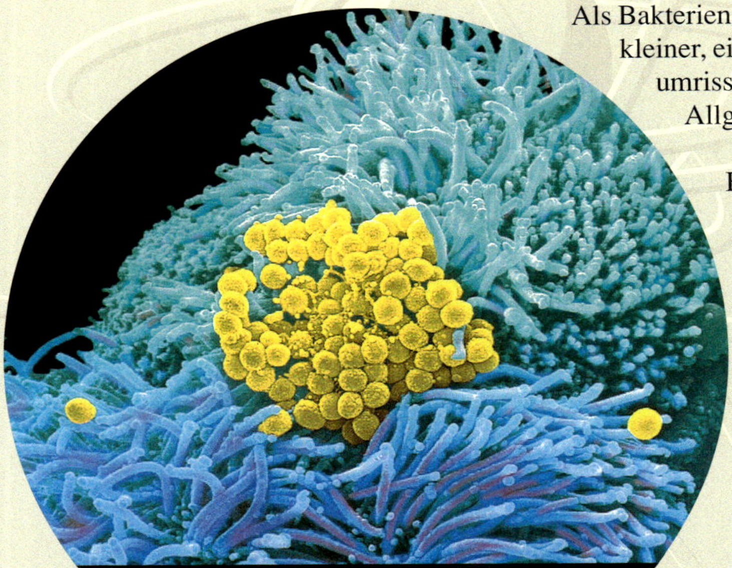

Flimmerhaare des Luftröhrenepithels entfernen Bakterienkolonie
Vergrößerung hier 2500fach

Als Bakterien wird eine große Gruppe mikroskopisch kleiner, einzelliger Organismen ohne echten, klar umrissenen Zellkern bezeichnet, die sich im Allgemeinen durch Zellteilung vermehren.

Bakterien sind winzig, zwischen einem und zehn Mikrometern (tausendstel Millimeter) groß. Sie versorgen sich auf unterschiedlichste Art mit Energie und Nährstoffen. Sie finden sich in nahezu jeder Umwelt: in Luft, Boden, Wasser, Eis und heißen Quellen.

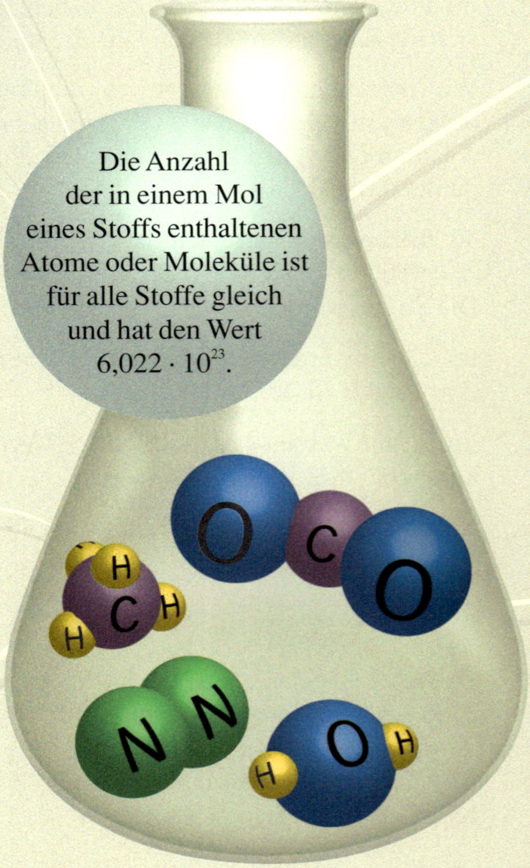

Von Einheiten können dezimale Vielfache und Teiler gebildet werden, indem man Vorsilben vor die Einheitennamen und die entsprechenden Kurzzeichen vor die Einheitszeichen setzt. Das Gesetz über Einheiten im Messwesen lässt die folgenden Vorsätze und Kurzzeichen zu.

Vorsilbe	Kurzzeichen	Bedeutung	Vorsilbe	Kurzzeichen	Bedeutung
Exa	E	10^{18}fach	Dezi	d	10^{-1}fach
Peta	Pa	10^{15}fach	Zenti	c	10^{-2}fach
Tera	T	10^{12}fach	Milli	m	10^{-3}fach
Giga	G	10^{9}fach	Mikro	µ	10^{-6}fach
Mega	M	10^{6}fach	Nano	n	10^{-9}fach
Kilo	k	10^{3}fach	Piko	p	10^{-12}fach
Hekto	h	10^{2}fach	Femto	f	10^{-15}fach
Deka	da	10^{1}fach	Atto	a	10^{-18}fach

UNGESÜNDESTE STADT DER WELT

Die ungesündeste Stadt der Welt bezüglich der Stickoxide (NO_2) war 1998 Mailand mit 248 $\frac{\mu g}{m^3}$. Auch München lag mit 53 $\frac{\mu g}{m^3}$ über dem Richtwert.

Schadstoffkonzentration
Die Richtwerte für die Schadstoffbelastung von Städten betragen:
90 $\frac{\mu g}{m^3}$ für Partikel
50 $\frac{\mu g}{m^3}$ für SO_2
50 $\frac{\mu g}{m^3}$ für NO_2

Einige physikalische und astronomische Konstanten

	Name		Wert
1.	Lichtgeschwindigkeit im Vakuum	c	$= 2{,}997925 \cdot 10^8 \, m\,s^{-1}$
2.	Gravitationskonstante	G_s	$= 6{,}670 \cdot 10^{-11} \, m^3 kg^{-1} s^{-2}$
3.	Fallbeschleunigung (Normwert)	g_n	$= 9{,}80665 \, m\,s^{-2}$
4.	Masse der Sonne	m_s	$= 1{,}99 \cdot 10^{30}$ kg
5.	Masse der Erde	m_E	$= 5{,}97 \cdot 10^{24}$ kg
6.	Masse des Mondes	m_M	$= 7{,}35 \cdot 10^{22}$ kg
7.	Radius der Erde (Mittelwert)	r_E	$= 6{,}371 \cdot 10^6$ m
8.	Radius des Mondes (Mittelwert)	r_M	$= 1{,}738 \cdot 10^6$ m
9.	Entfernung Sonne – Erde (Mittelwert)	$r_{S,E}$	$= 1{,}496 \cdot 10^{11}$ m
10.	Entfernung Erde – Mond (Mittelwert)	$r_{E,M}$	$= 3{,}844 \cdot 10^8$ m

	Masse	Durchmesser
Elektron	$9{,}11 \cdot 10^{-31}$ kg	10^{-10} m
Proton	$1{,}67 \cdot 10^{-27}$ kg	10^{-10} m
Sagittarius A*	$10^6 \, M_\odot$	ca. 3 AE
Milchstraße	$2 \cdot 10^{11} \, M_\odot$	100 000 LJ

$M_\odot$ (Masse der Sonne)
AE (Astronomische Einheit; Mittelwert der Entfernung Erde – Sonne)
Lj (Lichtjahr; Länge des Wegs, den das Licht in einem Jahr zurücklegt)
Sagittarius A* ist eine sogenannte Radioquelle im Zentrum der Milchstraße.

Stromerzeugung
Die Welterzeugung an elektrischem Strom betrug 1997 13 100 000 Mio. KWh. Davon wurden 2,334 Mrd. GWh durch Kernkraftwerke erzeugt. Das deutsche Kernkraftwerk Grohnde war dabei mit 12 529 GWh das leistungsfähigste.

Schreibweise großer Zahlen mit Zehnerpotenzen

Info

Die Milchstraße erscheint als schwaches Lichtband, das in klaren und dunklen Nächten sichtbar ist. Es ist das Licht von sehr vielen Sternen.
Bei dieser Galaxie handelt es sich um ein gewaltiges System aus 200 Milliarden einzelner Sterne (selbstleuchtende Gaskugeln hoher Temperatur), welches durch Gravitation zusammengehalten wird. Die Milchstraße hat von der Seite betrachtet die Form einer Scheibe mit einer Verdickung in der Mitte. Von oben gesehen gleicht die Milchstraße einer Spirale.

Die Angabe des Längendurchmessers der Milchstraße in Kilometern ist eine 18-stellige Zahl: 756 800 000 000 000 000 km.

Große Zahlen lassen sich übersichtlicher mit **Zehnerpotenzen** darstellen. Hierbei ist die Basis 10.

Der Längendurchmesser der Milchstraße könnte mithilfe der Zehnerpotenz 10^{14} geschrieben werden: $7568 \cdot 10^{14}$ km.

$10 = 10^1$
$100 = 10^2$
$1000 = 10^3$
$10\,000 = 10^4$
$100\,000 = 10^5$
$1\,000\,000 = 10^6$ = 1 Million
$10\,000\,000 = 10^7$ = 10 Millionen
$100\,000\,000 = 10^8$ = 100 Millionen
$1\,000\,000\,000 = 10^9$ = 1 Milliarde
$1\,000\,000\,000\,000 = 10^{12}$ = 1 Billion

Für die Schreibweise von großen Zahlen mithilfe von Zehnerpotenzen wurde die **wissenschaftliche Schreibweise** festgelegt. Dabei ist der erste Faktor eine Zahl zwischen 1 und 10, der zweite Faktor die entsprechende Zehnerpotenz.

Die wissenschaftliche Schreibweise des Durchmessers der Milchstraße ist somit $7{,}568 \cdot 10^{17}$ km.

Die Umwandlung von der wissenschaftlichen Schreibweise in die Dezimalschreibweise kann man ohne Zwischenschritt durch eine Kommaverschiebung vornehmen:
Zum Beispiel: $8{,}42 \cdot 10^7 = 84\,200\,000$ (Komma um 7 Stellen nach rechts verschoben)

Rechnet man mit dem Taschenrechner zum Beispiel $43\,000\,000 \cdot 570\,000$, erscheint diese Anzeige: [2.451×10¹³]. Der Taschenrechner gibt bei großen Zahlen die wissenschaftliche Schreibweise an.

Beispiele

1. Schreibe mithilfe von Zehnerpotenzen.
a) $1\,500\,000 = 1{,}5 \cdot 1\,000\,000 = 1{,}5 \cdot 10^6$
b) $241 = 2{,}41 \cdot 100 = 2{,}41 \cdot 10^2$

2. Schreibe als Dezimalzahl.
a) $7{,}23 \cdot 10^4 = 72\,300$
b) $5{,}983 \cdot 10^8 = 598\,300\,000$

Übungen

1 Schreibe als Zehnerpotenz.
a) 1 Tausend
b) 1 Milliarde
c) 10 Billionen
d) 100 Milliarden

2 Schreibe mit Zehnerpotenzen in wissenschaftlicher Schreibweise.
a) 450 000
b) 35 670 000
c) 86 000
d) 6 703 000
e) 750 200
f) 992 000 000

3 Schreibe die Dezimalzahl in wissenschaftlicher Schreibweise.
a) 160 000
b) 4 327 000
c) 86 250
d) 860 300
e) 9 503 000
f) 75 000 400

4 Schreibe in der Dezimalschreibweise.
a) $3 \cdot 10^3$
b) $1{,}4 \cdot 10^5$
c) $2{,}6 \cdot 10^4$
d) $3{,}41 \cdot 10^6$
e) $2{,}31 \cdot 10^4$
f) $2{,}68 \cdot 10^8$
g) $6{,}045 \cdot 10^7$
h) $3{,}994 \cdot 10^5$
i) $4{,}807 \cdot 10^8$

5 Schreibe die Dezimalzahl auf, die in der Taschenrechneranzeige erschienen ist.
a) 4.1×10^{12}
b) 6.5×10^{15}
c) 3.9×10^{11}
d) 8.59×10^{10}
e) 4.267×10^{12}
f) 5.8892×10^{11}

6 Schreibe die Längen in cm. Benutze hierfür die wissenschaftliche Schreibweise.
a) 145 m
b) 493 km
c) 248,5 m
d) 12,03 km
e) 400 km
f) 1600 m
g) 114,2 km
h) 63,5 km
i) 0,73 km

7 Schreibe die Dezimalzahlen mithilfe von Zehnerpotenzen.
a) 407 000 km (größte Entfernung der Erde zum Mond)
b) 149 500 000 km (Entfernung der Erde zur Sonne)
c) 300 000 $\frac{km}{s}$ (Lichtgeschwindigkeit)
d) 939 200 000 km (Länge der Erdbahn)
e) 5 900 000 000 000 km (Entfernung des Pluto zur Sonne)
f) 1 400 000 000 km (Durchmesser der Sonne)

8 Schreibe die folgenden Angaben zum Körper mithilfe von Zehnerpotenzen.
a) 2 500 000 m (Gesamtlänge aller Blutgefäße)
b) 250 Mio. (Killerzellen, die Antikörper gegen Bakterien bilden)
c) 70 Billionen (Zellen im menschlichen Körper)
d) 5 Mio. (Zellen in einem Tropfen Blut)
e) 300 000 000 m (Gesamtlänge aller Nervenfasern)
f) 12 Mrd. (Nervenzellen im Gehirn)

9 Schreibe die Flächenangaben ohne Zehnerpotenzen
a) Europa $1{,}05 \cdot 10^7\ km^2$
b) Amerika $4{,}193 \cdot 10^7\ km^2$
c) Afrika $3{,}01 \cdot 10^7\ km^2$

10 Berechne mit dem Taschenrechner und schreibe als Dezimalzahl.
a) $2000 \cdot 12\,000 \cdot 40\,000$
b) $470\,000 \cdot 180 \cdot 200\,000$
c) $9\,600\,000 \cdot 4000 \cdot 21\,000$
d) $3 \cdot 10^5 \cdot 6000 \cdot 58$
e) $5{,}4 \cdot 10^4 \cdot 2{,}5 \cdot 10^6 \cdot 1{,}2 \cdot 10^3$

11 Ein Lichtjahr, die Strecke, die das Licht in einem Jahr zurücklegt, beträgt ca. $9{,}5 \cdot 10^{12}$ km. Berechne die Entfernung der Sterne.
a) Wega 28 Lichtjahre
b) Sirius 87 Lichtjahre

12 a) Ein Fixstern, der unserem Planetensystem im Weltall am nächsten ist, heißt Alpha Centauri. Er ist 4,3 Lichtjahre von der Erde entfernt. Berechne mit der Angabe für ein Lichtjahr in Aufgabe 11, wie viel Kilometer Alpha Centauri von der Erde entfernt ist.
b) Die Andromeda-Galaxie ist ein Sternsystem wie unsere Milchstraße. Ihre Entfernung zur Erde beträgt rund 17,97 Mio. Lichtjahre. Gib die Entfernung in km an.
c) Der Planet Neptun ist ein Stern unseres Sonnensystems, der etwa 30 Astronomische Einheiten von der Sonne entfernt ist. Eine Astronomische Einheit beträgt $1{,}496 \cdot 10^8$ km. Berechne diese Entfernung in km.

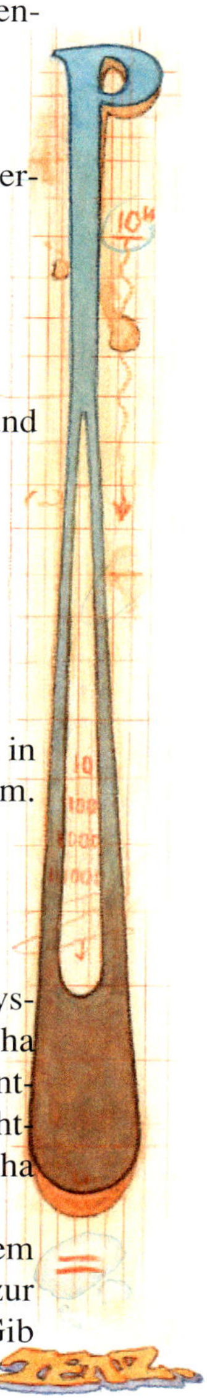

Schreibweise kleiner Zahlen mit Zehnerpotenzen

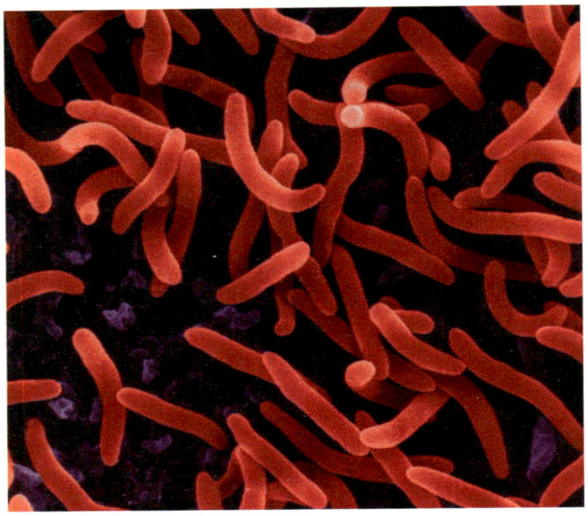

Info

Bakterien sind Organismen, die aus einer einzigen Zelle bestehen. Sie vermehren sich, indem sie sich in der Mitte teilen und dann wachsen. Es gibt unzählige verschiedene Bakterien. Einige sind wichtig für den Menschen. Sie produzieren einerseits wichtige Stoffe, die der Körper braucht und schützen andrerseits davor, dass sich schädigende Bakterien ansiedeln können, zum Beispiel Krankheitserreger.
Bakterien sind sehr klein, sodass sie nur mit Mikroskopen stark vergrößert sichtbar gemacht werden können.

Die kleinsten Bakterien sind 0,000 001 m lang. Die Dezimalzahl hat 6 Stellen nach dem Komma.

Auch kleine Zahlen lassen sich übersichtlicher mit Zehnerpotenzen darstellen.

Wir erhalten aus einer Zehnerpotenz die nächstkleinere, indem wir durch 10 dividieren.

Die kleinsten Bakterien sind 1 Millionstel m lang, in der Schreibweise mit Zehnerpotenzen $1 \cdot 10^{-6}$ m (kurz 10^{-6} m).

$100 = 10^2$
$10 = 10^1$
$1 = 10^0$
$0{,}1 = 10^{-1}$
$0{,}01 = 10^{-2}$
$0{,}001 = 10^{-3}$ = 1 Tausendstel
$0{,}000\,1 = 10^{-4}$ = 1 Zehntausendstel
$0{,}000\,001 = 10^{-6}$ = 1 Millionstel

Die wissenschaftliche Schreibweise wird auch bei kleinen Zahlen angewendet. Die Umwandlung von wissenschaftlicher Schreibweise in die Dezimalschreibweise kann hier auch in einem Schritt durch eine Kommaverschiebung vorgenommen werden.
Zum Beispiel: $2{,}75 \cdot 10^{-4} = 0{,}000\,275$ (Komma um 4 Stellen nach links verschoben)

Beispiele

1. Schreibe mithilfe von Zehnerpotenzen.
a) $0{,}000\,342 = 3{,}42 \cdot 10^{-4}$
b) $0{,}000\,010\,9 = 1{,}09 \cdot 10^{-5}$

2. Schreibe als Dezimalzahl.
a) $9{,}42 \cdot 10^{-3} = 0{,}009\,42$
b) $5{,}983 \cdot 10^{-6} = 0{,}000\,005\,983$

Übungen

1 Schreibe als Zehnerpotenz.
a) 0,000 000 1 b) 0,000 01

2 Schreibe als Zehnerpotenz.
a) $\frac{1}{10}$ c) $\frac{1}{1\,000\,000}$ e) $\frac{1}{100\,000}$
b) $\frac{1}{100}$ d) $\frac{1}{1000}$ f) $\frac{1}{10\,000}$

3 Schreibe in wissenschaftlicher Schreibweise mit Zehnerpotenz.
a) 0,005 d) 0,002 06 g) 0,000 037 5
b) 0,000 28 e) 0,000 009 h) 0,000 321
c) 0,080 4 f) 0,030 02 i) 0,000 004 1

4 Schreibe als Dezimalzahlen.
10^{-5}; 10^{-8}; 10^{-7}; 10^{-9}; 10^{-12}; 10^{-10}

5 Schreibe als Dezimalzahl.

a) $3 \cdot 10^{-3}$
b) $4{,}2 \cdot 10^{-5}$
c) $5{,}4 \cdot 10^{-4}$
d) $1{,}2 \cdot 10^{-2}$
e) $1{,}25 \cdot 10^{-3}$
f) $5{,}1 \cdot 10^{-6}$
g) $8{,}003 \cdot 10^{-5}$
h) $2{,}6091 \cdot 10^{-7}$
i) $2{,}68097 \cdot 10^{-9}$
j) $4{,}1035 \cdot 10^{-8}$

6 Schreibe als Dezimalzahl.

a) Durchmesser eines Regentropfens: 10^{-3} mm
b) Wellenlänge sichtbaren Lichts: 10^{-6} mm
c) große Eiweißmoleküle: 10^{-8} mm

7 Schreibe den Bruch wie im Beispiel mithilfe von Zehnerpotenzen.

Beispiel: $\frac{6}{1000} = 6 \cdot \frac{1}{1000} = 6 \cdot 10^{-3}$

a) $\frac{3}{1000}$
b) $\frac{9}{100\,000}$
c) $\frac{8}{1\,000\,000}$
d) $\frac{52}{10\,000\,000}$
e) $\frac{27}{10\,000}$
f) $\frac{19}{1\,000\,000\,000}$

8 Schreibe die Dezimalzahl in der wissenschaftlichen Schreibweise.

a) 0,000 15
b) 0,090 6
c) 0,000 037
d) 0,003 591
e) 0,078 207
f) 0,009 06
g) 0,623
h) 0,002 000 1
i) 0,000 005 792
j) 0,000 400 03

9 Schreibe die Längenangabe in m. Schreibe diese in wissenschaftlicher Schreibweise.

a) 2 mm
b) 0,003 mm
c) 46 mm
d) 3,7 mm
e) 0,058 mm
f) 2,09 mm
g) 0,04 cm
h) 0,0327 cm
i) 0,64 cm
j) 0,048 dm
k) 0,0649 cm
l) 0,02 dm
m) 8,2 cm
n) 17,4 mm
o) 0,0085 cm

10 Gib die in der Physik gebräuchliche Längeneinheit als Zehnerpotenz mit der Maßeinheit m an.

a) 1 Mikrometer, abgekürzt: 1 µm
$1\ \mu m = \frac{1}{1000}$ mm
b) 1 Nanometer, abgekürzt: 1 nm
$1\ nm = \frac{1}{1\,000\,000}$ mm
c) 1 Picometer, abgekürzt: 1 pm
$1\ pm = \frac{1}{1\,000\,000\,000}$ mm

11 Mithilfe von Elektronenmikroskopen können Atome sichtbar gemacht werden. Es gibt aber noch kleinere Teilchen.

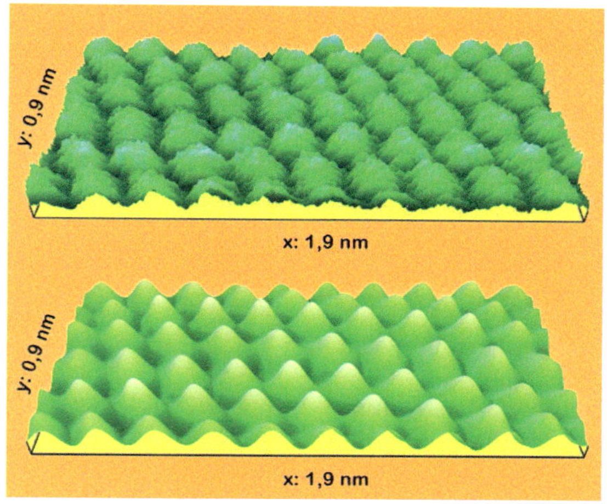

Schreibe mit Zehnerpotenzen in der nächstkleineren Einheit.

a) Durchmesser des Atomkerns von Wasserstoff $\approx 10^{-12}$ cm
b) Masse eines Wasserstoffatoms $\approx 1{,}674 \cdot 10^{-24}$ g
c) Masse eines Elektrons $\approx 9{,}109558 \cdot 10^{-31}$ kg

12 Die Wellenlänge des sichtbaren Lichts liegt zwischen 0,000 000 39 m und 0,000 000 75 m, die Wellenlänge der Röntgenstrahlen liegt zwischen 0,000 000 000 006 m und 0,000 000 01 m. Schreibe diese Wellenlängen als Zehnerpotenz und drücke sie in Nanometer und Pikometer aus (Siehe Aufgabe 10).

13 Berechne mit dem Taschenrechner und schreibe als Dezimalzahl.

a) $0{,}00084 \cdot 0{,}0002 \cdot 0{,}000048$
b) $0{,}00024 \cdot 0{,}01407 \cdot 0{,}00002$
c) $0{,}00593 \cdot 0{,}000074 \cdot 0{,}029$
d) $6 \cdot 10^{-4} \cdot 0{,}00048 \cdot 0{,}00297$
e) $0{,}0912 \cdot 8{,}5 \cdot 10^{-5} \cdot 0{,}003$
f) $2{,}8 \cdot 10^{-8} \cdot 1{,}3 \cdot 10^{-5} \cdot 0{,}0004$
g) $4{,}36 \cdot 10^{-4} \cdot 1{,}75 \cdot 10^{-2} \cdot 8{,}3 \cdot 10^{-5}$
h) $5{,}2 : 89\,000\,000\,000$
i) $0{,}00003848 : 740\,000\,000$
j) $8{,}1 \cdot 10^{-7} : (1{,}5 \cdot 10^{6})$
k) $6{,}734445 \cdot 10^{-7} : (9{,}85 \cdot 10^{8})$

König Ludwig II. von Bayern ließ während seiner Regierungszeit zahlreiche Schlösser erbauen, wie auch das Schloss Neuschwanstein.
Im Thronsaal des Schlosses ist der Fußboden mit einem Mosaik geschmückt, das das Leben der Tiere auf unserer Erde darstellt.
Um die handwerkliche Arbeit des Künstlers an einem solchen Mosaik erahnen zu können, schätzen wir die Anzahl der verwendeten Mosaiksteinchen ab.
Dazu nehmen wir an, dass diese quadratisch sind und regelmäßig in zueinander parallelen Reihen verlegt wurden.

Wenn wir bestimmen wollen, wie viele Steinchen für $1\ m^2 = 10\,000\ cm^2$ nötig sind, müssen wir eine bestimmte Kantenlänge voraussetzen. Mosaiksteinchen kommen häufig mit den Kantenlängen zwischen 1 cm und 2 cm vor.

Die Fläche eines Quadrats wird errechnet, indem die Kantenlänge mit sich selbst multipliziert wird.

Wir überlegen anhand einer Tabelle:

Kantenlänge in cm	Fläche in cm^2	Anzahl pro m^2
1	$1^2 = 1$	10 000
1,5	$1{,}5^2 = 2{,}25$	≈ 4 444
2	$2^2 = 4$	2 500

Bei der Berechnung der Quadratzahlen kannst du die Quadrattaste $\boxed{x^2}$ deines Taschenrechners benutzen.

1.5 $\boxed{x^2}$ $\boxed{=}$

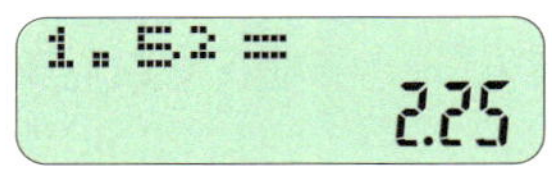

Multipliziert man eine rationale Zahl mit sich selbst, entsteht eine Potenz mit dem Exponenten 2:

$$a \cdot a = a^2.$$

Jede Potenz a^2, deren Basis eine **natürliche** Zahl ist, heißt **Quadratzahl** q: $a \cdot a = a^2 = q \quad (a \in \mathbb{N})$

Übungen

1 Wie viele Steinchen werden bei 1,2 cm Kantenlänge benötigt, wenn der Thronsaal 20 m breit und 23 m lang ist?

2 Ein Wohnzimmer von 5,5 m Länge und 4,8 m Breite wird mit quadratischen Fliesen ausgelegt, die eine Kantenlänge von 30 cm (25 cm) haben.
a) Wie viele Fliesen sind nötig?
b) Begründe, warum die berechnete Anzahl eine Mindestzahl angibt.

3 Der Fußboden eines Badezimmers wird mit quadratischen Fliesen der Kantenlänge 15 cm ausgelegt. Wie viele Fliesen sind mindestens nötig, wenn das Badezimmer 4,0 m lang und 3,2 m breit ist?

4 Wie verändert sich die Fläche eines Quadrats, wenn die Seitenlänge verdoppelt (verdreifacht) wird?

5 Wie ändert sich die Anzahl der Quadrate pro m^2, wenn die Kantenlänge eines Steinchens verdoppelt wird?

Quadratwurzeln

CD-Cover sind quadratisch, 12 cm lang und 12 cm breit. Annika und ihre Schwester Jessica wollen ihre CD-Cover in einem Riesenquadrat an ihrer Zimmerwand befestigen.

Annika besitzt 49 CD-Cover. Sie könnte ein Quadrat aus $7 \cdot 7 = 49$ Covern bilden.

Jessica besitzt 78 Cover. Sie kann kein vollständiges Quadrat bilden, da 78 keine Quadratzahl ist. Sie könnte nur $8 \cdot 8 = 64$ Cover zu einem Quadrat zusammenfügen.

Man sagt: 8 ist die **Quadratwurzel** aus 64, da $8 \cdot 8 = 64$ ist, kurz $8^2 = 64$.

Wir sagen auch: Die Quadratwurzel aus 64 ist 8. Das ist die Zahl, die mit sich selbst multipliziert 64 ergibt.

1 Aus wie vielen CD-Covern besteht eine Seite des größtmöglichen Quadrats, das sich aus 127 Covern legen lässt?

> Eine positive Zahl x nennt man **Quadratwurzel** aus der Zahl a, wenn gilt: $x^2 = a$.

Übungen

2 Berechne die folgenden Potenzen.
a) 9^2 c) 8^2 e) 12^2 g) 19^2
b) 5^2 d) 10^2 f) 15^2 h) 20^2

3 Bestimme die Quadratwurzel.
a) 16 c) 169 e) 625 g) 900
b) 49 d) 361 f) 441 h) 2500

4 Ergänze die Tabelle im Heft.

a)

Quadratzahl	64	81	324	529	625
Quadratwurzel					

b)

Quadratzahl					
Quadratwurzel	11	17	21	32	40

c)

Quadratzahl	169		484		361
Quadratwurzel		26		50	

5 Rechne wie im Beispiel.

Beispiel: $11^2 = 121$; $1{,}1^2 = 1{,}21$; $0{,}11^2 = 0{,}0121$

a) $17^2 = \square$; $1{,}7^2 = \square$; $0{,}17^2 = \square$
b) $21^2 = \square$; $2{,}1^2 = \square$; $0{,}21^2 = \square$

6 Bestimme die Quadratwurzel.
a) 1,44 c) 2,25 e) 0,01 g) 0,25
b) 1,69 d) 2,89 f) 0,04 h) 0,09

7 Auf der Rückwand eines Partyraums soll eine quadratische Fläche mit 144 kleinen Spiegelkacheln der Größe 15 cm × 15 cm beklebt werden.
a) Wie viele Spiegelkacheln bilden den Rand der beklebten quadratischen Fläche?
b) Wie lang ist die Seitenlänge der beklebten quadratischen Fläche?
c) Wie groß ist der Flächeninhalt der beklebten quadratischen Fläche?

Wurzelzeichen und Radikand

Für die Quadratwurzel einer nichtnegativen Zahl a schreibt man $\sqrt{a}$.

$\sqrt{a}$ ist die nichtnegative Zahl x, die mit sich selbst multipliziert a ergibt.

Es gilt: $x \cdot x = x^2 = a$

$\sqrt{a} \cdot \sqrt{a} = \left(\sqrt{a}\right)^2 = a$

Sonderfall: $\sqrt{0} = 0$, denn $0 \cdot 0 = 0$

Diese zwei Aussagen müssen stets beachtet werden:

1. Die Quadratwurzel kann nur aus einer nichtnegativen Zahl gezogen werden.
Sollte zum Beispiel $\sqrt{-9}$ berechnet werden, so wird die Zahl gesucht, die mit sich selbst multipliziert -9 ergibt.
Weder die Zahl -3 noch die Zahl 3 sind die gesuchten Zahlen, denn $(-3)^2 = 9$ und $3^2 = 9$.

2. Der Wert der Quadratwurzel aus einer Zahl ist nie negativ.
Obwohl zum Beispiel $(-5)^2 = 25$ und $5^2 = 25$ ist, wurde festgelegt: $\sqrt{25} = 5$.

Info

Das Wurzelzeichen ist aus einem kleinen „r“ entstanden. Das war die Abkürzung für „radix“ (lateinisch: Wurzel).
Im 13. Jahrhundert schrieb **Leonardo Fibonacci** noch für die Quadratwurzel einer Zahl dieses Zeichen, in dem ein großes „R“ und ein „x“ erkennbar sind.

Die heutige Schreibweise stammt aus dem 16. Jahrhundert.

Den Zahlen werden dabei die folgenden Begriffe zugeordnet.

$$\sqrt{\mathbf{25}} = \mathbf{5}$$

Radikand (25) – Wert der Quadratwurzel (5)

Den Term unter der Wurzel nennt man **Radikand**. Er darf nicht negativ sein.
Für nichtnegative Zahlen x und a gilt: Wenn $x^2 = a$ ist, dann ist $x = \sqrt{a}$.

Bei der Berechnung der Quadratwurzel kannst du die Wurzeltaste [√] deines Taschenrechners benutzen. Zum Beispiel: Berechnung $\sqrt{16}$ [√] 16 [=] [4], denn $4^2 = 16$

Übungen

1 a) Zeichne ein Quadrat mit $a = 2$ cm. Zeichne die Diagonalen ein und benenne sie mit e. Zeichne durch die Eckpunkte des Quadrats die Parallelen zu den Diagonalen.
b) Begründe, weshalb ein doppelt so großes Quadrat mit dem Flächeninhalt e^2 und einer Seitenlänge $e = \sqrt{e^2}$ entsteht.
c) Übertrage die Tabelle und ergänze sie.

a	a^2	e^2	e
1	1	2	$\sqrt{2}$
2			
3			
4			

2 Ermittle die Seitenlänge des Quadrats mit der Fläche A.

Beispiel: $A = 25\ \text{m}^2$ $\sqrt{25\ \text{m}^2} = 5$ m

a) $A = 16\ \text{cm}^2$
b) $A = 49\ \text{cm}^2$
c) $A = 144\ \text{dm}^2$
d) $A = 49\ \text{mm}^2$
e) $A = 42{,}25\ \text{m}^2$
f) $A = 88{,}36\ \text{m}^2$
g) $A = 11025\ \text{mm}^2$
h) $A = 0{,}04\ \text{m}^2$

3 Berechne. Runde auf zwei Kommastellen.

a) $\sqrt{26{,}2}$
b) $\sqrt{0{,}78}$
c) $\sqrt{563{,}2}$
d) $\sqrt{\frac{4}{9}}$
e) $\sqrt{-4{,}8}$
f) $x^2 = 82{,}81$
g) $y^2 = 635{,}04$
h) $\sqrt{a^2}$

Kubikwurzeln

Ein Würfel hat das Volumen $V = a \cdot a \cdot a$. Ist $V = 125\ \text{cm}^3$, dann ist die Kantenlänge a diejenige Zahl, die dreimal mit sich selbst multipliziert 125 ergibt.

Diese Zahl bezeichnet man als die **dritte Wurzel** oder **Kubikwurzel** von 125.
Man schreibt: $\sqrt[3]{125}$.

Es gilt $\sqrt[3]{125} \cdot \sqrt[3]{125} \cdot \sqrt[3]{125} = 125$. Da $5 \cdot 5 \cdot 5 = 125$, ist $\sqrt[3]{125} = 5$.

Das Potenzieren ist eine Umkehrung des **Radizierens oder Wurzelziehens**.

$x^3 = a$ $\qquad x = \sqrt[3]{a}$ $\qquad$ Lies: x ist die 3. Wurzel aus a.

Wurzelexponent: 3; Wert der Wurzel: x; Radikand: a

Eine Zahl x nennt man Kubikwurzel aus der Zahl a, wenn gilt: $x^3 = a$ (x und a dürfen nicht negativ sein).

Viele Taschenrechner verfügen über eine eigene Taste zur Berechnung der dritten Wurzel [∛].

Zum Beispiel: Berechnung $\sqrt[3]{8}$ $\quad$ [∛] 8 [=] $\quad$ 2 , denn $2^3 = 8$
Berechnung $\sqrt[3]{7}$ $\quad$ [∛] 7 [=] $\quad$ 1.912931183

Bei anderen Taschenrechnern erhält man die Lösung so:

Zum Beispiel: Berechnung $\sqrt[3]{8}$ $\quad$ [2ndF] [√] 8 [=] $\quad$ 2

Beispiele

1. $a^3 = 125 \qquad a = \sqrt[3]{125} \qquad a = 5,\ \textit{denn}\ 5^3 = 125$

2. $a^3 = 343 \qquad a = \sqrt[3]{343} \qquad a = 7,\ \textit{denn}\ 7^3 = 343$

3. $a = \sqrt[3]{79{,}507} \qquad a = 4{,}3,\ \textit{denn}\ 4{,}3^3 = 79{,}507$

Übungen

1 Ermittle die Seitenlänge von folgenden Würfeln.

a) $V = 216\ \text{m}^3$
b) $V = 512\ \text{dm}^3$
c) $V = 1728\ \text{cm}^3$
d) $V = 157{,}464\ \text{cm}^3$
e) $V = 0{,}027\ \text{m}^3$
f) $V = 9{,}261\ \text{cm}^3$

2 Überprüfe die Gleichung, indem du die rechte Seite potenzierst. Korrigiere, wenn nötig.

a) $\sqrt[3]{65} = 4$
b) $\sqrt[3]{27} = 3$
c) $\sqrt[3]{9{,}261} = 2{,}1$
d) $\sqrt[3]{0{,}27} = 0{,}3$

3 Berechne.

a) $\sqrt[3]{1000}$
b) $\sqrt[3]{1\,000\,000}$
c) $\sqrt[3]{140{,}608}$
d) $\sqrt[3]{0{,}027}$
e) $\sqrt[3]{438{,}976}$
f) $\sqrt[3]{0{,}857375}$
g) $\sqrt[3]{857{,}375}$
h) $\sqrt[3]{b^3}$

4 Schreibe als Kubikwurzel.

Beispiel: $3 = \sqrt[3]{27}$

a) 2
b) 4
c) 5
d) 1
e) 1,2
f) a

1 Dieser Aufgabe liegt folgende Zeichnung zugrunde:

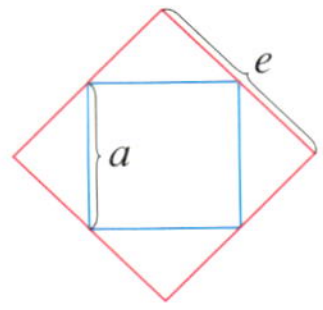

Aus Aufgabe 1 von S. 36 weißt du, dass der Flächeninhalt des roten Quadrates doppelt so groß wie der des blauen Quadrates ist.
Übertrage und ergänze die Tabellen.

a)

a	a^2	e^2	e
	1		
$\sqrt{2}$	2	4	2
	3		
	4		
	5		

b)

a	a^2	e^2	e
$\sqrt{0,5}$	0,5	1	$\sqrt{1}$
		2	
		3	
		4	
		5	

c)

a	a^2	e^2	e
$\sqrt{0,5}$	0,5	1	1
			2
			3
			4
			5

2 Gib die Quadratwurzel an und mache die Probe.

Beispiel: $\sqrt{49} = 7$, denn $7^2 = 49$

a) $\sqrt{16}$ e) $\sqrt{1}$ i) $\sqrt{225}$
b) $\sqrt{9}$ f) $\sqrt{144}$ j) $\sqrt{324}$
c) $\sqrt{36}$ g) $\sqrt{169}$ k) $\sqrt{529}$
d) $\sqrt{81}$ h) $\sqrt{400}$ l) $\sqrt{625}$

3 Gib die fehlenden Zahlen an.

a) $\sqrt{\square} = 4$, denn $4^2 = \square$
b) $\sqrt{49} = \square$, denn $\square^2 = 49$
c) $\sqrt{\square} = 12$, denn $12^2 = \square$
d) $\sqrt{196} = \square$, denn $\square^2 = 196$

4 Berechne mit der Wurzeltaste deines Taschenrechners. Überschlage zuerst.
Runde auf drei Stellen nach dem Komma.

a) $\sqrt{3}$ f) $\sqrt{52}$ k) $\sqrt{200}$
b) $\sqrt{5}$ g) $\sqrt{65}$ l) $\sqrt{499}$
c) $\sqrt{7}$ h) $\sqrt{125}$ m) $\sqrt{761}$
d) $\sqrt{26}$ i) $\sqrt{170}$ n) $\sqrt{909}$
e) $\sqrt{48}$ j) $\sqrt{190}$ o) $\sqrt{1000}$

5 Bestimme das Ergebnis mit dem Taschenrechner. Runde auf drei Stellen nach dem Komma.

a) $\sqrt{13,5}$ f) $\sqrt{0,7}$
b) $\sqrt{47,02}$ g) $\sqrt{0,035}$
c) $\sqrt{1001,7}$ h) $\sqrt{0,1}$
d) $\sqrt{2559,63}$ i) $\sqrt{0,0073}$
e) $\sqrt{83,4}$ j) $\sqrt{0,76}$

6 Berechne die Seitenlänge und den Flächeninhalt der quadratischen Grundstücke.

	a)	b)	c)	d)
a	17,5 m			35,4 m
A		259 m²	520,25 m²	

7 In einem Hobbymarkt gibt es geschliffene Spiegel, die eine quadratische Spiegelfläche haben. Berechne die Kantenlänge bei einer Fläche von 56,25 dm².

8 In einem Sanitärgeschäft ist eine Einbaudusche mit dem rechteckigen Querschnitt 75 cm × 108 cm nicht mehr lieferbar. Der Händler bietet dafür ein Duschbecken mit gleich großem quadratischen Querschnitt an. Bestimme für dieses Duschbecken die Länge einer Seitenkante.

9 Berechne ohne Taschenrechner.

a) $\sqrt{3^2}$ f) $(\sqrt{12,25})^2$ k) $\sqrt{1,5^2}$
b) $(\sqrt{16})^2$ g) $(\sqrt{39})^2$ l) $(\sqrt{9})^3$
c) $3\sqrt{0,6^2}$ h) $(\sqrt{\frac{1}{16}})^2$ m) $(\sqrt{4})^3$
d) $(\sqrt{71})^2$ i) $(\frac{3}{5})^2$ n) $(\sqrt{4,5})^4$
e) $(\frac{2}{3})^2$ j) $(\sqrt{3,4})^2$ o) $(\sqrt{2})^6$

10 Schreibe die Angaben zur Erde als Dezimalzahlen.
Länge der Erdbahn ca. $9,39 \cdot 10^8$ km
Geschwindigkeit der Erde auf ihrer Bahn um die Sonne ca. $3 \cdot 10^4 \frac{m}{s}$
Volumen der Erde ca. $1,08 \cdot 10^{12}$ km³

11 Schreibe den Äquatordurchmesser der Planeten in wissenschaftlicher Schreibweise.

Venus	12 200 000 000 km
Mars	760 000 000 km
Jupiter	142 700 000 000 km
Saturn	120 800 000 000 km

12 Schreibe in wissenschaftlicher Schreibweise um.

a) 3635	d) 19 Mrd.	g) 0,8465
b) 958 355	e) 0,052	h) 0,000 421
c) 0,6 Mio.	f) 0,000 64	i) 0,000 000 25

13 Schreibe als Dezimalzahl.

a) $5 \cdot 10^3$	d) $6,8 \cdot 10^8$	g) $4,5 \cdot 10^{-4}$
b) $2,4 \cdot 10^5$	e) $3,2 \cdot 10^9$	h) $7,521 \cdot 10^{-5}$
c) $3,054 \cdot 10^6$	f) $0,3 \cdot 10^{-7}$	i) $1,08 \cdot 10^{-6}$

14 Scherzaufgaben
a) 6 Personen haben jeweils 6 Katzen, die jeweils 6 Mäuse fressen.
b) Ein Wunderbaum hat 8 Äste, jeder Ast 8 Zweige, jeder Zweig 8 Blüten und jede Blüte 8 Blütenblätter.

15 Jodsalz enthält:
0,058% – 0,076% Kaliumfluorid und
0,0025% Kaliumjodat.
Berechne, wie viel Gramm dieser Stoffe sich in 500 g Jodsalz befinden.

16 100 ml Früchtetrank enthalten:
0,2 g Eiweiß
3,3 g Kohlenhydrate
0,05 g Fett (gesättigte Fettsäuren)
0,1 g Ballaststoffe
0,006 g Natrium
Berechne, wie viel Gramm der angegebenen Inhaltsstoffe in einem Glas mit 125 ml Inhalt enthalten sind.

17 In 18 g Wasser sind $6 \cdot 10^{23}$ Moleküle enthalten. Wie viel Gramm wiegt etwa ein Wassermolekül?

18 Die Masse der Erde beträgt $5,977 \cdot 10^{24}$ kg. Wie groß ist die Sonnenmasse, wenn diese 333 000-mal so groß wie die der Erde ist?

19 Zusammensetzung der Luft:
78% Stickstoff
20,93% Sauerstoff
$9,325 \cdot 10^{-1}$% Argon
$3 \cdot 10^{-2}$% Kohlendioxid
10^{-2}% Wasserstoff
$1,8 \cdot 10^{-3}$% Neon
$5 \cdot 10^{-4}$% Helium
10^{-4}% Krypton
Wie viel Liter jedes Anteils sind in einem 6,5 m langen, 3,5 m breiten und 2,3 m hohen Raum?

20 Schreibe als Produkt.

a) 4^3	c) $(\frac{1}{3})^6$	e) b^7
b) 10^4	d) $0,5^6$	f) $(2a)^3$

21 Berechne.

a) 3^2	e) 3^3	i) $0,3^3$
b) 3^{-2}	f) 3^{-3}	j) $(-0,3)^3$
c) $(-3)^2$	g) $(-3)^3$	k) $(-0,3)^{-3}$
d) $(-3)^{-2}$	h) $(-3)^{-3}$	l) $-(0,3)^3$

22 Schreibe als Potenz mit negativem Exponenten.

a) $\frac{1}{32}$	d) $\frac{1}{625}$	g) $\frac{1}{256}$
b) $\frac{1}{81}$	e) $\frac{1}{1000}$	h) $\frac{1}{289}$
c) $\frac{1}{121}$	f) $\frac{1}{1600}$	i) $\frac{1}{2025}$

23 Berechne den Potenzwert.

a) $3^4 \cdot 3^7$	d) $0,1^8 \cdot 0,1^{-6}$
b) $2^4 \cdot 2^{-4}$	e) $5^3 \cdot 5^{-2} \cdot 5$
c) $3^{-7} \cdot 3^5 \cdot 3$	f) $0,1^{-3} \cdot 0,1^{-2} \cdot 0,1^5$

24 Schreibe als eine Potenz.

a) $\frac{3^3}{3^{-5}}$	d) $\frac{5^{-10}}{5^{-6}}$	g) $\frac{(-2)^5}{(-2)^{-2}}$
b) $\frac{2^{-2}}{2^7}$	e) $\frac{11^{-3}}{11^0}$	h) $\frac{(-4)^{-3}}{(-4)^2}$
c) $\frac{9^{-4}}{9^{-2}}$	f) $\frac{10^0}{12^{-7}}$	i) $\frac{(-14)^{-10}}{(-14)^{-15}}$

checkpoint

1 Schreibe als Potenz.

a) $5b \cdot 5b \cdot 5b \cdot 5b$

b) $-3x \cdot 4y \cdot z \cdot (-4xyz) \cdot (-xz)$

(3 Punkte)

2 Schreibe als Potenz.

a) 225

b) 128

c) -243

d) 0,0001

(4 Punkte)

3 Berechne.

a) $(-2)^4$

b) $(-a)^3$

c) 3^{-2}

d) $\frac{5^4}{10^4}$

e) $9^{-3} \cdot 9^2$

f) 4^0

(6 Punkte)

4 Löse die Gleichung.

$(x-1)(x-1) = 4 + x^2$

(4 Punkte)

5 Schreibe ohne Zehnerpotenz.

a) $5{,}314 \cdot 10^5$ b) $1{,}26 \cdot 10^3$

(2 Punkte)

6 Bestimme die Wurzel.

a) $\sqrt{121}$ b) $\sqrt[3]{64}$

(3 Punkte)

7 In einem Kaufhaus wird eine Tischdecke mit dem Format 120×180 angeboten. Herr Masch hat einen quadratischen Tisch mit einer Größe von $6400\ \text{cm}^2$. Wieviel cm würde die Tischdecke an den Seiten des Tisches herabhängen, wenn sie genau in der Mitte läge?

(3 Punkte)

4 Löse die Gleichung.

$(2x+3)(2x+3) = 4x^2 - 27$

(5 Punkte)

5 Schreibe mithilfe von Zehnerpotenzen.

a) 650 000 b) 0,00295

(4 Punkte)

6 Bestimme die Wurzel.

a) $\sqrt{0{,}0049}$ b) $\sqrt[3]{0{,}008}$

(4 Punkte)

7 In einem Kaufhaus wird eine runde Tischdecke mit einem Flächeninhalt von $5026\ \text{cm}^2$ angeboten. Frau Siebers hat einen quadratischen Tisch mit einer Größe von $4900\ \text{cm}^2$. Wieviel cm würde die Tischdecke höchstens an den Seiten des Tisches herabhängen, wenn sie genau in der Mitte läge?

(6 Punkte)

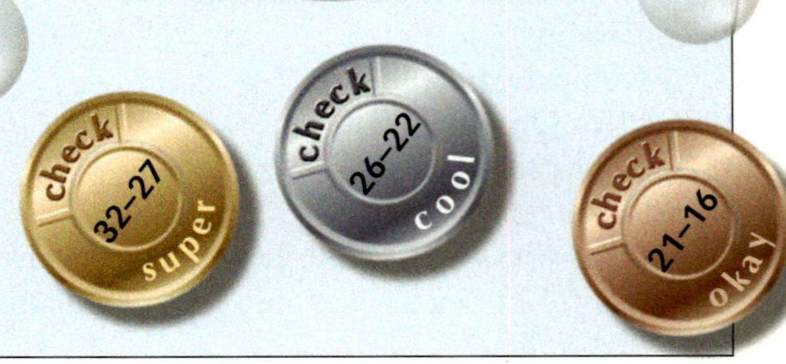

Zuordnungen

Veränderungen beschreiben

„Stimmungsbarometer" von Björn

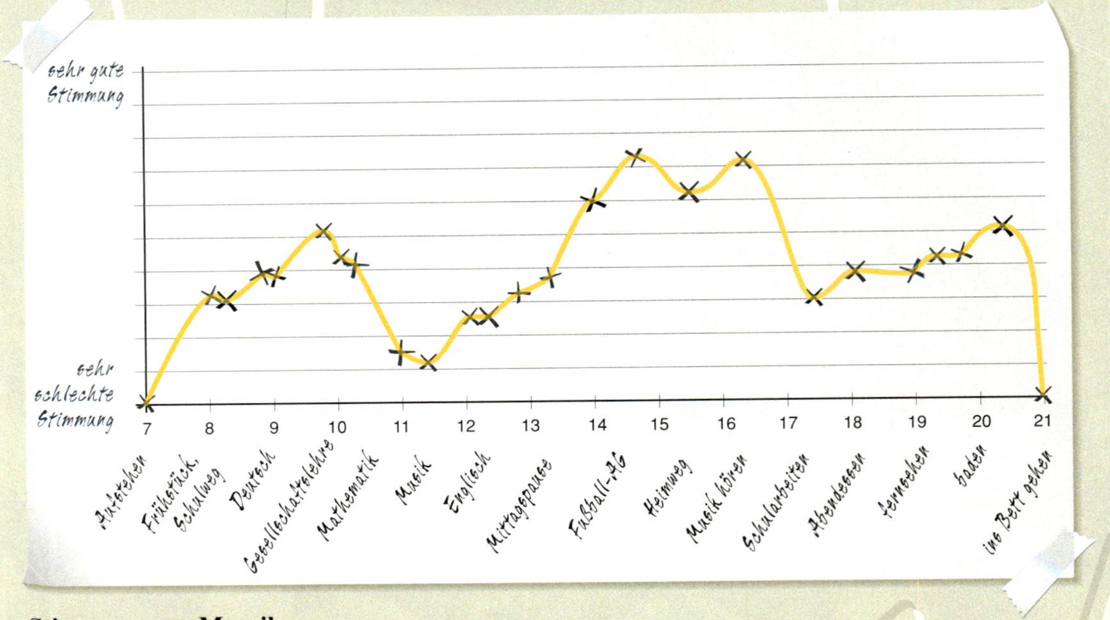

Stimmung von Mareike

Als Mareike um 7 Uhr von Ihrem Vater geweckt wurde, ging es ihr nicht gut. Sie stand auf, mochte aber nichts essen. Ihre Mutter schickte sie um 8 Uhr wieder ins Bett. Mareike schlief bis 9 Uhr, dann las sie ein wenig. Um 10 Uhr ging es ihr wieder schlechter, sodass sie zum Arzt ging. Erst um 11: 30 Uhr kehrte sie zurück. Um 12 Uhr nahm sie ein Medikament ein und legte sich hin. Um 14 Uhr ging es ihr deutlich besser. Deshalb aß sie ihr Mittagessen. Um 15 Uhr kam ihre Freundin Anna zu Besuch. Um 16 Uhr machte Mareike Schulaufgaben, bis ihr Vater um 18: 30 Uhr nach Hause kam. Nach dem Abendessen sah sie von 20 Uhr bis 21 Uhr fern, bevor sie ins Bett ging und um 22 Uhr einschlief.

Rhythmogramm in Kurvenform

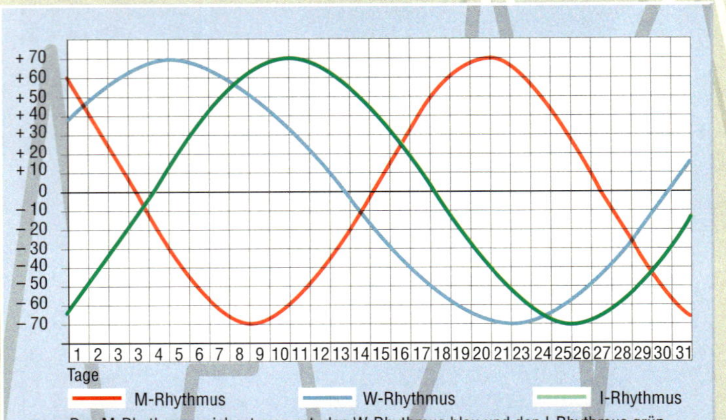

Den M-Rhythmus zeichnet man rot, den W-Rhythmus blau und den I-Rhythmus grün.

Viele Menschen glauben, dass man die Veränderungen des persönlichen Wohlbefindens durch die Berechnung des persönlichen **Biorhythmus** beschreiben und erklären kann. Diese Überlegung geht davon aus, dass der Mond einen unterschiedlichen Einfluss auf das seelische Wohlbefinden sowie auf die körperliche und geistige Leistungsfähigkeit besitzt.

Ausgangspunkt für die Berechnung der drei Biorhythmuskurven ist das Geburtsdatum.

Der so genannte weibliche Rhythmus (seelisches Wohlbefinden) wiederholt sich alle 28 Tage, der männliche Rhythmus (körperliche Leistungsfähigkeit) alle 23 Tage. Der intellektuelle Rhythmus wiederholt sich alle 33 Tage.

In den unterschiedlichsten Bereichen lassen sich Veränderungen durch Diagramme anschaulich beschreiben. Wichtige Merkmale sind **Maximum (Hochpunkt)**, **Minimum (Tiefpunkt)** und die **Spannweite**. Außerdem gibt man an, wo die Werte steigen, fallen bzw. gleich bleiben.

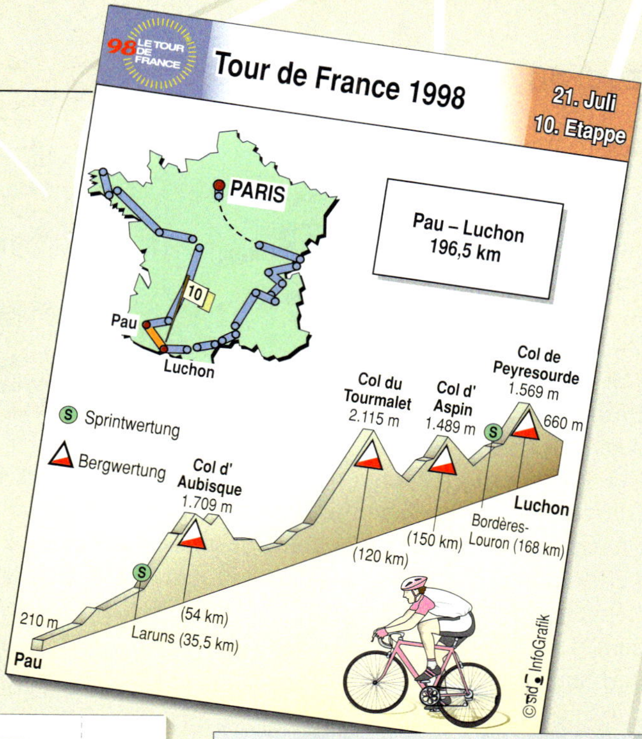

Täglicher Gang der Temperatur im Jahresmittel in Straßburg (Frankreich)

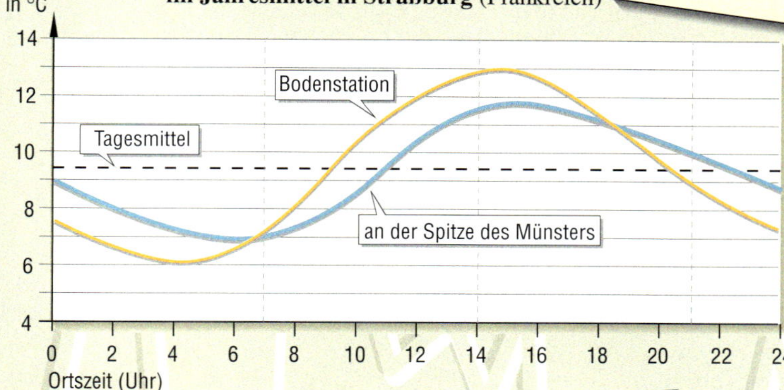

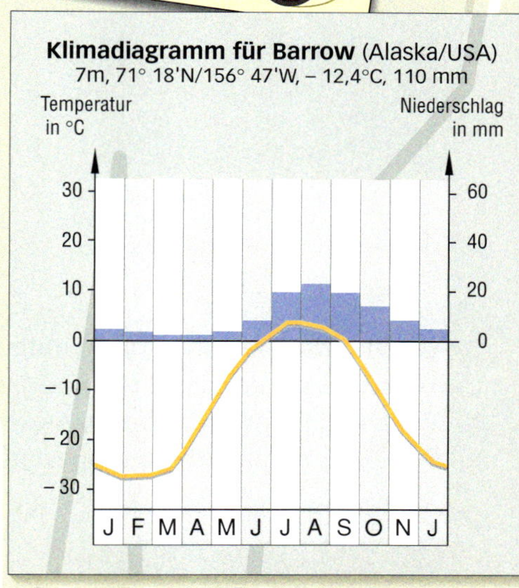

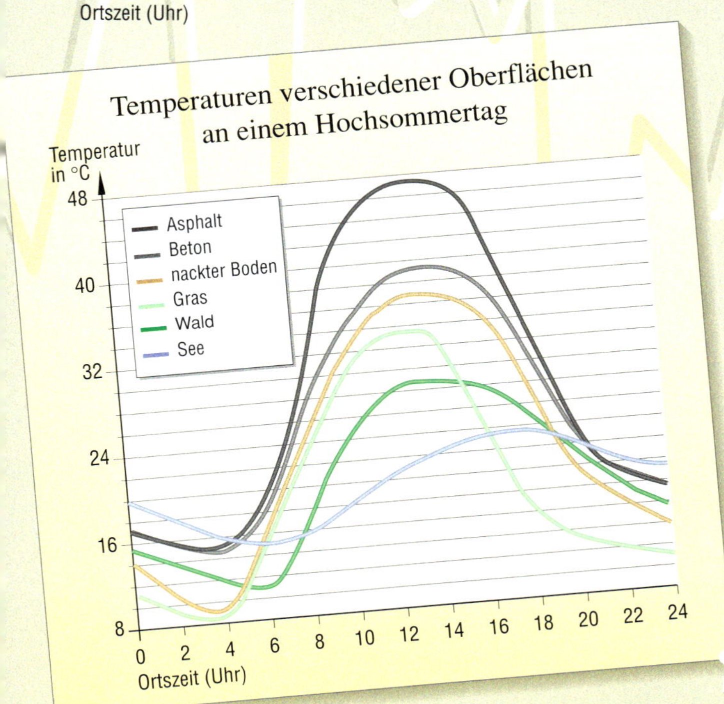

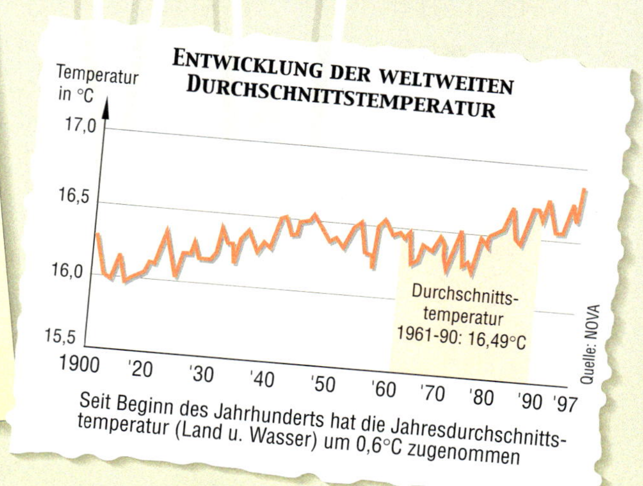

Beim Blut unterscheidet man vier Blutgruppen voneinander. Man bezeichnet sie mit A, B, AB und 0. Die Zugehörigkeit zu einer Blutgruppe ist ein zeitlebens unveränderliches Merkmal des Bluts.
Bei Blutübertragungen (z. B. nach Operationen mit hohem Blutverlust) ist die Kenntnis der Blutgruppe besonders wichtig. Wird Blut eines Menschen mit dem eines anderen zusammengebracht, kann in bestimmten Fällen eine gefährliche Verklumpung des Blutgemischs eintreten. Ob dies geschieht oder nicht, ist abhängig von den beteiligten Spenderblutgruppen. Nach Möglichkeit sorgt man dafür, dass das Blut des Spenders mit dem des Empfängers übereinstimmt. Nur in Notfällen greift man auf andere geeignete Spenderblutgruppen zurück.

Blutgruppe des Spenders	Blutgruppe des Empfängers			
	0	A	B	AB
0	vn	vn	vn	vn
A	v	vn	v	vn
B	v	v	vn	vn
AB	v	v	v	vn

Zeichenerklärung:
v: verklumpt
vn: verklumpt nicht

1 Beantworte folgende Fragen mithilfe der Tabelle.

a) Welche Spenderblutgruppe verklumpt mit keiner Empfängerblutgruppe?
b) Welche Empfängerblutgruppe kann von jeder Blutgruppe Blut erhalten?
c) Welche Empfängerblutgruppe darf nur Spenderblut der eigenen Blutgruppe erhalten?

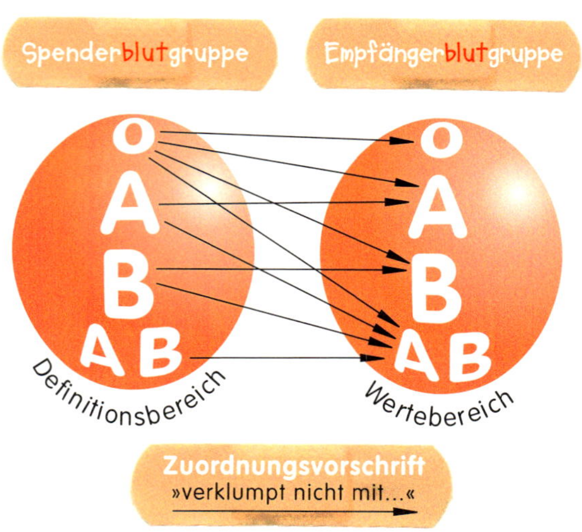

Aus dem Pfeilbild ist die **Zuordnung** „verklumpt nicht mit …“ ablesbar.
Die Spenderblutgruppen 0, A, B und AB bilden den **Definitionsbereich** der Zuordnung.
Bei dieser Zuordnung zeigt jeder Pfeil von einer Spenderblutgruppe auf eine Empfängerblutgruppe, mit der sie nicht verklumpt.
Die Empfängerblutgruppen 0, A, B und AB bilden den **Wertebereich** dieser Zuordnung.

0, A, B und AB bilden den Definitionsbereich.
0, A, B und AB bilden den Wertebereich.

Aus der Tabelle ist auch die Zuordnung „verklumpt mit …“ ablesbar. Wir bilden aus den Spenderblutgruppen A, B und AB den Definitionsbereich dieser Zuordnung. Die Spenderblutgruppe 0 verklumpt mit keiner Empfängergruppe. Deshalb gehört sie nicht zum Definitionsbereich der **Zuordnungsvorschrift** „verklumpt mit …“.

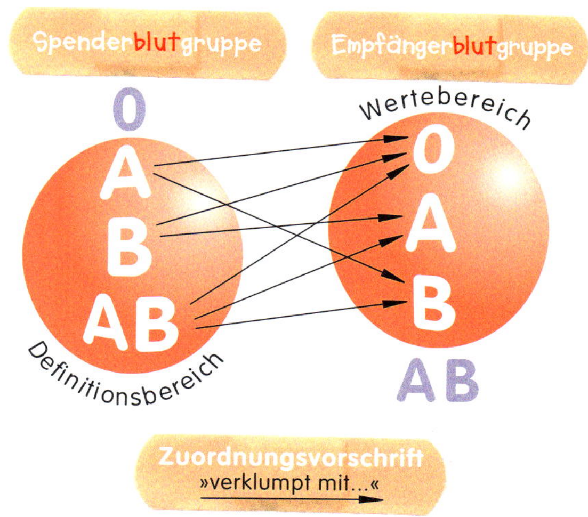

Bei diesem Pfeilbild zeigt jeder Pfeil von einer Spenderblutgruppe auf eine Empfängerblutgruppe, mit der sie verklumpt.
Den Wertebereich bilden die Empfängerblutgruppen 0, A und B. Die Empfängerblutgruppe AB gehört nicht zum Wertebereich dieser Zuordnung, weil sie mit keiner Spenderblutgruppe verklumpt.
Für diese Zuordnung gilt die Zuordnungsvorschrift „verklumpt mit …“.
A, B und AB bilden den Definitionsbereich. 0 gehört nicht dazu.
0, A und B bilden den Wertebereich. AB gehört nicht dazu.

Zu einer Zuordnung gehören **Definitionsbereich**, **Zuordnungsvorschrift** und **Wertebereich**. Durch die Zuordnungsvorschrift wird jedem Element aus dem Definitionsbereich wenigstens ein Element aus dem Wertebereich zugeordnet.

Übungen

1 Das Diagramm stellt die Zuordnung zwischen europäischen Ländern und der dort erhobenen Steuer für bleifreies Benzin dar (in € pro Liter).

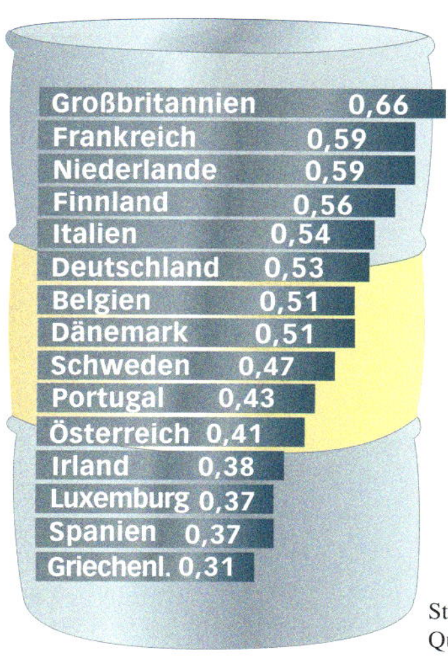

Stand: August 1999
Quelle: EU-Kommission/iw

Nenne den Definitionsbereich, die Zuordnungsvorschrift und den Wertebereich der Zuordnung.

2

In einem Gartenbeet wurden folgende Stauden gepflanzt.

a) Stelle die Zuordnung zwischen Pflanze und Blütezeit mit Pfeilen dar.

b) In welcher Zeitspanne blühen Pflanzen in dem Beet?

c) In welchem Monat blühen die meisten Staudensorten?

d) Nenne Definitionsbereich, Zuordnungsvorschrift und Wertebereich der Zuordnung.

Nicht eindeutige und eindeutige Zuordnungen

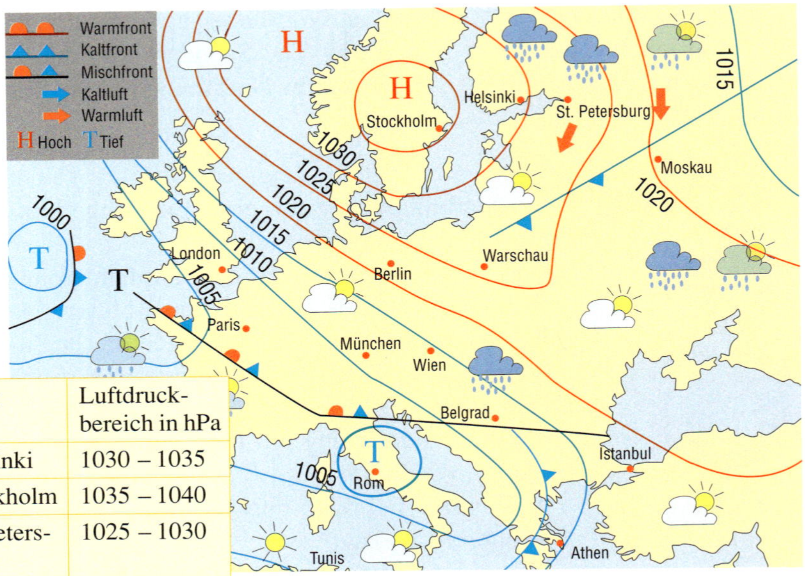

Stadt	Luftdruckbereich in hPa
Helsinki	1030 – 1035
Stockholm	1035 – 1040
St. Petersburg	1025 – 1030
Moskau	1015 – 1020
London	1010 – 1015
Berlin	1020 – 1025
Warschau	1025 – 1030
Paris	1005 – 1010

Info

Zum Messen des Luftdrucks benötigt man ein Barometer. In Meereshöhe zeigt ein Barometer durchschnittlich 1013 hPa (Hektopascal) an. Auch Wetterveränderungen beeinflussen den Luftdruck. Schlechtwetterlagen kündigen sich oft durch fallenden Luftdruck an. Schönes Wetter ist meist mit hohem Luftdruck verbunden.

In der Wetterkarte sind die Hochdruck- und Tiefdruckgebiete über Europa dargestellt. Im Abstand von 5 hPa sind Linien zu sehen, die Orte mit gleichem Luftdruck verbinden.

So kann jeder Stadt der Wetterkarte ein Luftdruckbereich zugeordnet werden. Jeder Stadt lässt sich genau ein bestimmter Luftdruckbereich zuordnen.

Man sagt: die Zuordnung *Stadt* → *Luftdruckbereich* ist **eindeutig**.

Dagegen ist die Zuordnung *Luftdruckbereich* → *Stadt* **nicht eindeutig**.
Zum Beispiel lassen sich dem Bereich 1020 hPa–1025 hPa die Städte Sankt Petersburg und Warschau zuordnen.

Können einem Element aus dem Definitionsbereich mehrere Elemente aus dem Wertebereich zugeordnet werden, nennt man die Zuordnung **nicht eindeutig**.
Kann jedem Element aus dem Definitionsbereich nur ein Element aus dem Wertebereich zugeordnet werden, nennt man die Zuordnung **eindeutig**.

Übungen

1 Entscheide, ob eine eindeutige oder eine nicht eindeutige Zuordnung vorliegt. Begründe deine Entscheidung.

a) *Schüler* → *Klasse*
b) *Klasse* → *Schülerinnen*
c) *Person* → *Geburtstag*
d) *Geburtstag* → *Person*
e) *zugelassenes Autokennzeichen* → *Auto*
f) *Auto* → *zugelassenes Autokennzeichen*

2 Ist die Zuordnung *Ort* → *Abfahrtszeit* für jede Zugnummer (8492; 8495) eindeutig?

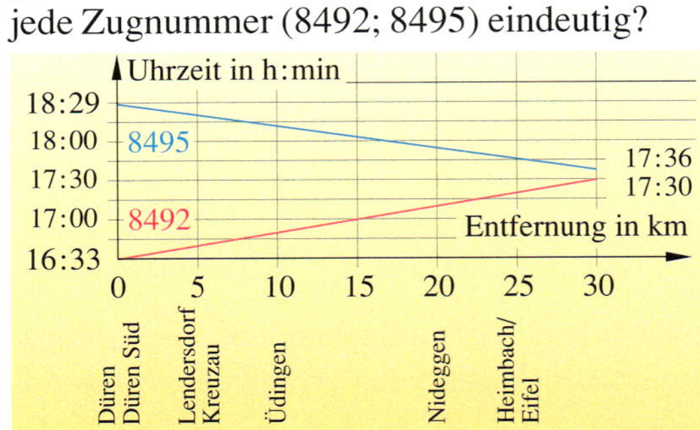

Ein Maxibrief in ein Land der Ländergruppe „Europa“ kostet bis 50 g Gewicht umgerechnet 1,53 € Porto.

Wir betrachten die Zuordnung zwischen dem Gewicht eines Maxibriefes innerhalb Europas und seiner Portogebühr (Stand: 2002).

Hier ist die Zuordnung mithilfe einer Tabelle dargestellt.

Definitionsbereich	Wertebereich
Briefgewicht in g	Portogebühr umgerechnet in €
bis 50	1,53
über 50 bis 100	2,56
über 100 bis 250	4,09
über 250 bis 500	6,14
über 500 bis 700	8,18
über 750 bis 1000	10,23
über 1000 bis 1500	14,32
über 1500 bis 2000	18,41

Hier ist die Zuordnung mithilfe eines Diagramms dargestellt.

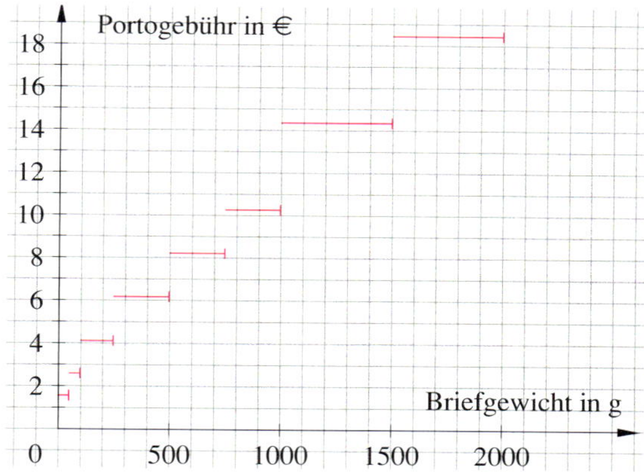

Jedem Briefgewicht ist genau eine Portogebühr zugeordnet. Die Zuordnung ist eindeutig.
Man nennt sie **Funktion**.

Man schreibt: f: Briefgewicht $\mapsto$ Portogebühr

> Eine **Funktion** ist eine eindeutige Zuordnung. Die Funktionsvorschrift ordnet jedem Element aus dem Definitionsbereich eindeutig ein Element aus dem Wertebereich zu. Die Elemente aus dem Definitionsbereich nennt man **Argumente**. Die Elemente aus dem Wertebereich heißen **Funktionswerte**.

Übungen

1 Umrechnungskurs von Euro in Dollar:
Kursentwicklung seit dem 31.12.1998

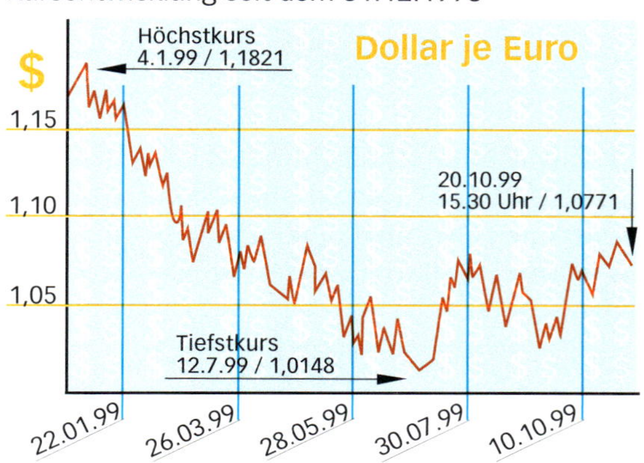

a) Bestimme den Definitions- und den Wertebereich.
b) Handelt es sich um eine Funktion? Begründe.

2 Durchschnittspreis je Barrel Rohöl (= 159 l) in Dollar der Opec (Organisation Erdöl exportierender Länder):

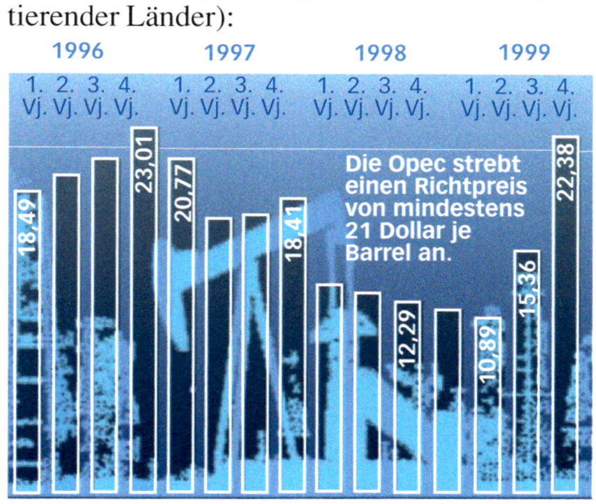

a) Beschreibe, was in dem Diagramm dargestellt ist.
b) Handelt es sich um eine Funktion? Begründe.

Der Preis für eine Taxifahrt ist abhängig von der zurückgelegten Strecke. Er setzt sich aus einer Grundgebühr, die schon beim Besteigen des Taxis fällig wird, und den Kosten zusammen, die sich aus der gefahrenen Strecke ergeben (ohne Wartezeiten). Diese Taxigebühren sind in jeder Region durch einen Taxitarif festgelegt.
Im Landkreis Dahme-Spreewald beträgt am Tag die Grundgebühr 1,90 €. Pro zurückgelegtem Kilometer werden außerdem 1,10 € erhoben. (Stand: 2002)

Um ungefähr abschätzen zu können, welche Kosten für eine Taxifahrt entstehen, betrachten wir diese Funktion *Entfernung in km* $\mapsto$ *Fahrpreis in €*.

In dieser Tabelle sind die Entfernungen in km und der Fahrpreis für eine Taxifahrt am Tag in Dortmund einander zugeordnet.

Entfernung in km	Fahrpreis in €
0	1,90
1	3,00
2	4,10
3	5,20
4	6,30
5	7,40
6	8,50
7	9,60
8	10,70

Im Koordinatensystem ist eine Funktion dargestellt. Die Entfernung wurde auf der x-Achse, der Fahrpreis auf der y-Achse eingetragen.

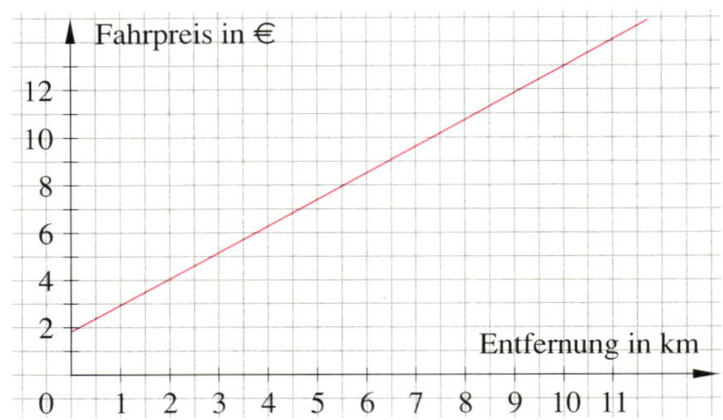

Wenn eine Funktion im Koordinatensystem dargestellt wird, ist es üblich, den Definitionsbereich auf der **x-Achse (Abszissenachse)** und den Wertebereich auf der **y-Achse (Ordinatenachse)** abzutragen.

Übungen

1 Bei Nachtfahrten in der Zeit von 22 Uhr bis 6 Uhr erhöhen sich die Preise für eine Taxifahrt. Die Grundgebühr von 1,90 € bleibt gleich. Es kommen aber im Landkreis Dahme-Spreewald pro gefahrenem Kilometer 1,20 € dazu (Stand: 2002).
a) Erstelle nach diesen Angaben eine Tabelle für die Fahrpreise bis zu 10 km Fahrstrecke.
b) Zeichne die Funktion *Entfernung in km* $\mapsto$ *Fahrpreis in €* in ein Koordinatensystem.

2 Ein Mofa verbraucht laut Herstellerinformation 2,5 Liter Benzin pro 100 km bei einer konstanten Geschwindigkeit von 25 $\frac{\text{km}}{\text{h}}$.
a) Übertrage die Tabelle und ergänze den Wertebereich.

Entfernung in km	20	40	60	80	100
Verbrauch in l					2,5

b) Erstelle ein Diagramm für die Funktion *Entfernung in km* $\mapsto$ *Verbrauch in l*.
Wähle jeweils 1 cm für 20 km Entfernung bzw. für 1 l Benzinverbrauch.

3 In den Polargebieten bleibt die Sonne zur Sommerzeit auch um Mitternacht über dem Horizont. In diesen Regionen gibt es zu dieser Jahreszeit keine dunkle Nacht. In der Fotoserie wurde der Stand der Sonne an einem Ort nördlich des Polarkreises nach jeweils einer Stunde vom gleichen Standpunkt aus aufgenommen.

a) Ist jedem Zeitpunkt t eine Höhe h über dem Meeresspiegel zugeordnet?
b) Ist die Zuordnung $t \rightarrow h$ eine Funktion? Begründe.

4 Die Länge eines Tags, also die Zeit zwischen Sonnenaufgang und Sonnenuntergang, ist abhängig vom Datum und der geographischen Breite des Orts.
Im Diagramm ist die Tageslänge für den Montag jeder Jahreswoche in Kassel (51° nördliche Breite) dargestellt.

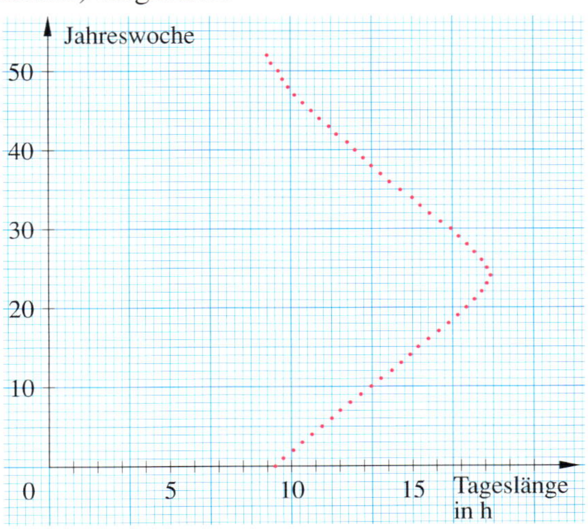

a) Ist jeder Tageslänge T eine Jahreswoche J zugeordnet?
b) Ist die Zuordnung $T \rightarrow J$ mit dem Definitionsbereich 10 h bis 18 h eine Funktion? Begründe.

5

Temperaturverlauf in Sphären:

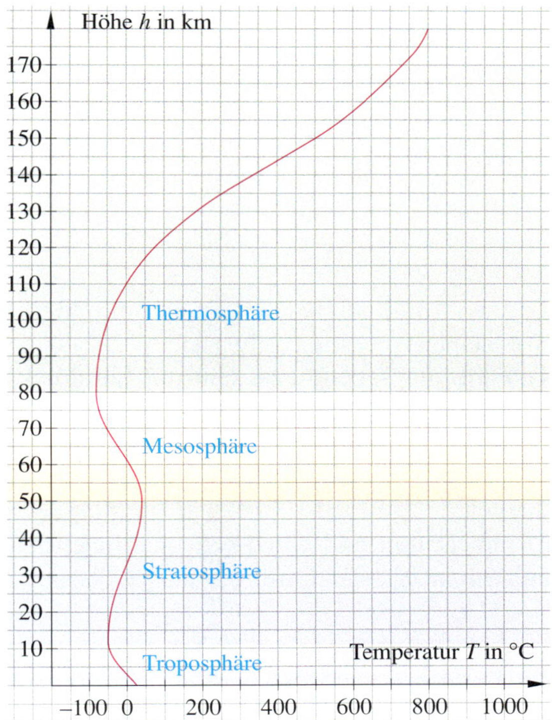

a) Lies die Werte aus dem Diagramm ab und fülle diese Tabelle aus.

Sphären	Abstand der Obergrenze von der Erde	Temperatur an der Obergrenze
Troposphäre	12 km	■
Stratosphäre	■	■
Mesosphäre	■	■

a) In welcher Höhe herrscht eine Temperatur von –50 °C?
b) Ist die Zuordnung $T \rightarrow h$ eine Funktion? Begründe.

Info

Wetterstationen zeichnen Daten auf, die für die Beobachtung und Vorhersage des Wetters notwendig sind. Das sind: Luftdruck, Temperatur, Luftfeuchtigkeit, Richtung und Stärke des Winds. Diese Daten werden nicht nur zur Wettervorhersage beim Deutschen Wetterdienst in Offenburg verwendet, sondern sie werden häufig auch in gerichtlichen Streitfällen benötigt. So zahlen zum Beispiel Gebäudeversicherungen für Sturmschäden nur, wenn mindestens eine Windgeschwindigkeit von 20,8 $\frac{m}{s}$ (74,88 $\frac{km}{h}$), erreicht wurde.
Luftdruckdiagramm:

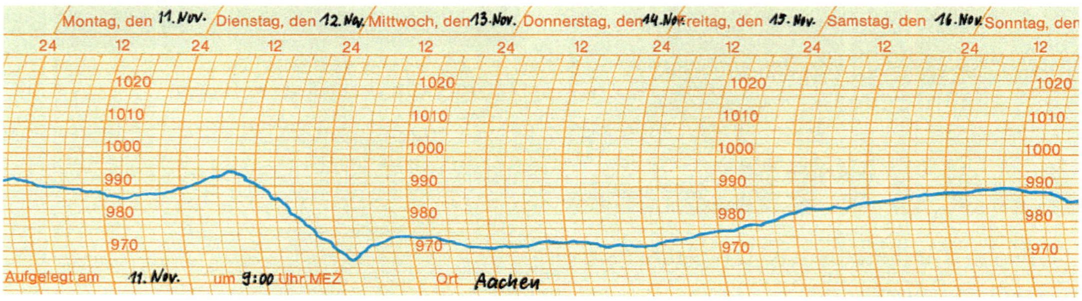

gemessen in hPa (Hektopascal); durchschnittlicher Luftdruck in Meereshöhe 1013 hPa

6 Das Luftdruckdiagramm gibt die Messwerte einer Woche in Aachen an.

a) Fülle die Tabelle aus. Gib die Luftdruckwerte jeweils für 12 Uhr an.

Tag	Mo.	Di.	Mi.	Do.	Fr.	Sa.	So.
hPa							

b) Gib Datum und Uhrzeit für den höchsten und den niedrigsten Luftdruck der Woche an.

7 Am Dienstag, dem 12. November, stieg der Luftdruck zunächst an. Seit den Morgenstunden fiel er stark ab. In den frühen Stunden des Mittwochs erreichte der Luftdruck seinen Tiefstwert. Die Ärzte und Krankenhäuser mussten sich an diesem Tag um besonders viele herzkranke Menschen kümmern, deren Beschwerden durch den Luftdruckabfall verschlimmert wurden.

a) Um wie viel hPa stieg der Luftdruck am Dienstag zunächst an?

b) Wann erreichte der Luftdruck am 12. November seinen höchsten Wert?

c) Um wie viel hPa stieg der Luftdruck von Mittwoch 2 Uhr bis 10 Uhr plötzlich an?

d) Ist die Zuordnung Zeit → Luftdruck eine Funktion? Begründe.

8 Das sich am Dienstag immer weiter verstärkende Tief führte am Abend zu lange anhaltenden, zum Teil schweren Stürmen. Das zeigt das Diagramm der Windmessung. Es gibt die Windgeschwindigkeit in kn (Knoten) an.

$1\ kn = 1\ \frac{sm}{h} = 1{,}852\ \frac{km}{h} = 0{,}514\ \frac{m}{s}$

Während um 17 Uhr Windgeschwindigkeiten von etwa 20 kn gemessen wurden, stiegen sie im Lauf des Abends deutlich an.

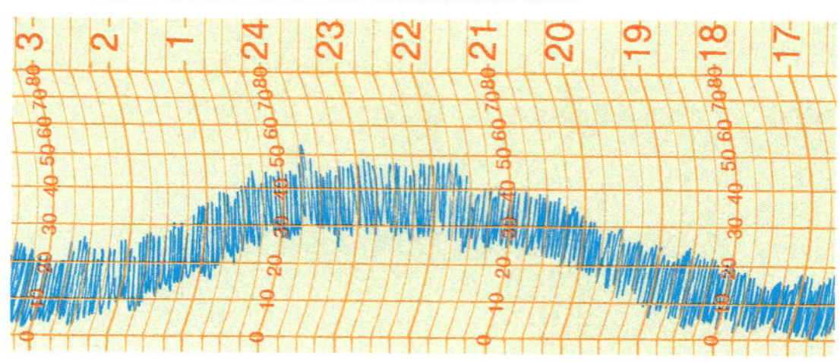

a) Fülle die Tabelle für die Windgeschwindigkeit zu den angegebenen Zeitpunkten aus.

Zeit	18	19	20	21	22	23	24	1	2
kn									
$\frac{m}{s}$									

b) Welche höchste Windgeschwindigkeit wurde im angegebenen Zeitraum erreicht?

c) Bestimme den Zeitraum, in dem Gebäudeversicherungen für Sturmschäden aufkommen mussten.

Koordinatengleichung einer Funktion

Es gibt viele verschiedene Brückenkonstruktionen. Die Severinsbrücke in Köln zum Beispiel ist eine „Schrägseilbrücke“. Sie wurde 1959 fertig gestellt.
Die Brücke ist 691 m lang und führt als Straßen-, Straßenbahn- und Fußgängerbrücke über den Rhein. Der Brückenträger, an dem die Stahlseile aufgespannt sind, ist 77,2 m hoch. Solche Pfeiler nennt man Pylonen.

Im Diagramm ist auf der x-Achse die Entfernung vom Pylon abgetragen. Auf der y-Achse kann man die Höhe über der Brücke ablesen. Eingezeichnet ist der Verlauf des äußeren rechten Stahlseils.

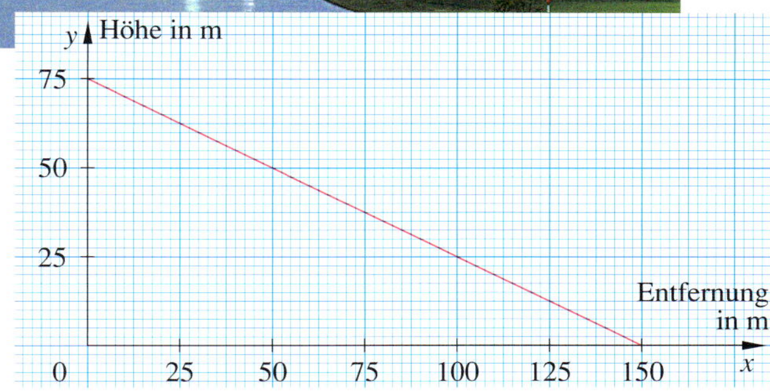

Jeder Entfernung x vom Pylon ist eindeutig die Höhe des Stahlseils y über der Brücke zugeordnet. Die Zuordnung zwischen der Entfernung x und der Höhe y ist eine Funktion.

Funktion: Entfernung in m $\mapsto$ Höhe in m
kurz: $x \mapsto y$
Zum Beispiel: $150 \mapsto 0$
Man spricht: Der **Funktionswert** an der Stelle 150 ist 0.

Der Verlauf des Stahlseils lässt sich mit der **Koordinatengleichung** $y = -\frac{1}{2}x + 75$ beschreiben.

Zum Beispiel ergibt sich für die Entfernung 40 m die Höhe $y = -\frac{1}{2} \cdot 40 + 75 = 55$. Die Höhe des Stahlseils beträgt also in 40 m Entfernung vom Pylon 55 m.

> Ist eine Funktion durch eine **Koordinatengleichung** definiert (erklärt), so lässt sich zu jedem x aus dem Definitionsbereich der Funktionswert y aus dem Wertebereich berechnen.
> Zum Beispiel: $y = 2x - 5$ für $x = -2$ gilt $y = 2 \cdot (-2) - 5$
> $y = -4 - 5;\ y = -9$
>
> Sofern nichts anderes angegeben ist, nehmen wir die rationalen Zahlen als Definitionsbereich.

Übungen

1 Berechne den Funktionswert an der angegebenen Stelle für $y = x - 4$.

a) $x = 2$ c) $x = 5$ e) $x = -1$ g) $x = -5$
b) $x = 0$ d) $x = 11$ f) $x = -3$ h) $x = -9$

2 Berechne den Funktionswert an der angegebenen Stelle.

x	-3	-2	-1	0	1	2	3
y							

a) $y = 0{,}5x + 2$ b) $y = -x + 3$

Graph einer Funktion

Wir betrachten die Funktion mit der Koordinatengleichung $y = 1{,}5\,x$ für verschiedene Definitionsbereiche.

1. Wir wählen als Definitionsbereich die positiven ganzen Zahlen $x \leqq 3$. Die Funktionswerte sind mithilfe der Gleichung $y = 1{,}5\,x$ berechnet.

x	1	2	3
y	1,5	3	4,5

Im Diagramm ist die Funktion mit $y = 1{,}5\,x$ dargestellt.

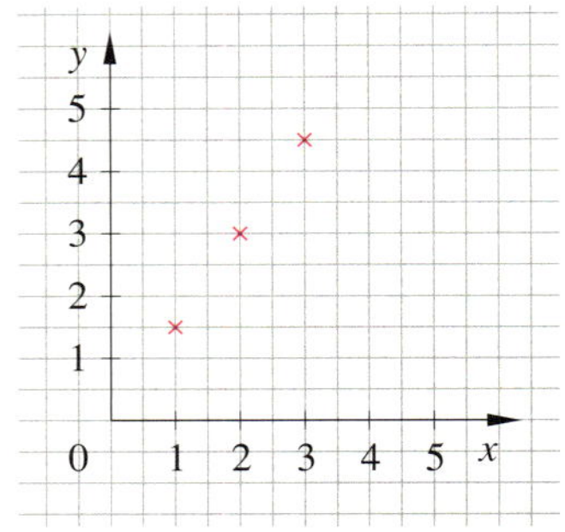

2. Wir erweitern den Definitionsbereich um die Zahl 0 und die negativen ganzen Zahlen $-3 \leqq x$.
Diese weiteren Funktionswerte sind mithilfe der Gleichung $y = 1{,}5\,x$ berechnet.

x	-3	-2	-1	0
y	$-4{,}5$	-3	$-1{,}5$	0

Wenn man die Funktion mit diesem Definitionsbereich darstellen will, muss man das Koordinatensystem erweitern.
Die Koordinatenachsen werden zu Zahlenstrahlen erweitert, auf denen auch negative Zahlen dargestellt werden können.

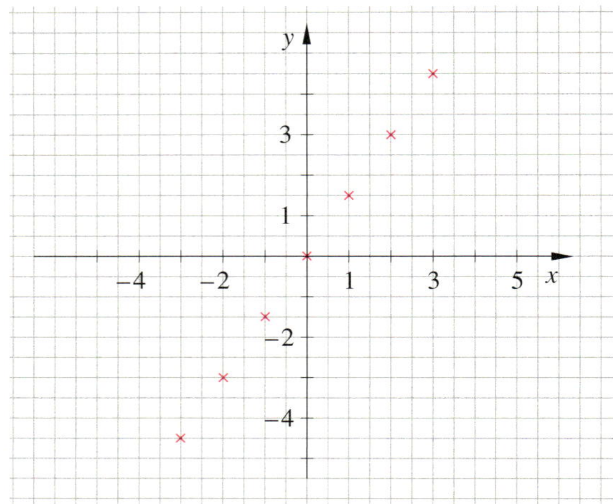

3. Wir erweitern den Definitionsbereich auf alle rationale Zahlen.
Stellen wir die Funktion mit der Koordinatengleichung $y = 1{,}5\,x$ in einem Koordinatensystem dar, erhalten wir eine Gerade.

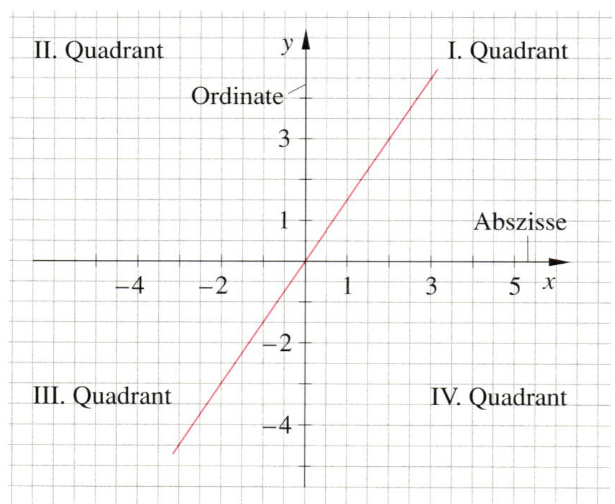

Die Darstellung einer Funktion im Koordinatensystem nennt man **Graph der Funktion**.

Wenn keine besonderen Abmachungen getroffen sind, sollen für alle folgenden Funktionen die rationalen Zahlen den Definitionsbereich bilden.

Übungen

Fülle in den Aufgaben 1 bis 3 jeweils die Tabelle im Heft aus. Entnimm dem Diagramm die zugeordneten Werte.

1

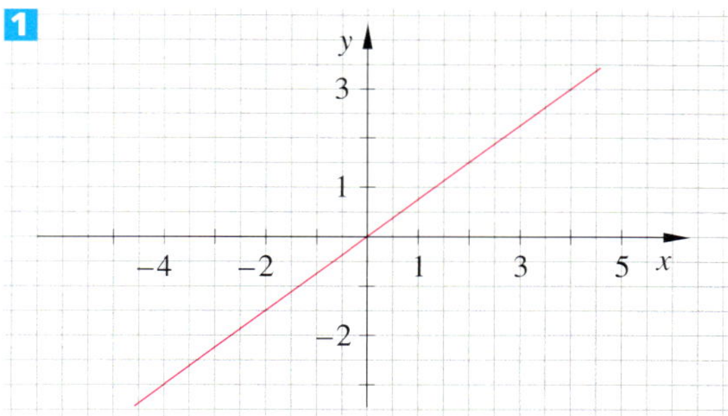

x	−3	−2,5	−1,5	−0,5	0	1	2	2,5	3
y									

2

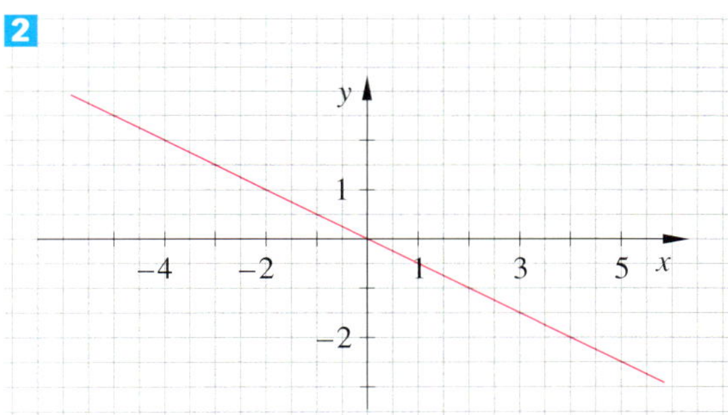

x	−4	−3	−2,5	−1	0	1,5	2	3,5	4
y									

3

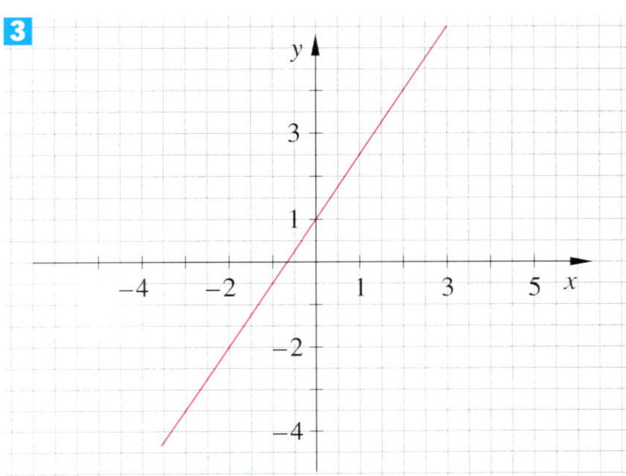

x		−2		0		1		2	
y	−3,5		−0,5		1,75		3,25		4,75

4 Trage die zugeordneten Werte in ein Koordinatensystem ein und zeichne den Graphen der Funktion als Gerade.

a)

x	−3	−2	−1	0	1	2	3
y	6	4	2	0	−2	−4	−6

b)

x	−3	−2	−1	0	1	2	3
y	3	2	1	0	−1	−2	−3

c)

x	−3	−2	−1	0	1	2	3
y	4	3	2	1	0	−1	−2

d)

x	−3	−2	−1	0	1	2	3
y	−4,5	−4	−3,5	−3	−2,5	−2	−1,5

5 Berechne die zugeordneten Werte mithilfe der Koordinatengleichung. Fülle die Tabelle aus und trage die zugeordneten Werte in ein Koordinatensystem ein.

a) $y = 2x - 1$

x	−3	−2	−1	0	1	2	3
y							

b) $y = 0{,}5x - 1{,}5$

x	−3	−2	−1	0	1	2	3
y							

c) $y = -2x + 2$

x	−3	−2	−1	0	1	2	3
y							

d) $y = -1{,}5x + 0{,}5$

x	−3	−2	−1	0	1	2	3
y							

6 Bestimme die zugeordneten Werte mithilfe der Koordinatengleichung. Erstelle jeweils eine Tabelle und trage die zugeordneten Werte in ein Koordinatensystem ein.

x	−3	−2	−1	0	1	2	3
y							

a) $y = 3x$
b) $y = -3x$
c) $y = 0{,}5x$
d) $y = -0{,}5x$
e) $y = x - 1$
f) $y = -x + 1$
g) $y = 0{,}5x - 2$
h) $y = -0{,}5x + 1{,}5$
i) $y = 2x - 2$
j) $y = -2x + 3$

Übersicht: Darstellungsformen von Funktionen

Die folgende Übersicht zeigt, welche Möglichkeiten es gibt, Funktionen darzustellen.

Zuordnungs-vorschrift	Beispiel 1: Nachfolger natürlicher Zahlen	Beispiel 2: Zensurenverteilung bei Klassenarbeit
Wortvorschrift	Ordne den natürlichen Zahlen von 0 bis 5 ihren Nachfolger zu.	Ordne jeder Zensur die Anzahl der Schüler zu, die diese Zensur erhalten haben.
Wertetabelle	x (nat. Zahl): 0, 1, 2, 3, 4, 5 y (Nachfolger): 1, 2, 3, 4, 5, 6	x (Zensur): 1, 2, 3, 4, 5, 6 y (Anzahl): 1, 4, 6, 5, 3, 1
Menge geordneter Wertepaare $(x \mid y)$	(0 | 1) (1 | 2) (2 | 3) (3 | 4) (4 | 5) (5 | 6)	(1 | 1) (2 | 4) (3 | 6) (4 | 5) (5 | 3) (6 | 1)
Koordinatengleichung	$y = x + 1$	keine Gleichung möglich
Graph	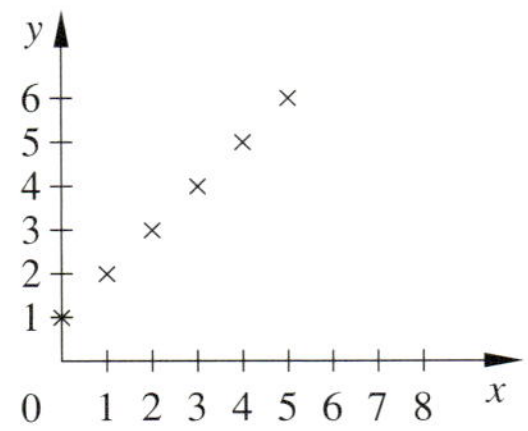	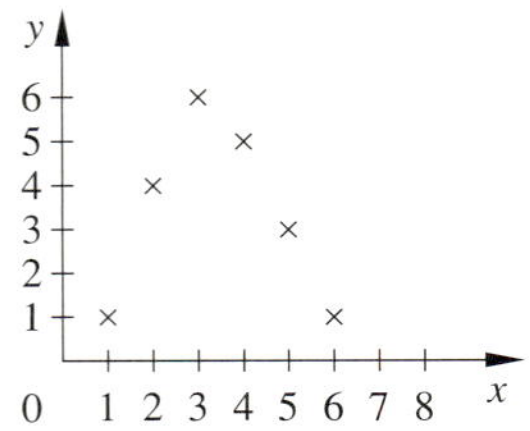

Eine Zuordnungsvorschrift kann in Worten, mit Hilfe einer Gleichung (falls möglich), durch eine Wertetabelle, die Angabe der geordneten Wertepaare oder durch einen Graphen angegeben werden.

Übungen

1 Gib zu den angegebenen Zuordnungsvorschriften jeweils eine Wertetabelle und eine Gleichung an.

a) Ordne den natürlichen Zahlen von 5 bis 10 ihr Doppeltes zu.

b) Menge geordneter Paare: (1 | 0,5) (2 | 1) (3 | 1,5) (4 | 2) (5 | 2,5) (6 | 3) …

c)

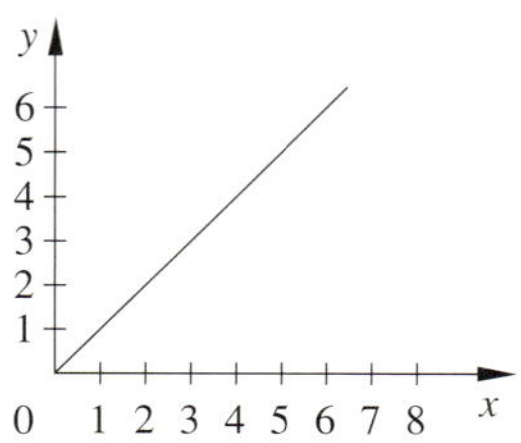

d) Ordne den Quadratzahlen zwischen 1 und 100 ihre Wurzel zu.

2 Ordne jeder Zahl ihr Quadrat zu.

a) Fertige eine Wertetabelle an für die rationalen Zahlen von −3 bis 3 in Schritten von 0,5.

b) Finde eine Gleichung.

c) Stelle die Funktion grafisch dar.

3 Gegeben ist folgende Wertetabelle.

x	−2	−1	0	1	2	3
y	−3	−1	1	3	5	7

a) Stelle die Funktion graphisch dar.

b) Finde die Koordinatengleichung.

4 Gegeben ist die Koordinatengleichung $y = -\frac{1}{2}x + 2$.

a) Stelle eine Wertetabelle für die x-Werte −3, −2, −1, 0 1, 2, 3 auf.

b) Zeichne den Graphen der Funktion.

Die Tour de Swisse ist eines der bekanntesten Radrennen der Welt, das in Etappen durchgeführt wird. Sie wird seit 1933 im Monat Juni von Radprofis ausgetragen. Die 63. Tour de Swisse fand im Jahr 1999 statt. Sie war 1526,8 km lang. Für die zehn Etappen waren 148 Radrennfahrer gemeldet. Die einzelnen Etappen ändern sich von Jahr zu Jahr. Eine der kürzesten Etappen war das Bergzeitfahren von Bürglen zur Klausen Passhöhe.

Aus dem Kartenausschnitt kann man die horizontale Entfernung zwischen Start und Ziel nur näherungsweise ablesen. Dies gilt auch für steigende oder fallende Streckenabschnitte, die mithilfe von Höhenlinien zu erkennen sind.

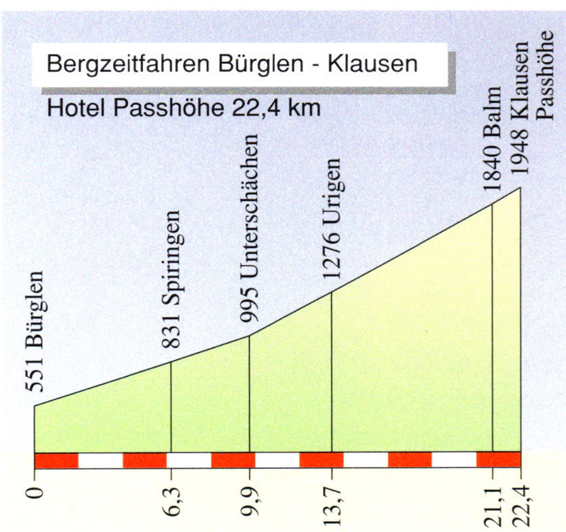

Jeder Fahrer erhält vor dem Start ein genaues Streckenprofil.

Das Streckenprofil hilft ihm, sich sein Rennen einzuteilen. Er kann wichtige Punkte der Strecke und deren horizontale Entfernung im Streckenprofil erkennen.

Mithilfe dieser Angaben kann man die durchschnittliche Steigung zwischen zwei Punkten der Strecke berechnen.

Auf der Strecke zwischen Spiringen und Unterschächen muss der Fahrer diesen Höhenunterschied überwinden:

995 m – 831 m = 164 m.

Die horizontale Entfernung beträgt dabei:

9,9 km – 6,3 km = 3,6 km.

Übungen

1 Bestimme mit dem Streckenprofil den Höhenunterschied und die horizontale Entfernung.

a) Unterschächen – Urigen
b) Bürglen – Spiringen
c) Balm – Klausen Passhöhe
d) Bürglen – Klausen Passhöhe

2 Bestimme mit dem Streckenprofil den Höhenunterschied und die horizontale Entfernung.

a) Balm – Klausen Passhöhe
b) Urigen – Klausen Passhöhe
c) Unterschächen – Klausen Passhöhe
d) Spiringen – Klausen Passhöhe
e) Bürglen – Unterschächen
f) Spiringen – Urigen

Steigung und Steigungsdreieck

Um die durchschnittliche **Steigung** zwischen den Streckenpunken Urigen und Balm zu berechnen, bestimmt man den Höhenunterschied und den Horizontalunterschied der beiden Punkte.

Der Höhenunterschied beträgt
1840 m – 1276 m = 564 m.

Der Horizontalunterschied beträgt
21,1 km – 13,7 km = 7,4 km = 7400 m.

Die durchschnittliche Steigung der Strecke zwischen Urigen und Balm ist der Quotient aus Höhenunterschied und Horizontalunterschied der beiden Punkte.

Die Steigung dieses Streckenabschnitts beträgt etwa 0,076.

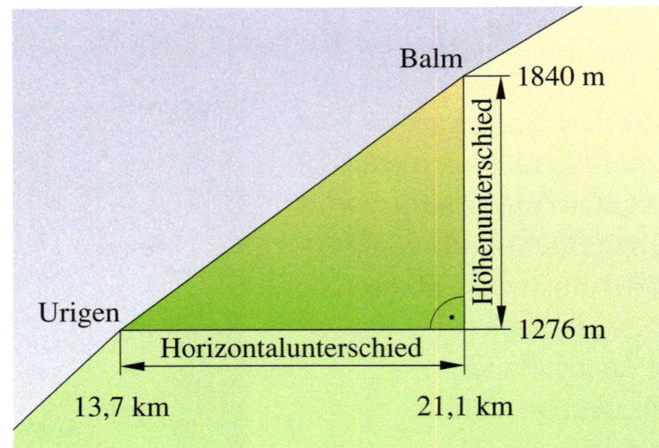

Um die **Steigung** einer Strecke $\overline{AB}$ zu bestimmen, teilt man den Höhenunterschied der Punkte *A* und *B* durch den Horizontalunterschied der Punkte *A* und *B*.

$$\text{Steigung} = \frac{\text{Höhenunterschied}}{\text{Horizontalunterschied}}$$

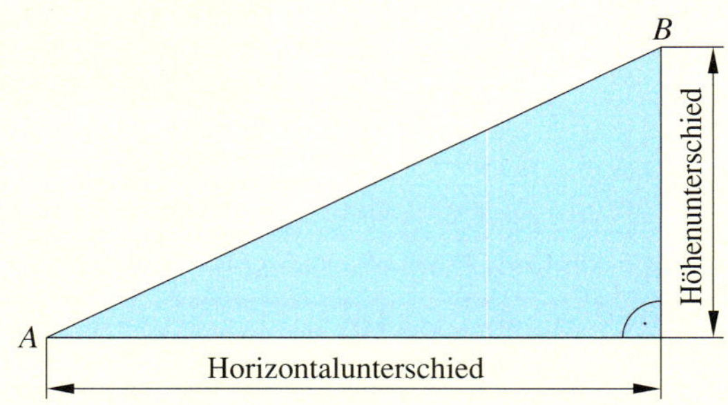

Das gezeichnete Dreieck ist ein **Steigungsdreieck** für die Strecke $\overline{AB}$.

Übungen

Tour de France 1998:
15. Etappe am Montag, dem 27. Juli 1998

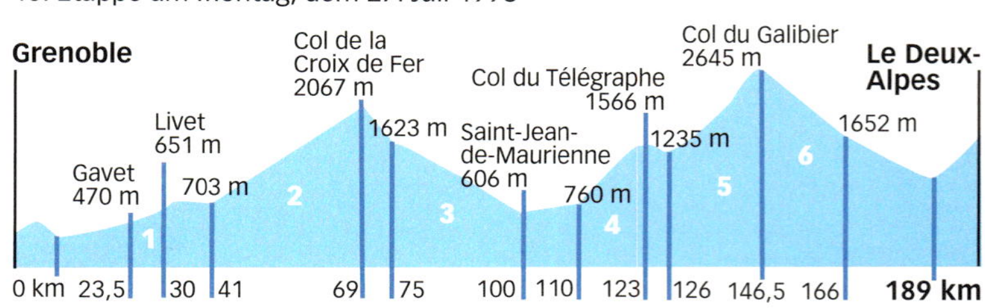

Die älteste und bekannteste Radrundfahrt ist die Tour de France. Sie wurde 1998 bereits zum 85. Mal ausgetragen.
Eine der schwersten Etappen war die 15. Etappe in den Alpen von Grenoble nach Les Deux-Alpes.
Im abgebildeten Streckenprofil siehst du einige wichtige Streckenpunkte mit ihren Entfernungs- und Höhenangaben.

1 Bestimme aus den gegebenen Entfernungs- und Höhenangaben die Steigungen der Strecken 1, 2, 4 und 5.

2 Bestimme aus den gegebenen Entfernungs- und Höhenangaben die Steigungen der Strecken 3 und 6.

Wir bestimmen die Steigung einer Strecke $P_1 P_2$ im Koordinatensystem mithilfe des Steigungsdreiecks und der Koordinaten ihrer Punkte P_1 und P_2.

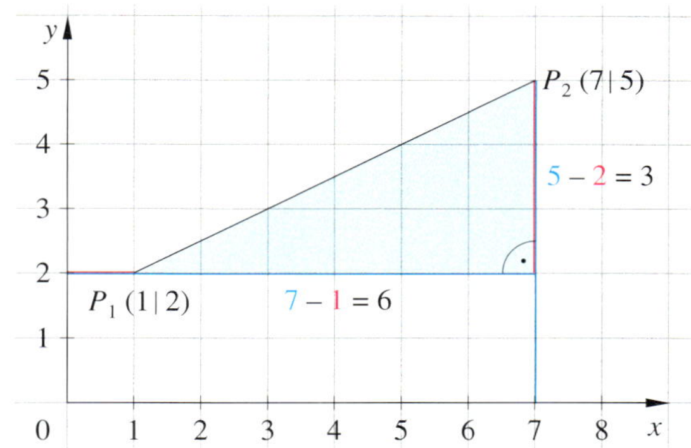

Der **Höhenunterschied** der Punkte P_1 und P_2 beträgt 3. Er ist die **Differenz der *y*-Koordinaten** beider Punkte.

Der **Horizontalunterschied** der Punkte P_1 und P_2 beträgt 6. Er ist die **Differenz der *x*-Koordinaten** beider Punkte.

Um die **Steigung *m*** einer Strecke zu bestimmen, teilt man den Höhenunterschied durch den Horizontalunterschied dieser Strecke.

Wir berechnen die Steigung m der Strecke $\overline{P_1 P_2}$: $m = \frac{5-2}{7-1} = \frac{3}{6}$

Die Strecke $\overline{P_1 P_2}$ hat die Steigung $m = \frac{1}{2}$. $m = \frac{1}{2}$

Um die **Steigung *m*** einer Strecke mit den Punkten $P_1\ (x_1 | y_1)$ und $P_2\ (x_2 | y_2)$ zu bestimmen, teilt man die Differenz der y-Koordinaten durch die Differenz der x-Koordinaten.

$$\text{Steigung} = \frac{\text{Differenz der } y\text{-Koordinaten}}{\text{Differenz der } x\text{-Koordinaten}}$$

Wir schreiben kurz: $\boldsymbol{m = \frac{y_2 - y_1}{x_2 - x_1}}$.

Für die Berechnung der Steigung ist es unerheblich, welcher der beiden Punkte mit P_1 oder mit P_2 bezeichnet wird.

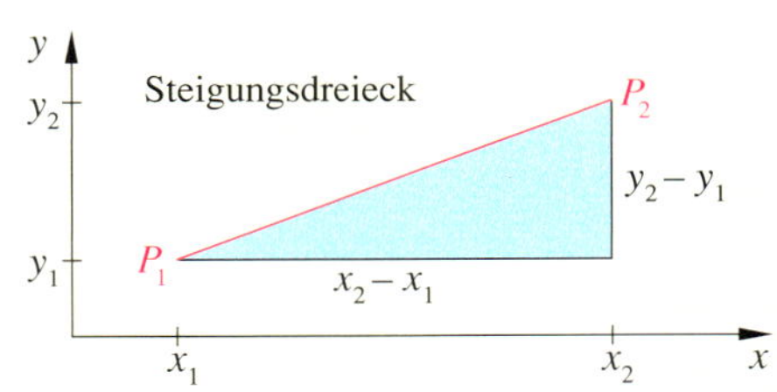

Übungen

1 Lies den Höhenunterschied und den Horizontalunterschied des Steigungsdreiecks ab und berechne die Steigung.

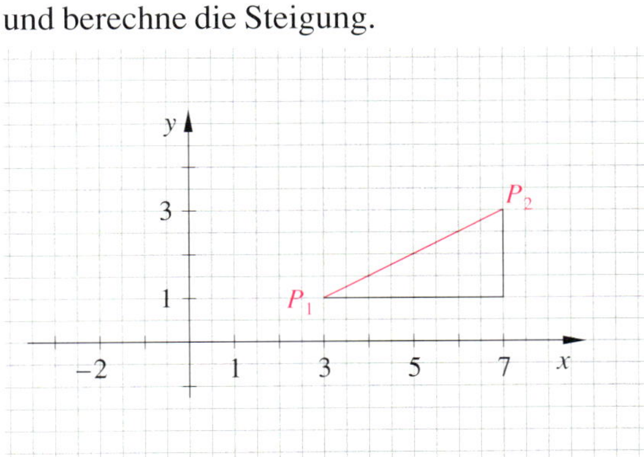

2 Welche Koordinaten haben jeweils die Punkte A und B und welche Steigung hat die Strecke $\overline{AB}$?

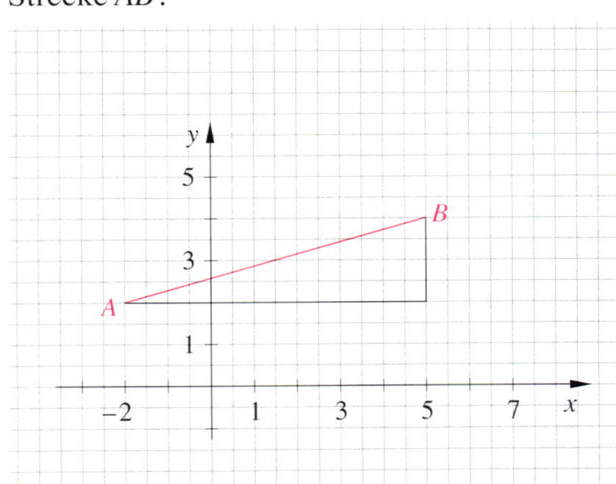

3 Bestimme die Koordinaten der Endpunkte P_1 und P_2 und berechne die Steigung der Strecke.

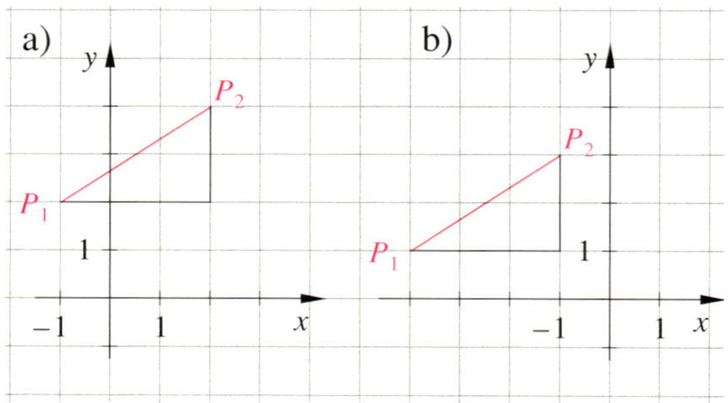

4 Bestimme jeweils die Koordinaten der Endpunkte P_1 und P_2 und berechne die Steigung der Strecke.

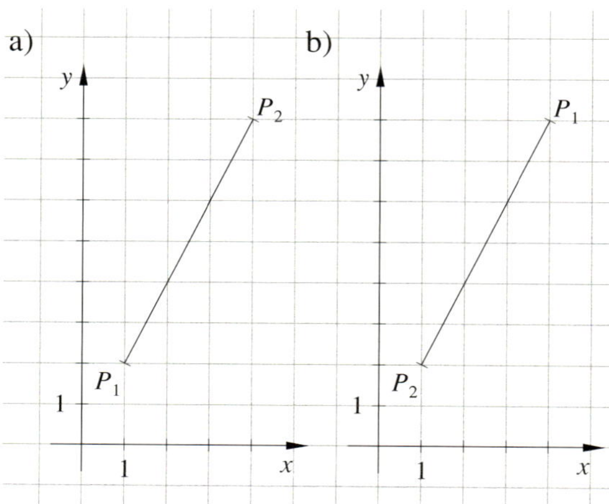

5 Berechne die Steigungen der Strecken.

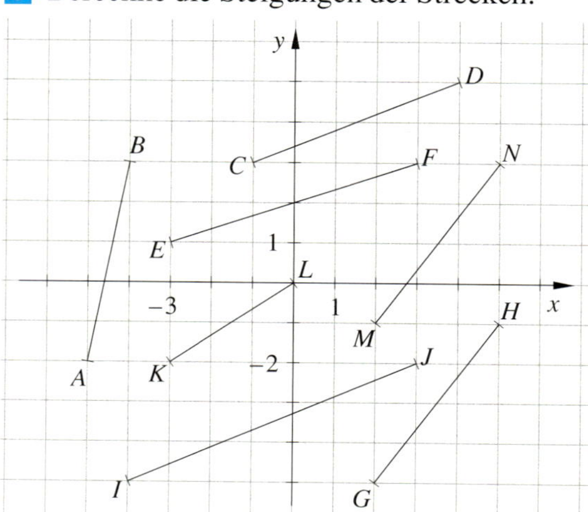

6 Bestimme die Steigungen der Strecken $\overline{AB}$ und $\overline{CD}$ aus dem Höhen- und Horizontalunterschied eines Steigungsdreiecks.

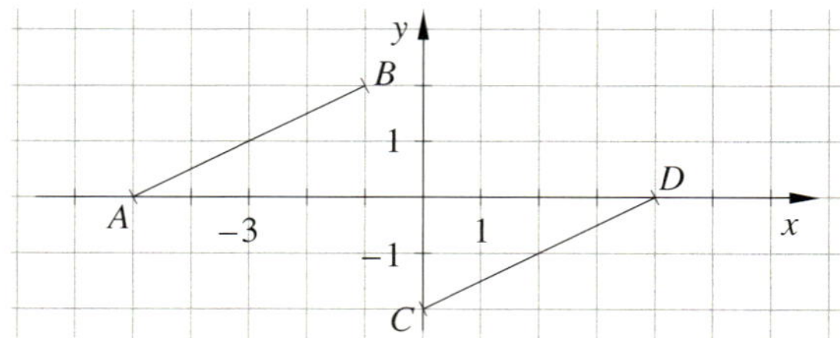

7 Bestimme die Steigungen der Seiten des Dreiecks ABC.

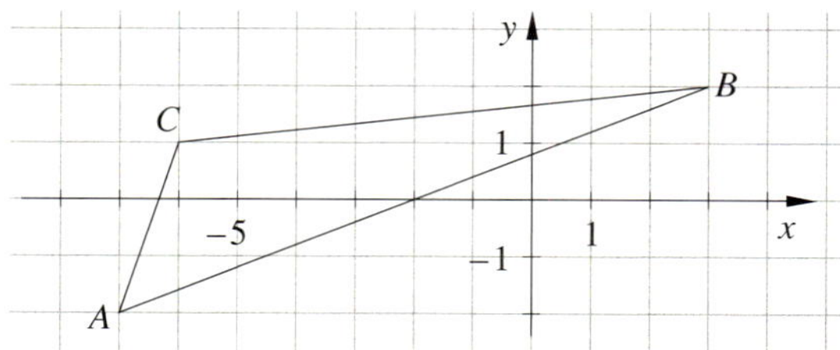

8 Berechne die Steigung jeder Seite des Parallelogramms und vergleiche.

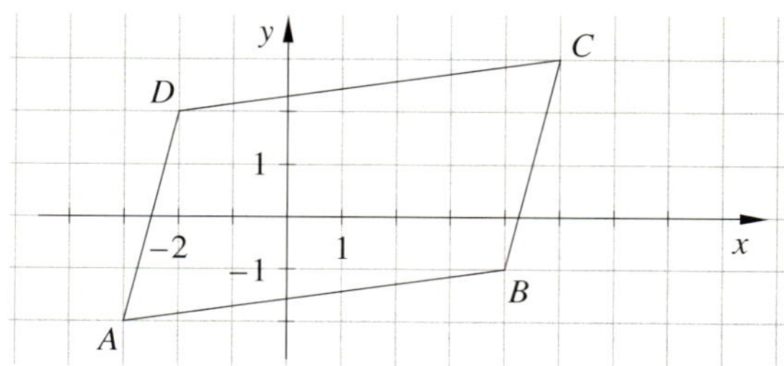

9 Zeichne die Strecken in ein Koordinatensystem und berechne ihre Steigungen.

a) Strecke $\overline{AB}$ mit $A\,(2\,|\,1)$ und $B\,(8\,|\,6)$
b) Strecke $\overline{CD}$ mit $C\,(-5\,|\,0)$ und $D\,(-1\,|\,4)$
c) Strecke $\overline{EF}$ mit $E\,(-4\,|\,-6)$ und $F\,(-1\,|\,-1)$
d) Strecke $\overline{GH}$ mit $G\,(2\,|\,-8)$ und $H\,(6\,|\,-2)$

10 Berechne die Steigung der Strecke.

	Strecke	Koordinaten der Endpunkte	
a)	$\overline{AB}$	$A\,(0\,\vert\,7)$	$B\,(3\,\vert\,10)$
b)	$\overline{CD}$	$C\,(-6\,\vert\,-2)$	$D\,(3\,\vert\,4)$
c)	$\overline{EF}$	$E\,(4\,\vert\,-1)$	$F\,(-2\,\vert\,-9)$
d)	$\overline{GH}$	$G\,(1{,}5\,\vert\,3)$	$H\,(5{,}5\,\vert\,6)$
e)	$\overline{KL}$	$K\,(-2\frac{2}{3}\,\vert\,-7)$	$L\,(4\,\vert\,-3\frac{1}{4})$

Positive und negative Steigung

Diese Verkehrszeichen weisen auf zwei unterschiedliche Gefahren hin.

Bei einem Horizontalunterschied von 100 m steigt die Straße um 10 m. Wir zeichnen eine Strecke mit dieser Steigung in ein Koordinatensystem.

Bei einem Horizontalunterschied von 100 m fällt die Straße um 10 m. Wir zeichnen eine Strecke mit diesem Gefälle in ein Koordinatensystem.

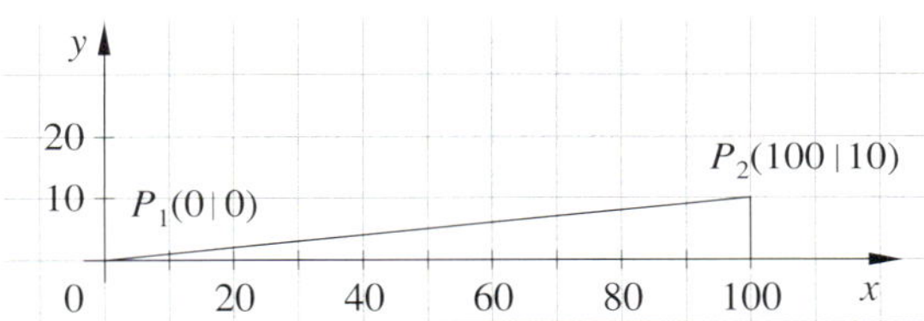

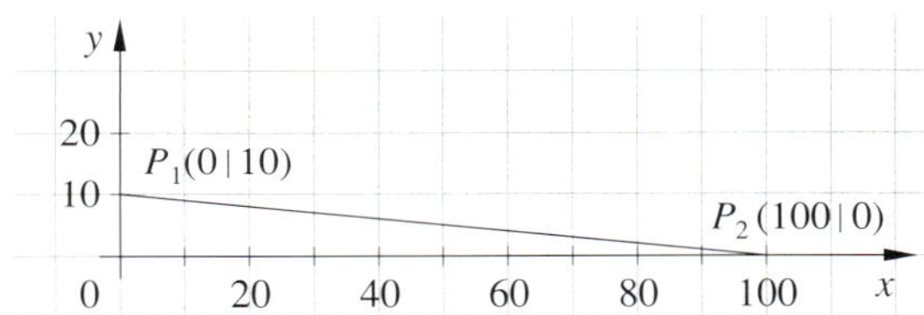

Wir berechnen die Steigung der Strecke:

$m = \frac{10-0}{100-0} = \frac{10}{100} = 0{,}1$

Die Strecke $\overline{P_1 P_2}$ hat die Steigung 0,1.
Ihre Steigung ist positiv.
Man sagt: Die Straße hat 10% Steigung.

$m = \frac{0-10}{100-0} = \frac{-10}{100} = -\frac{10}{100} = -0{,}1$

Die Strecke $\overline{P_1 P_2}$ hat die Steigung $-0{,}1$.
Ihre Steigung ist negativ.
Man sagt: Die Straße hat 10% Gefälle.

Ob man von „Gefälle“ oder „Steigung“ spricht, hängt in der Praxis von der Fahrtrichtung ab, wie das Bild zeigt.

In der Mathematik wollen wir eindeutig entscheiden, ob eine Strecke eine positive oder negative Steigung hat. Die Betrachtung erfolgt immer von links nach rechts.

Das Bild zeigt eine Strecke mit einer negativen Steigung.

In der Mathematik bezieht sich der Begriff „Steigung“ immer auf die Blickrichtung von links nach rechts.

Beispiel

Bestimme aus dem Koordinatensystem die Steigung der Strecke.

a)

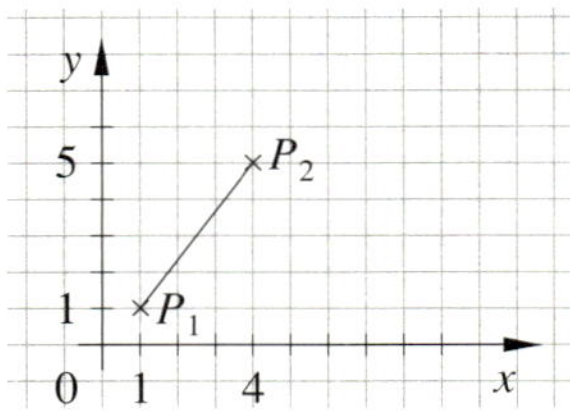

$m = \frac{5-1}{4-1} = \frac{4}{3}$

b)

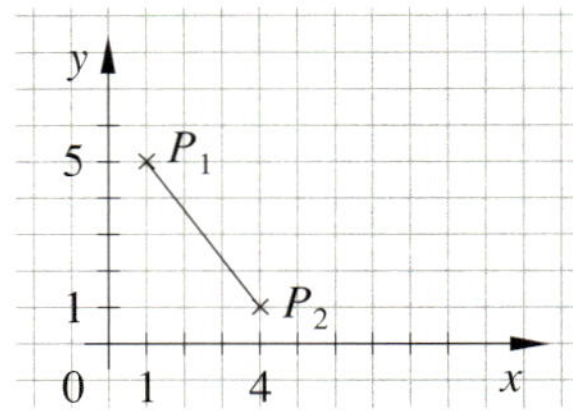

$m = \frac{1-5}{4-1} = \frac{-4}{3} = -\frac{4}{3}$

c)

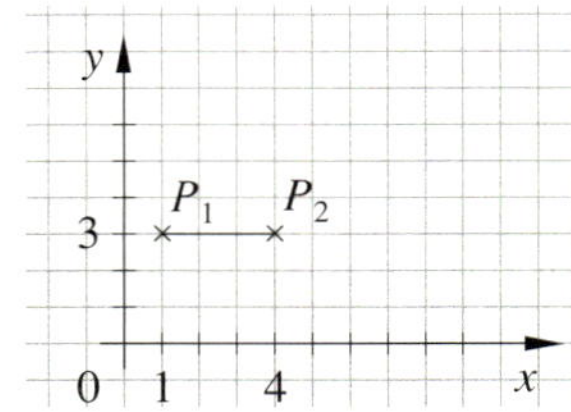

$m = \frac{3-3}{4-1} = \frac{0}{3} = 0$

Übungen

1 Berechne die Steigungen der Strecken.

a)

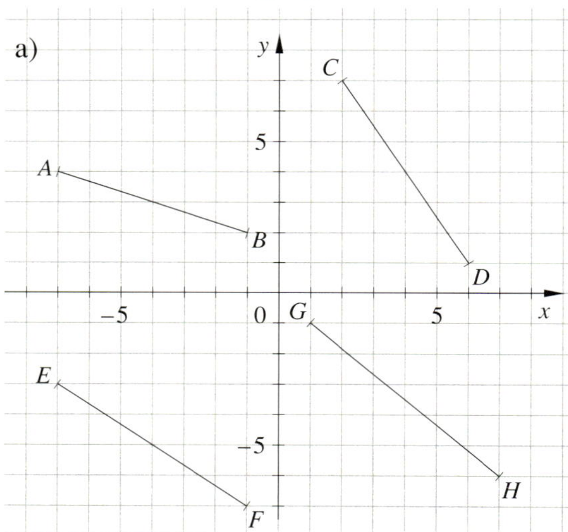

b)

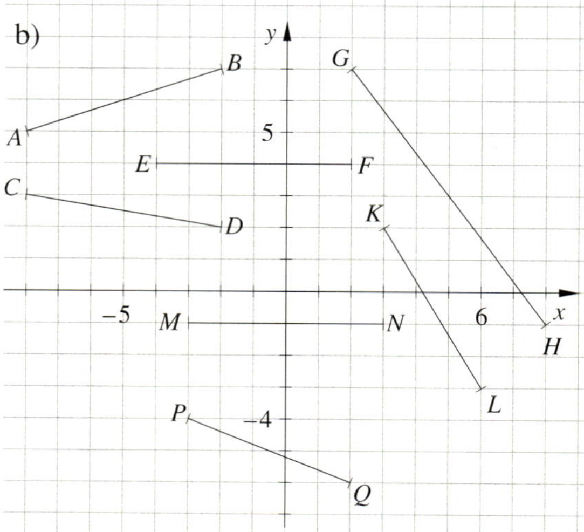

2 Bestimme die Steigung jeder Strecke des Vierecks mithilfe eines Steigungsdreiecks.

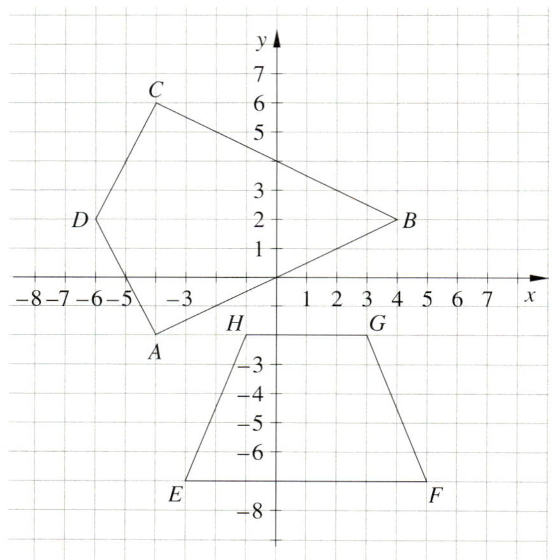

3 Zeichne die Strecken in ein Koordinatensystem und bestimme ihre Steigung mithilfe eines Steigungsdreiecks.

a) Strecke $\overline{AB}$ mit $A(0 \mid 6)$ und $B(6 \mid 0)$
b) Strecke $\overline{CD}$ mit $C(-4 \mid 2)$ und $D(6 \mid 1)$
c) Strecke $\overline{EF}$ mit $E(-6 \mid 0)$ und $F(1 \mid -3)$

4 Berechne die Steigung der Strecke.

	Strecke	Koordinaten der Endpunkte	
a)	$\overline{AB}$	$A(3 \mid 7)$	$B(5 \mid 1)$
b)	$\overline{CD}$	$C(1 \mid 1)$	$D(-7 \mid -4)$
c)	$\overline{EF}$	$E(2{,}5 \mid 8{,}5)$	$F(7 \mid 4)$

Die Geradengleichung $y = m x$

Verlaufen Geraden durch den Nullpunkt des Koordinatensystems (**Koordinatenursprung**), werden sie **Ursprungsgeraden** genannt.

Die Steigung m der Geraden wird wie die Steigung einer Strecke bestimmt. Dabei ist es günstig, den Punkt (0 | 0) auszuwählen. Die Wahl des anderen Punkts ist beliebig.

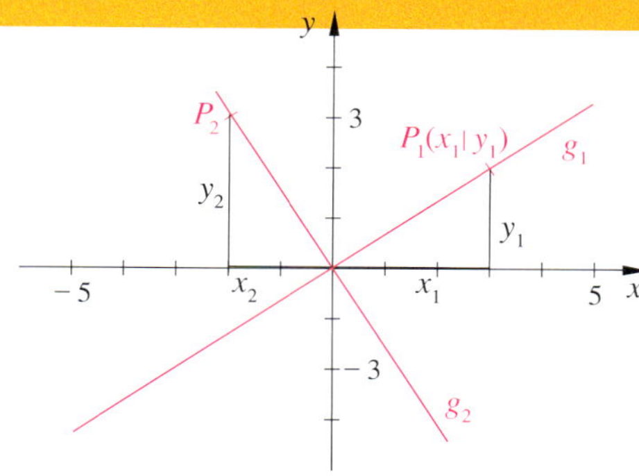

Ist $\boldsymbol{m > 0}$, ist die Funktion **monoton steigend** vom 3. in den 1. Quadranten (siehe g_1), d. h. mit wachsenden Argumenten (x-Werten) werden auch die Funktionswerte (y-Werte) größer.

Ist $\boldsymbol{m < 0}$, ist die Funktion **monoton fallend** vom 2. in den 4. Quadranten (siehe g_2), d. h. mit wachsenden Argumenten (x-Werten) werden auch die Funktionswerte (y-Werte) kleiner.

x_1 und y_1 sind die Koordinaten eines beliebig gewählten Punkts der Ursprungsgeraden. Die Gleichung gilt somit für alle Punkte der Ursprungsgeraden. Daraus ergibt sich allgemein für jeden Punkt $P(x \mid y)$ der Geraden die Gleichung $y = m x$.
Die Gleichung $y = m x$ ist die Gleichung einer Ursprungsgeraden.

> Jede Koordinatengleichung einer Ursprungsgeraden hat die Form $\boldsymbol{y = m x}$.
>
> Der Faktor m ist die Steigung der Geraden.

Wir kennen Ursprungsgeraden schon aus einem anderen Zusammenhang: als graphische Darstellung von proportionalen Zuordnungen.

Um Funktionen mit der Koordinatengleichung $y = m x$ zeichnen zu können, gibt es verschiedene Möglichkeiten:
- man legt eine kleine Wertetabelle an, trägt die Wertepaare als Punkte im Koordinatensystem ein und zeichnet die Gerade.
- man bestimmt über das Steigungsdreieck einen 2. Punkt (der 1. ist der Nullpunkt) und zeichnet die Gerade.

Beispiele

Zeichne die Funktion $y = 2\,x$ in ein Koordinatensystem.

1. Möglichkeit

Wertetabelle

x	-1	0	1
y	-2	0	2

Wir wählen günstige x-Werte aus, setzen diese in die Gleichung ein und berechnen die zugehörigen y-Werte.

$y = 2 \cdot (-1) = -2$
$y = 2 \cdot 0 \quad = 0$
$y = 2 \cdot 1 \quad = 2$

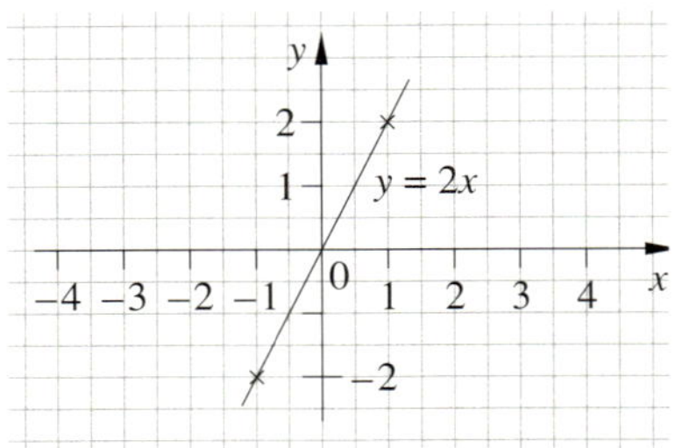

Wir tragen die geordneten Wertepaare als Punkte in ein Koordinatensystem ein: $(-1\,|\,-2)$, $(0\,|\,0)$, $(1\,|\,2)$.

Wir zeichnen eine Gerade durch die Punkte. Der dritte Punkt dient zur Kontrolle.

2. Möglichkeit

Steigung $m = 2$

Wir gehen vom Koordinatenursprung eine Einheit nach rechts und dann zwei Einheiten nach oben und zeichnen durch den gefundenen Punkt und den Punkt $(0\,|\,0)$ die gesuchte Gerade.

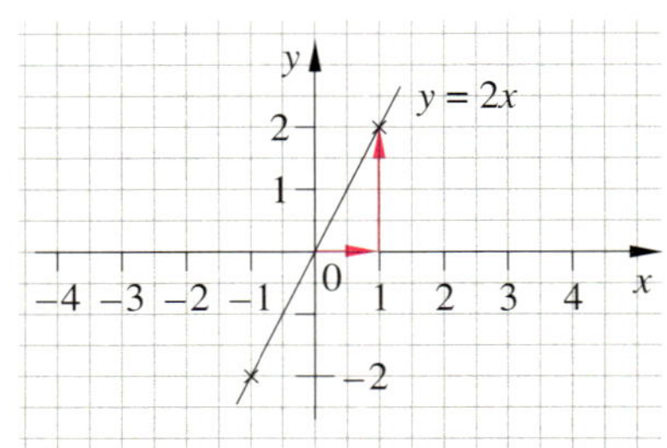

Übungen

1 Gib die Gleichung der Ursprungsgeraden mit der Steigung m an.

a) $m = 2$ d) $m = 1$ g) $m = \frac{2}{3}$
b) $m = -7$ e) $m = -0{,}5$ h) $m = -4\frac{1}{5}$
c) $m = \frac{3}{5}$ f) $m = -5\frac{1}{4}$ i) $m = 1\frac{2}{7}$

2 Gib die Steigung der Ursprungsgeraden mit folgender Gleichung an.

a) $y = 4\,x$ d) $y = \frac{3}{4}x$ g) $y = -0{,}5\,x$
b) $y = -2\,x$ e) $y = 1{,}5\,x$ h) $y = -\frac{3}{5}x$
c) $y = -x$ f) $y = 2\frac{1}{3}x$ i) $y = 1\frac{2}{3}x$

3 Zeichne die Ursprungsgerade, von der die Steigung m gegeben ist. Wähle zwischen den beiden Möglichkeiten, verwende sie aber beide.

a) $m = 2$ d) $m = 5$ g) $m = \frac{2}{5}$
b) $m = -\frac{1}{2}$ e) $m = -1$ h) $m = -\frac{2}{3}$
c) $m = -3$ f) $m = \frac{3}{4}$ i) $m = -1{,}5$

4 Zeichne die Ursprungsgerade, die durch den Punkt P verläuft. Gib die Steigung und die zugehörige Gleichung an.

a) $P(1\,|\,4)$ d) $P(2\,|\,4)$ g) $P(2\,|\,3)$
b) $P(-1\,|\,-4)$ e) $P(-2\,|\,2)$ h) $P(-2\,|\,-5)$
c) $P(1\,|\,2{,}5)$ f) $P(2\,|\,-6)$ i) $P(4\,|\,0)$

Die Geradengleichung $y = mx + n$

Wir suchen die Koordinatengleichung für die Gerade h, die nicht durch den Koordinatenursprung geht.
Zu jeder Geraden, die nicht durch den Koordinatenursprung geht, gibt es eine parallele Ursprungsgerade.
Zu der Geraden h ist die Gerade g parallel. Deshalb haben beide Geraden die gleiche Steigung $m = \frac{1}{2}$.
Da man von g zu h durch eine Verschiebung entlang der y-Achse um 3 Einheiten kommt, vermuten wir, dass h die Gleichung $y = \frac{1}{2}x + 3$ hat.

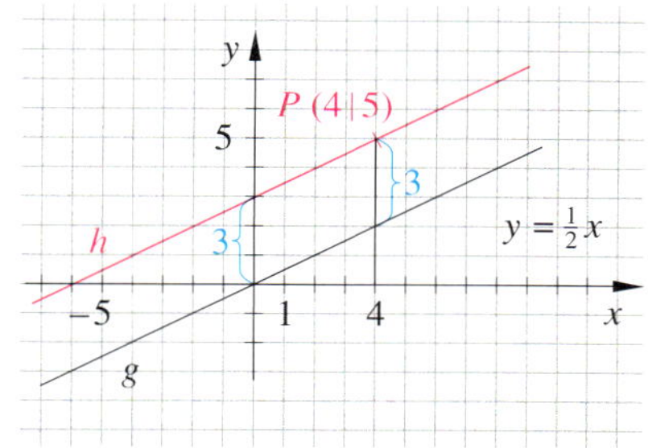

Wir wählen den Punkt $P(4 \mid 5)$ auf der Geraden h und prüfen, ob beim Einsetzen der Koordinaten in die Koordinatengleichung eine wahre Aussage entsteht.

$$y = \frac{1}{2}x + 3$$
$$5 = \frac{1}{2} \cdot 4 + 3$$
$$5 = 2 + 3 \quad \text{(wahre Aussage)}$$

Die Gerade h hat die Gleichung $y = \frac{1}{2}x + 3$.

Allgemein enthält die Koordinatengleichung einer beliebigen Gerade neben mx einen Zahlenwert n. Wir nennen n auch den **y-Achsenabschnitt**. Die Gleichung $y = mx + n$ ist die Koordinatengleichung einer beliebigen Geraden.

Jede Koordinatengleichung einer Geraden hat die Form $\boldsymbol{y = mx + n}$. Funktionen dieser Art heißen **lineare Funktionen.**

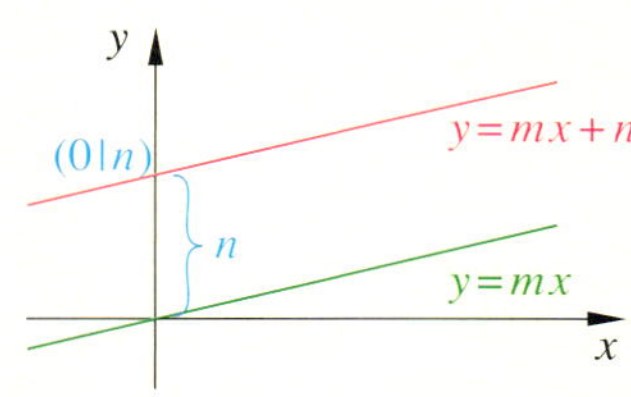

Der Graph linearer Funktionen ist eine Gerade mit der Steigung m. Sie schneidet die y-Achse im Punkt $(0 \mid n)$. n nennen wir den **y-Achsenabschnitt**.
Eine Funktion, die die Steigung $m = 0$ besitzt und daher die Gleichung $y = n$ hat, nennt man **konstante** Funktion. Ihr Graph ist eine Parallele zur x-Achse im Abstand n.
Parallele Geraden haben die gleiche Steigung.

Beispiele

1. Die Gerade k schneidet die y-Achse im Punkt $(0 \mid -2)$ und geht durch den Punkt $P(3 \mid 4)$. Bestimme die Gleichung dieser Geraden.

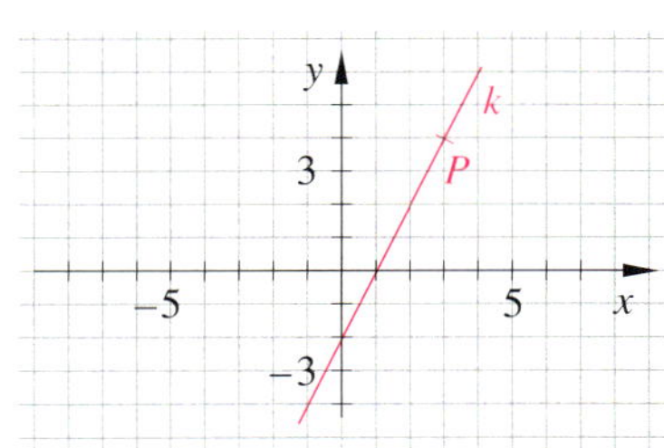

Berechnung der Steigung: $m = \frac{4-(-2)}{3-0} = \frac{6}{3} = \frac{2}{1}$

$m = 2$

y-Achsenabschnitt: $n = -2$

Die Gerade k hat die Gleichung $y = 2x - 2$.

2. Die Gerade l hat die Gleichung $y = -\frac{2}{3}x + 2$. Zeichne ihren Graphen mithilfe des Steigungsdreiecks und des y-Achsenabschnittes.

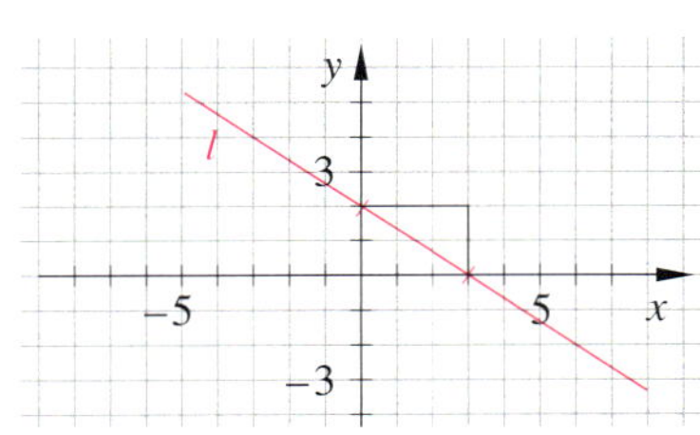

y-Achsenabschnitt: Wir kennzeichnen den Punkt $(0 \mid 2)$.
Steigung: Wir zeichnen von $(0 \mid 2)$ ausgehend ein Steigungsdreieck.

Übungen

1 Bestimme aus der Koordinatengleichung die Steigung der Geraden.

a) $y = 4x - 1$
b) $y = 7x + 2$
c) $y = -3x + 6$
d) $y = -4x - \frac{1}{5}$
e) $y = -x + 3$
f) $y = \frac{1}{2}x - 0{,}5$
g) $y = -\frac{2}{7}x + 1$
h) $y = -3\frac{4}{5}x$

2 Nenne die Koordinaten des Schnittpunkts der Geraden mit der y-Achse. Wie groß ist n?

a) $y = x + 3$
b) $y = 3x + 4$
c) $y = -\frac{1}{4}x - 1$
d) $y = 5x - 9$
e) $y = 0{,}5x - 6$
f) $y = -2x + \frac{1}{2}$
g) $y = \frac{2}{3}x - \frac{1}{4}$
h) $y = 14x$

3 Bestimme die Gleichung der Geraden, die die Steigung m hat und die y- Achse in dem gegebenen Punkt schneidet.

a) $m = 4$; $(0\,|\,3)$
b) $m = 8$; $(0\,|\,5)$
c) $m = 3$; $(0\,|\,-1)$
d) $m = 5$; $(0\,|\,-2)$
e) $m = -6$; $(0\,|\,1)$
f) $m = -1$; $(0\,|\,-7)$
g) $m = -3$; $(0\,|\,0)$
h) $m = 0$; $(0\,|\,5)$

4 Bestimme die Gleichung der Geraden.

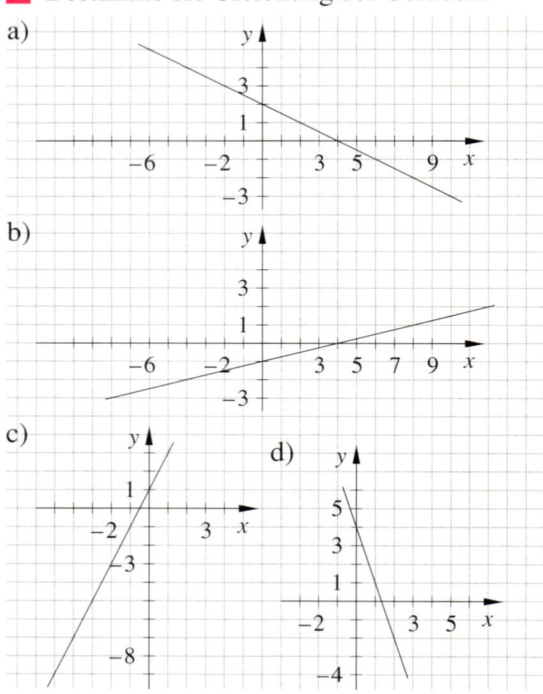

5 Zeichne die Gerade durch die Punkte P und Q. Bestimme die Gleichung der Geraden.

a) $P(3\,|\,2)$; $Q(-2\,|\,-3)$
b) $P(5\,|\,1)$; $Q(-1\,|\,-5)$
c) $P(2\,|\,4)$; $Q(-4\,|\,-2)$
d) $P(4\,|\,7)$; $Q(-7\,|\,-4)$
e) $P(-2\,|\,3)$; $Q(3\,|\,-2)$
f) $P(-3\,|\,6)$; $Q(6\,|\,-3)$
g) $P(-4\,|\,3)$; $Q(4\,|\,-3)$
h) $P(-5\,|\,1)$; $Q(5\,|\,-1)$
i) $P(-7\,|\,-2)$; $Q(7\,|\,2)$

6 Folgende Geraden sind parallel zur Ursprungsgeraden mit der Gleichung $y = -2x$. Sie schneiden die y-Achse im Punkt B. Bestimme jeweils die Gleichung der Geraden.

a) $B(0\,|\,1)$
b) $B(0\,|\,3)$
c) $B(0\,|\,-7)$
d) $B(0\,|\,-4)$
e) $B(0\,|\,-\frac{2}{5})$
f) $B(0\,|\,-3\frac{1}{7})$

7 Bestimme die Gleichungen der Geraden.

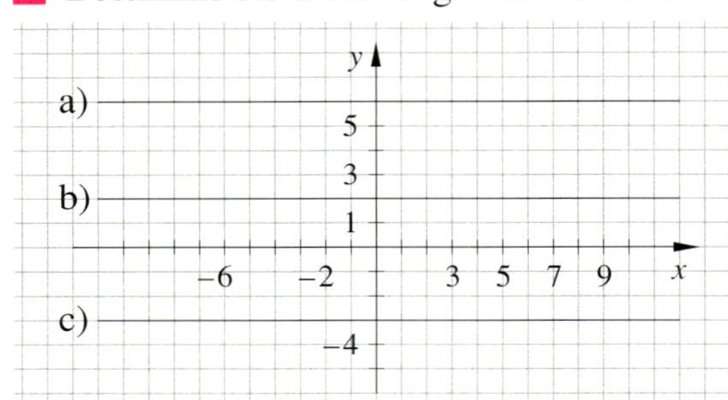

8 Nenne die Gleichung der Geraden, die auf der x-Achse liegt.

9 Eine Gerade g verläuft senkrecht zu einer zweiten Geraden mit der Gleichung $y = x + 1$. Die beiden Geraden schneiden sich im Punkt $B(0|1)$. Bestimme die Gleichung der Geraden g. Zeichne zunächst die Geraden in ein Koordinatensystem.

10 Forme die Gleichung um und notiere sie in der Form $y = mx + n$. Gib die Steigung m und den y-Achsenabschnitt n an.

a) $2x + y = 5$
b) $2x - y = 3$
c) $3y - x = 9$
d) $x - 2y = 6$
e) $2x + 3y = 0$
f) $4x - 3y = 12$
g) $5x = 2y$
h) $2x - 3y - 6 = 0$

11 Die Gerade mit der angegebenen Gleichung verläuft durch den Punkt P. Setze die Koordinaten des Punkts P in die Geradengleichung ein und berechne n.

a) $y = 2x + n;\ P(4 \mid 10)$
b) $y = 5x + n;\ P(-2 \mid 3)$
c) $y = -3x + n;\ P(-3 \mid 6)$
d) $y = 0{,}8x + n;\ P(6 \mid -1{,}2)$
e) $y = -1{,}5x + n;\ P(3 \mid -2)$

12 Setze die gegebenen Werte in die Gleichung $y = mx + n$ ein und berechne n. Gib die Geradengleichung an.

a) $m = 4;\ P(0 \mid -2)$
b) $m = 1;\ P(2 \mid -3)$
c) $m = -3;\ P(4 \mid 5)$
d) $m = -5;\ P(3 \mid 2)$
e) $m = \frac{1}{4};\ P(6 \mid -4)$
f) $m = 0;\ P(0 \mid 1)$

13 Zeichne die Gerade mithilfe eines Steigungsdreiecks vom Punkt $(0 \mid n)$ aus. Gib die Gleichung der Geraden an.

Beispiel: $m = \frac{1}{3};\ n = -1$

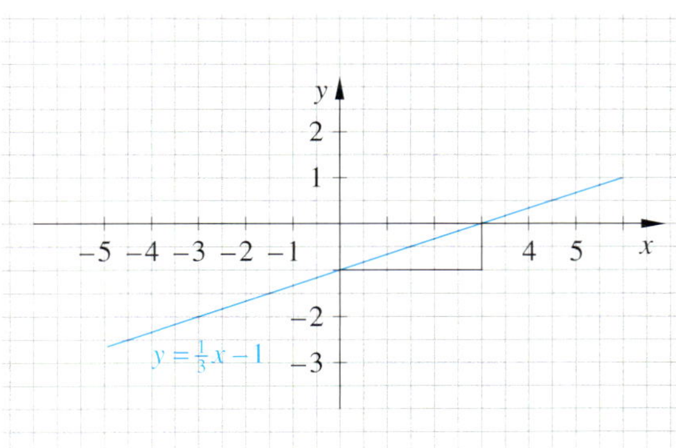

a) $m = \frac{1}{5};\ n = 1$
b) $m = -\frac{5}{6};\ n = 3$
c) $m = 4;\ n = -2$
d) $m = -3;\ n = 0$
e) $m = 3;\ n = -2$
f) $m = -2;\ n = -5$
g) $m = 6;\ n = 3$
h) $m = 2{,}5;\ n = -1$
i) $m = -1\frac{1}{3};\ n = 2$
j) $m = -1{,}5;\ n = -1{,}5$

14 Zeichne die Gerade. Markiere dazu den Schnittpunkt der Geraden mit der y-Achse und zeichne von dort aus ein Steigungsdreieck.

a) $y = 2x + 1$
b) $y = 4x - 3$
c) $y = -\frac{4}{5}x + 2$
d) $y = -2x + 1$
e) $y = \frac{3}{4}x - 2$
f) $y = -\frac{1}{3}x - 1$
g) $y = -4x - 3$
h) $y = x + 2$
i) $y = -x - 1$
j) $y = -\frac{2}{5}x + \frac{1}{2}$

15 Die Gerade durch den Punkt P hat die Steigung m. Zeichne die Gerade. Markiere dazu den Punkt P und zeichne von P aus ein Steigungsdreieck.

a) $m = \frac{3}{4};\ P(1 \mid 1)$
b) $m = \frac{4}{3};\ P(-1 \mid 5)$
c) $m = -\frac{3}{8};\ P(3 \mid -1)$
d) $m = -\frac{2}{7};\ P(-4 \mid 1)$
e) $m = 3;\ P(1 \mid -1)$
f) $m = -5;\ P(-1 \mid 1)$

16 Der Punkt P liegt auf der Geraden mit der Steigung m. Zeichne die Gerade mithilfe eines Steigungsdreiecks vom Punkt P aus und gib die zugehörige Geradengleichung an.

a) $P(3 \mid 1);\ m = \frac{2}{3}$
b) $P(-5 \mid 1);\ m = \frac{4}{5}$
c) $P(-3 \mid -2);\ m = 3$
d) $P(3 \mid 0);\ m = -2$

17 Der Punkt P liegt auf der Geraden mit der angegebenen Gleichung. Zeichne die Gerade.

a) $P(0 \mid 1);\ y = 4x + 1$
b) $P(1 \mid 0);\ y = -2x + 2$
c) $P(-1 \mid 0);\ y = 2x + 2$
d) $P(0 \mid -5);\ y = -3x - 5$
e) $P(1{,}5 \mid 0);\ y = 3x - 4{,}5$
f) $P(0 \mid \frac{1}{2});\ y = -2x + \frac{1}{2}$

18 Zeichne die Gerade.

a) $y = 5x - 3$
b) $y = -3x + 3$
c) $y = 3x - 2$
d) $y = -5x + 1$
e) $y = -2x + 3$
f) $y = -4x + \frac{1}{2}$
g) $y = \frac{1}{2}x + 2$
h) $y = 4x + 1{,}5$
i) $y = -\frac{3}{4}x + 2$
j) $y = \frac{3}{4}x + 1$
k) $y = -0{,}25x + 1$
l) $y = -\frac{4}{5}x - 3$
m) $y = -2\frac{1}{3}x - 2$
n) $y = 0{,}3x + 4$
o) $y = 5x - 0{,}5$
p) $y = -1{,}75x - 1$

19 Forme die Geradengleichung um und notiere sie in der Form $y = mx + n$. Zeichne die zugehörige Gerade.

a) $3y - 5x = 3$
b) $2x + 3y = 15$
c) $3y - x = 12$
d) $x + y = 5$
e) $2x - y = -3$
f) $x - y = 4$
g) $x + 4y = 6$
h) $x - 4y = 6$
i) $2y - 3x = -6$
j) $4x - 3y = 12$
k) $-4x + 5y = 15$
l) $5x = 3y$
m) $6x + 9y - 12 = 0$
n) $x - 6y + 3 = 0$
o) $3y = 5$
p) $2y = 3x - 4$

Schnittpunkte mit den Koordinatenachsen

Eine lineare Funktion mit der Gleichung $y = mx + n$ schneidet nicht nur die y-Achse, sondern auch die x-Achse jeweils in einem Punkt, wenn $m \neq 0$. Wir wissen bereits, dass sich der y-Achsenabschnitt n aus der Gleichung ablesen lässt und damit der Schnittpunkt der Geraden mit der y-Achse die Koordinaten $(0|n)$ hat. An dieser Stelle ist der x-Wert gleich Null. Um n zu ermitteln, setzt man in die Gleichung für $x = 0$ ein und ermittelt den y-Wert mit $y = n$.

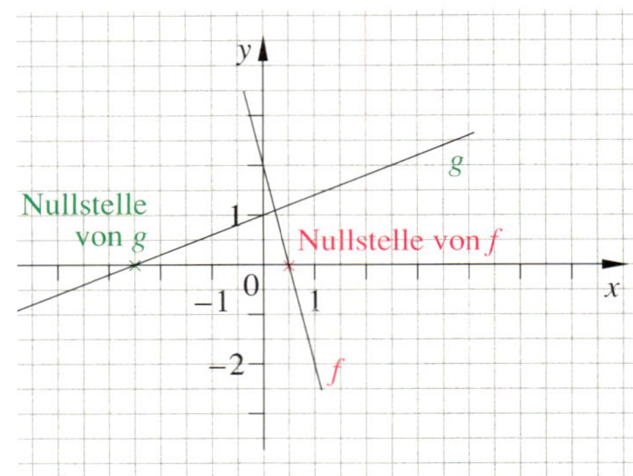

Die Gerade schneidet aber auch die x-Achse. An dieser Stelle ist $y = 0$. Man nennt deshalb den zugehörigen x-Wert die **Nullstelle der Funktion**. Will man die Nullstelle einer linearen Funktion rechnerisch ermitteln, setzt man in die Koordinatengleichung für $y = 0$ ein und löst die Gleichung nach x auf.

Beispiel

Bestimme die Schnittpunkte der Gerade g mit den Koordinatenachsen. (Die Gerade ist oben im Koordinatensystem eingezeichnet.)

$y = \frac{2}{5}x + 1$ — Wir setzen $y = 0$

$0 = \frac{2}{5}x + 1 \quad |-1$ — Auflösen der Gleichung nach x.

$-1 = \frac{2}{5}x \quad |:\frac{2}{5}$

$-1 \cdot \frac{5}{2} = x$

$x = -2{,}5$ — Die Nullstelle ist $-2{,}5$.

Der Schnittpunkt mit der x-Achse ist $(-2{,}5\,|\,0)$.
Der Schnittpunkt mit der y-Achse ist $(0\,|\,1)$, wie sich aus der Gleichung ablesen lässt.

Übungen

1 Bestimme die Schnittpunkte mit den Koordinatenachsen zeichnerisch.

a) $y = x - 4$
b) $y = 2x - 4$
c) $y = -4x - 6$
d) $y = 0{,}5x + 2$
e) $y = 5x + 2{,}5$
f) $y = -\frac{1}{2}x - 1$

2 Überprüfe die Genauigkeit der Nullstellen aus Aufgabe 1 rechnerisch.

3 Bestimme die Schnittpunkte mit den Koordinatenachsen der Funktion f aus der Zeichnung oben auf der Seite rechnerisch.

4 Lies die Nullstellen der Funktionen aus den Graphen ab.

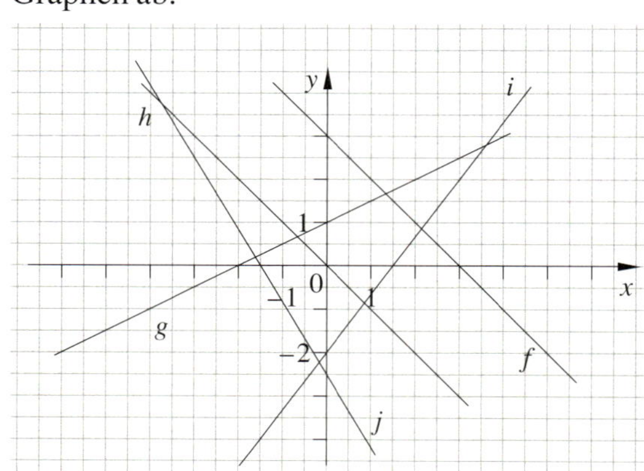

Einsetzen in die Koordinatengleichung

Ob ein Punkt auf einem Graphen liegt oder nicht, kann man überprüfen, wenn man seine Koordinaten in die Koordinatengleichung einsetzt.

Dargestellt ist der Graph der Funktion mit der Koordinatengleichung $y = 1{,}5\,x - 4$. Die Punkte P und Q sind markiert.

Wir wollen rechnerisch überprüfen, ob die Punkte P und Q auf dem Graphen liegen. Dazu setzen wir die Koordinaten dieser Punkte jeweils in die Gleichung $y = 1{,}5\,x - 4$ ein.

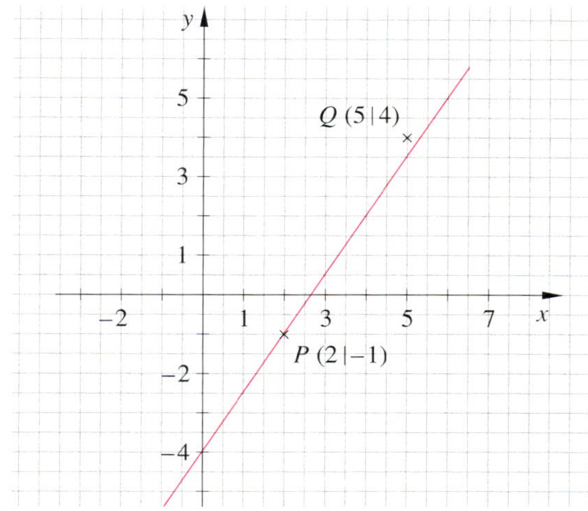

1. Wir setzen die Koordinaten des Punkts P in die Gleichung $y = 1{,}5\,x - 4$ ein.

$P\,(2\,|\,-1)$: $x_P = 2$; $y_P = -1$

$-1 = 1{,}5 \cdot 2 - 4$
$-1 = 3 - 4$
$-1 = -1$ (w)

Das Einsetzen der Koordinaten des Punkts P auf beiden Seiten in die Gleichung führt zu einer wahren Aussage.

Der Punkt P liegt auf dem Graphen mit der Gleichung $y = 1{,}5\,x - 4$.

2. Wir setzen die Koordinaten des Punkts Q in die Gleichung $y = 1{,}5\,x - 4$ ein.

$Q\,(5\,|\,4)$: $x_Q = 5$; $y_Q = 4$

$4 = 1{,}5 \cdot 5 - 4$
$4 = 7{,}5 - 4$
$4 = 3{,}5$ (f)

Das Einsetzen der Koordinaten des Punkts Q auf beiden Seiten in die Gleichung führt zu einer falschen Aussage.

Der Punkt Q liegt nicht auf dem Graphen mit der Gleichung $y = 1{,}5\,x - 4$.

> Die Koordinaten von Punkten, die auf dem Graphen liegen, führen nach dem Einsetzen zum gleichen Wert auf beiden Seiten der Koordinatengleichung.
>
> Die Koordinaten von Punkten, die nicht auf dem Graphen liegen, führen nach dem Einsetzen zu verschiedenen Werten auf beiden Seiten der Koordinatengleichung.

Übungen

1 Setze die Koordinaten des Punkts in die Koordinatengleichung $y = -3\,x + 0{,}5$ ein und überprüfe die Lage dieses Punkts bezüglich des Graphen.

$P_1\,(2\,|\,-5{,}5)$; $P_2\,(-1{,}5\,|\,6{,}5)$; $P_3\,(-6\,|\,18{,}5)$; $P_4\,(4{,}5\,|\,-13)$; $P_5\,(17\,|\,-51{,}5)$; $P_6\,(-42\,|\,126{,}5)$;

2 Setze die Koordinaten des Punkts in die Koordinatengleichung $y = \frac{1}{3}x - 4$ ein und überprüfe die Lage dieses Punkts bezüglich des Graphen.

$P_1\,(3\,|\,1)$; $P_2\,(-6\,|\,6)$; $P_3\,(\frac{1}{2}\,|\,-3\frac{5}{6})$; $P_4\,(-\frac{3}{4}\,|\,-4\frac{1}{2})$; $P_5\,(-9\,|\,-1)$; $P_6\,(-1{,}5\,|\,-4{,}5)$; $P_7\,(3\frac{1}{3}\,|\,-2\frac{1}{3})$; $P_8\,(21\,|\,4)$; $P_9\,(-15{,}3\,|\,-1{,}1)$; $P_{10}\,(72\,|\,-20)$

Bestimmung der Koordinatengleichung einer linearen Funktion

Familie Cicero macht eine Bootsfahrt auf der Havel. Ihr Motorboot fährt mit konstanter Geschwindigkeit flussabwärts. Nach einer Stunde haben sie den Havelkilometer 219 erreicht. Nach einer weiteren Stunde passieren sie den Havelkilometer 255.
Welchen Havelkilometer passieren sie nach 2,5 Stunden?
Im Diagramm wurde der Sachverhalt graphisch veranschaulicht. Es ist jedoch kaum möglich, exakte Werte für die Lösung abzulesen.

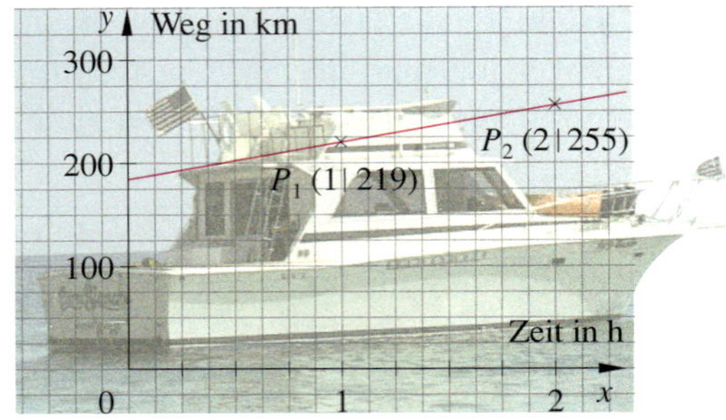

Wir suchen eine rechnerische Lösung des Problems.
Dazu bestimmen wir zunächst die konkrete Gleichung der linearen Funktion $y = mx + n$. Anschließend berechnen wir den Funktionswert für $x = 2{,}5$.

Für die Bestimmung der Koordinatengleichung gehen wir in zwei Schritten vor.

1. Berechnung der Steigung *m*
Aus den gegebenen Punkten P_1 (1 | 219) und P_2 (2 | 255) berechnen wir die Steigung m.

$$m = \frac{y_2 - y_1}{x_2 - x_1}$$
$$m = \frac{255 - 219}{2 - 1}$$
$$m = 36$$

Die Steigung beträgt $m = 36$, also $y = 36x + n$.

In diesem Fall gibt die Steigung die Geschwindigkeit des Boots an. Familie Cicero fährt also mit einer konstanten Geschwindigkeit von 36 Kilometern pro Stunde.

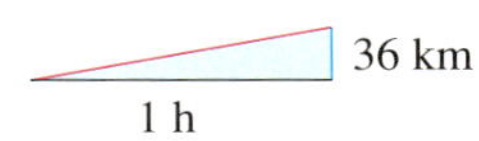

2. Berechnung von *n*
Wir setzen die Koordinaten eines Punkts, zum Beispiel P_1 (1 | 219) in die Koordinatengleichung $y = 36x + n$ ein und lösen nach n auf.

$$y = 36x + n$$
$$219 = 36 \cdot 1 + n$$
$$n + 36 = 219 \qquad | -36$$
$$n = 183$$

Die Koordinatengleichung heißt also $y = 36x + 183$.

In diesem Fall gibt der Wert von n den Havelkilometer an, von dem aus Familie Cicero mit dem Schiff losgefahren ist.

Nun kann der Funktionswert für $x = 2{,}5$ für die Funktion $y = 36x + 183$ berechnet werden.

$$y = 36x + 183$$
$$y = 36 \cdot 2{,}5 + 183$$
$$y = 90 + 183$$
$$y = 273$$

Der Funktionswert der Funktion mit der Gleichung $y = 36x + 183$ an der Stelle 2,5 beträgt 273.
Familie Cicero erreicht nach 2,5 Stunden den Havelkilometer 273.

Übungen

1 Bestimme die Koordinatengleichung der linearen Funktion, deren Graph durch die Punkte P und Q geht.
a) $P(-1 | 6)$; $Q(0 | 1)$
b) $P(-2 | 0)$; $Q(8 | -5)$
c) $P(5 | -5)$; $Q(-4 | 13)$

2 Überprüfe, ob alle drei Punkte auf einer Geraden liegen.
a) $P_1(2 | 10)$; $P_2(-1 | 1)$; $P_3(-3 | -5)$
b) $P_1(1 | 4)$; $P_2(6 | -1)$; $P_3(0 | 2)$
c) $P_1(3 | -6)$; $P_2(-2 | 4)$; $P_3(2 | -4)$
d) $P_1(1 | \frac{3}{4})$; $P_2(-3 | -2\frac{3}{4})$; $P_3(2 | 2)$
e) $P_1(2 | 1\frac{1}{3})$; $P_2(0 | 2)$; $P_3(-4 | 3\frac{1}{3})$

Vermischte Übungen

1 Stelle die Funktionen graphisch in einem Koordinatensystem dar. Bestimme m, n und lies die Nullstelle ab.

a) $y = -2x + 1$
b) $y = \frac{1}{4}x + 2$
c) $y = x - 2$
d) $y = 3x$

2 Welche Gleichung hat die lineare Funktion?

a) $m = \frac{1}{2} \quad n = -3$
b) $m = 1 \quad n = 0$
c) $m = -6 \quad n = \frac{1}{2}$
d) $m = 0 \quad n = -2$

3 Berechne die Nullstellen der Funktionen aus Aufgabe 1.

4 Welche Koordinatengleichung passt zu welcher Geraden?

① $y = x + \frac{1}{2}$
② $y = -\frac{2}{3}x - 1$
③ $y = 2x - 1$
④ $y = 2x + 1$
⑤ $y = -2x + 2$
⑥ $y = x + 2$

Ⓐ
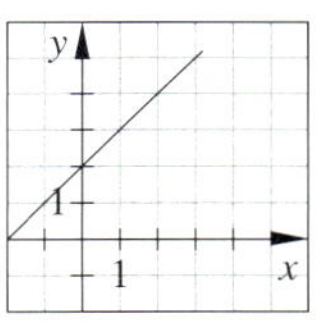

Ⓓ
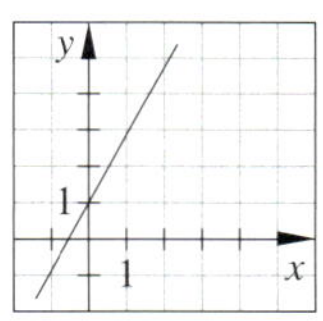

Ⓑ
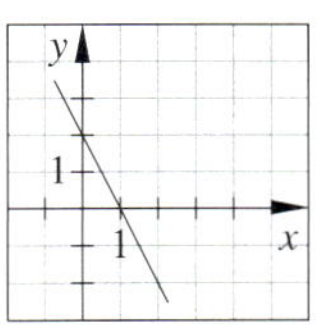

Ⓔ
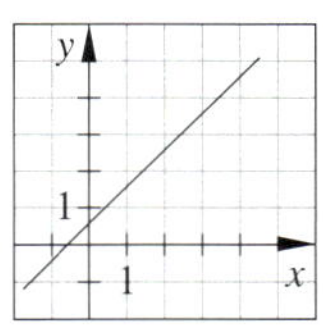

Ⓒ
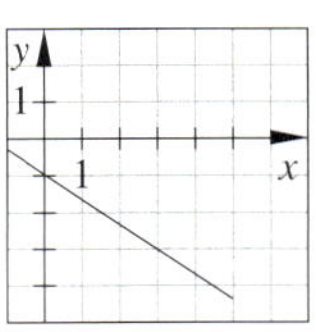

Ⓕ
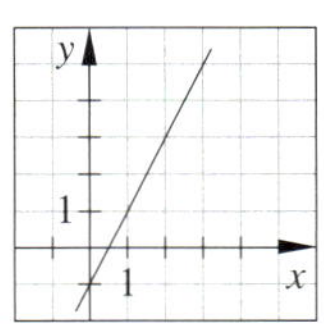

5 Bestimme die Gleichung der linearen Funktion, deren Graph durch den Punkt P geht und die Steigung m hat.

a) $P(1\,|\,4);\ m = 5$
b) $P(3\,|\,-5);\ m = -2$
c) $P(-2\,|\,4);\ m = 0{,}5$
d) $P(-6\,|\,-15);\ m = -2{,}5$
e) $P(9\,|\,6);\ m = \frac{2}{3}$
f) $P(3\,|\,2\frac{1}{2});\ m = -\frac{1}{6}$
g) $P(\frac{3}{5}\,|\,-\frac{2}{3});\ m = \frac{11}{9}$
h) $P(1\frac{1}{4}\,|\,-\frac{1}{2});\ m = -\frac{2}{3}$

6 Forme die Gleichungen in die Form einer Geradengleichung $y = mx + n$ um. Stelle diesen Graphen in einem Koordinatensystem dar.

a) $2x - 4y = 8$
b) $-y + x - 4 = 0$
c) $12x - 24y = 24$

7 Bestimme aus dem Graphen der linearen Funktion die Koordinatengleichung.

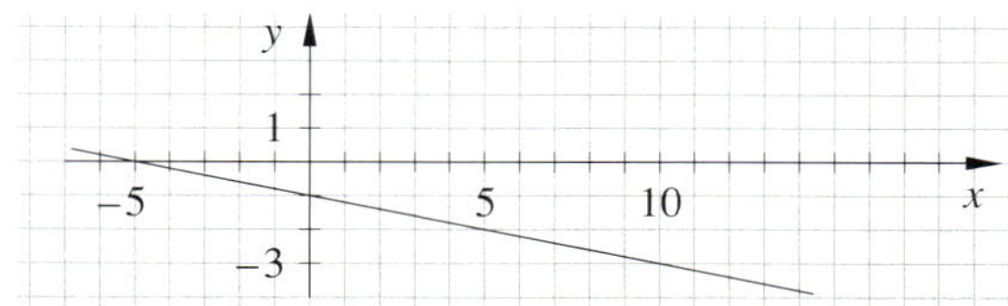

8 a) Berechne für die lineare Funktion aus der Aufgabe 7 die Funktionswerte für $x = -2$, $x = 0{,}5$ und $x = 3{,}2$.
b) Prüfe, ob diese Punkte auf dem Graphen liegen: $P(10\,|\,-3)$ und $Q(-10\,|\,2)$.

9 Welche Gleichung hat eine Gerade, die durch die Punkte $P(-8\,|\,1)$ und $Q(4\,|\,-1)$ verläuft? Löse rechnerisch und zeichnerisch.

10 **GLOBAL TALK** Privattarif
monatlicher Grundpreis . . . . . 9,95 €
Inland pro Minute . . . . 0,59 €

HANDYLINE
monatlicher Grundpreis . . . . 12,95 €
Inland pro Minute . . . . 0,49 €

FUNNET
keine Grundgebühr
Inland pro Minute . . . . 0,75 €

a) Wie hoch sind die Handykosten bei den drei Anbietern, wenn fünf Stunden im Monat telefoniert wird?
b) Stelle für alle drei Handytarife eine Funktionsgleichung auf.
c) Zeichne die Graphen der drei Funktionen in ein Koordinatensystem.
d) Ab wie vielen Gesprächsminuten ist FUNNET günstiger als der HANDYLINE-Tarif?
e) Erstelle eine Tabelle, aus der sich je monatlicher Gesprächszeit der günstigste Anbieter ablesen lässt.

checkpoint

1 Bestimme den y-Achsenabschnitt n für die Funktionen und gib an, ob sie steigend oder fallend sind.

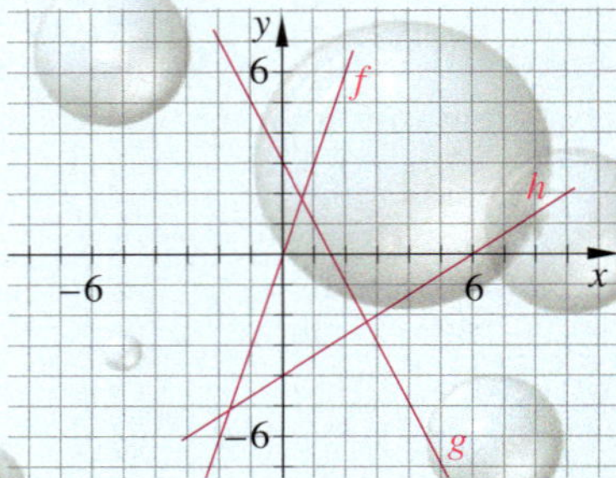

(6 Punkte)

2 Zeichne die Graphen zu folgenden Gleichungen in ein Koordinatensystem.
a) $y = 3x - 2$ b) $y = -2x + 4$

(4 Punkte)

3 a) Vervollständige die Wertetabelle für die Funktion mit der Gleichung $y = 2x - 5$ und zeichne den Graphen in ein Koordinatensystem.

x	−3	−2	−1	0	1	2	3
y							

b) Zeichne den Graphen der Funktion mit der Gleichung $y = -\frac{4}{5}x + 4$ mithilfe eines Steigungsdreiecks in ein Koordinatensystem.

(5 Punkte)

4 Gegeben ist die Funktion mit $y = 2x - 3$.
a) Untersuche, ob die Punkte $P(-1 \mid -5)$ und $Q(-3 \mid 1)$ auf der Geraden liegen.
b) Berechne die fehlenden Koordinaten der Punkte $R(0 \mid y)$ und $S(x \mid 3)$.
c) Bestimme die Nullstelle der Funktion.
d) Zeichne den Graphen in ein Koordinatensystem.

(10 Punkte)

4 Gegeben ist die Funktion mit $y = \frac{3}{4}x - 3$.
a) Untersuche, ob die Punkte $P(-4 \mid -6)$ und $Q(-5 \mid 1)$ auf der Geraden liegen.
b) Berechne die fehlenden Koordinaten der Punkte $R(1 \mid y)$ und $S(x \mid 2)$.
c) Bestimme die Nullstelle der Funktion.
d) Gib die Gleichung der Geraden an, die parallel zu der Funktion ist und die x-Achse bei $x = -6$ schneidet.

(13 Punkte)

5 Gib die Koordinatengleichungen der folgenden Geraden an.
a) Die Gerade hat die Steigung 1,5 und schneidet die y-Achse bei $(0 \mid 3)$.
b) Die Gerade ist parallel zur Geraden mit $y = -\frac{3}{5}x + 3$ und schneidet die y-Achse bei $(0 \mid -4)$.
c) Die Gerade hat die Steigung $-\frac{1}{2}$ und geht durch den Punkt $P(-2 \mid -1)$.
d) Zeichne die Graphen zu a) bis c) in ein Koordinatensystem.

(13 Punkte)

5 Gib die Funktionsgleichungen der folgenden Geraden an.
a) Die Gerade f hat die Steigung −1,5 und schneidet die y-Achse bei $(0 \mid 5)$.
b) Die Gerade g hat die Steigung $-\frac{2}{3}$ und geht durch den Punkt $P(3 \mid -2)$.
c) Die Gerade h geht durch die Punkte $P(-1 \mid -5)$ und $Q(2 \mid 4)$.
d) Die Gerade i ist parallel zur Gerade k mit $y = -\frac{3}{5}x + 3$ und schneidet die y-Achse bei $(0 \mid -4)$.
e) Die Gerade m ist parallel zur x-Achse und geht durch den Punkt $S(-3{,}5 \mid -7)$.

(14 Punkte)

Gleichungssysteme

Tarifsysteme untersuchen

Handy- und Internettarife unterliegen großen Schwankungen. Es wird daher empfohlen, sich die aktuellen Tarife – am einfachsten im Internet – zu besorgen und diese zu untersuchen.

Eine Auswahl von Handytarifen

Normal-Telefonierer (Gebührenangaben pro Minute)

	T-Mobil D1	D2 Vodafone	E-Plus	O_2
Tarifname	Telly Active	Vodafone-Fun	Time & More 60	Genion
Grundgebühr	9,95 €	12,75 €	17,90 €	12,76 €
Hauptzeit	7–18 Uhr	8–18 Uhr	8–18 Uhr	8–18 Uhr
Festnetz	0,49 €	0,50 €	0,51 €	0,51 €
Eigenes Netz	0,29 €	0,35 €	0,51 €	0,15 €
Anderes Netz	0,69 €	0,97 €	0,51 €	0,51 €
Nebenzeit	übrige Zeit	übrige Zeit	übrige Zeit	übrige Zeit
Festnetz	0,19 €	0,20 €	0,20 €	0,15 €
Eigenes Netz	0,19 €	0,20 €	0,20 €	0,15 €
Anderes Netz	0,49 €	0,35 €	0,20 €	0,20 €
Wochenende	Fr. 20 – So. 24 Uhr	Fr. 20 – So. 24 Uhr	Fr. 20 – So. 24 Uhr	Fr. 20 – So. 24 Uhr
Festnetz	0,09 €	0,07 €	0,20 €	0,08 €
Eigenes Netz	0,19 €	0,20 €	0,20 €	0,15 €
Anderes Netz	0,49 €	0,35 €	0,20 €	0,20 €

Quelle: www.handytarife.de und eigene Recherchen (ohne Gewähr). Stand: 20.6.2002

Worterklärungen

Der „Normaltelefonierer" telefoniert 70 Minuten im Monat. Der „Freizeittelefonierer" liegt bei 45 Minuten, der „Vieltelefonierer" bei 150 Minuten im Monat. Eigenes Netz: Anruf vom Handy auf ein anderes Handy im selben Netz. Zur Zeit gibt es vier Netze: D1, D2, Eplus und E2. Anderes Netz: Anruf vom Handy auf ein anderes Handy in einem anderen Netz.

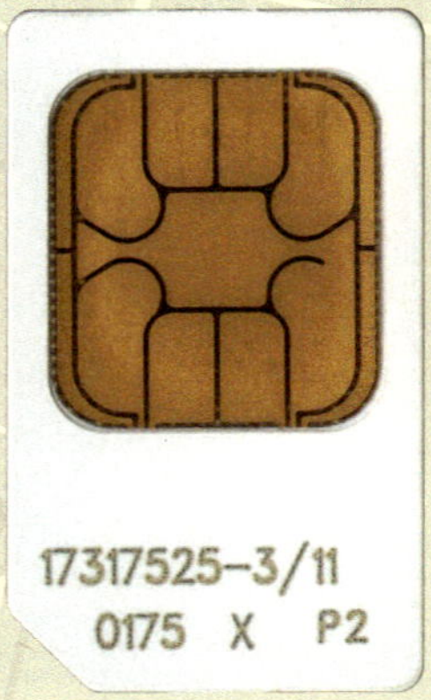

Kosten der Internetnutzung

Anbieter/Gebühren	Kosten für 20 Stunden
T-Online by day 7,5 € Grundgebühr 0,8 Cent je Minute (nur 7–17 Uhr)	17,1 €
NGI-Premium 5,09 € Grundgebühr 0,92 Cent je Minute	16,13 €
freenet Standard 2,505 Cent je Minute	30,06 €
arcor Internet-by-call 1 Cent je Minute (3 Cent je Verbindungsaufbau)	12 €

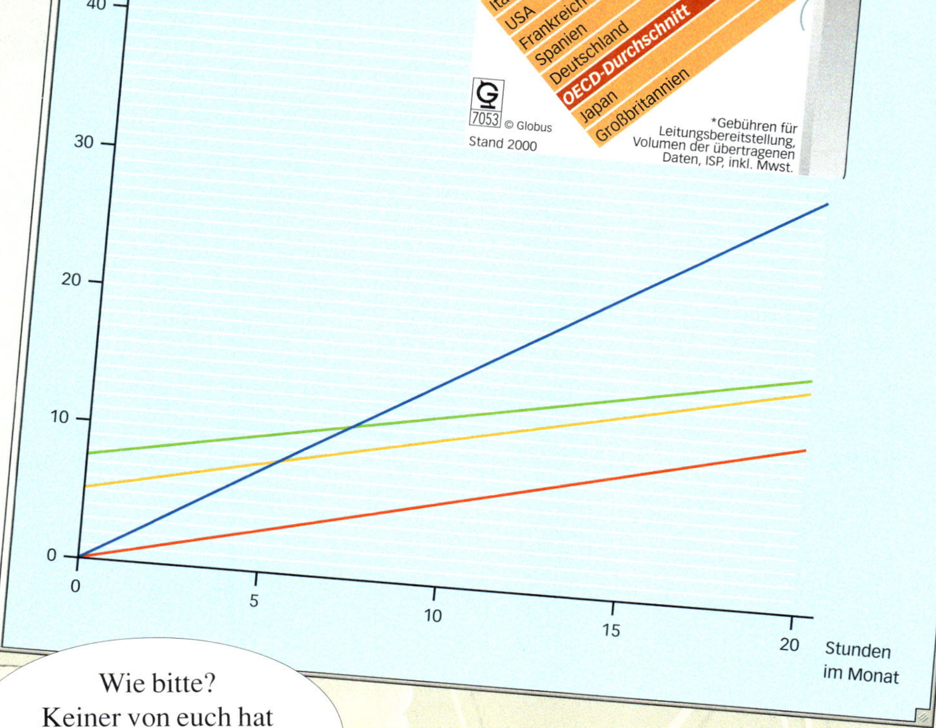

Lineare Gleichung mit zwei Variablen

Um das Gefühl für Maße zu testen, lassen Metall verarbeitende Betriebe bei Einstellungstests für Auszubildende manchmal aus einem Draht ein Rechteck biegen. Die Aufgabe an einen Bewerber lautet: „Welche Rechtecke lassen sich aus einem 30 cm langen Draht biegen?“

Das Problem lässt sich durch eine Gleichung mit zwei Variablen beschreiben. Man kann durch die erste Biegung eine Seitenlänge x beliebig wählen. Die Länge y der zweiten Seite ist von der Länge x abhängig.

Für den Umfang des Rechtecks erhalten wir diese Gleichung: $2x + 2y = 30$.

Zur Berechnung der Seitenlänge y wird die Gleichung umgeformt:

$2x + 2y = 30 \quad |:2$ — Auf beiden Seiten der Gleichung wird durch 2 dividiert.

$x + y = 15 \quad |-x$ — Auf beiden Seiten der Gleichung wird x subtrahiert.

$y = 15 - x$

In einer Tabelle wurden einige mögliche Seitenlängen für Rechtecke mit 30 cm Umfang zusammengestellt.

x in cm	2	4	6	8,5	11	12,5
y in cm	13	11	9	6,5	4	2,5

Im Diagramm zeigen die Koordinaten jedes Punkts P_1 bis P_6 die Seitenlängen x und y eines Rechtecks in cm, das 30 cm Umfang hat.

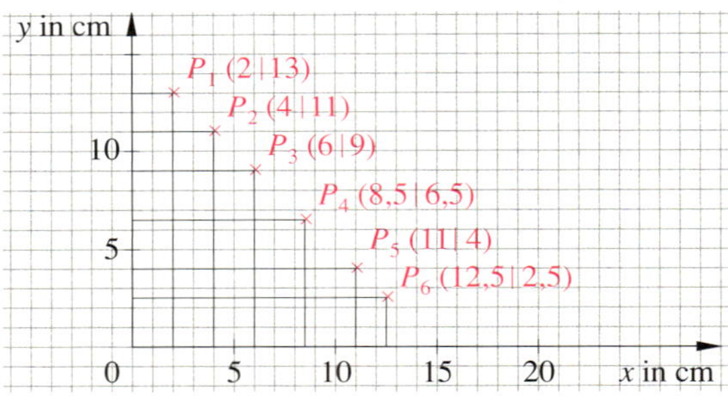

Die Punkte P_1 bis P_6 liegen auf einer Geraden, weil die Gleichung $y = 15 - x$, also $y = -x + 15$, die Gleichung einer Geraden ist.

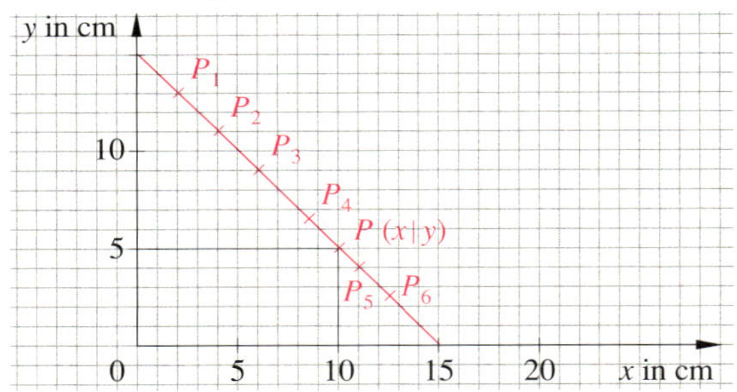

Zu jeder Länge x gibt es eine zugeordnete Länge y, sodass der Umfang des Rechtecks 30 cm beträgt. Im Diagramm kann man mithilfe der Geraden beliebig viele Lösungen einer linearen Gleichung ablesen.

> Eine Gleichung mit zwei Variablen, die man in eine Koordinatengleichung einer linearen Funktion umformen kann, nennt man **lineare Gleichung**.
> Alle Lösungen einer linearen Gleichung liegen im Diagramm auf einer Geraden.

Übungen

1 Zeichne die Gerade $y = -x + 15$ auf Millimeterpapier in ein Koordinatensystem. Ergänze mithilfe des Graphen die Tabelle im Heft.

x in cm	3	4,5	11,5			
y in cm				5,5	9,5	12

2 Vervollständige mithilfe der Gleichung $y = -x + 15$ die Tabelle im Heft.

a)

x in cm	1,3	2,7	3,9	5,2	6,5	7,9
y in cm						

b)

x in cm						
y in cm	0,7	2,3	2,9	4,8	5,7	7,2

Nichtlineare Gleichung mit zwei Variablen

Um technisches Verständnis zu testen, stellen Metall verarbeitende Betriebe bei Berufseignungstests manchmal folgende Aufgabe: „Welche Rechtecke lassen sich aus Kupferdraht biegen, die 36 cm² Flächeninhalt haben?“

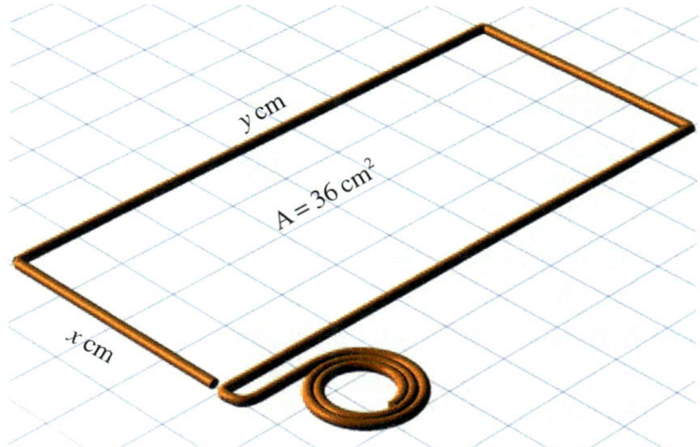

Auch dieses Problem lässt sich durch eine Gleichung mit zwei Variablen beschreiben. Eine Seitenlänge x wird beliebig gewählt.
Die Länge y der zweiten Seite ist von der Länge x abhängig.

Für den Flächeninhalt des Rechtecks erhalten wir diese Gleichung: $x \cdot y = 36$.

Zur Berechnung der Seitenlänge y wird die Gleichung umgeformt:

$$x \cdot y = 36 \quad | : x$$
$$y = \frac{36}{x}$$

Auf beiden Seiten der Gleichung wird durch x dividiert.

In einer Tabelle wurden einige mögliche Seitenlängen für Rechtecke mit 36 cm² Flächeninhalt zusammengestellt.

x in cm	2	3	4	6	10	12	18
y in cm	18	12	9	6	3,6	3	2

Im Diagramm geben die Koordinaten jedes Punkts P_1 bis P_7 die Seitenlängen x und y eines Rechtecks in cm an, das 36 cm² Flächeninhalt hat.

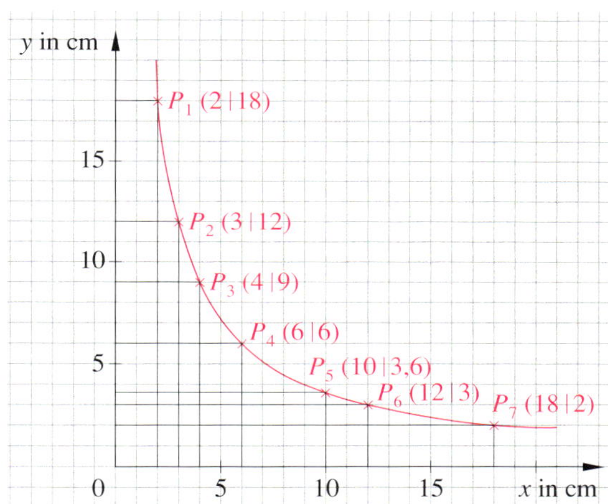

Die Punkte liegen auf einer **Hyperbel**.

Zu jeder Länge x gibt es eine zugeordnete Länge y, sodass der Flächeninhalt des Rechtecks 36 cm² beträgt. Im Diagramm kann man mithilfe der Hyperbel beliebig viele Lösungen der nichtlinearen Gleichung ablesen.

Auch bei nichtlinearen Gleichungen mit zwei Variablen lassen sich Lösungen rechnerisch und graphisch bestimmen.

Übungen

1 Ergänze mithilfe des gegebenen Diagramms für das Rechteck mit 36 cm² Flächeninhalt die Tabelle im Heft.

x in cm	4	5	8				
y in cm				10	12	18	20

2 Vervollständige mithilfe der Gleichung $y = \frac{36}{x}$ die Tabelle im Heft.

a)

x in cm	1	1,8	2,4	3,6	7,2	14,4	22,5
y in cm							

b)

x in cm							
y in cm	1,2	2	3,2	6,4	9,6	15	19,2

Anne wechselt am Postschalter einen 10-€-Schein in 1-€- und 2-€-Münzen.
Sie erhält 8 Münzen. Wie viele Münzen jeder Sorte bekommt sie?

Diese Aufgabe kann mithilfe von zwei Gleichungen gelöst werden. Wenn man mit x die Anzahl der 1-€-Münzen und mit y die Anzahl der 2-€-Münzen bezeichnet, dann gilt
1. Für die Beträge in €: $x \cdot 1 + y \cdot 2 = 10$
2. Für die Stückzahlen: $x + y = 8$

Wir erhalten die folgenden zwei Gleichungen:
I $x + 2y = 10$
II $x + \quad y = 8$

Die Anzahlen x der 1-€-Münzen und y der 2-€-Münzen müssen Lösungen der Gleichung I und der Gleichung II sein.
Die beiden Gleichungen bilden zusammen ein **Gleichungssystem mit zwei Variablen**.

Wir lösen das Gleichungssystem graphisch. Wir bestimmen also mithilfe zweier Funktionsgraphen, wie viele 1-€- und 2-€-Münzen Anne erhält, wenn sie den 10-€-Schein wechselt.

Zunächst lösen wir die Gleichungen nach y auf.

I $x + 2y = 10 \quad |-x$
$2y = 10 - x \quad |:2$
$y = 5 - 0{,}5x$
$y = -0{,}5x + 5$

II $x + y = 8 \quad |-x$
$y = 8 - x$
$y = -x + 8$

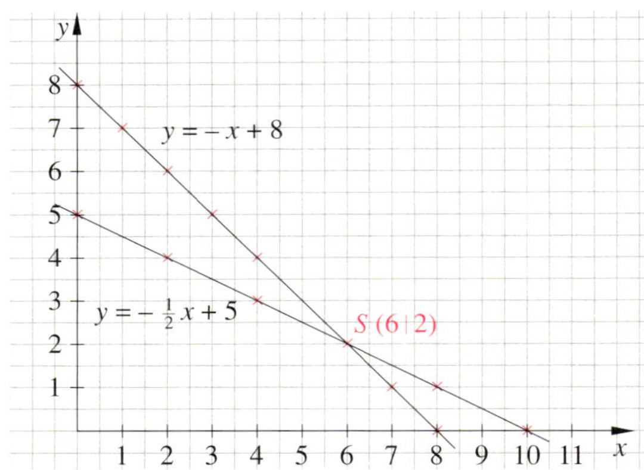

Die Geraden schneiden sich in Punkt $S(6|2)$. Da dieser Schnittpunkt auf beiden Geraden liegt, erfüllen die Zahlen 6 und 2 jede der beiden Gleichungen.

Das Gleichungssystem hat die Lösung $x = 6$ und $y = 2$.

Das Gleichungssystem wurde graphisch gelöst. Anne erhält sechs 1-€-Münzen und zwei 2-€-Münzen.

Dieses Gleichungssystem wurde aus linearen Gleichungen gebildet. In der graphischen Darstellung ergeben sich Geraden. In solchen Fällen spricht man von einem **linearen Gleichungssystem**.

Bei **linearen Gleichungssystemen** entsprechen die Zuordnungen linearen Funktionen.

Beim graphischen Lösen linearer Gleichungssysteme werden deshalb die zugehörigen Gleichungen in die Form $y = mx + n$ gebracht.

Ergibt sich bei der Darstellung im Koordinatensystem ein **Schnittpunkt** $S\,(x_S\,|\,y_S)$, so sind seine Koordinaten x_S und y_S die **Lösung** des Gleichungssystems.

Beispiel

Löse das folgende Gleichungssystem graphisch.
I $y = x - 2$
II $y = -x + 1$
S hat die Koordinaten $x = 1{,}5$ und $y = -0{,}5$.
Wir überprüfen die Lösung durch Einsetzen in das Gleichungsystem.
I $-0{,}5 = 1{,}5 - 2$
$-0{,}5 = -0{,}5$ (w)
II $-0{,}5 = -1{,}5 + 1$
$-0{,}5 = -0{,}5$ (w)
Das Gleichungssystem hat damit die Lösung $x = 1{,}5$ und $y = -0{,}5$.

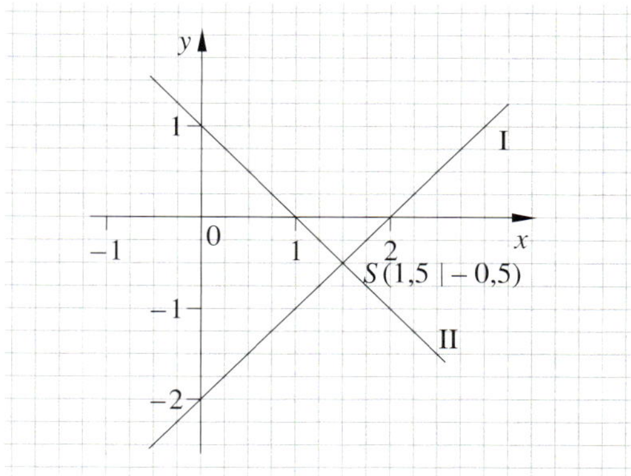

Übungen

1 Heike kauft Wertmarken zu 0,80 € und 1 €. Sie bezahlt 14 € für insgesamt 15 Marken. Wie viele Marken von jeder Sorte hat sie gekauft? Löse schrittweise.
- Stelle zwei Gleichungen mit x und y auf. Die Anzahl der Marken zu 0,80 € sei x. Die Anzahl der Marken zu 1 € sei y.
- Zeichne die zugehörigen Geraden in ein Koordinatensystem.
- Bestimme die Lösung für x und y.
- Schreibe die Antwort auf.

2 Die Tabelle gibt die Koordinaten von Punkten zweier Geraden an. Trage die Punkte in ein Koordinatensystem ein. Zeichne die Geraden und bestimme aus der Zeichnung die Koordinaten des Schnittpunkts.

x	−3	−2	−1	0	1	2	3
$y = x + 3$	0	1	2	3	4	5	6

x	−3	−2	−1	0	1	2	3
$y = 2x + 2$	−4	−2	0	2	4	6	8

3 Stelle Wertetabellen auf und zeichne die zugehörigen Geraden in ein Koordinatensystem. Bestimme aus der Zeichnung die Koordinaten des Schnittpunkts.

a) $y = -2x - 5$ und $y = x + 4$
b) $y = 3x + 1$ und $y = x - 3$
c) $y = 2x - 2$ und $y = -2x + 2$

4 Forme zunächst die Gleichungen in die Form $y = mx + n$ um. Zeichne die zugehörigen Graphen in ein Koordinatensystem und bestimme aus der Zeichnung die Koordinaten des Schnittpunkts.

a) $2x - y = -5$
$5x + y = -2$

b) $x - y = 1$
$x + y = 3$

c) $6x + 3y = -9$
$2x - 4y = -8$

d) $3x + 3y = 6$
$4x - 2y = 2$

5 Die Gerade mit der Gleichung $y = 2x - 1$ ist dargestellt. Übertrage auf Millimeterpapier.

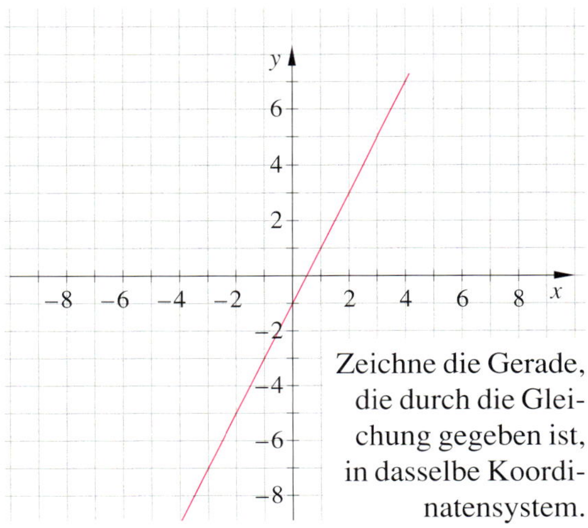

Zeichne die Gerade, die durch die Gleichung gegeben ist, in dasselbe Koordinatensystem.
Bestimme aus der Zeichnung die Koordinaten des Schnittpunkts.

a) $y = x - 3$
b) $y = -x + 2$
c) $y = 4x - 5$
d) $y = -0{,}5x + 6{,}5$
e) $y = 0{,}5x - 2{,}5$
f) $y = -4x - 1$

Gleichsetzungsverfahren

Nicht bei allen Gleichungssystemen können aus der graphischen Darstellung die Schnittpunktkoordinaten abgelesen werden. In solchen Fällen benötigen wir eine rechnerische Lösung. Wie man ein Gleichungssystem mit zwei Variablen rechnerisch löst, hat der bedeutende Schweizer Mathematiker **Leonhard Euler** in seinem berühmten Lehrbuch „Vollständige Anleitung zur Algebra" beschrieben. Dieses Verfahren wird heute als **Gleichsetzungsverfahren** bezeichnet.

Info

> CAPITEL 4
> **VON AUFLÖSUNG ZWEYER ODER MEHR GLEICHUNGEN VOM ERSTEN GRAD**
>
> Wir wollen also den Anfang von zwey Gleichungen machen, und daraus zwey unbekante Zahlen x und y bestimmen.
>
> Der natürlichste Weg bestehet nun darinn, daß man aus einer jeden Gleichung den Werth von einer unbekanten Zahl also z. E. von x bestimmt und hernach diese beyde Werthe einander gleich setzt; woraus man eine Gleichung erhält, da nur die unbekante Zahl y vorkommt, welche man nach der obigen Reguln bestimmen kann.
>
> Hat man nun y gefunden, so darf man nur anstatt desselben seinen gefundenen Werth setzen, um daraus den Werth von x zu erhalten.

Leonhard Euler *geboren in Basel 1707*
gestorben in St. Petersburg 1783

Wir lösen Gleichungssysteme mit dem Gleichsetzungsverfahren nach den folgenden Schritten.

Gesucht werden Zahlen für x und y, die beide Gleichungen erfüllen.

1.

$$\begin{array}{ll} \text{I} & 2y = 4x - 10 \\ \text{II} & x + y = 1 \end{array}$$

$$\begin{array}{lrl} \text{I} & 2y = 4x - 10 & |:2 \\ \text{II} & x + y = 1 & |-x \\ \hline \text{I} & y = 2x - 5 & \\ \text{II} & y = -x + 1 & \\ \hline \text{I = II} & 2x - 5 = -x + 1 & |+x \\ & 3x - 5 = 1 & |+5 \\ & 3x = 6 & |:3 \\ & x = 2 & \end{array}$$

$x = 2$ in II eingesetzt:

$$\begin{array}{rl} 2 + y = 1 & |-2 \\ y = -1 & \end{array}$$

$\underline{\underline{x = 2 \text{ und } y = -1}}$

1. y oder x oder gleiche Vielfache von y oder x wird bzw. werden jeweils auf einer Seite der Gleichung isoliert.

2. Die Terme werden gleichgesetzt, um eine Gleichung mit einer Variablen zu erzeugen. Der Wert dieser Variablen wird berechnet.

3. Der berechnete Wert wird in eine der beiden Gleichungen eingesetzt. Der Wert der anderen Variablen wird berechnet.

2.

$$\begin{array}{ll} \text{I} & 2y = 3x + 12 \\ \text{II} & 3x = y - 9 \end{array}$$

$$\begin{array}{lrl} \text{I} & 2y = 3x + 12 & |-12 \\ \text{II} & 3x = y - 9 & \\ \hline \text{I} & 3x = 2y - 12 & \\ \text{II} & 3x = y - 9 & \\ \hline \text{I = II} & 2y - 12 = y - 9 & |-y \\ & y - 12 = -9 & |+12 \\ & y = 3 & \end{array}$$

$y = 3$ in II eingesetzt:

$$\begin{array}{rl} 3x = 3 - 9 & \\ 3x = -6 & |:3 \\ x = -2 & \end{array}$$

$\underline{\underline{x = -2 \text{ und } y = 3}}$

Zur Probe setzt man die errechneten Werte in beide gegebenen Gleichungen ein.

Probe:

$$\begin{array}{lr} \text{I} & 2y = 4x - 10 \\ & 2\cdot(-1) = 4\cdot 2 - 10 \\ & -2 = 8 - 10 \\ & -2 = -2 \text{ (w)} \end{array} \qquad \begin{array}{lr} \text{II} & x + y = 1 \\ & 2 + (-1) = 1 \\ & 2 - 1 = 1 \\ & 1 = 1 \text{ (w)} \end{array}$$

Probe:

$$\begin{array}{lr} \text{I} & 2y = 3x + 12 \\ & 2\cdot 3 = 3\cdot(-2) + 12 \\ & 6 = -6 + 12 \\ & 6 = 6 \text{ (w)} \end{array} \qquad \begin{array}{lr} \text{II} & 3x = y - 9 \\ & 3\cdot(-2) = 3 - 9 \\ & -6 = -6 \text{ (w)} \end{array}$$

Übungen

Löse mit dem Gleichsetzungsverfahren.

1
a) $y = 4x - 2$; $y = 2x$
b) $y = 3x - 5$; $y = 2x - 3$
c) $y = 7x - 21$; $y = 4x - 12$
d) $y = 8x - 11$; $y = 5x - 5$
e) $y = 6x + 4$; $y = -x - 3$
f) $y = 2x + 3$; $y = 3x + 5$

2
a) $y = -x + 3$; $y = x + 1$
b) $y = -2x + 1$; $y = x - 2$
c) $y = 3x - 4$; $y = 2x + 1$
d) $y = -3x + 1$; $y = -2x - 4$
e) $y = -6x + 2$; $y = -4x - 1$
f) $y = -2x - 3$; $y = x + 5$

3
a) $x = 2y - 3$; $x = 3y - 5$
b) $x = 4y - 11$; $x = 13y - 29$
c) $x = -4y - 3$; $x = -3y - 2$
d) $x = 5y - 12$; $x = -5y + 8$

4
a) $2y = x + 1$; $2y = 2x - 2$
b) $2y = 2x - 12$; $2y = 3x - 19$
c) $4y = -x + 4$; $4y = x - 12$
d) $5y = -8x + 7$; $5y = -7x + 8$

5
a) $2x = 5y - 3$; $2x = 3y + 3$
b) $3x = -2y + 16$; $3x = 13y - 59$
c) $4x = 8y - 12$; $4x = 9y - 10$
d) $8x = -y + 8$; $8x = 6y + 57$

6
a) $4y = -3x + 28$; $4y = 11x - 28$
b) $5x = -2y - 7$; $5x = 14y + 9$
c) $3y = -7x - 8$; $3y = 9x + 24$
d) $2x = -5y - 19$; $2x = 3y + 5$
e) $6y = -9x - 33$; $6y = 6x + 72$
f) $5x = -3y + 22$; $5x = -2y + 13$

7
a) $y = 5x - 2$; $y + x = 16$
b) $12y + x = -5$; $x = -14y - 9$
c) $4y = 2x - 2$; $4y + 3x = 33$
d) $-2y - 33 = 9x$; $-12y + 9x = 9$
e) $6x + 7y = -1$; $6x = 18y + 24$
f) $9x - 5y = -20$; $5y + 9x = -70$
g) $6y - 7x = 8$; $2x + 6y = -64$
h) $28 + 18x = 7y$; $7y + 7x = 28$

8
a) $2y = 3x + 1$; $6y = 7x - 1$
b) $-3x = -2y + 9$; $-x = -y + 1$
c) $-10x = -2y - 6$; $-5x = 2y + 9$
d) $-3y = -2x + 8$; $-y = 3x - 1$
e) $2x = -7y + 2$; $x = -2y + 1$
f) $8y = -4x - 1$; $2y = x + 5$

9
a) $4x = -5y + 6$; $2x = 6y + 20$
b) $5x = -4y - 3$; $x = 1{,}2y - 16{,}6$
c) $-y = 3x - 5$; $-2y = 10x - 14$
d) $-3y = 2x - 10$; $-6y = -2x - 26$

10
a) $2x = y + 1$; $3x = 2y - 3$
b) $4y = 6x - 2$; $3y = 2x - 4$
c) $5y = -2x + 8$; $2y = x - 4$
d) $6y = 2x - 3$; $4y = x - 1$
e) $3x = 2y - 1$; $5x = -4y + 3$
f) $6y = 4x - 5$; $9y = 2x + 0{,}5$

11
a) $0{,}5y = 2x - 5$; $0{,}5y = 9x - 33$
b) $-1{,}25x = 0{,}8y + 8{,}4$; $-1{,}25x = -1{,}4y + 12{,}8$
c) $3{,}75y = -0{,}25x + 66$; $3{,}75y = 0{,}2x + 55{,}2$
d) $1{,}8x = -0{,}04y - 10{,}2$; $1{,}8x = 0{,}15y - 4{,}5$

12
a) $-x = -2y + 5$; $4y = -3x + 18$
b) $8x = 7y$; $3y = 4x - 4$
c) $-2 + 4x = -5y$; $8 + y = 2x$
d) $y = 2x + 6$; $-x = 2y - 15$
e) $x = y - 16$; $4y = 7x + 91$
f) $12 - 2x = -y$; $18 + 8y = 3x$

13 Finde die zugehörigen Gleichungen. Löse das entstandene Gleichungssystem rechnerisch.
a) Die Summe zweier natürlichen Zahlen ist 124. Ihre Differenz ergibt 74. Wie heißen die Zahlen?
b) Martin kauft einen Fernseher und einen Videorekorder. Er bezahlt 1129 €. Der Fernseher kostet 225 € mehr als der Videorekorder.
c) Der Umfang eines gleichschenkligen Dreiecks beträgt 23 cm. Jeder Schenkel ist 2,5 cm länger als die Grundseite (Basis). Wie lang sind die Seiten?

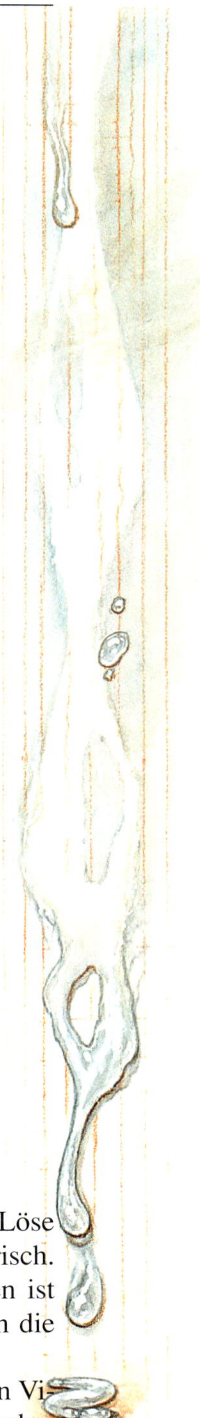

Einsetzungsverfahren

Beim Gleichsetzungsverfahren haben wir in beiden Gleichungen des gegebenen Gleichungssystems x oder y isoliert. Es reicht jedoch, in einer der beiden Gleichungen x oder y zu isolieren und den Term dafür in die andere Gleichung einzusetzen. Dieses Verfahren heißt **Einsetzungsverfahren**.

Wir lösen Gleichungssysteme mit dem Einsetzungsverfahren nach den folgenden Schritten.

Gesucht werden Zahlen für x und y, die beide Gleichungen erfüllen.

1. y oder x oder gleiche Vielfache von y oder x wird bzw. werden in einer Gleichung auf einer Seite isoliert.

2. Der erhaltene Term wird in die andere Gleichung eingesetzt, um eine Gleichung mit einer Variablen zu erzeugen. Der Wert dieser Variablen wird berechnet.

3. Der berechnete Wert wird in eine der beiden Gleichungen eingesetzt. Der Wert der anderen Variablen wird berechnet.

1.
I $\quad 2y = 4x - 10$
II $\quad x + y = 1$

II $\quad x + y = 1 \quad | -x$
$y = -x + 1$

II in I
$2 \cdot (-x + 1) = 4x - 10$
$-2x + 2 = 4x - 10 \quad | -4x$
$-6x + 2 = -10 \quad | -2$
$-6x = -12 \quad | : (-6)$
$x = 2$

$x = 2$ in II eingesetzt:
$2 + y = 1 \quad | -2$
$y = -1$

$x = 2$ und $y = -1$

2.
I $\quad 2x = 2y - 5$
II $\quad 3y - 4x = 7$

I $\quad 2x = 2y - 5 \quad | \cdot 2$
$4x = 4y - 10$

I in II $\quad 3y - (4y - 10) = 7$
$3y - 4y + 10 = 7$
$-y + 10 = 7 \quad | -10$
$-y = -3 \quad | : (-1)$
$y = 3$

$y = 3$ in I eingesetzt:
$2x = 2 \cdot 3 - 5$
$2x = 1 \quad | : 2$
$x = 0{,}5$

$x = 0{,}5$ und $y = 3$

Zur Probe setzt man die errechneten Werte in beide gegebenen Gleichungen ein.

Probe:

I $\quad 2y = 4x - 10$
$2 \cdot (-1) = 4 \cdot 2 - 10$
$-2 = 8 - 10$
$-2 = -2$ (w)

II $\quad x + y = 1$
$2 + (-1) = 1$
$2 - 1 = 1$
$1 = 1$ (w)

Probe:

I $\quad 2x = 2y - 5$
$2 \cdot 0{,}5 = 2 \cdot 3 - 5$
$1 = 6 - 5$
$1 = 1$ (w)

II $\quad 3y - 4x = 7$
$3 \cdot 3 - 4 \cdot 0{,}5 = 7$
$9 - 2 = 7$
$7 = 7$ (w)

Übungen

Löse die Gleichungssysteme mit dem Einsetzungsverfahren.

1
a) $x + y = 19$; $y = x + 1$
b) $y + 2x = 11$; $y = 13x - 4$
c) $y = 7x - 14$; $3x + y = 16$
d) $3x + y = 9$; $y = 19 - 5x$
e) $y + 3x = 23$; $y = 4x - 26$
f) $6x - y = 52$; $y = -x + 4$
g) $y = 13x - 3$; $5x + y = 15$
h) $5x - y = -14$; $y = -5 - 14x$
i) $x + y = 0$; $x - 10 = y$
j) $y = 3x + 21$; $y + 2x = -14$
k) $2 - 18y = -4x$; $y = 5 - x$
l) $8x + y = -18$; $y = 9x - 1$

2
a) $x + 2y = 25$; $x = 6y - 39$
b) $x + 4y = 30$; $x = 5y - 24$
c) $7y + x = -28$; $x = 3y + 22$
d) $9y + x = 21$; $5y - 7 = x$
e) $x = 12y - 83$; $22 - x = 3y$
f) $2y - 12 = x$; $x - 14y = 0$
g) $-7 = x + 2y$; $x = 8y + 63$
h) $x = 4y - 25$; $7y + x = 30$

3
a) $3x + y = 9$; $y = 2x + 4$
b) $4y + x = 7$; $x = 2y - 5$
c) $x + y = 10$; $y = 2x + 4$
d) $-x + 2y = 5$; $2y = 3x - 1$
e) $3x - 4y = 4$; $3x = 6y - 6$
f) $8x + 2y = 10$; $2y = 4x - 26$
g) $7y - 3x = 1$; $7y = 5x - 3$
h) $12y + 5x = 39$; $12y = 10x - 6$

4
a) $y = 1 - x$; $2x - y = 2$
b) $x = 4y + 10$; $x + y = 50$
c) $3x = y + 2$; $3x - 4y = 26$
d) $12x - 5y = 2$; $12x = 2y - 10$
e) $2x + 7y = 13$; $7y = 4x - 5$
f) $5x = 3 - y$; $5x + 2y = 16$

5
a) $2 = x + 4y$; $x = 62 + 11y$
b) $7y - x = -36$; $3y + 24 = x$
c) $-33 - 5y = x$; $3 = x - 4y$
d) $-x - 9y = 90$; $x = 72 + 9y$
e) $2x - 7y = -13$; $x = 1 - 4y$
f) $13 + y = x$; $4x - 2y = 36$
g) $13x - 5 = -6y$; $y = -13 - 16x$
h) $7x = -9y - 12$; $4x - 30 = y$

6
a) $5x + 6y = 43$; $6y = 4x - 2$
b) $7x = 10y - 3$; $7x + 2y = 9$
c) $5x - 6y = 60$; $10 - 4y = 5x$
d) $2x - 3y = 5$; $-3y = 4x - 1$
e) $11x - 15y = 36$; $11x = 27y + 12$
f) $7x + 8y = 67$; $8y = 9x - 13$

7
a) $5x + 9y = 91$; $3y = 11x + 5$
b) $2x + 27y = 97$; $9y = 67 - 5x$
c) $15x + 7y = 31$; $5x = 19 + 2y$
d) $7x - 12y = 13$; $4y = 5x - 23$

8
a) $12x + 5y = 28$; $5y = 38 - 2x$
b) $2y - 3x = 2$; $-3x = 16 - 4y$
c) $3x + 3 = 2y$; $3x = 4y + 21$
d) $2x - 3y = 22$; $-3y = x - 2$
e) $3y = -6x$; $5x - 3y = -22$
f) $5y = 10x + 10$; $3x + 5y = -3$
g) $3x + 15 = 6y$; $3x = y + 10$
h) $5x - 18y = 46$; $18y - 3x = -6$
i) $4x + 32 = 5y$; $2x = 14 + 5y$
j) $18x - 16y = 6$; $16y = 7x + 27$
k) $4y = 5x - 12$; $3x - 4y = 4$
l) $3y - 4x = -38$; $y = x - 5$

9
a) $3x + 5y = 8$; $11x + y = 12$
b) $9x + 14y = 13$; $x + 5y = -2$
c) $7x + 9y = 23$; $12x + y = 25$
d) $11x + 17y = 45$; $13x + y = 15$
e) $8x + 12y = 108$; $30x + y = 97$
f) $8x + 15y = -100$; $x + 7y = -33$

10
a) $8x - 6y = 7{,}4$; $y + 3x = 3{,}1$
b) $5y - 8x = -7$; $x + 7y = 2{,}4$
c) $15x - 9y = 9$; $25x - y = -6$
d) $12x - 7y = -16$; $x - 3y = -69$
e) $12x + 6y = 18$; $x + 5y = -21$
f) $14x - 9y = 24$; $y - 8x = -80$
g) $2{,}5y - 3{,}5x = 0{,}6$; $x - 0{,}75y = -0{,}3$
h) $15x - 22y = 157$; $11x - y = 327$
i) $5y - 6x = 5$; $13{,}5y - x = 127{,}5$
j) $14x + 8y = -108$; $x + 10y = -36$

11
a) $8x + 9y = 36$; $x - 16y = 210$
b) $9x + 14y = 310$; $y - 16x = 355$
c) $18x - 64y = 312$; $x - 12y = 524$
d) $35x - 56y = 980$; $15x - y = -385$
e) $24x - y = -173$; $17y - 337 = 36x$
f) $19x + 34y = 26$; $122 - 42y = x$

12
a) $4{,}5x + 4y = 110$; $1{,}5x - 10 = 4y$
b) $2{,}5x + 0{,}4y = 9{,}5$; $0{,}4y = 0{,}5x + 0{,}5$
c) $0{,}2x + 0{,}3y = 6{,}5$; $0{,}2x = 1{,}2y - 16$
d) $0{,}7x - 0{,}9y = 1$; $0{,}3y = 0{,}2x - 0{,}2$

13
a) $0{,}26x - 0{,}8y = 3$; $y = 0{,}24x - 4{,}6$
b) $10y - 0{,}4x = 8{,}8$; $x = 2{,}9 + 0{,}1y$
c) $y = -0{,}125x - 7{,}5$; $3{,}75x - 18y = 159$
d) $x = -3{,}8y - 25$; $7{,}75x - 3{,}8y = -27{,}5$

14
a) $x + 13 = y + 9$; $y - 5 = 21 - x$
b) $x + 24 = y + 18$; $y + 5 = 35 - x$
c) $4x + 11 = 42 - y$; $17 + y = 6 + 2x$
d) $64 - 2x = 5y - 1$; $8 + 5y = 2x - 2$

15 Multipliziere beide Gleichungen jeweils mit geeigneten Zahlen, sodass eine Gleichung günstig in die andere eingesetzt werden kann.
a) $5x + 6y = 43$; $9y = 7x - 8$
b) $8x - 5y = 11$; $12x = 11y - 15$
c) $21x - 16y = 88$; $28x = 43y + 9$
d) $17x - 20y = 94$; $25y = 9x - 93$

Der Eulersche Polyedersatz

Euler entdeckte bei seiner Beschäftigung mit **Polyedern** (Vielflächner) eine Beziehung zwischen der Zahl der Eckpunkte, Kanten und Flächen, die nach ihm „Eulerscher Polyedersatz“ oder „Eulersche Formel“ genannt wird.
Zu den Polyedern gehören zum Beispiel Würfel, Prismen und Pyramiden. Es sind Körper mit Ecken, geraden Kanten und ebenen Flächen. Körper mit gekrümmten Flächen wie zum Beispiel Zylinder, Kegel und Kugel sind keine Polyeder.
Euler fand, dass in jedem Polyeder die Anzahl k der Kanten plus 2 immer gleich der Anzahl e der Eckpunkte plus der Anzahl f der Flächen ist: $k + 2 = e + f$; umgeformt: $\boldsymbol{e - k + f = 2}$.

Beispiel

Berechne die Anzahl der Kanten und Flächen für ein Polyeder, das acht Ecken und doppelt so viele Kanten wie Flächen hat.

I $\quad 8 - k + f = 2$ — Diese Gleichung ergibt sich aus dem Eulerschen Polyedersatz.
II $\quad k = 2f$ — Der Körper hat doppelt so viele Kanten wie Flächen.
II in I $\quad 8 - 2f + f = 2$ — Das Einsetzungsverfahren kann hier sehr gut angewendet werden.

$8 - f = 2 \quad |-8$
$-f = -6 \quad |:(-1)$
$f = 6$

$f = 6$ in II eingesetzt:
$k = 2 \cdot 6$
$k = 12$

Das Polyeder hat sechs Seiten und zwölf Kanten.

Info

Nach dem griechischen Philosophen **Platon** (427–347 v. Chr.), der auch ein ausgezeichneter Mathematiker war, sind die fünf besonderen Polyeder benannt, die **Platonischen Körper**. Diese Körper haben regelmäßige Flächen, untereinander kongruente Vielecke. Außerdem gehen von jeder Ecke eines solchen Körpers gleich viele Kanten aus.

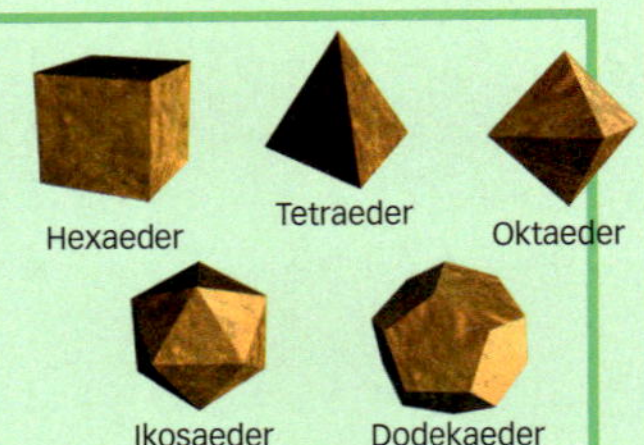

Übungen

1 Wie viele Ecken, Kanten und Flächen hat der Körper?
a) Das Tetraeder hat sechs Kanten.
Es hat gleich viele Ecken wie Flächen.
b) Das Hexaeder hat acht Ecken.
Es hat doppelt so viele Kanten wie Flächen.
c) Das Oktaeder hat acht Flächen.
Es hat doppelt so viele Kanten wie Ecken.
d) Das Dodekaeder hat zwölf Flächen.
Es hat 1,5-mal so viele Kanten wie Ecken.
e) Das Ikosaeder hat zwölf Ecken.
Es hat 1,5-mal so viele Kanten wie Flächen.

2 Hier ist ein Polyeder gezeichnet, bei dem 122 Ecken gezählt werden können.
Für die Anzahl der Kanten k gilt: $k = 1{,}5f$.
Berechne die fehlende Anzahl der Kanten und Flächen dieses Polyeders.

Wir leiten ein weiteres Verfahren zur Lösung von Gleichungssystemen her. Dazu betrachten wir das Gleichungssystem I $x - 3y = -1$ Die Lösung dieses Gleichungssystems ist $x = 2$ und $y = 1$.
II $3x + 2y = 8$

Wir bezeichnen mit Summe I + II bzw. Differenz I – II der beiden Gleichungen jeweils die Summe bzw. Differenz der rechten bzw. linken Terme beider Gleichungen.

I + II $(x - 3y) + (3x + 2y) = -1 + 8$
$x - 3y + 3x + 2y = -1 + 8$
$\mathbf{4x - y = 7}$

I – II $(x - 3y) - (3x + 2y) = -1 - 8$
$x - 3y - 3x - 2y = -1 - 8$
$\mathbf{-2x - 5y = -9}$

Ersetzt man eine Gleichung des Gleichungssystems durch eine der Gleichungen, die durch Addition (I + II) bzw. Subtraktion (I – II) entstanden ist, entsteht ein neues Gleichungssystem. Wir zeigen, dass dieses Gleichungssystem dieselben Lösungen wie das ursprüngliche Gleichungssystem hat.

Dazu betrachten wir die folgenden Gleichungssysteme.

I $x - 3y = -1$
I + II $4x - y = 7$

I $x - 3y = -1$
I – II $-2x - 5y = -9$

Wir setzen die Lösung des ursprünglichen Gleichungssystems in die neuen Gleichungssysteme ein.

I $2 - 3 \cdot 1 = -1$
$2 - 3 = -1$ (w)
I + II $4 \cdot 2 - 1 = 7$
$8 - 1 = 7$ (w)

I $2 - 3 \cdot 1 = -1$
$2 - 3 = -1$ (w)
I – II $-2 \cdot 2 - 5 \cdot 1 = -9$
I – II $-4 - 5 = -9$ (w)

Die Lösung $x = 2$ und $y = 1$ ist also auch Lösung jedes der beiden neu gebildeten Gleichungssysteme.

Wir zeigen nun, wie dies angewendet werden kann, sodass durch Addition oder Subtraktion zweier Gleichungen eines Gleichungssystems eine Variable wegfällt.

Die erste Gleichung des ursprünglichen Gleichungssystems wurde mit 3 multipliziert.

I $3x - 9y = -3$
II $3x + 2y = 8$

Wir bilden das Gleichungssystem I und I – II. Weil sich die Vielfachen von x nicht unterscheiden, ist es sinnvoll, die Differenz I – II der Gleichungen zu bilden. Es fällt die Variable x weg. Die Gleichung I – II hat nur noch eine Variable. Die Lösung ist leicht zu berechnen.

I $3x - 9y = -3$
I – II $(3x - 9y) - (3x + 2y) = -3 - 8$
I – II $3x - 9y - 3x + 2y = -11$
I – II $-11y = -11$

$-11y = -11 \quad |:(-11)$
$y = 1$

Wir setzen $y = 1$ in eine der beiden Gleichungen ein und erhalten $x = 2$.

Die Lösung $x = 2$ und $y = 1$ des Gleichungssystems wurde auch mit dieser Methode erhalten.

Sind eine Gleichung I und eine Gleichung II gegeben, die zusammen das Gleichungssystem I und II bilden, so hat jedes neu gebildete Gleichungssystem, das eine durch Addition oder Subtraktion der zwei Gleichungen entstandene Gleichung enthält, dieselbe Lösung.

Ein Gleichungssystem ist leicht lösbar, wenn bei der Addition oder Subtraktion beider Gleichungen eine Variable wegfällt.

Wir lösen ein Gleichungssystem sowohl nach dem Additionsverfahren als auch nach dem Subtraktionsverfahren.

Additionsverfahren

$$\begin{array}{lrl} \text{I} & x-2y=-4 & \\ \text{II} & 3x=3+y & \mid -y \\ \hline \text{I} & x-2y=-4 & \\ \text{II} & 3x-y=3 & \\ \hline \text{I} & x-2y=-4 & \mid \cdot(-3) \\ \text{II} & 3x-y=3 & \\ \hline \text{I} & -3x+6y=12 & \\ \text{II} & 3x-y=3 & \\ \hline \end{array}$$

$$\begin{array}{lrl} \text{I}+\text{II} & 6y-y=15 & \\ & 5y=15 & \mid :5 \\ & y=3 & \end{array}$$

$y=3$ in I eingesetzt:

$$\begin{array}{rl} x-2\cdot 3=-4 & \\ x-6=-4 & \mid +6 \\ x=2 & \end{array}$$

$\underline{\underline{x=2 \text{ und } y=3}}$

Gesucht werden Zahlen für x und y, die beide Gleichungen erfüllen.

1. Die Variablen werden sinnvoll geordnet.

2. Eine Gleichung oder beide Gleichungen werden (jeweils) so mit einer Zahl multipliziert, dass nach dem Addieren bzw. Subtrahieren beider Gleichungen eine Variable wegfällt.

3. Die Gleichungen I und II werden addiert oder subtrahiert. Die Gleichung wird gelöst.

4. Der berechnete Wert wird in eine der beiden Gleichungen eingesetzt. Der Wert der anderen Variablen wird berechnet.

Subtraktionsverfahren

$$\begin{array}{lrl} \text{I} & x-2y=-4 & \\ \text{II} & 3x=3+y & \mid -y \\ \hline \text{I} & x-2y=-4 & \\ \text{II} & 3x-y=3 & \\ \hline \text{I} & x-2y=-4 & \\ \text{II} & 3x-y=3 & \mid \cdot 2 \\ \hline \text{I} & x-2y=-4 & \\ \text{II} & 6x-2y=6 & \\ \hline \end{array}$$

$$\begin{array}{lrl} \text{I}-\text{II} & x-6x=-4-6 & \\ & -5x=-10 & \mid :(-5) \\ & x=2 & \end{array}$$

$x=2$ in II eingesetzt:

$$\begin{array}{rl} 3\cdot 2=3+y & \\ 6=3+y & \mid -3 \\ y=3 & \end{array}$$

$\underline{\underline{x=2 \text{ und } y=3}}$

Zur Probe setzt man die errechneten Werte in beide gegebenen Gleichungen ein.

Probe:

$$\begin{array}{lrlr} \text{I} & x-2y=-4 & \text{II} & 3x=3+y \\ & 2-2\cdot 3=-4 & & 3\cdot 2=3+3 \\ & 2-6=-4 & & 6=6\ (\text{w}) \\ & -4=-4\ (\text{w}) & & \end{array}$$

Probe:

$$\begin{array}{lrlr} \text{I} & x-2y=-4 & \text{II} & 3x=3+y \\ & 2-2\cdot 3=-4 & & 3\cdot 2=3+3 \\ & 2-6=-4 & & 6=6\ (\text{w}) \\ & -4=-4\ (\text{w}) & & \end{array}$$

Übungen

1 Löse mithilfe des Additionsverfahrens.

a) $y=3x-4$; $-y=4x-3$
b) $3y=6x-6$; $-3y=15x-57$
c) $-2y=14x+24$; $2y=-2x$
d) $-y=-2x-10$; $y=12x+50$
e) $x=y+1$; $-x=2y-4$
f) $5x=20y-25$; $-5x=10y-30$

2 Löse mithilfe des Subtraktionsverfahrens.

a) $y=2x-3$; $y=3x-7$
b) $3y=15x+3$; $3y=6x+21$
c) $y=4x+15$; $y=7x+24$
d) $2y=2x+38$; $2y=-x+3$

3 Löse mithilfe des Additionsverfahrens bzw. des Subtraktionsverfahrens. Wende das günstigere Verfahren an.

a) $-x=6y-10$; $x=-y$
b) $y=5x+16$; $y=-5x+6$
c) $-x=6y+15$; $x=-y+8$
d) $y=2x-5$; $y=-x+3$
e) $x=2y-3$; $x=3y-7$
f) $x=5y+1$; $x=2y-5$
g) $-2y=-x+11$; $2y=4x-3$
h) $2x=28y-4$; $-2x=2y+10$
i) $3x=4y-2$; $3x=-y+7$
j) $4x=-8y-12$; $4x=-20y+20$
k) $-3x=9y+42$; $3x=9y+24$
l) $3y=9x-21$; $3y=-3x-3$

4 Forme eine der Gleichungen des Gleichungssystems um und löse mit dem Additionsverfahren.

a) $2x + 2y = 8$; $-4x + 6y = 22$
b) $3x - 7y = -15$; $x + 14y = 44$
c) $-4x - 5y = -18$; $2x - 3y = -2$
d) $7x + 4 = 8y$; $3x - 4 = 2y$

5 Forme eine der Gleichungen des Gleichungssystems um und löse mit dem Subtraktionsverfahren.

a) $3x + 3y = 9$; $x + 2y = 4$
b) $4x - 5y = 1$; $2x + y = -3$
c) $y = 8x + 20$; $5y = 3x - 11$
d) $14 = 8y - 2x$; $7 = -y + 9x$

Löse in den folgenden Aufgaben die Gleichungssysteme, indem du das Additions- bzw. Subtraktionsverfahren günstig anwendest.

6
a) $6x + 4y = 4$; $9x - 4y = 1$
b) $2x - 3y = 1$; $3y - 3x = 3$
c) $6x - 4y = 60$; $4y + 9x = 90$
d) $14x - 2y = 2$; $y - 14x = 13$
e) $8x - 5y = 15$; $4y - 8x = -12$
f) $0{,}6x + 0{,}5y = 5$; $1{,}2x - 0{,}5y = 4$
g) $8y + 7x = 37$; $7x - 8y = 5$
h) $5x + 2y = 8$; $2y - 5x = -12$
i) $8x + 12y = 14$; $8x - 12y = 2$
j) $2{,}3x - 3y = -13$; $5y - 2{,}3x = 14$

7
a) $\frac{1}{2}x + \frac{1}{3}y = 4$; $1\frac{2}{3}y - \frac{1}{2}x = 2$
b) $\frac{2}{3}x + \frac{3}{4}y = 1$; $\frac{1}{2}y - \frac{2}{3}x = -\frac{1}{6}$
c) $1\frac{1}{4}x + 2\frac{2}{3}y = 6$; $\frac{3}{8}x - 2\frac{2}{3}y = -19$
d) $\frac{2}{3}x - y = 1\frac{1}{3}$; $\frac{5}{6}x - y = 2$
e) $y - x = 1\frac{1}{2}$; $2\frac{2}{3}x + y = 3\frac{1}{3}$
f) $\frac{1}{3}x + 2\frac{1}{2}y = 6$; $y - \frac{1}{3}x = 1$

8
a) $3x + y = -1$; $4x + 3y = 2$
b) $x + y = 12$; $3x + 2y = 32$
c) $x + 2y = 41$; $3y - 4x = 34$
d) $2y + 6x = 2$; $-3x + 5y = -7$
e) $5x - y = 1{,}5$; $3x + 6y = 4{,}2$
f) $3x + 2y = 41$; $5x - 4y = 17$
g) $5x + 8y = 3$; $-4x - 2y = 24$
h) $5x - y = 16{,}2$; $3x - 5y = 15$

9
a) $12x - 13y = 9$; $17y - 4x = 35$
b) $16x + 11y = 38$; $43y - 48x = 38$
c) $7x - 5y = 24$; $28x + 25y = 6$
d) $23x - 17y = -10$; $115x + 34y = 664$
e) $12x + 7y = 309$; $60x - 49y = 285$
f) $25x - 21y = -9{,}7$; $11x = 8{,}5 - 9y$

10
a) $3x + 2y = 6{,}3$; $2x + 5y = 8{,}6$
b) $4x - 3y = -0{,}5$; $5x - 2y = 5{,}5$
c) $0{,}4x - 3y = 11$; $-0{,}7x - 2y = 2{,}5$
d) $6x + 7y = 1{,}2$; $2y - 4x = 8{,}8$
e) $4x - 5y = 1$; $9y + 6x = -5{,}1$
f) $15x - 8y = 13$; $19x - 8y = 1$
g) $6x - 9y = 6$; $8x + 5y = 2\frac{1}{3}$
h) $5x - 5y = 2{,}5$; $7y + 3x = -14{,}5$
i) $100x + 5y = 2$; $3y + 27x = 0{,}87$
j) $3y - 4x = 7$; $15x + 2{,}25y = 0{,}75$

11
a) $7x - 3y = 5{,}2$; $5x = 3{,}1 - 4y$
b) $5y = -24x + 1{,}4$; $4{,}8x - 2{,}5y = 0{,}98$
c) $0{,}8y = 2{,}91 - 2{,}5x$; $6y = 5{,}2 - 10x$
d) $7x = -9y + 0{,}3$; $-3{,}4y = -8x + 3{,}08$
e) $6x = 0{,}43 - 4{,}9y$; $9x + 6{,}95 = 3{,}5y$
f) $5{,}1y = 50 + 2{,}6x$; $3{,}9x = 10 + 3{,}4y$

12
a) $7x + \frac{1}{4}y = 94$; $4x + \frac{1}{12}y = 53$
b) $15x = 13y - 2$; $\frac{5}{6}x = 3y - 32$
c) $\frac{1}{5}x = \frac{1}{4}y - 4$; $\frac{1}{15}x = 7 - \frac{1}{8}y$
d) $\frac{1}{3}y = 1 - x$; $\frac{1}{6}y = 3 - 4\frac{1}{4}x$

13
a) $\frac{2}{3}x + \frac{5}{6}y = -11$; $\frac{1}{3}x - \frac{1}{6}y = -4$
b) $14x + \frac{1}{2}y = 188$; $6x + \frac{1}{8}y = 79{,}5$
c) $14x - \frac{1}{6}y = 27$; $3x - \frac{1}{2}y = 3$
d) $2\frac{1}{2}x - 3\frac{1}{3}y = 10$; $7\frac{1}{3}x - 5\frac{1}{2}y = 55$

14
a) $8(3x - 2y) = 5(3x - y)$; $x + y = 20$
b) $2(2y + 2) = 3(x + 5)$; $x + y = 15$
c) $8 - x = 3(15 - 2y)$; $9 + y = 8(5x - 23)$
d) $10(7x - 1) + 12(3 + 2y) = 612$; $4x + 158 = 6(9y - 5)$
e) $5(x - 4) - 2(y + 15) = -33$; $18y + 16x - 6(7y - 1) = -186$

Sonderfälle beim Lösen linearer Gleichungssysteme

Beim Lösen linearer Gleichungssysteme können auch ungewöhnliche Ergebnisse auftreten. Wir führen Lösungsverfahren zum Lösen von Gleichungssystemen an zwei Beispielen durch.

1. I $x+3y=6$
II $x+3y=-3$

Wir lösen mit dem Subtraktionsverfahren.

I $x+3y=6$
II $x+3y=-3$
I – II $0=9$ Auch y fällt weg. Außerdem ist $0 \neq 9$.

2. I $x=2y+4$
II $3x-6y=12$

Wir lösen mit dem Einsetzungsverfahren.

I $x=2y+4$
II $3x-6y=12$
I in II $3\cdot(2y+4)-6y=12$
$6y+12-6y=12$
$12=12$ Auch y fällt weg.

Um diese ungewöhnlichen Ergebnisse deuten zu können, stellen wir jedes Gleichungssystem graphisch dar. Wir formen zunächst die Gleichungen zu Koordinatengleichungen um.

I $x+3y=6 \quad |-x$
$3y=-x+6 \quad |:3$
$\mathbf{y=-\frac{1}{3}x+2}$

II $x+3y=-3$
$3y=-x-3 \quad |:3$
$\mathbf{y=-\frac{1}{3}x-1}$

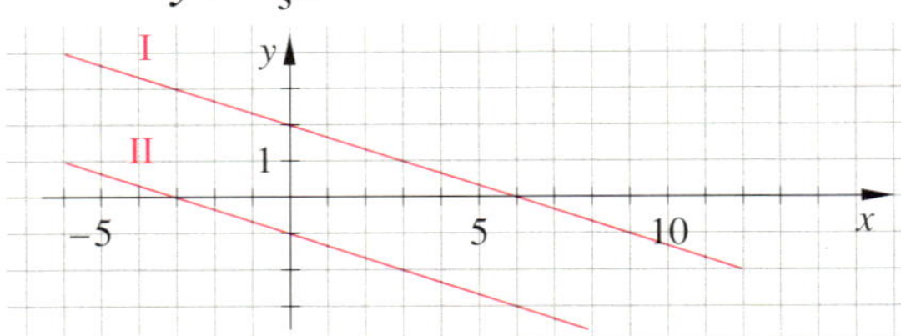

Die den Gleichungen zugehörigen Geraden sind parallel zueinander.

An den Koordinatengleichungen erkennt man das an dem gleichen Steigungsfaktor.

Da beide Geraden keinen Punkt gemeinsam haben, hat auch das Gleichungssystem keine Lösung.

I $x=2y+4 \quad |-4$
$2y=x-4 \quad |:2$
$\mathbf{y=\frac{1}{2}x-2}$

II $3x-6y=12 \quad |-3x$
$-6y=-3x+12 \quad |:(-6)$
$\mathbf{y=\frac{1}{2}x-2}$

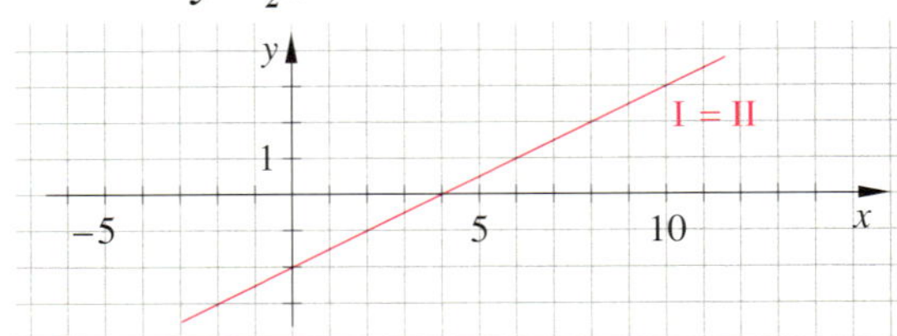

Die Gleichungen ergeben im Koordinatensystem dieselbe Gerade.

Die Koordinatengleichungen sind gleich, die Ausgangsgleichungen äquivalent.

Jeder Punkt der Geraden entspricht einer Lösung. Das Gleichungssystem hat unendlich viele Lösungen.

Übungen

1 Löse das Gleichungssystem und überprüfe die Lösungen graphisch.

a) $x+2y=6$
$x+2y=-2$

b) $2x+y=-1$
$8x+4y=-4$

c) $x-y=-3$
$-3+y=x-2$

d) $3y+18=x$
$x=3y+6$

e) $2x=14-4y$
$3x-9=-6y$

f) $2x=2y+10$
$3y+15=3x$

2 Untersuche, ob das Gleichungssystem keine oder unendlich viele Lösungen hat. Gib im zweiten Fall für das Gleichungssystem fünf Lösungen an.

a) $2x+2y=2$
$x=1-y$

b) $x-y=3$
$15+5y=5x$

c) $y=-x+4$
$3x+3y=12$

d) $y=-2x+4$
$y+2x=4$

e) $x+2y=2$
$4y+2x=4$

f) $x-y=0$
$y=x$

Übungen

1 Löse das Gleichungssystem mit dem Gleichsetzungsverfahren.

a) $y = x - 4$; $y = 5 - 2x$
b) $y = 3x - 8$; $y = 4 - x$
c) $x = y$; $x = 4{,}5 - 0{,}5y$
d) $y = -x$; $x + 4 = y$
e) $x = y - 2$; $-y - 2 = x$
f) $12x = 8 - 9y$; $12x = -4y$
g) $y = 3x - 2$; $y = -\frac{1}{8}x + 3$
h) $-y - 1 = x$; $-3y = x - 2$
i) $-3y = 7x - 12$; $-3y = 27 - 6x$
j) $2x = 12 + 2y$; $y = 2x$
k) $-4x - 2 = -2y$; $-2y = 6x - 12$
l) $3y = 3$; $x - 3 = 3y$
m) $-5y = -10x - 25$; $-5x + 15 = -5y$
n) $3x - 15 = -5y$; $-5y = 20 - 5x$

2 Löse mit dem Einsetzungsverfahren.

a) $3y - 2x = 6$; $3y = 15 - 2x$
b) $14 - y = x$; $3x + 2y = 48$
c) $3x + 2y = 11$; $4y - 2 = x$
d) $5x = y$; $x + y = 12$
e) $x + y = 10$; $4x = y$
f) $3x = y$; $y + x = 20$
g) $x - 2 = y$; $x + y = 12$
h) $x = y + 1$; $4y + x = 6$
i) $3y = x$; $5y - x = 8$
j) $2x - 3y = 5$; $3y - 2 = x$
k) $2 = x - y$; $-2x + 17 = y$
l) $x = 5 + 1\frac{1}{2}y$; $x + y = 0$
m) $x = \frac{1}{5}y$; $y = 30 - x$
n) $\frac{1}{4}x = y$; $3\frac{1}{4} - \frac{5}{8}y = \frac{1}{4}x$

3 Löse mit dem Additions- bzw. Subtraktionsverfahren.

a) $3x - y = 8$; $2x + y = 7$
b) $3x + 2y = 7$; $5x - 2y = 1$
c) $4y + 3x = 9$; $-4y - x = 7$
d) $x + y = 9$; $x - y = 1$
e) $x - 5y = 1$; $2x + 5y = 17$
f) $2x - 5y = 30$; $2x + 7y = 6$
g) $2x - y = 3$; $4x + y = 9$
h) $7x + 8y = -10$; $7x + 2y = 8$
i) $2x - 5y = 14$; $2x + 3y = 10$
j) $2x - 5y = 17$; $6x - 5y = 1$

Löse in den folgenden Aufgaben die Gleichungssysteme mit einem geeigneten Verfahren.

4
a) $4x - 7y = 13$; $-2x = -7y - 2$
b) $-4x + y = 7$; $4x = 5 - 3y$
c) $6x + 9y = 4$; $6x + 3y = 0$
d) $x - 6y = 3$; $x + 2y = 5$
e) $x - 5y = 2$; $2x + y = 4$
f) $-x - 2y = 7$; $3y = 2 - x$

5
a) $3x + 5y = 3$; $x + 2y = 13$
b) $3x - 2y = 4$; $2x = 5 - y$
c) $-3x + 8y = -7$; $x + 2y = -7$
d) $-2x + y = -8$; $3x - 2y = 5$
e) $3x + y = 4$; $-x + 2y = -6$
f) $4x - 3y = 7$; $5x - y = 6$

6
a) $2x + y = 8$; $x + 3 = y$
b) $x + y = 1$; $x - 3y = 4$
c) $x - y = 2$; $3x - y = 5$
d) $x - 4y = 3$; $x - y = 5$
e) $-2y = 5x - 4$; $5x = y + 3$
f) $x = -2y - 2$; $2x - 4y = 5$
g) $3x - 4y = -1$; $3x - y = 1$
h) $x = 3 + 4y$; $2x = 4 - y$
i) $-2x = 3y - 5$; $-5y - 8 = -2x$
j) $y = -\frac{1}{3}x$; $2x - 8y = 7$

7
a) $5x - 2y = 1$; $4x + 5y = 47$
b) $5x - 2y = 7$; $2x + 7y = -5$
c) $3x + 4y + 2 = 0$; $2x - 3y - 10 = 0$
d) $3x + 7y + 18 = 0$; $5x - 2y + 30 = 0$
e) $2x - 3y = -1$; $3x - 4y = -3$
f) $3x - 2y = 15$; $-3y = x - 2$
g) $2x + 3y = 7$; $3x + 4y = 10$
h) $0{,}75x + y = 3{,}5$; $3x + 4y = 14$
i) $-3x - 2y = -21$; $7x - 5y = 20$
j) $8x = 1 + 1{,}2y$; $5x = 2 + 0{,}2y$
k) $\frac{1}{2}x + 3y = 6$; $\frac{1}{3}x + y = 2$
l) $\frac{1}{2}x + \frac{2}{3}y = 8$; $x - y = -5$

8
a) $3x + 4y = 13$; $7x + 1 = 2y$
b) $9y - 17 = 5x$; $6x - 9 = y$
c) $-3x - 8y = 9$; $3y = -x - 4$
d) $2x = 6 + 5y$; $11 - 3x = -8y$
e) $x + 19 = 5y$; $3x = 39 - y$
f) $3y - 80 = 7x$; $5x + 9y = 32$

9 a) $3(2x-y)=-3$
$2x+y=13$
b) $2(4x+5y)=12$
$4x-5y=26$
c) $2(x-2y)=8$
$-x+3y=-5$
d) $-3(x-y)=21$
$-x-2y=-8$
e) $x-10y=16$
$-5(x+5y)=-5$
f) $-2x+y=-12$
$-6(2x-3y)=-120$

10 a) $4(x-2y)=8$
$2(x-4y)=-8$
b) $4(x-2y)=8$
$6(x+4y)=30$
c) $5(2x+y)=5$
$3(2y+2x)=-12$
d) $-3(5x-y)=24$
$-2(4x+y)=2$
e) $-7(3x+10y)=63$
$-(3x-10y)=17$
f) $-(x+y)=-1$
$-(2x-2y)=2$

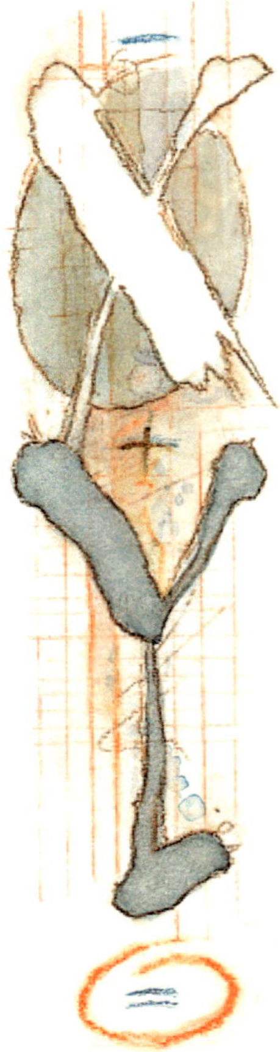

11 a) $2x-(2y+3x)=-10$
$x+5y=-8$
b) $4y+(4x-5)+6=5$
$-4y-7x=5$
c) $15-(3x+y)+(-x-3y)=19$
$14x-2y=-30$
d) $-(4x-5y)-(4y+5x)=-36$
$2x-9y=-71$
e) $36-(2x-15+3y)-4x=33$
$-3y-6x=-36$

12 a) $(-3x+5)+(5x-y)=y-(x-10)$
$x-y=-7$
b) $3x-(y+6x)+14=3y-(6y-52)$
$x-y=-5$
c) $2x+y-(3x-2)=-(2x+3-2y)$
$2x=2y-(x+y)+9$
d) $-(y+3x+2y)=3x-(y+1)+2$
$x+3y+2x=3x+(y+1)-5$
e) $-(y-2x)-8=7-(5y-3x+2)-26$
$4x-(2y+3x)+9=-(11x+3y)$

13 a) $2(x+y)+3(x+y)=10$
$4(x+y)+5(x+y)=18$
b) $2(x+y)-3(x+y)=-2$
$2(x+y)+3(x+y)=10$
c) $7(x+y)-4(x+y)=9$
$4(x+y)-7(x+y)=-9$
d) $3(2x-5y)+2(5x+2y)=-7$
$-5(8x-y)+4(2x+4y)=9$
e) $-2(6x-3y)+4(x-y)=18$
$-5(2x+5y)-2(8x-7y)=13$

14 a) $3(x+y)-(x+y)=8$
$5(x-y)+(x-y)=8$
b) $-2(2x-y)+(y-2x)=-3$
$-5(x-5y)-(3x+y)=16$
c) $4-(2x+3y)-2(2x+3y)=-44$
$3(x-2y)-(x+y-5)=-49$
d) $44-(x-y+47)+2x=2(x+y)$
$13(x-2y)-(2y-x)=44(x-y)$
e) $x+y+2x-(2y-x-2)=9$
$-(3y+4x-34)-16=-4(-2x+3)+2x$

15 a) $3x-7y=-4$
$2x+[3+(x+y)-2y]=5$
b) $x-[(2x-y)-6]=3-(x-2y)$
$x+y=1$
c) $-[5x-(2x+y-3)]=-x-y$
$x+y=x-[3-(x+y)+2x]+6$
d) $2+[x+(2-y)]=-[x-(y-2)]+2$
$x=2y-[-x+y-(2x-3)-6]-2x$

16 a) $(x+2)(y+2)-(x+1)(y+1)=5$
$(x-2)(y+2)-(x+2)(y-2)=0$
b) $(x+4)(y-2)-(x-3)(y+4)=5$
$(x-3)(y+1)-(x+6)(y+1)=-18$
c) $(2x+1)(3y-1)=(2y+1)(3x-1)$
$(10x+1)(2y+4)=(4x-2)(5y+7)$
d) $(-x-4)(y-9)=(-y-13)(x-4)$
$(-3x+1)(2y+1)=(-2y+1)(3x+1)$

17 a) $(2x-1)(4y+5)=8xy-2(x+y)+19$
$x+y=5$
b) $-(x+y)+2(8x-y)=-x-(6+y)$
$x+2y-(x-y)=-(2y+5x)$
c) $(2x-5)(-5y-2)=x+10y(3-x)$
$10x-[10y-(x-y)]=12(1-x)$

Historische Aufgaben

Leonhard Euler (1707–1783) stellte in seiner „Vollständigen Anleitung zur Algebra“ auch Textaufgaben mit zwei Variablen vor und wie die Lösungen berechnet werden.
Diese zwei Aufgaben stammen aus Eulers Lehrbuch.

I. Frage:
Um dieses durch Exempel zu erläutern, so sey diese Frage vorgelegt: **Man suche zwey Zahlen deren Summe sey 15 und die Differenz 7?**
Es sey die größere Zahl = x und die kleinere = y, so hat man I.) $x + y = 15$, und II.) $x - y = 7$. Aus der ersten bekommt man $x = 15 - y$ und aus der zweyten $x = 7 + y$, woraus diese neue Gleichung entspringt $15 - y = 7 + y$, hier addiere man y, so hat man $15 = 7 + 2y$, man subtrahire 7, so wird $2y = 8$, durch 2 dividirt wird $y = 4$ und daraus $x = 11$.
Antwort:
Die kleinere Zahl ist 4 die größere aber 11.

II. Frage:
Ein Maul-Esel und ein Esel tragen ein jeder etliche Pud. Der Esel beschwert sich über seine Last und sagt zum Maul-Esel: wann du mir ein Pud von deiner Last gäbest, so hätte ich zwey mal so viel als du; darauf antwortet der Maul-Esel: wann du mir ein Pud von deiner Last gäbest so hätte ich drey mal so viel als du, wie viel Pud hat ein jeder gehabt?

Der Maul-Esel habe gehabt x Pud, der Esel aber y Pud. Giebt nun der Maul-Esel dem Esel ein Pud, so hat der Esel $y + 1$ der Maul-Esel aber behält noch $x - 1$, da nun der Esel zwey mal so viel hat als der Maul-Esel so wird $y + 1 = 2x - 2$.
Wann aber der Esel dem Maul-Esel ein Pud giebt, so bekommt der Maul-Esel $x + 1$ und der Esel behält noch $y - 1$. Da nun jene Last drey mal so groß ist als diese, so wird $x + 1 = 3y - 3$.
Also sind unsere zwey Gleichungen I.) $y + 1 = 2x - 2$, und II.) $x + 1 = 3y - 3$.
Aus der ersten findet man $x = \frac{y+3}{2}$ und aus der andern $x = 3y - 4$, woraus diese neue Gleichung entspringt $\frac{y+3}{2} = 3y - 4$, welche mit 2 multiplicirt giebt $y + 3 = 6y - 8$ und y subtrahirt kommt $5y - 8 = 3$, addire 8 so hat man $5y = 11$ und $y = \frac{11}{5}$ oder $2\frac{1}{5}$; hieraus $x = 2\frac{3}{5}$.
Antwort: Also hat der Maul-Esel gehabt $2\frac{1}{5}$ Pud der Esel aber $2\frac{3}{5}$ Pud.

Übungen

1 Schreibe den Lösungsweg der zwei Aufgaben in der dir bekannten Weise auf.

2 Schwer bepackt geht ein Eselchen und dessen Mutter. Die Eselin seufzt, da fragt der Sohn: „Mutter, was klagst und stöhnst du?“ „Gib ein Pfund mir ab, so trag ich doppelte Bürde. Nimmst du es aber von mir, dann haben wir gleich viel.“ Wie viel trägt jeder?

3 Zwei Personen sind $\frac{2}{9}$ Rubel schuldig. Nun hat zwar jeder Geld, doch nicht so viel, dass er diese gemeinsame Schuld alleine bezahlen könnte.
Darum sagt der erste zum anderen: „Gibst du mir $\frac{2}{4}$ deines Geldes, so könnte ich die Schuld sogleich alleine bezahlen.“
Der andere antwortet dagegen: „Gibst du mir $\frac{3}{4}$ deines Geldes, so kann ich die Schuld alleine bezahlen.
Wie viel Geld hat jeder gehabt?

Themenseite: Zahlenrätsel

Melanie stellt Florian folgendes Zahlenrätsel: „Addierst du zwei Zahlen, erhältst du 36. Addierst du zum Zweifachen der ersten Zahl das Dreifache der zweiten Zahl, erhältst du 97.“

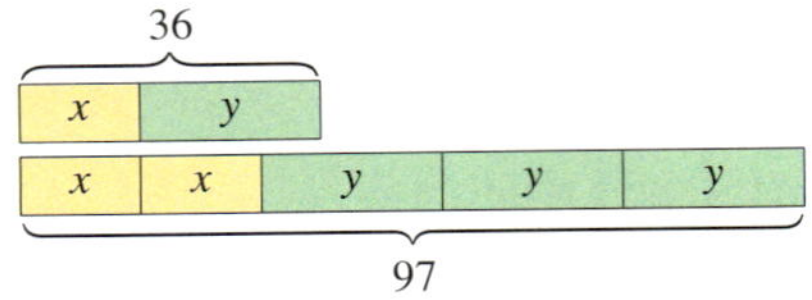

Zur mathematischen Lösung dieses Zahlenrätsels verwenden wir das Sechs-Schritte-Verfahren.

1. Variablen festlegen

erste Zahl: x
zweite Zahl: y

2. Terme bilden

Zweifaches der ersten Zahl: $2x$
Dreifaches der zweiten Zahl: $3y$

3. Gleichungssystem aufstellen

$$\begin{array}{ll} \text{I} & x + y = 36 \\ \text{II} & 2x + 3y = 97 \end{array}$$

4. Gleichungssystem lösen

$$\begin{array}{lrl} \text{I} & y = 36 - x & \\ \text{I in II} & 2x + 3 \cdot (36 - x) = 97 & \\ & 2x + 108 - 3x = 97 & \mid -108 \\ & -x = -11 & \mid :(-1) \\ & x = 11 & \end{array}$$

Einsetzen in eine der beiden Gleichungen:

$$\begin{array}{rl} 11 + y = 36 & \mid -11 \\ y = 25 & \end{array}$$

5. Ergebnisse überprüfen

$$\begin{array}{ll} \text{I} & 11 + 25 = 36 \text{ (w)} \\ \text{II} & 2 \cdot 11 + 3 \cdot 25 = 97 \\ & 22 + 75 = 97 \text{ (w)} \end{array}$$

6. Antwort formulieren

Die Zahlen heißen 11 und 25.

Übungen

1 Die Summe zweier Zahlen ist 40. Die erste Zahl ist um 7 größer als die zweite Zahl. Berechne beide Zahlen.

2 a) Die Summe zweier Zahlen ist 76. Eine Zahl ist dreimal so groß wie die andere. Wie heißen die Zahlen?
b) Die Differenz zweier Zahlen ist 7,5. Eine Zahl ist 1,5-mal so groß wie die andere. Wie heißen die Zahlen?

3 a) Die Summe zweier Zahlen ist 13, ihre Differenz ist 5. Wie heißen die beiden Zahlen?
b) Die Summe zweier Zahlen ist 85, ihre Differenz 35. Wie heißen die Zahlen?
c) Zwei Zahlen haben die Summe 5,4, ihre Differenz beträgt 8,3. Wie heißen die Zahlen?

4 Die Differenz zweier Zahlen ergibt 20. Addiert man zur ersten Zahl 5, wird diese Zahl doppelt so groß wie die zweite Zahl. Wie heißen die Zahlen?

5 Die Differenz zweier Zahlen ist 16. Addiert man zum Dreifachen der ersten Zahl das Zweifache der zweiten Zahl, erhält man 80. Berechne die Zahlen.

6 Bildet man die Summe aus einer Zahl und dem Doppelten der zweiten Zahl, ist das Ergebnis 30. Als Differenz aus dieser Zahl und dem Doppelten der zweiten Zahl erhält man 10. Wie heißen die beiden Zahlen?

7 Welche Zahl ist um 5 größer als eine andere Zahl und um 1 kleiner als das Dreifache der anderen Zahl?

8 Die Summe von zwei Zahlen beträgt 412, ihre Differenz ist 118. Wie heißen die beiden Zahlen?

9 Die Summe von zwei Zahlen ist 205, ihre Differenz beträgt 31. Wie heißen die beiden Zahlen?

10 Die Summe von zwei Zahlen beträgt 85. Von den beiden Summanden ist der erste um 13 größer als der zweite. Bestimme die beiden Summanden.

11 Die Summe von zwei Zahlen ist 64. Das Doppelte der kleineren Zahl ist um 10 kleiner als die größere Zahl. Bestimme die beiden Zahlen.

12 Die Differenz zweier Zahlen ist 59. Die Hälfte der größeren Zahl ist um 103 kleiner als die kleinere Zahl. Berechne beide Zahlen.

13 Die Summe zweier Zahlen ist 38. Das Vierfache der kleineren Zahl ist um 12 größer als das Dreifache der größeren Zahl. Nenne die beiden Zahlen.

14 Die Summe zweier Zahlen ist dreimal so groß wie deren Differenz. Sie unterscheiden sich um 15. Welche Zahlen sind es?

15 Die Differenz aus dem Fünffachen einer Zahl und dem Dreifachen der anderen Zahl ist 35. Die Summe aus dem Dreifachen der ersten Zahl und dem Doppelten der zweiten Zahl beträgt 40. Welche Zahlen sind gesucht?

16 Die Summe aus dem Doppelten zweier Zahlen ist 100. Die Differenz aus dem Dreifachen der ersten Zahl und dem Doppelten der zweiten Zahl ist 50. Welche Zahlen sind gesucht?

17 Bei zwei Zahlen ist eine um 1 größer als die andere. Vergrößert man die kleinere Zahl um 3 und die größere Zahl um 7, nimmt ihr Produkt um 84 zu. Wie heißen die zwei Zahlen?

Warum einfach, wenn's auch kompliziert geht?

18 Frau Peters ist Bäuerin und liebt es mit Zahlen zu spielen. Fragt man sie, wie viele Kühe und wie viele Gänse auf dem Hof sind, kann man zur Antwort erhalten: „Im Augenblick sind alle Kühe und Gänse auf der Wiese am Bach. Dort laufen 61 Köpfe mit 152 Beinen herum.“

19 Im Stall eines Bauernhofs sind Hühner und Kaninchen untergebracht. Sie haben zusammen 38 Köpfe und 100 Beine. Wie viele Hühner und wie viele Kaninchen befinden sich in diesem Stall?

20 In einem Käfig befinden sich Fasane und Kaninchen, insgesamt 35 Tiere. Zusammen haben alle Tiere 94 Beine. Wie viele Tiere jeder Art sind es?

21 Käfer und Spinnen treffen sich am Abfallcontainer. Sagt der Käfer Willi zur Spinne Minna: „Heute sind wir aber viele. Wir haben zusammen 20 Köpfe und 138 Beine.“
Wie viele Käfer (6 Beine) und wie viele Spinnen (8 Beine) können an dem Abfallcontainer gezählt werden?

22 Gibt Christina drei Hefte ihrer Freundin Nadine, so haben beide gleich viele Hefte. Wenn aber Nadine an Christina zwei Hefte abgibt, hat Christina sechsmal so viele Hefte wie Nadine. Wie viele Hefte hat jede der zwei Freundinnen?

Themenseite: Altersrätsel

Dieter feiert Geburtstag. Er wird gefragt, wie alt er jetzt ist. Auf diese Frage antwortet er mit einem Rätsel: „Ich war vor einem Jahr dreimal so alt wie mein Sohn Carsten. Vor neun Jahren war ich fünfmal so alt wie mein Sohn."
Wie alt ist Dieter?

1. Variablen festlegen

Dieters Alter heute: x
Carstens Alter heute: y

2. Terme bilden

Dieters Alter vor 1 Jahr; 9 Jahren: $x-1;\ x-9$
Carstens Alter vor 1 Jahr; 9 Jahren: $y-1;\ y-9$
Carstens 3faches Alter vor 1 Jahr: $3(y-1)$
Carstens 5faches Alter vor 9 Jahren: $5(y-9)$

3. Gleichungssystem aufstellen

I $\quad x-1=3(y-1)$
II $\quad x-9=5(y-9)$

4. Gleichungssystem lösen

I $\quad x-1=3y-3$
II $\quad x-9=5y-45$

I $\quad x-3y=-2$
II $\quad x-5y=-36$

I – II $\quad 2y=34$
$\quad y=17$

Einsetzen in eine der beiden Gleichungen:

$x-1=3(17-1)$
$x-1=48$
$x=49$

5. Ergebnis überprüfen

I $\quad 49-1=3(17-1)$
$\quad 48=3\cdot 16$ (w)
II $\quad 49-9=5(17-9)$
$\quad 40=5\cdot 8$ (w)

6. Antwort formulieren

Dieter ist 49 Jahre alt.

Übungen

1 Karens Mutter sagt: „Jetzt bin ich doppelt so alt wie Karen. Vor 11 Jahren war ich dreimal so alt wie sie." Wie alt sind beide im Augenblick?

2 Ein Vater stellt dieses Altersrätsel: „Wenn du zu meinem jetzigen Alter 4 Jahre addierst und diese Summe durch 4 dividierst, dann erhältst du das Alter meiner Tochter Janine. Vor 6 Jahren aber war ich 7,5-mal so alt wie sie. Wie alt sind wir beide jetzt?"

3 Von zwei Brüdern ist der eine 5 Jahre älter als der andere. In 20 Jahren ist er doppelt so alt wie der jüngere Bruder jetzt ist. Wie alt sind beide jetzt?

4 Udo und Rolf sind die beiden Söhne von Familie Klein. Ihre Mutter gibt Auskunft über deren Alter: „Vor 2 Jahren war Udos Alter 1 weniger als das doppelte Alter von Rolf. In 4 Jahren wird das Alter von Udo 8 mehr sein als die Hälfte von Rolfs Alter." Wie alt sind die Brüder jetzt?

Themenseite: Ferien und Reisen

Ein kleines Hotel kann 30 Gäste unterbringen. Dem Besucher können Einzel- oder auch Doppelzimmer angeboten werden. Im gesamten Hotel sind 21 Zimmer eingerichtet worden.

Wie viele Einzelzimmer und wie viele Doppelzimmer hat das Hotel?

1. Variablen festlegen

Anzahl der Einzelzimmer: x
Anzahl der Doppelzimmer: y

2. Terme bilden

Gästeanzahl in einem Doppelzimmer: $2y$
Gesamtanzahl der Zimmer: $x+y$

3. Gleichungssystem aufstellen

I $\quad x+2y=30$
II $\quad x+y=21$

4. Gleichungssystem lösen

I – II $\quad y=9$

Einsetzen in eine der beiden Gleichungen:

$x+9=21 \quad |-9$
$x=12$

5. Ergebnis überprüfen

I $\quad 12+2\cdot 9=30$
$12+18=30$ (w)
II $\quad 12+9=21$ (w)

6. Antwort formulieren

Im Hotel stehen 12 Einzelzimmer und 9 Doppelzimmer zur Verfügung.

Übungen

1 Ein Hotel kann Gästen 24 Zimmer anbieten. In Einzel- und Doppelzimmern stehen insgesamt 40 Betten. Wie viele Einzel- und wie viele Doppelzimmer hat das Hotel?

2 In einer Jugendherberge werden Zweibettzimmer und Vierbettzimmer angeboten. Insgesamt sind 20 Zimmer mit 52 Betten vorhanden. Gib die Anzahl der Zweibettzimmer und die Anzahl der Vierbettzimmer an.

3 Eine Pension kann in zusammen 32 Einzel- und Doppelzimmern insgesamt 45 Personen unterbringen. Wie viele Einzel- und wie viele Doppelzimmer hat die Pension?

4 Ugur überlegt, wie viel Taschengeld er täglich im Urlaub ausgeben kann. Gibt er täglich 20 € aus, hat er 7 € zu wenig, bei 17 € täglich bleiben 14 € übrig.

a) Wie lange dauert sein Urlaub?

b) Wie viel Taschengeld hat Ugur in seinem Urlaub zur Verfügung?

5 Petra und Daniela wollten 8 Tage Urlaub in einem Ort verbringen und wählten dort ein Hotelzimmer für 70 € pro Nacht. Nun wollen sie stattdessen an zwei anderen Orten Urlaub machen. Im ersten Ort können sie ein Hotel für 80 € und im zweiten eins für 64 € pro Nacht buchen. Wie lange können sie in jedem Hotel übernachten, wenn sie nicht mehr Geld ausgeben möchten als vorher geplant war?

Themenseite: Kosten und Erlös vergleichen

Bevor ein Buch gedruckt ist und in den Buchhandlungen verkauft werden kann, sind beim Verlag hohe Anfangskosten entstanden. Für ein Schulbuch betrugen diese Initialkosten ca. 150 000 €. Zusätzlich entstanden für jedes Buch Druckkosten von ca. 5 €.
Mit dem Verkauf dieser Bücher in den Buchhandlungen erzielt der Verlag für jedes verkaufte Buch einen Erlös von 15 €.

Ab welcher Stückzahl verkaufter Bücher kann der Verlag mit positiven Einnahmen rechnen?

Von Interesse ist zunächst, bei welcher Anzahl verkaufter Bücher Kosten und Erlös gleich sind.

1. Variablen festlegen

Anzahl verkaufter Bücher: x
Geldbetrag in €: y

2. Terme bilden

Kosten in €: $150\,000 + 5x$
Erlös in €: $15x$

3. Gleichungssystem aufstellen

I $y = 150\,000 + 5x$
II $y = 15x$

4. Gleichungssystem lösen

I = II $150\,000 + 5x = 15x \quad | -5x$
$10x = 150\,000 \quad | :10$
$x = 15\,000$

Einsetzen in eine der beiden Gleichungen:
$y = 15 \cdot 15\,000$
$y = 225\,000$

5. Ergebnisse überprüfen

I $225\,000 = 150\,000 + 5 \cdot 15\,000$
$225\,000 = 150\,000 + 75\,000$
II $225\,000 = 15 \cdot 15\,000$ (w)

In dem Diagramm sind die Linien für Kosten und Erlös dargestellt.

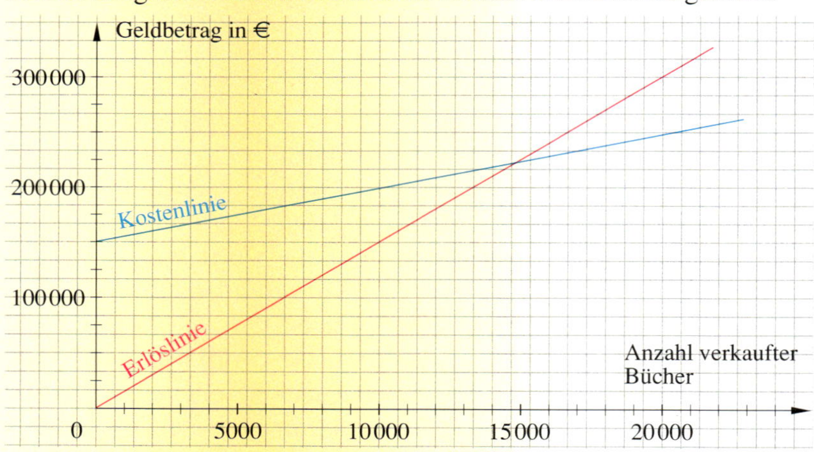

6. Antwort formulieren

Wenn von dem Schulbuch 15 000 Stück verkauft wurden, sind Kosten und Erlös gleich. Kosten und Erlös betragen dann 225 000 €.
Wenn mehr als 15 000 Stück verkauft werden, hat der Verlag positive Einnahmen.

Verwende in den Aufgaben 1 bis 3 die Angaben von der Vorseite.

1 Der Verlag rechnet damit, maximal 40 000 Exemplare des Schulbuchs verkaufen zu können. Um keine Verluste zu machen, muss der Verlag die Kosten durch den Erlös der verkauften Bücher decken.
a) Berechne die Kosten für 40 000 Exemplare des Schulbuchs.
b) Reicht ein Erlös von 12,50 € pro Buch aus, um die Kosten zu decken?
c) Welchen Erlös muss der Verlag für ein Buch mindestens erreichen?

2 Weil der Verlag glaubt, die Verkaufszahlen steigern zu können, entschließt er sich, zusätzlich noch 30 000 € für eine Werbekampagne zu investieren.
a) Zeichne das Kosten-Erlös-Diagramm auf Millimeterpapier. Wie viele Exemplare müssen mindestens verkauft werden, damit die Kosten ausgeglichen werden?
b) Mit welcher Steigerung der Verkaufszahlen rechnet der Verlag mindestens?

3 Eine 30 000 € kostende Werbekampagne wurde gestartet. Allerdings lagen die Druckkosten durch eine Papierverteuerung bei diesem Buch pro Exemplar bei 5,20 €.
a) Berechne die Anzahl der Exemplare, die nun verkauft werden müssen, um die Kosten zu decken.
b) Wie hoch muss der Erlös sein, um die Kosten zu decken?

4 Die David-Hansemann-Schule trägt den Namen des Mannes, von dem der Ausspruch stammt: „In Geldangelegenheiten hört die Gemütlichkeit auf."
Die Schülervertretung dieser Schule versuchte sich nach diesem Ausspruch zu richten, als sie über die Anschaffung einer Buttonstanzmaschine beriet.
Der Anschaffungspreis der Maschine betrug 616 €. Zur Herstellung eines Buttons müssen ca. 10 Cent Materialkosten gerechnet werden. Die Schülervertretung der Schule will einen Button für 75 Cent verkaufen.

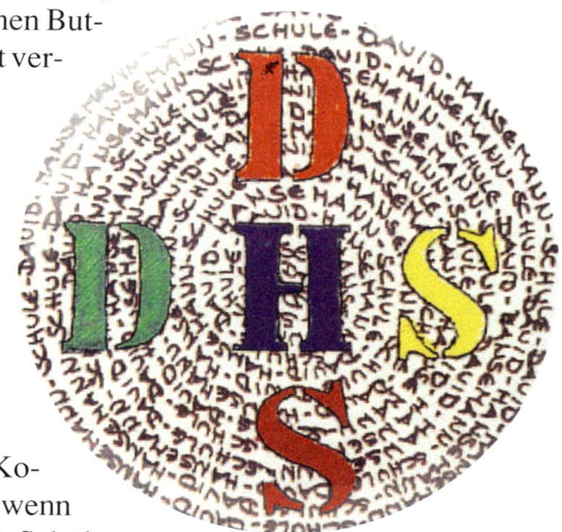

a) Sind die Kosten gedeckt, wenn jeder der 650 Schülerinnen und Schüler der Schule einen Button kauft?
b) Wie viele Buttons müssen verkauft werden, damit die Kosten gedeckt sind?
c) Die Schülervertretung nimmt an, dass jeder der 112 Schulneulinge eines Jahrgangs einen Button kaufen wird. Wie viele Jahre dauert es, die Kosten zu decken, wenn nur ein Verkauf an die Schulneulinge vorgenommen wird?
d) Die Diskussion in der Schülervertretung führte zu dem Vorschlag, den Erlös für einen Button auf 1 € festzulegen. Wie viele Buttons müssten dann verkauft werden, damit die Kosten gedeckt sind?
e) Der Förderverein der Schule will der Schülervertretung zur Anschaffung der Buttonstanzmaschine 225 € stiften. Wie viele Buttons müssen zur Kostendeckung jetzt produziert werden, wenn jeder Button für 80 Cent verkauft wird?

Lineare Gleichungssysteme mit mehr als zwei Variablen

Lineare Gleichungssysteme mit mehr als zwei Variablen können auch mithilfe des Additions- bzw. Subtraktionsverfahrens gelöst werden. Man eliminiert (lat.: ausscheiden) der Reihe nach so viele Variablen, bis eine Gleichung mit einer Variablen entsteht.

Wir führen dieses Verfahren an einem linearen Gleichungssystem mit drei Gleichungen und drei Variablen durch.

$$\begin{array}{ll} \text{I} & 3x - y + 2z = 13 \\ \text{II} & -x + 4y - 5z = -21 \\ \text{III} & 4x + 2y - 3z = -3 \end{array}$$

a)
$$\begin{array}{lll} \text{I} & 3x - y + 2z = 13 & | \cdot 4 \\ \text{II} & -x + 4y - 5z = -21 & \\ \hline \text{I} & 12x - 4y + 8z = 52 & \\ \text{II} & -x + 4y - 5z = -21 & \\ \hline \text{IV (I + II)} & 11x + 3z = 31 & \end{array}$$

b)
$$\begin{array}{lll} \text{I} & 3x - y + 2z = 13 & | \cdot 2 \\ \text{III} & 4x + 2y - 3z = -3 & \\ \hline \text{I} & 6x - 7y + 4z = 26 & \\ \text{III} & 4x + 2y - 3z = -3 & \\ \hline \text{V (I + III)} & 10x + z = 23 & \end{array}$$

Durch Kombination der ersten mit der zweiten bzw. mit der dritten Gleichung eliminiert man zweimal beispielsweise die Variable y.

Man erhält dadurch die Gleichungen IV und V eines neuen Systems.

$$\begin{array}{lll} \text{IV} & 11x + 3z = 31 & \\ \text{V} & 10x + z = 23 & | \cdot (-3) \\ & & \\ \text{IV} & 11x + 3z = 31 & \\ \text{V} & -30x - 3z = -69 & \\ \hline \text{VI (IV + II)} & -19x = -38 & | : (-19) \\ & x = 2 & \end{array}$$

Durch Kombination der IV. mit der V. Gleichung eliminiert man beispielsweise die Variable z.

Man erhält die Gleichung VI, die nach x aufgelöst wird.

$x = 2$ in V eingesetzt:

$$\begin{array}{ll} 10 \cdot 2 + z = 23 & \\ 20 + z = 23 & | -20 \\ z = 3 & \end{array}$$

Den Wert für x setzt man in eine der Gleichungen IV oder V ein und berechnet den Wert der anderen Variablen.

$x = 2$ und $z = 3$ in I eingesetzt:

$$\begin{array}{ll} 3 \cdot 2 - y + 2 \cdot 3 = 13 & \\ 6 - y + 6 = 13 & \\ -y + 12 = 13 & | -12 \\ -y = 1 & | \cdot (-1) \\ y = -1 & \end{array}$$

Die Werte der zwei Variablen setzt man in eine der Gleichungen I, II oder III ein und berechnet die dritte Variable.

$\underline{\underline{x = 2 \text{ und } y = -1 \text{ und } z = 3}}$

Probe:

$$\begin{array}{ll} \text{I} & 3x - y + 2z = 13 \\ & 3 \cdot 2 - (-1) + 2 \cdot 3 = 13 \\ & 6 + 1 + 6 = 13 \\ & 13 = 13 \text{ (w)} \end{array}$$

$$\begin{array}{ll} \text{II} & -x + 4y - 5z = -21 \\ & -2 + 4 \cdot (-1) - 5 \cdot 3 = -21 \\ & -2 - 4 - 15 = -21 \\ & -21 = -21 \text{ (w)} \end{array}$$

$$\begin{array}{ll} \text{III} & 4x + 2y - 3z = -3 \\ & 4 \cdot 2 + 2 \cdot (-1) - 3 \cdot 3 = -3 \\ & 8 - 2 - 9 = -3 \\ & -3 = -3 \text{ (w)} \end{array}$$

Übungen

Löse die folgenden Gleichungssysteme.

1 a) $\begin{aligned} x+y&=7\\ y+z&=14\\ x+z&=11 \end{aligned}$

b) $\begin{aligned} x+y&=28\\ x+z&=30\\ y+z&=32 \end{aligned}$

c) $\begin{aligned} x-y-z&=2\\ 2x+z&=16\\ -2y+3z&=0 \end{aligned}$

d) $\begin{aligned} -x+y+z&=8\\ 3x+4y&=0\\ y-2z&=1 \end{aligned}$

2 a) $\begin{aligned} 6x-2y&=22\\ 5z+7y&=33\\ 8z-7x&=-27 \end{aligned}$

b) $\begin{aligned} x-3y&=2\\ 2x-y+3z&=-1\\ -x+2y-z&=3 \end{aligned}$

c) $\begin{aligned} 4x+6y+z&=0\\ x+y+z&=2\\ x-y+z&=4 \end{aligned}$

d) $\begin{aligned} 3x+2y&=7\\ 4y+3z&=17\\ 2x+z&=5 \end{aligned}$

3 a) $\begin{aligned} x+y-z&=55\\ 5y&=6z\\ 2z&=x \end{aligned}$

b) $\begin{aligned} x-y+2z&=7\\ 5x&=4y\\ 2x&=z \end{aligned}$

c) $\begin{aligned} 2x+3y-z&=34\\ x&=2z-2y\\ z&=x+7 \end{aligned}$

d) $\begin{aligned} x+3y-2z&=35\\ x&=z-9\\ 3y&=2z+13 \end{aligned}$

4 a) $\begin{aligned} -2x+y-z&=0\\ 3x-2y+2z&=-1\\ -x+2y-z&=1 \end{aligned}$

b) $\begin{aligned} 2x-2y-z&=4\\ 7x-5y+2z&=16\\ x-y-z&=4 \end{aligned}$

c) $\begin{aligned} -5x+4y+2z&=1\\ x+y-z&=4\\ 2x-y-z&=2 \end{aligned}$

d) $\begin{aligned} 8x+6y+3z&=15\\ 2x-y+4z&=4\\ -6y+8z&=1 \end{aligned}$

5 a) $\begin{aligned} 3x+2y-4z&=9\\ x+5y+3z&=16\\ 2x+6y+z&=19 \end{aligned}$

b) $\begin{aligned} x+2y-3z&=-7\\ 4x-3y+5z&=24\\ 3x-5y+4z&=11 \end{aligned}$

c) $\begin{aligned} 3x-12y+5z&=5\\ x+5y-3z&=-4\\ 10x-4y-2z&=4 \end{aligned}$

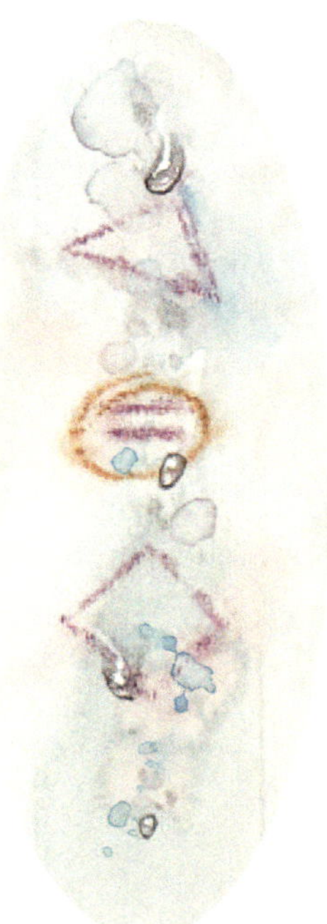

6 Bei einer dreistelligen natürlichen Zahl ist die Quersumme 14. Die zweite Ziffer ist um 2 kleiner als die dritte. Die erste und zweite Ziffer sind zusammen so groß wie die dritte. Wie heißt diese Zahl?

7 Die Quersumme einer dreistelligen natürlichen Zahl ist 20. Die dritte Ziffer ist das Dreifache der zweiten. Die Differenz aus der ersten und der zweiten Ziffer ist 5. Wie heißt diese Zahl?

8 Vertauscht man bei einer dreistelligen Zahl die erste und die zweite Ziffer, so ist die neue Zahl um 270 größer als die vorgegebene Zahl. Die Quersumme ist 8. Die erste Ziffer ist doppelt so groß wie die dritte Ziffer. Von welcher Zahl wurde ausgegangen?

9 Bei einer dreistelligen Zahl beträgt die Quersumme 11. Vertauscht man bei dieser Zahl die erste Ziffer mit der zweiten, so ist die neue Zahl um 90 größer als die vorgegebene Zahl. Vertauscht man aber die dritte Ziffer mit der ersten, so ist die neue Zahl um 198 kleiner als die vorgegebene Zahl. Von welcher Zahl wurde ausgegangen?

10 In einer Werkstatt arbeitet der Meister mit einem Gesellen und einem Auszubildenden. Zusammen sind sie 93 Jahre alt. Meister und Geselle sind zusammen 77 Jahre, Geselle und Auszubildender zusammen 39 Jahre alt. Wie alt ist jeder?

11 In einer Familie sind die Großmutter, die Mutter und die Tochter zusammen 129 Jahre alt. Das Alter der Großmutter und das der Mutter ergeben zusammen 113 Jahre. Dagegen sind Großmutter und Enkelin zusammen 88 Jahre alt. Berechne das Alter der drei Frauen.

12 Herr Renz ist jetzt zwölf Jahre älter als seine beiden Söhne zusammen sind. Vor acht Jahren war er dreimal so alt wie der ältere Sohn und $4\frac{1}{2}$-mal so alt wie der jüngere Sohn. Wie alt sind jetzt der Vater und jeder Sohn?

checkpoint

1 Zeichne die Geraden und bestimme die Koordinaten x_S und y_S des Schnittpunkts S.
I $y = 2x - 2$
II $y = x + 1$
(6 Punkte)

2 Löse das Gleichungssystem mit dem Gleichsetzungsverfahren.
I $y = 3x + 1$
II $y = 11 - 2x$
(5 Punkte)

3 Verwende zum Lösen des Gleichungssystems das Einsetzungsverfahren.
I $3x + y = 14$
II $y = 5x - 2$
(5 Punkte)

4 Löse das Gleichungssystem mit einem Verfahren deiner Wahl. Mache die Probe.
I $2x + 3y = 12$
II $5x + 3y = 40$
(6 Punkte)

4 Löse das Gleichungssystem mit einem geeigneten Verfahren. Mache die Probe.
I $\frac{1}{2}x + 3y = 2\frac{1}{2}$
II $\frac{1}{3}x + 4y = 1\frac{1}{3}$
(8 Punkte)

5 Vor sieben Jahren war ein Großvater dreimal so alt wie seine Enkelin. In 18 Jahren ergibt sich beim Großvater das doppelte Alter seiner Enkelin. Wie alt sind die beiden heute?
(8 Punkte)

5 a) Ein Sporthotel verfügt über 18 Doppel- und Einzelzimmer mit 30 Betten. Berechne die Anzahl der Doppel- und Einzelzimmer.
(5 Punkte)

b) Zu dem Hotel gehören 6 Tennisplätze. 18 Personen haben sich für die Plätze angemeldet. Wie viele Doppel- und Einzelspiele können gleichzeitig durchgeführt werden?
(5 Punkte)

6 Ein Fahrradhändler bietet ein Herrenfahrrad und ein Damenfahrrad für zusammen 980 € an. Das Damenfahrrad ist 90 € teurer als das Herrenfahrrad. Was kosten die beiden Fahrräder einzeln?
(5 Punkte)

6 Ein Händler benötigt für die Anschaffung von Zweirädern und Zubehör 60 000 €. Für das benötigte Darlehen liegen zwei Angebote vor.

I Teilung des Betrags: zwei Darlehen mit 10% bzw. 8% Zinsen pro Jahr, sodass nach einem Jahr 5700 € fällig sind

II Darlehen über den Gesamtbetrag; 2% Bearbeitungsgebühr, Rückzahlung in 12 Monatsraten mit 0,35% Zinsen pro Monat

a) Wie würde der Gesamtbetrag nach dem ersten Angebot geteilt werden müssen?
b) Welche Kosten würden nach dem zweiten Angebot für das Darlehen entstehen?
c) Welches Angebot ist günstiger?
(10 Punkte)

Beziehungen in Ebene und Raum

Kinder ähneln häufig ihren Eltern.

Wir sehen, dass im unteren Kartenausschnitt mehr Einzelheiten dargestellt sind als im oberen. Der untere Stadtplan wirkt naturgetreuer. Je genauer Einzelheiten dargestellt sind, umso mehr sind die Karten ähnlich zur Wirklichkeit.

Vergleicht nun beide Fotos. Man stellt eine Verzerrung fest. Dies sieht man besonders an dem eingezeichneten Dreieck. Die Seiten sind nicht im gleichen Maßstab vergrößert.

Das Foto ist eine Vergrößerung des Diapositivs. Alle Seiten sind im gleichen Maßstab vergrößert und daher nicht verzerrt. Man sagt: Diapositiv und Foto sind ähnlich im mathematischen Sinn.

> Figuren, die durch Vergrößerung oder Verkleinerung aus der Originalfigur entstehen, sind im mathematischen Sinn **ähnlich.**
> Jede Strecke der Originalfigur wird dabei im gleichen Maßstab vergrößert oder verkleinert.

Übungen

1 Welche zwei Figuren sind ähnlich?

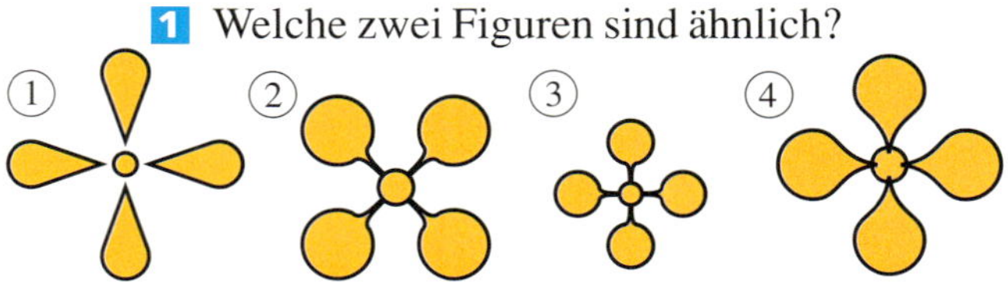

2 Welche zwei Figuren sind ähnlich?

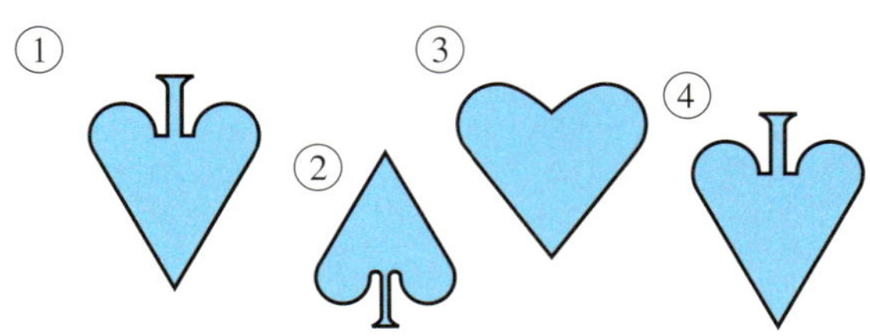

Die Schülerinnen und Schüler haben die graue Betonwand im Schulneubau mit einem großen Bild zum Thema „Urwald“ verschönert. Jedes Mitglied der Klasse hat einen Teil dieses Bilds gestaltet.

Zunächst wurde von jedem Klassenmitglied seine Vorstellung vom „Urwald“ auf einem quadratischen Zeichenblatt entworfen. Von diesem Blatt wurde dann eine Folie für den Tageslichtprojektor erstellt.

Die Folie wurde über einen Tageslichtprojektor auf eine quadratische Spanplatte vergrößert. Dabei wurde darauf geachtet, dass keine Verzerrung auftritt, damit Original und Vergrößerung ähnlich sind.

Tipps vom Kunstlehrer für Großflächenmalerei

Grundplatte: Sperrholz oder Spanplatte

1. Platte mit Schwamm anfeuchten; nach dem Abtrocknen mit Schleifpapier schleifen; Staub mit Staubsauger direkt absaugen
2. Platte grundieren mit weißer Fassadenfarbe (mit Wasser 1 : 3 verdünnt); Farbe deckend auf Vorder- und Rückseite mit Rolle auftragen; Kanten besonders gut streichen; nach Abtrocknen wieder schleifen; Schleifstaub mit feuchtem Schwamm beseitigen
3. Fassadenfarbe unverdünnt, wieder deckend auftragen und gut trocknen lassen; wiederum sorgsam schleifen und Staub feucht abwischen
4. bei Unebenheiten Grundierung entsprechend oft wiederholen
5. Entwurf des Bilds mit Tageslichtprojektor als Bleistiftzeichnung auf die Platte übertragen; für das Ausmalen am besten Vollton- oder Abtöndispersionsfarben benutzen; die Kanten unbedingt als Fortsetzung des Bilds mit bemalen
6. zum Schutz der Oberfläche und der Lichtechtheit Seidenglanz- oder Glanzüberzug für Innenräume auftragen

Vergrößerung (Verkleinerung) und das entsprechende Original sind ähnlich.

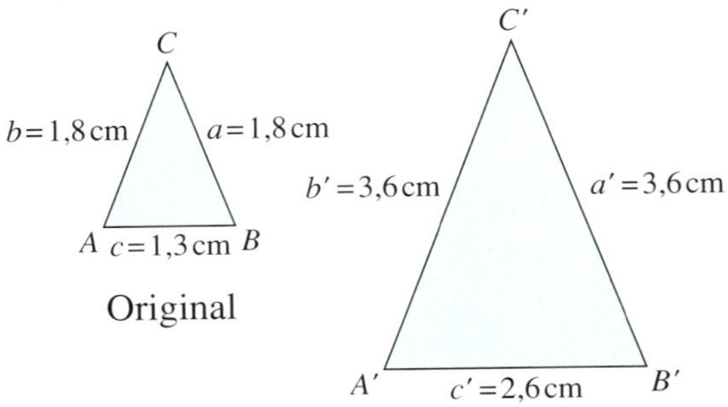

Original

Vergrößerung

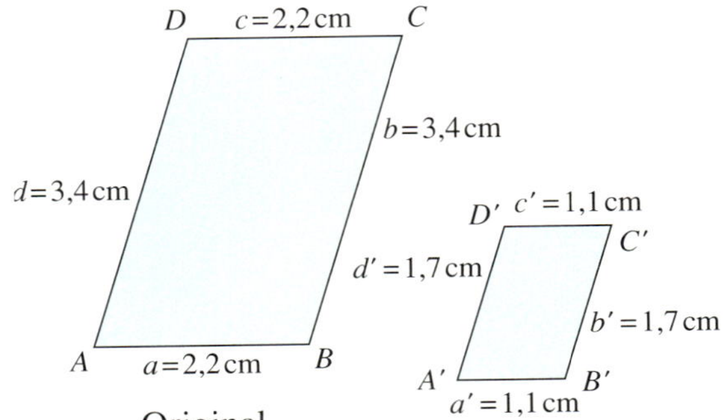

Original

Verkleinerung

Jede Strecke der Vergrößerung ist doppelt so lang wie die entsprechende Strecke im Original.

Wir beschreiben diese Vergrößerung durch den **Ähnlichkeitsfaktor** $\boldsymbol{k = 2}$.

Jede Strecke der Verkleinerung ist halb so lang wie die entsprechende Strecke im Original.

Wir beschreiben diese Verkleinerung durch den **Ähnlichkeitsfaktor** $\boldsymbol{k = \frac{1}{2}}$.

> Der **Ähnlichkeitsfaktor** $\boldsymbol{k}$ gibt an, mit welcher Zahl die Originalstrecken multipliziert werden müssen, um die Bildstrecken zu erhalten: $a' = k \cdot a$.
> Der Ähnlichkeitsfaktor k ist stets größer als Null.
> Ist $k > 1$, wird das Original vergrößert. Ist $k < 1$, wird das Original verkleinert.
> Ist $k = 1$, sind die Figuren zueinander **kongruent** (deckungsgleich), sie stimmen also in ihrer Größe und Gestalt völlig überein.

Um den Ähnlichkeitsfaktor k berechnen zu können, reicht es aus, zwei einander entsprechende Strecken ins Verhältnis zu setzen.

Beispiel

Bestimme den Ähnlichkeitsfaktor.

a) Original Vergrößerung

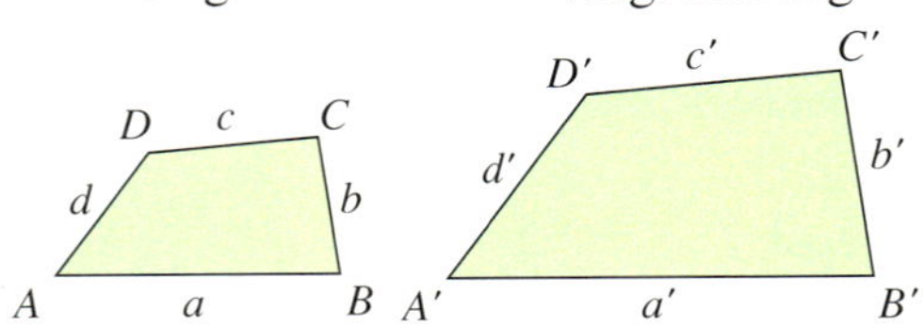

Aus der Zeichnung entnehmen wir:
$a = 2$; $a' = 3$ (Maße in cm)
Ähnlichkeitsfaktor für die Vergrößerung des Originals: $a' = k \cdot a \quad | : a$

$k = \frac{a'}{a}$

$k = \frac{3}{2}$

$k = 1{,}5$

Der Ähnlichkeitsfaktor ist 1,5.

b) Original Verkleinerung

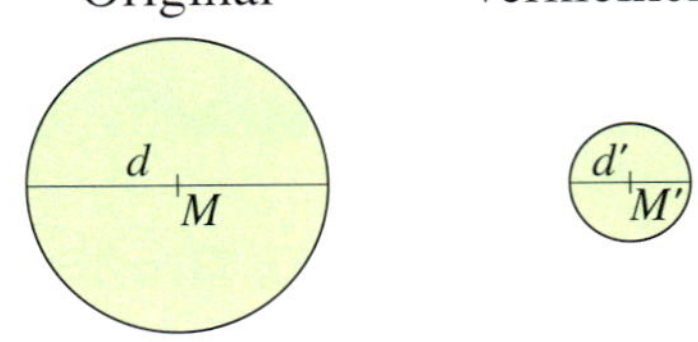

Aus der Zeichnung entnehmen wir:
$d = 2$; $d' = 0{,}8$ (Maße in cm)
Ähnlichkeitsfaktor für die Verkleinerung des Originals: $d' = k \cdot d \quad | : d$

$k = \frac{d'}{d}$

$k = \frac{0{,}8}{2}$

$k = \frac{0{,}4}{1}$

Der Ähnlichkeitsfaktor ist 0,4.

Übungen

1 Das Dreieck ABC wurde zum Dreieck $A'B'C'$ vergrößert oder verkleinert. Die Tabelle dazu ist unvollständig. Übertrage die Tabelle in dein Heft und berechne die fehlenden Seiten. (Längen in cm)

	k	a	a'	b	b'	c	c'
a)	3	4		3		5	
b)	0,25	24		28		44	
c)	4		12		16		20
d)	0,5		9		8		4
e)		6	36		84	17	
f)		24		50	75		45

2 Übertrage die Zeichnung vergrößert in dein Heft, indem du den Ähnlichkeitsfaktor $k = 2$ wählst.

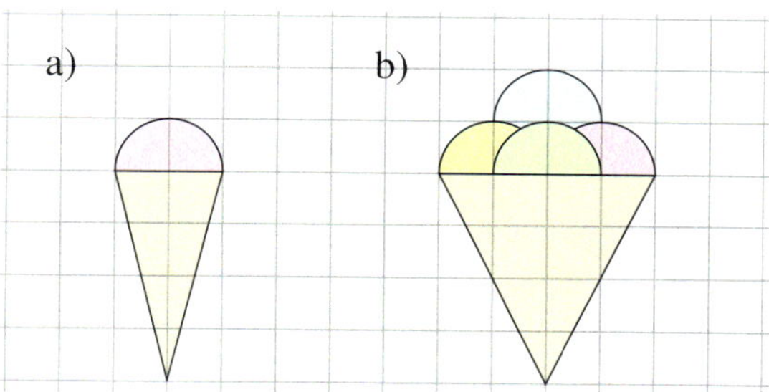

3 Übertrage die Zeichnung verkleinert in dein Heft, indem du den Ähnlichkeitsfaktor $k = 0{,}5$ wählst.

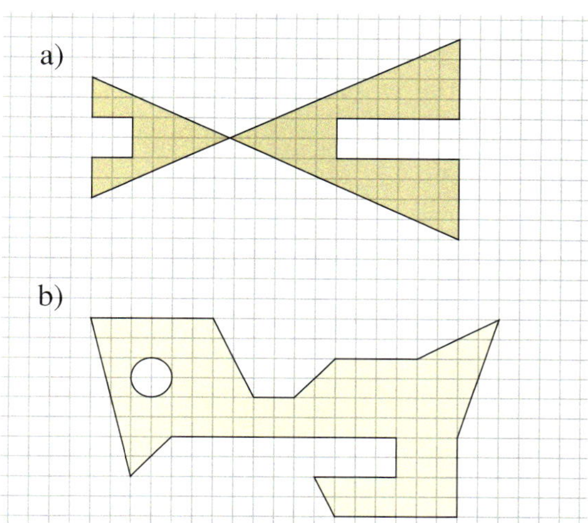

4 Konstruiere eine Raute mit $\alpha = 40°$ und $a = 5$ cm.
Konstruiere dazu eine Vergrößerung mit $a' = 9{,}5$ cm und $\alpha' = 40°$.

a) Gib die fehlenden Winkel der Raute und der vergrößerten Raute an.
b) Welcher Ähnlichkeitsfaktor wurde gewählt?

5 Verkleinere die Figur mit dem Ähnlichkeitsfaktor $k = 0{,}5$.

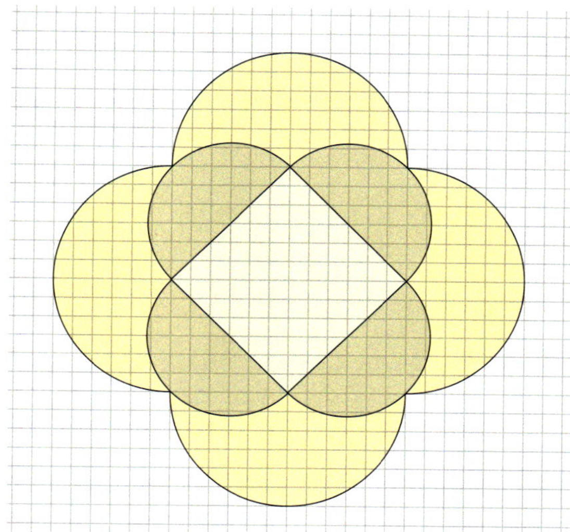

6 Ein Rechteck mit $a = 2{,}5$ cm und $b = 3{,}5$ cm wird vergrößert gezeichnet. Die Seite a' ist 12,5 cm lang.

a) Welcher Ähnlichkeitsfaktor wurde gewählt?
b) Berechne die Strecke b'.
c) Berechne das Verhältnis der Flächeninhalte.

7 Das Rechteck $ABCD$ wurde nacheinander mit demselben Ähnlichkeitsfaktor k vergrößert oder verkleinert zum Rechteck $A'B'C'D'$ und danach zu $A''B''C''D''$. Übertrage die Tabelle und berechne die fehlenden Seiten. (Längen in cm)

	k	a	a'	a''	b	b'	b''
a)	3	1,2				5,4	
b)			3	4,5			3,6
c)	0,5			1,2	6		
d)	$\frac{1}{3}$	3,6				1,5	

Rechnen mit Maßstäben

Wir kennen – z. B. aus Landkarten – die Angabe von Maßstäben.
1 : 25 000 bedeutet: 1 cm auf der Karte entspricht 25 000 cm = 250 m in der Wirklichkeit. Man muss also die Strecken auf der Karte mit 25 000 multiplizieren, um zu den Strecken in der Wirklichkeit zu gelangen. 25 000 ist der Ähnlichkeitsfaktor k. Der Maßstab ist also $1 : k$.

Beispiele

1. Auf einem Stadtplan ist die Messstrecke zur Entfernungsbestimmung angegeben.

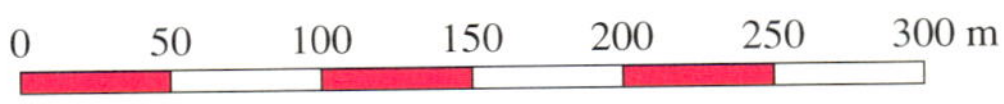

1 cm auf der Karte ist in Wirklichkeit **50 m = 5000 cm**.

Also ist die Karte im Maßstab 1 : 5000 angefertigt worden.

2. Diese Modelllok mit einer Länge von 560 mm ist in Wirklichkeit 12,88 m lang.

$k = \frac{12{,}88\text{ m}}{560\text{ mm}}$

$k = \frac{12\,880\text{ mm}}{560\text{ mm}}$

$k = 23$

Die Modelllok ist im Maßstab 1 : 23 hergestellt worden.

Übungen

1 Bestimme zu jeder Messstrecke den zugehörigen Maßstab.

a)
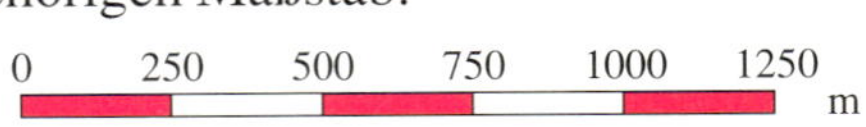

b)

c)

d)

2 Ergänze im Heft.

Modell	Wirklichkeit	Maßstab
50 mm	625 cm	
85 cm	38,25 m	
10 cm	1 km	
	15,25 m	1 : 25
38 cm		1 : 300
0,25 m		1 : 50
	16,80 m	1 : 200

3 Eine Brücke von 2500 m Länge ist im Modell 50 cm lang.
Wie groß ist der Maßstab?

4 Ergänze im Heft (Maßstab 1 : 5000).

Karte	Wirklichkeit
3 cm	__ m
7 cm	__ m
__ cm	100 m
__ cm	175 m
1 mm	__ m
5 mm	__ m
15 mm	__ m

5 Ein Architekt hat ein 50 cm hohes Modell eines Hochhauses hergestellt. Als Maßstab hat er 1 : 125 gewählt.
Wie hoch ist das Haus?

6 Aufstellplan für 15 Garagen:

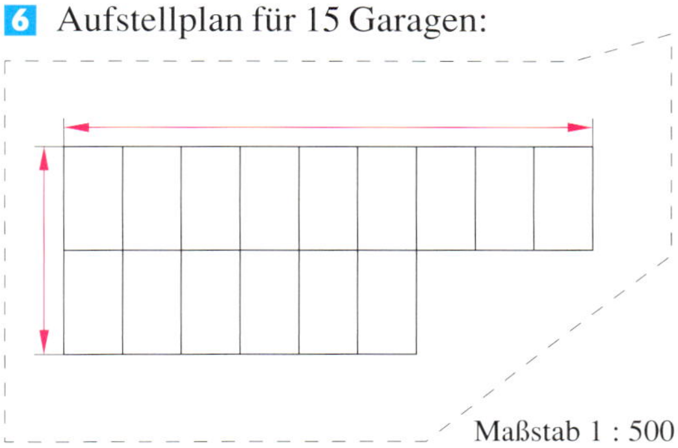

a) Miss die eingezeichneten roten Strecken und gib ihre Längen in Wirklichkeit an.
b) Wie lang und wie breit ist eine Garage?

7 Hans hat einen Raum ausgemessen. Er will den Raum im Maßstab 1 : 100 zeichnen. Dazu hat er sich folgende Tabelle angelegt:

Länge in Wirklichkeit		Länge in der Zeichnung
7,80 m	780 : 100	7,8 cm
4,50 m	450 : 100	4,5 cm

Miss einen Raum eurer Wohnung aus und zeichne ihn im Maßstab 1 : 100.
Trage auch die Türen und die Fenster in die Zeichnung ein.

8 Ein Modellbauclub will das Segelschiff „Passat" nachbauen und besorgt sich Unterlagen über das Schiff. In einer Broschüre befinden sich die Maßangaben:
Gesamtlänge 115 m, größte Breite 14,30 m, Höhe der Masten über Wasser 56 m, längste Rahe 28 m.
Wie lang werden diese Größen bei dem Maßstab 1 : 100?

9 Spielzeugautos werden in verschiedenen Maßstäben hergestellt. Berechne die tatsächliche Länge der Fahrzeuge in cm.
a) Maßstab 1 : 57, Länge 74 mm
b) Maßstab 1 : 80, Länge 80 mm
c) Maßstab 1 : 67, Länge 72 mm

10 Nach dem Prospekt eines Autos soll ein Spielzeugmodell dieses Typs im Maßstab 1 : 50 hergestellt werden.
Berechne mit den Angaben in den Abbildungen die Maße des Modellautos in Zentimetern.

Auf Ähnlichkeit untersuchen

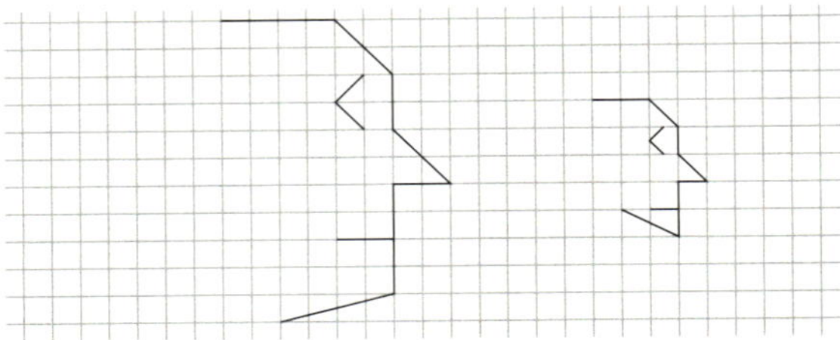

Obwohl alle Strecken des rechten Kopfs im Bild halb so lang sind wie die entsprechenden Strecken des linken Kopfs, sind die Figuren nicht ähnlich. Sie stimmen nicht in allen Winkeln zwischen entsprechenden Strecken überein, denn die Winkel am Kinn sind verschieden groß.

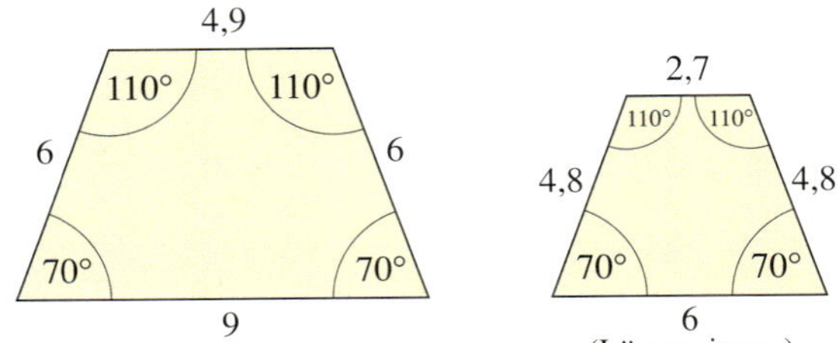

(Längen in cm)

Bei beiden Trapezen sind zwar alle entsprechenden Winkel gleich groß. Dennoch sind die Figuren nicht ähnlich. Nicht alle entsprechenden Strecken stehen im gleichen Verhältnis, das heißt, sie haben nicht denselben Ähnlichkeitsfaktor.

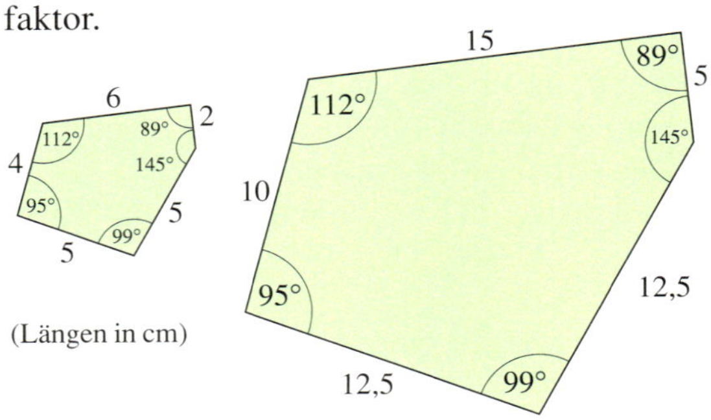

(Längen in cm)

Die beiden Fünfecke sind ähnlich. Die entsprechenden Winkel sind gleich groß **und** alle entsprechenden Strecken stehen im gleichen Verhältnis, das heißt, sie haben denselben Ähnlichkeitsfaktor $k = 2{,}5$.

Figuren sind im mathematischen Sinn ähnlich, wenn folgende zwei Bedingungen erfüllt sind:

1. Alle entsprechenden Winkel sind gleich groß.

2. Alle entsprechenden Strecken haben einen gemeinsamen Ähnlichkeitsfaktor.

Beispiel

Untersuche, ob die beiden Parallelogramme ähnlich sind.

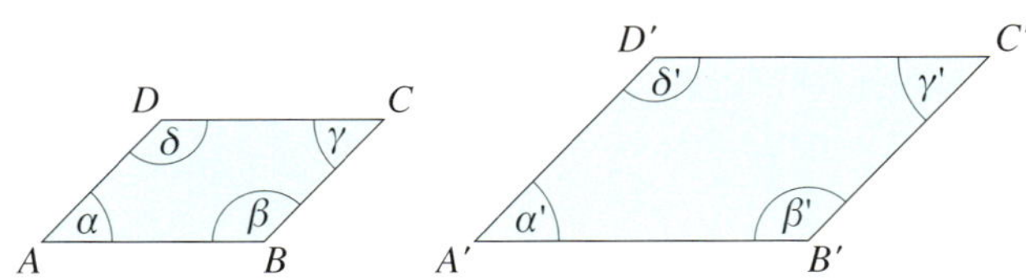

1. Überprüfung entsprechender Winkel durch Messen: $\alpha = 46°$; $\beta = 134°$; $\gamma = 46°$; $\delta = 134°$
$\alpha' = 46°$; $\beta' = 134°$; $\gamma' = 46°$; $\delta' = 134°$

Alle entsprechenden Winkel sind gleich groß.

2. Überprüfung der Streckenverhältnisse entsprechender Seiten:

$a = c = 18$; $a' = c' = 27$; $b = d = 14$; $b' = d' = 21$ $\quad \frac{a'}{a} = \frac{c'}{c} = \frac{27}{18} = \frac{3}{2}$; $\frac{b'}{b} = \frac{d'}{d} = \frac{21}{14} = \frac{3}{2}$

(Maße in mm)

Alle entsprechenden Seiten haben den gemeinsamen Ähnlichkeitsfaktor $k = \frac{3}{2} = 1{,}5$.

Die zwei Parallelogramme sind ähnlich, da beide Bedingungen für die Ähnlichkeit erfüllt sind.

Übungen

1 Welche zwei Figuren sind ähnlich?

a)

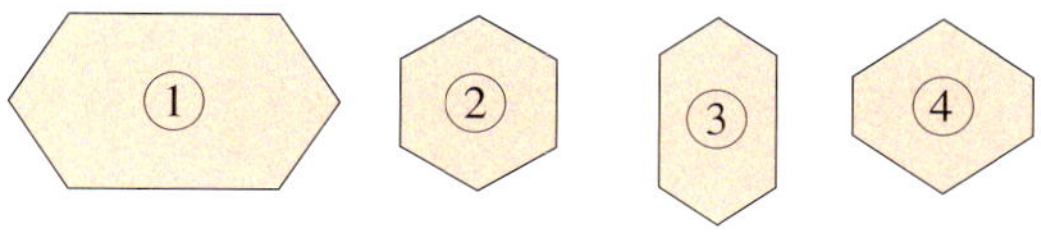

b)

2 Überprüfe mithilfe der zwei Bedingungen, ob die Figuren ähnlich sind.

a)

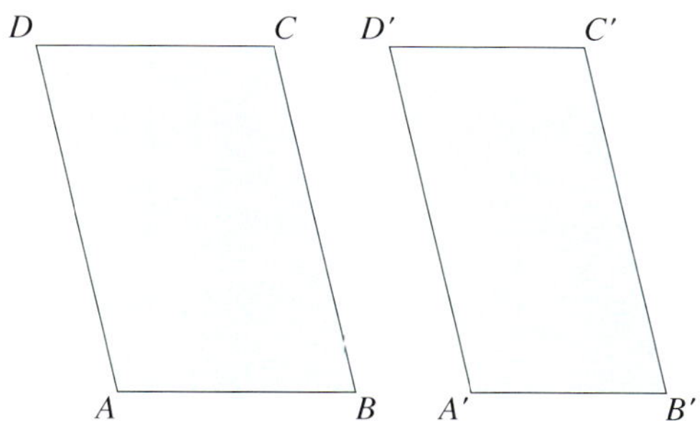

b)

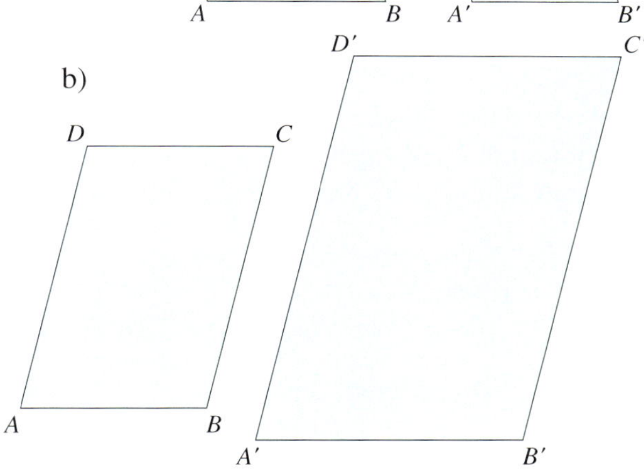

3 Sind zwei der Rechtecke ähnlich?

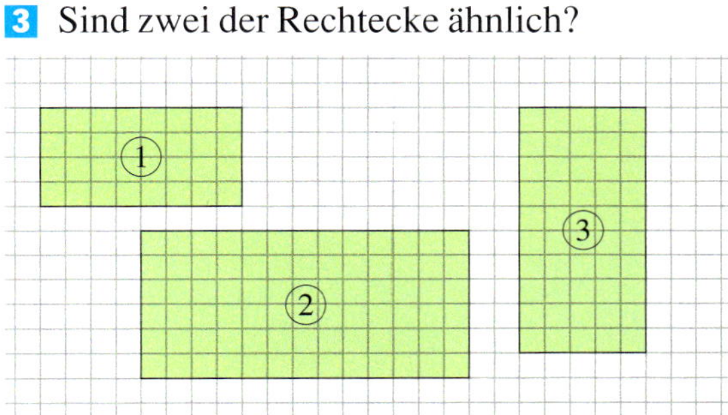

4 Überprüfe mit den zwei Bedingungen, ob die zwei Figuren ähnlich sind.

a)

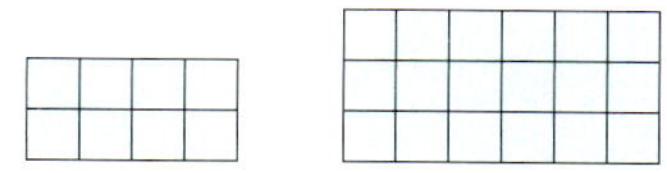

b)

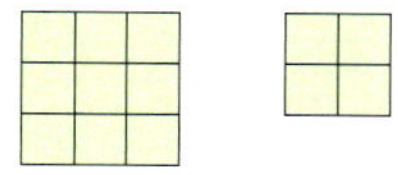

c)

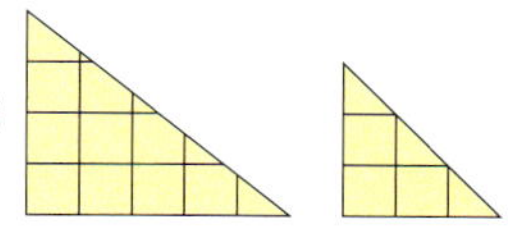

d)

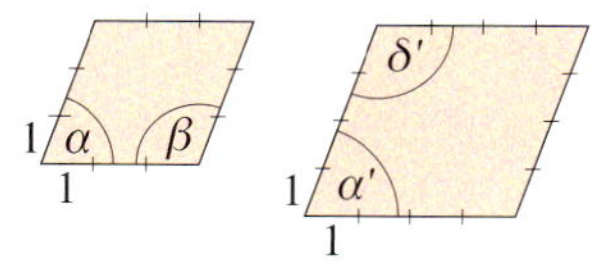

$\alpha + \beta = 180°$, $\alpha = \alpha'$
$\alpha' + \delta' = 180°$

5 Prüfe die Figuren auf Ähnlichkeit.

a)

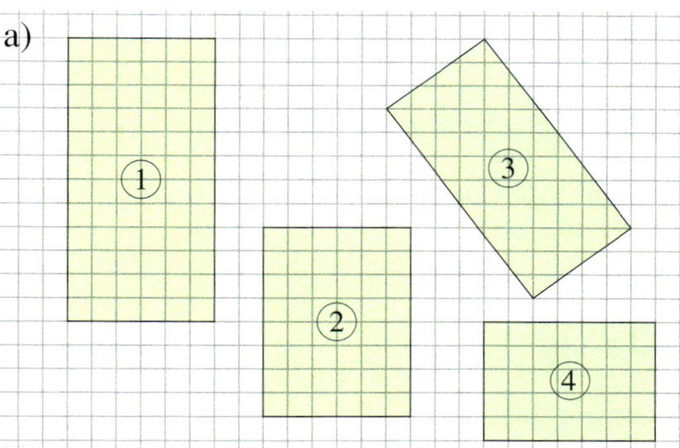

b)

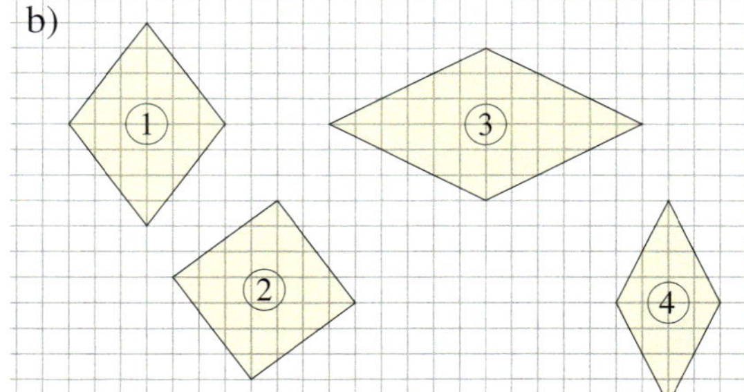

c)

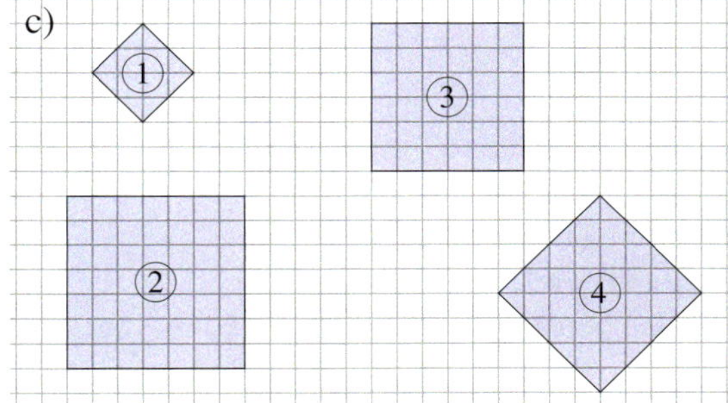

Zwei Dreiecke ABC und $A'B'C'$ wurden so gezeichnet, dass zwei Winkel gleich groß sind. $\alpha = \alpha' = 29°$ und $\beta = \beta' = 47°$. Sie stimmen in den Winkeln α und α' sowie β und β' überein.

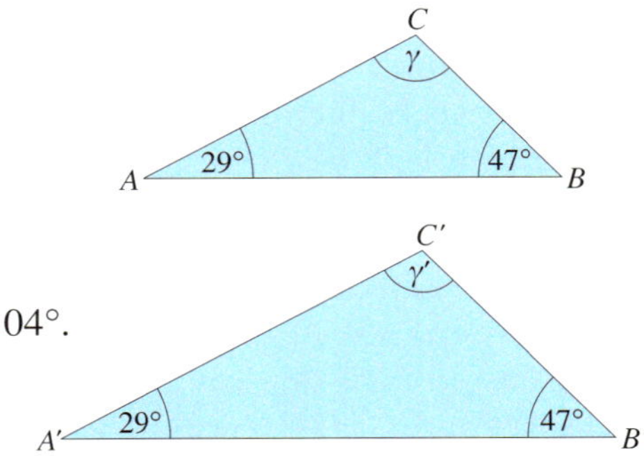

Die Winkel γ und γ' lassen sich berechnen.
$\gamma = 180° - \alpha - \beta = 180° - 29° - 47° = 104°$
$\gamma' = 180° - \alpha' - \beta' = 180° - 29° - 47° = 104°$; $\gamma = \gamma' = 104°$.

Die Dreiecke stimmen also auch in den Winkeln γ und γ' überein.

Aufgrund der Innenwinkelsumme im Dreieck gilt stets: Stimmen Dreiecke in zwei Winkeln überein, dann stimmen sie auch in drei Winkeln überein.

Wir prüfen die zweite Bedingung für die Ähnlichkeit. Dazu messen wir die Seitenlängen und bestimmen jeweils den Ähnlichkeitsfaktor k.

$a = 1{,}8$; $b = 2{,}7$; $c = 3{,}6$; $a' = 2{,}4$; $b' = 3{,}6$; $c' = 4{,}8$ (Maße in cm) $\frac{a'}{a} = \frac{2{,}4}{1{,}8} = \frac{4}{3}$; $\frac{b'}{b} = \frac{3{,}6}{2{,}7} = \frac{4}{3}$; $\frac{c'}{c} = \frac{4{,}8}{3{,}6} = \frac{4}{3}$

Alle entsprechenden Seiten haben den gleichen Ähnlichkeitsfaktor $k = \frac{4}{3}$
Die Dreiecke ABC und $A'B'C'$ sind ähnlich.

Hauptähnlichkeitssatz für Dreiecke:

Dreiecke sind bereits ähnlich, wenn sie in zwei entsprechenden Winkeln übereinstimmen.

Übungen

1 Zeichne zwei Dreiecke $A_1B_1C_1$ und $A_2B_2C_2$, jeweils mit einem rechten Winkel, und zwar beim Eckpunkt C_1 bzw. C_2. Außerdem sollen $a_1 = 2{,}4$ cm, $b_1 = 3{,}6$ cm, $a_2 = 6$ cm, $b_2 = 9$ cm betragen. Sind die Dreiecke ähnlich?

2 Sind die rechtwinkligen Dreiecke ähnlich? Begründe.

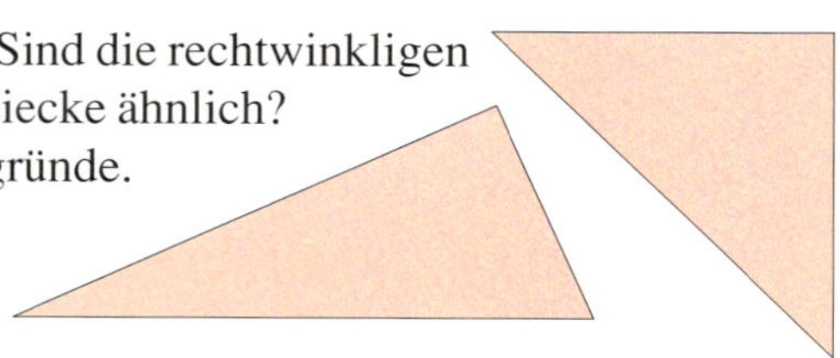

3 Von ähnlichen Dreiecken ist je ein Winkel gegeben. Lassen sich mit diesen Angaben ähnliche Dreiecke zeichnen? Wenn ja, zeichne zwei solche Dreiecke.

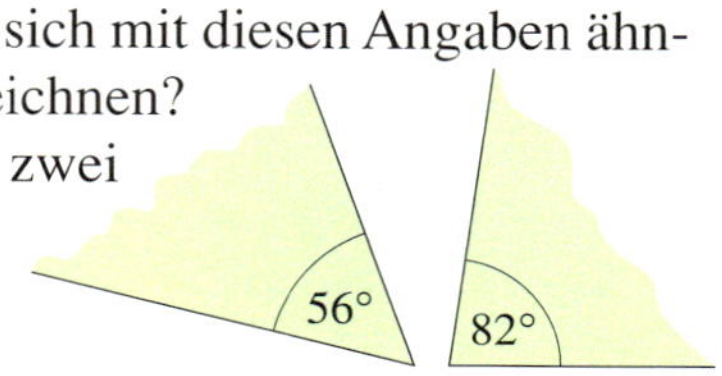

4 Stelle durch Messen fest, welche Dreiecke ähnlich sind. Es können auch mehr als zwei Dreiecke ähnlich sein.

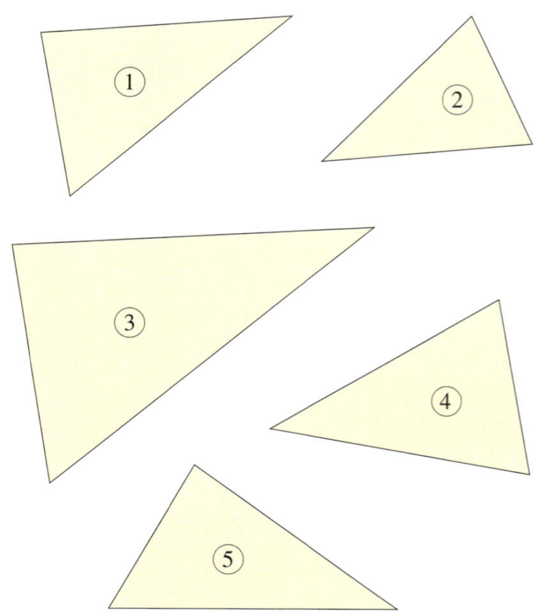

Zentrische Streckung

Es gibt noch eine andere Möglichkeit, ähnliche Figuren zu zeichnen. Sie wird **zentrische Streckung** genannt.

Zum Dreieck ABC soll ein Dreieck $A'B'C'$ konstruiert werden, dessen Seiten doppelt so lang sind. **Der Streckungsfaktor** ist also $k = 2$. Gegeben ist außerdem ein Punkt S, das **Streckungszentrum.** Von diesem Punkt zeichnen wir Strahlen durch die Eckpunkte des Dreiecks ABC. A' liegt dann auf dem Strahl $\overrightarrow{SA}$ und es gilt: $\overline{SA'} = k \cdot \overline{SA}$, also $\overline{SA'} = 2 \cdot \overline{SA}$. Mit dem Zirkel wird die Strecke $\overline{SA}$ zweimal auf dem Strahl abgetragen. Ebenso findet man die Punkte B' und C'.

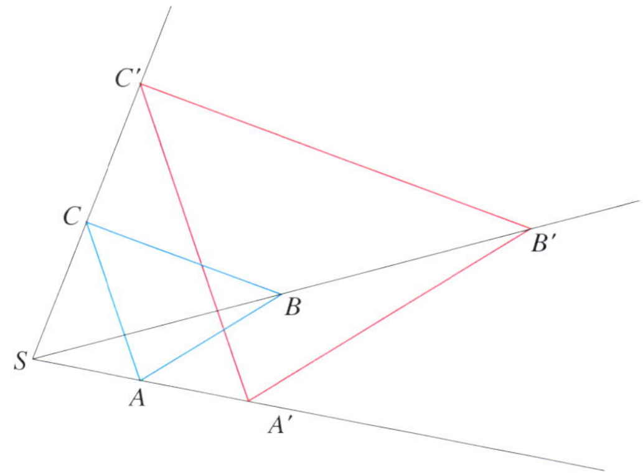

> Zu einer zentrischen Streckung gehört ein Streckungszentrum S und ein Streckungsfaktor k.
> Jede Bildstrecke ist k-mal so lang wie die Originalstrecke.

Beispiele

1. Zeichne das Bild des Rechtecks $ABCD$ bei der zentrischen Streckung um das Streckungszentrum S mit $k = \frac{1}{2}$.

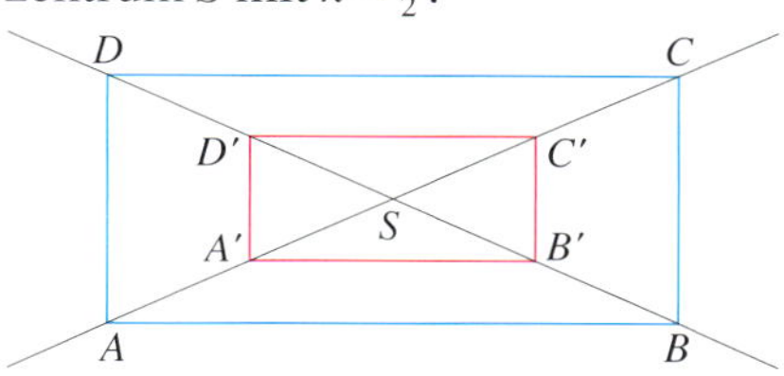

Wir zeichnen die Strahlen $\overrightarrow{SA}$, $\overrightarrow{SB}$, $\overrightarrow{SC}$ und $\overrightarrow{SD}$.
Die Strecken $\overline{SA}$, $\overline{SB}$, $\overline{SC}$ und $\overline{SD}$ werden halbiert, da $k = \frac{1}{2}$.

2. Zeichne eine Strecke $\overline{P'Q'}$ mit der zweieinhalbfachen Länge von $\overline{PQ}$. $\overline{PQ}$ soll nicht gemessen werden.

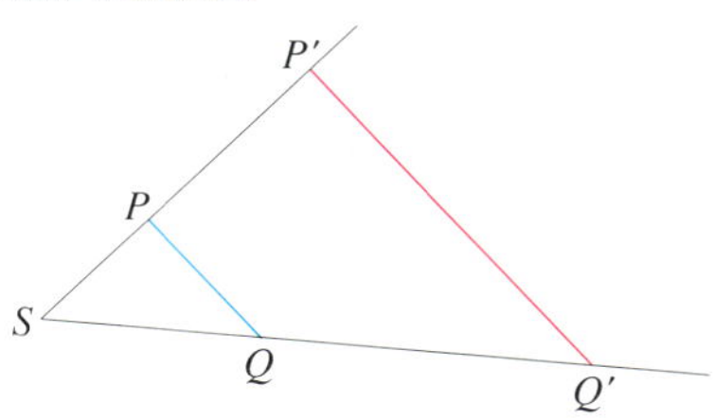

Wir wählen ein Streckungszentrum S.
Die Strecke $\overline{SP}$ wird auf dem Strahl $\overrightarrow{SP}$ 2,5-mal abgetragen. Wir erhalten P'. Entsprechend wird Q' konstruiert.

Übungen

1 Zeichne das Dreieck ABC und das Streckungszentrum S in ein Koordinatensystem: $A\,(2\,|\,3)$, $B\,(4{,}5\,|\,4)$, $C\,(2{,}5\,|\,5)$, $S\,(2\,|\,6)$.
a) Führe eine zentrische Streckung mit $k = 1{,}5$ aus. Es entsteht das Dreieck $A'B'C'$.
b) Führe eine zentrische Streckung mit $k = 0{,}5$ aus. Es entsteht das Dreieck $A''B''C''$.

2 Zeichne folgende Punkte: $A\,(1\,|\,1)$, $B\,(2{,}5\,|\,1)$, $C\,(1\,|\,2)$, $A'\,(2\,|\,1)$, $B'\,(5\,|\,1)$, $C'\,(2\,|\,3)$.
a) Bestimme das Streckungszentrum S zeichnerisch.
b) Bestimme den Streckungsfaktor k.

3 Zeichne ein Quadrat mit $a = 2$ cm. Wähle drei verschiedene Streckungszentren und strecke mit dem Streckungsfaktor $k = 3$.

FOTOFORMATE

Nur einige Fotoformate sind ähnlich zum Kleinbildnegativ (24 mm × 36 mm), zum Beispiel das Format 12 cm × 18 cm. Ein Mathematikkurs der Ernst-Barlach-Gesamtschule schrieb verschiedene Firmen an und bat um Auskunft, warum nicht ausschließlich ähnliche Fotoformate hergestellt werden.
Zwei der Antworten sind abgebildet. Das Problem konnte nicht abschließend geklärt werden.

FUJIFILM

FUJI PHOTO FILM GmbH

Ernst-Barlach-Gesamtschule
Mathematikkurs
Scharnhorststr. 2

46535 Dinslaken

Sehr geehrte Damen und Herren,

von Ihnen im „Mathe-Erweiterungskurs" erhielten wir eine Anfrage bzgl. der Seitenverhältnisse im Kleinbildnegativ und der resultierenden Papierabzüge.
In der Tat ist es richtig, dass das Verhältnis der langen Papierkante zur kurzen Papierkante nicht exakt gleich dem Negativverhältnis ist. Dafür gibt es verschiedene Gründe.
Zum Einen werden die allermeisten Fotos auf Papier-Rollenware angefertigt. Dazu werden die Negativstreifen durch eine Belichtungseinheit geführt und Bild für Bild auf eine Rolle Fotopapier geprintet. Diese belichtete Rolle wird anschließend vollautomatisch in verschiedenen Chemikalien entwickelt und die einzelnen Bilder auseinander geschnitten.
Die Rollenbreiten basieren auf dem internationalen Inch- oder Zoll-Format (1 Inch entspricht 2,54 cm), so ist z. B. 9x13 cm^2 tatsächlich nur 8,9x12,7 cm^2 (3,5 Inch x 5 Inch) oder 13 x 18 cm^2 nur 12,7 x 17,8 cm^2 (5 Inch x 7 Inch), usw.
Als weiterer Grund wäre zu nennen, dass nie das ganze Negativ auf das Papier geprintet wird, weil die verschiedenen Kameramodelle die Filme nicht exakt in der gleichen Lage transportieren. Man stelle sich vor, ein Film würde nur 1 mm versetzt durch die Kamera transportiert und belichtet, auf dem Papierbild (10 x 15) hätte man dann einen 5 mm breiten dunklen Strich. Deswegen wird aus dem Negativ nur ein möglichst großer Bereich geprintet, um zu vermeiden den Negativrand mitzuprinten.

Wir hoffen, Ihnen mit diesen Angaben gedient zu haben.

Mit freundlichen Grüßen
FUJI PHOTO FILM (EUROPE) GmbH

Photocolor Kreuzlingen

Ernst-Barlach-Gesamtschule
Mathematikkurs
Scharnhorststr. 2

46535 Dinslaken

Ihr Schreiben vom 4. Dezember

Liebe Schülerinnen und Schüler!

Wir möchten Ihnen Ihre Fragen wie folgt beantworten:
Ein Kunde unserer Firma hat die Wahl zwischen folgenden Formaten 9 x13, 10 x 15 und 13 x 18. Zusätzlich kann er noch Poster 20 x 30 oder APS-(Film mit Magnetband) Formate herstellen lassen.
Nun ist jedoch, was nicht jeder weiß, ein 9 x 13 Bild nicht 9 cm breit und 13 cm lang, sondern wenn man genau nachmisst 8,9 cm x 13 cm, 10 x 15 hat die Maße 10,2 x 15,2 und 13 cm x 18 cm ist 12,7 x 18 cm groß.
Diese Maße sind so zu erklären:
Abgeleitet wurden die Papierbreitenmaße von den englischen Einheiten Inch. 8,9 entspricht $3\frac{1}{2}$", 10,2 = 4", 12,7 = 5".
Ein 24 x 36 mm Negativ eines Kleinbildfilmes hat ein Seitenverhältnis von 2:3.
Wird also ein Kleinbildnegativ auf 8,9 x 13 oder 12,7 x 18 Papierformat vergrößert, wird immer etwas weggelassen, da das Seitenverhältnis vom Negativ und Positiv (Bild) nicht übereinstimmt.
Das 12,7 x 18 Format müsste nun deshalb, wenn das Negativ ohne Einschränkungen ausgenutzt werden soll, auf 12,7 x 19 vergrößert werden. Wegen der bereits vorhandenen Rahmen und Alben oder Archivmappen mit den Größen bis 18 cm wird dies aber nur selten gemacht.
Das 10 x15 Format, welches am meisten gewählt wird, stimmt mit dem Seitenverhältnis Bild zu Negativ überein und wird ohne abzuschneiden vergrößert.

Mit freundlichen Grüßen
Photocolor Kreuzlingen

Info

Spinnen sind Netzbaukünstler. Die Kreuzspinne zum Beispiel spannt eine Seilbrücke von Ast zu Ast und verankert die Mitte ypsilonförmig mit dem Boden. Um diese Speichen baut sie den Rahmen und fügt weiter Speichen ein. Dann wird das Radnetz gewebt.
In den Tropen wurden schon Spinnennetze mit fast 6 m Umfang gemessen.

Diese beiden Figuren kann man annähernd als Ausschnitt des Spinnennetzes betrachten.

$\overline{BC}$ ist parallel zu $\overline{B'C'}$ ($\overline{BC} \parallel \overline{B'C'}$)

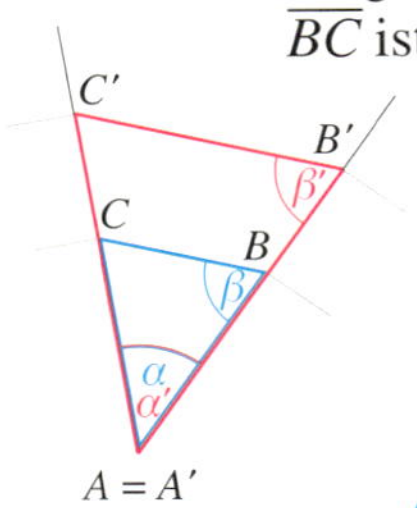

$\alpha = \alpha'$
$\beta = \beta'$ (Stufenwinkel)

$\overline{BC}$ ist parallel zu $\overline{B'C'}$ ($\overline{BC} \parallel \overline{B'C'}$)

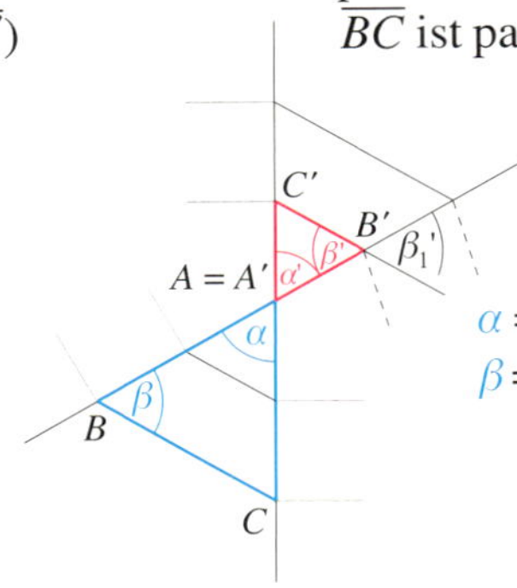

$\alpha = \alpha'$ (Scheitelwinkel)
$\beta = \beta'$, weil
$\beta = \beta_1'$ (Stufenwinkel)
$\beta_1' = \beta'$ (Scheitelwinkel)

Das Dreieck ABC ist ähnlich dem Dreieck $A'B'C'$, denn beide Dreiecke stimmen in zwei Winkeln überein. Entsprechende Seiten haben einen gemeinsamen Ähnlichkeitsfaktor k.

Es gilt zum Beispiel: $\frac{\overline{B'C'}}{\overline{BC}} = \frac{\overline{A'B'}}{\overline{AB}} = \frac{\overline{A'C'}}{\overline{AC}} = k$

Werden zwei sich schneidende Geraden von zwei Parallelen geschnitten, dann entstehen ähnliche Dreiecke.
Jede so gebildete Figur nennt man **Strahlensatzfigur**.

1. Strahlensatz
Die Längen der Abschnitte auf dem einen Strahl verhalten sich zueinander wie die Längen der entsprechenden Abschnitte auf dem anderen Strahl.

$$\frac{\overline{SA'}}{\overline{SA}} = \frac{\overline{SB'}}{\overline{SB}}$$

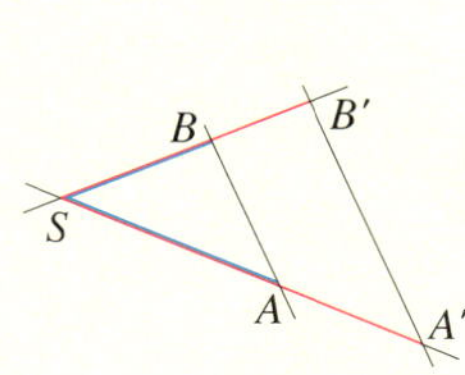

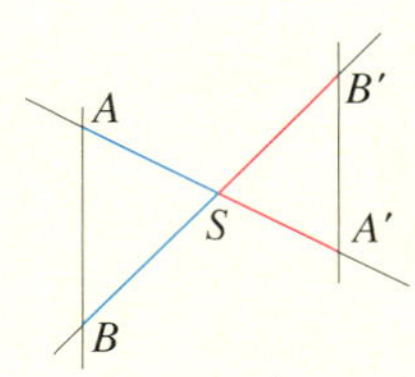

2. Strahlensatz
Die Längen der Abschnitte auf einem Strahl verhalten sich zueinander wie die Längen auf den entsprechenden Parallelabschnitten.

$$\frac{\overline{SB'}}{\overline{SB}} = \frac{\overline{A'B'}}{\overline{AB}} \quad \text{oder} \quad \frac{\overline{SA'}}{\overline{SA}} = \frac{\overline{A'B'}}{\overline{AB}}$$

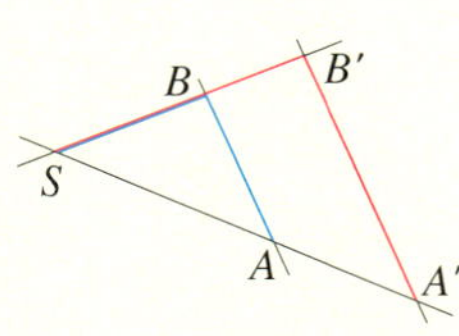

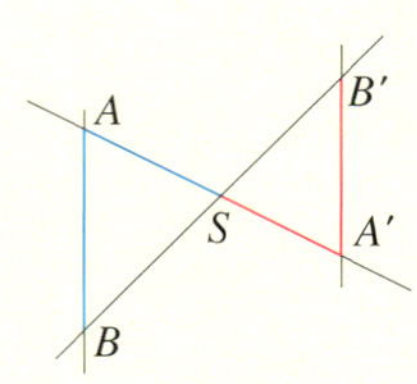

Übungen

1 Untersuche, welche Dreiecke ähnlich sind. Die Geraden $\overline{BC}$ und $\overline{FG}$ sind parallel. ($\overline{BC} \parallel \overline{FG}$)

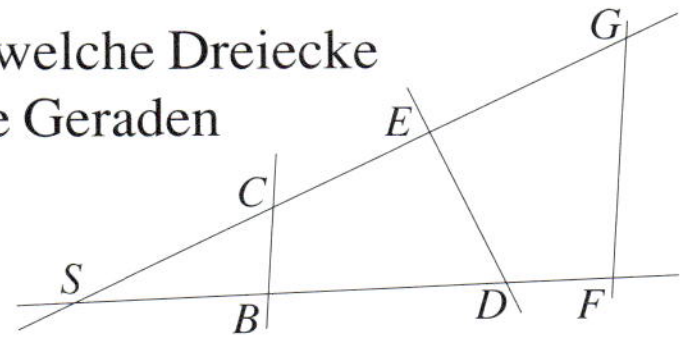

2 Untersuche, welche Dreiecke ähnlich sind, wenn gilt: $\overline{BC} \parallel \overline{FG}$ und $\overline{ED} \parallel \overline{HI}$.

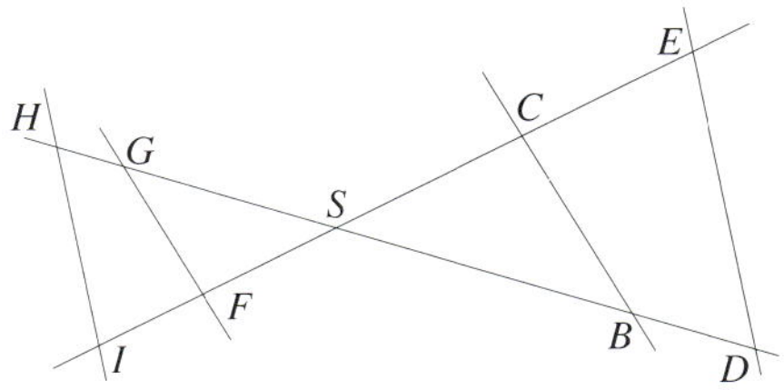

3 Ergänze mithilfe der Strahlensätze. ($\overline{AB} \parallel \overline{CD} \parallel \overline{EF}$)

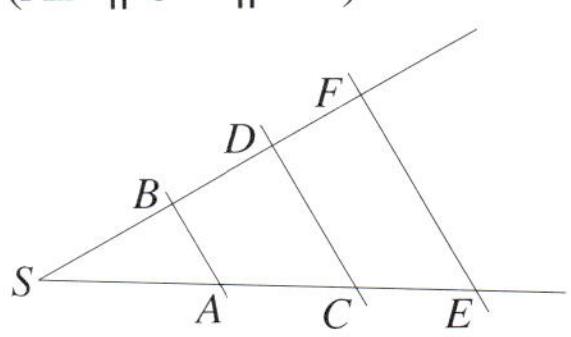

a) $\frac{\overline{SA}}{\overline{SE}} = \frac{\square}{\overline{EF}}$ c) $\frac{\overline{SC}}{\square} = \frac{\square}{\overline{AB}}$

b) $\frac{\overline{DC}}{\overline{EF}} = \frac{\square}{\overline{SF}}$ d) $\frac{\overline{EF}}{\square} = \frac{\square}{\overline{SB}}$

4 Ergänze mithilfe der Strahlensätze. ($\overline{RV} \parallel \overline{SW}$)

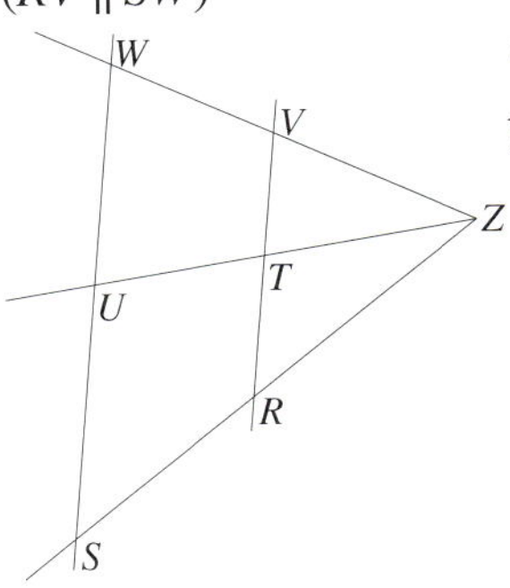

a) $\frac{\overline{ZR}}{\square} = \frac{\square}{\overline{ZW}}$ c) $\frac{\overline{TR}}{\square} = \frac{\square}{\overline{ZS}}$

b) $\frac{\overline{VT}}{\square} = \frac{\square}{\overline{ZU}}$ d) $\frac{\square}{\overline{ZT}} = \frac{\overline{WU}}{\square}$

5 Ergänze mithilfe des 1. Strahlensatzes. ($\overline{AD} \parallel \overline{BE} \parallel \overline{CF}$)

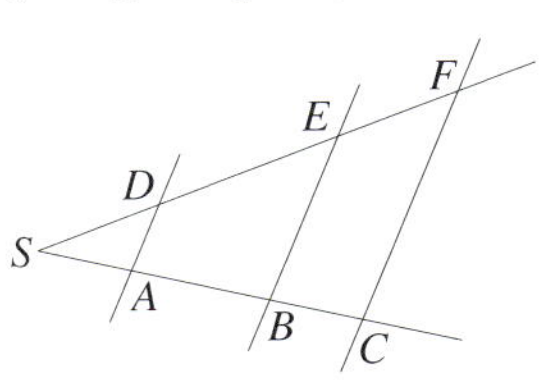

a) $\frac{\overline{AB}}{\overline{SA}} = \frac{\square}{\square}$ c) $\frac{\overline{BC}}{\square} = \frac{\square}{\overline{SF}}$

b) $\frac{\overline{FD}}{\overline{SF}} = \frac{\square}{\square}$ d) $\frac{\overline{SD}}{\square} = \frac{\square}{\overline{SC}}$

6 Für diese Zeichnung gilt: $\overline{AB} \parallel \overline{ED}$

a) Sind die Dreiecke ABC und CED zueinander ähnlich? Begründe.

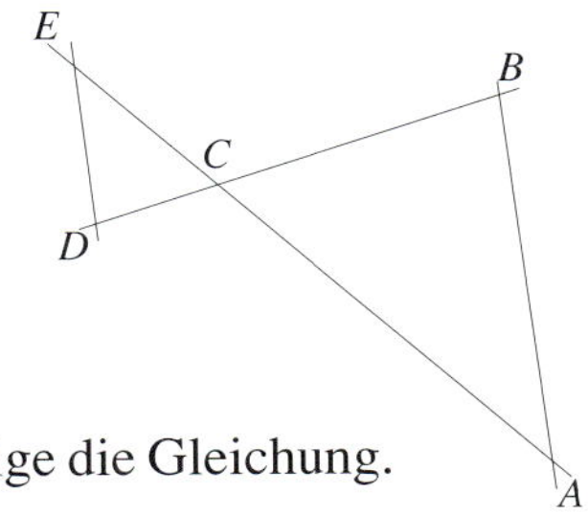

b) Vervollständige die Gleichung.

$\frac{\overline{AB}}{\overline{ED}} = \frac{\square}{\square} = \frac{\square}{\square}$

7 Durch eine zentrische Streckung ist die Gerade a' aus der Geraden a entstanden. a und a' liegen parallel zueinander.

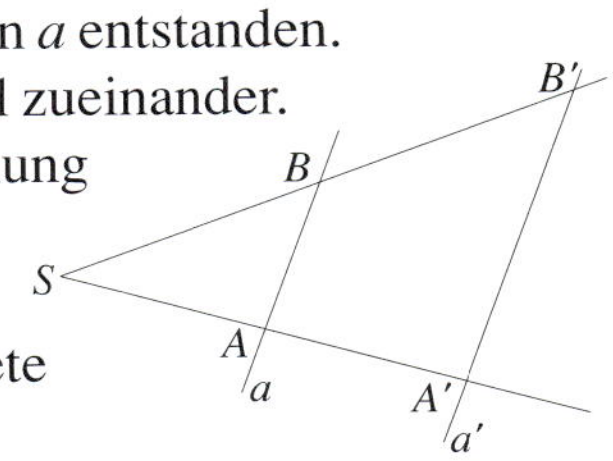

a) Ergänze die Gleichung zum Streckungs- bzw. Ähnlichkeitsfaktor k, indem du eine geeignete Strecke einsetzt.

$k = \frac{\overline{A'B'}}{\square}$

b) Bestimme k, indem du die entsprechende Strecke ausmisst.

c) Finde mithilfe der Strahlensätze zwei weitere Verhältnisgleichungen, um k zu bestimmen.

d) Bestimme k mithilfe der unter d) gefundenen Verhältnisgleichungen. Miss dazu die entsprechenden Seiten aus.

8 a) Finde in der Darstellung möglichst viele ähnliche Dreiecke. ($\overline{CE} \parallel \overline{BF} \parallel \overline{AG}$) Begründe deine Entscheidung.

b) Zeichne selbst ähnliche Dreiecke mithilfe der Strahlensätze. Beschreibe deine Konstruktion.

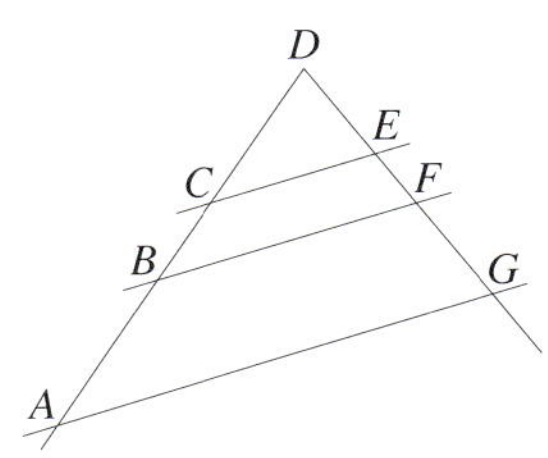

9 Zeichne eine Strahlensatzfigur. Überprüfe, wie genau du gezeichnet hast. Miss dazu die Längen der Strecken, um die es in den Ähnlichkeitssätzen geht. Berechne dann die entsprechenden Verhältnisgleichungen.

Berechnen von Seitenlängen mit den Strahlensätzen

Die Entfernung der Markierungen R und T lässt sich in der Natur wegen der dazwischen befindlichen Bucht nicht direkt messen. Dagegen lässt sich eine parallel zu dieser Linie markierte Strecke $\overline{QS}$ mit einem Maßband messen.

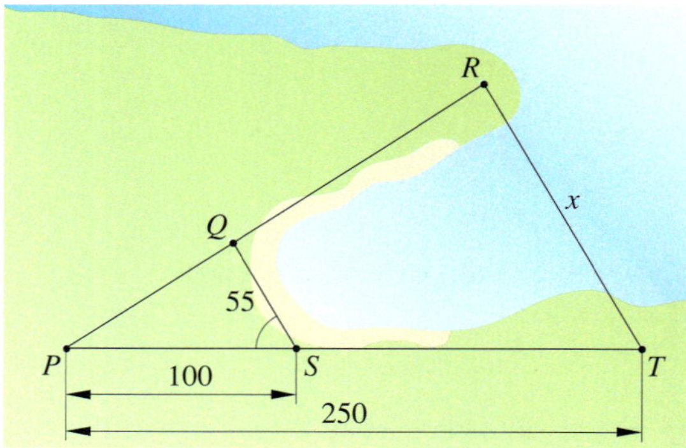

Da die Strecke $\overline{QS}$ parallel zur Strecke $\overline{RT}$. angelegt wurde, sind die Dreiecke PSQ und PTR ähnlich.

Einander zugeordnete Seiten haben den gemeinsamen Ähnlichkeitsfaktor k.

Da $k = \frac{250}{100}$ und $k = \frac{x}{55}$ ist, gilt: $\frac{250}{100} = \frac{x}{55}$.

Wir lösen diese Gleichung nach x auf.

$$\frac{250}{100} = \frac{x}{55} \quad | \cdot 55$$

$$\frac{250 \cdot 55}{100} = x$$

$$x = 137{,}5$$

Der Abstand der Markierungen R und T und damit die Länge der Strecke $\overline{RT}$ beträgt 137,5 m.

Beispiel

Die Dreiecke SAB und $SA'B'$ sind ähnlich. Berechne die Länge der vierten Strecke x. (Maße in cm)

a)

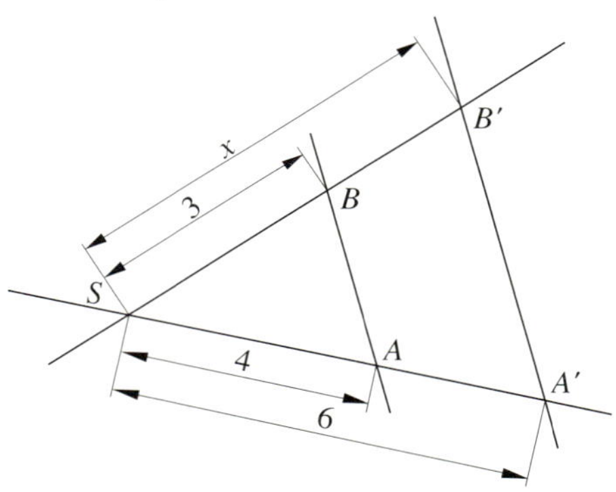

$\frac{\overline{SA'}}{\overline{SA}} = \frac{\overline{SB'}}{\overline{SB}}$ (1. Strahlensatz)

$\frac{6}{4} = \frac{x}{3} \quad | \cdot 3$

$\frac{18}{4} = x$

$x = 4{,}5$

Die vierte Strecke ist 4,5 cm lang.

b)

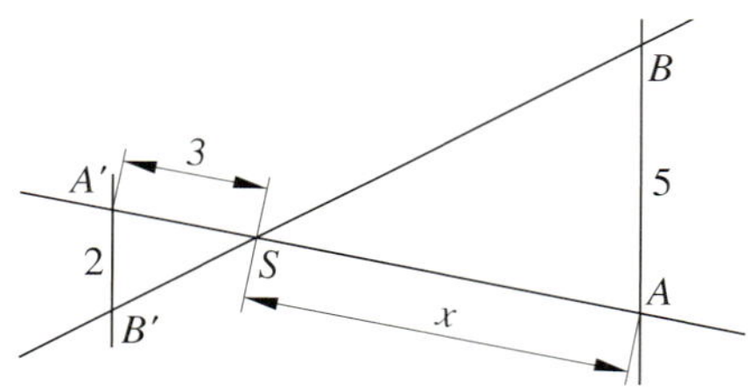

$\frac{\overline{SA'}}{\overline{SA}} = \frac{\overline{A'B'}}{\overline{AB}}$ (2. Strahlensatz)

$\frac{3}{x} = \frac{2}{5}$	$\| \cdot x$	oder Kehrwerte bilden:	
$3 = \frac{2 \cdot x}{5}$	$\| \cdot 5$	$\frac{x}{3} = \frac{5}{2}$	$\| \cdot 3$
$3 \cdot 5 = 2x$	$\| : 2$	$x = \frac{3 \cdot 5}{2}$	
$\frac{15}{2} = x$		$x = \frac{15}{2}$	
$x = 7{,}5$		$x = 7{,}5$	

Die vierte Strecke ist 7,5 cm lang.

Übungen

1 Berechne die Länge der Strecke x. (Maße in cm)

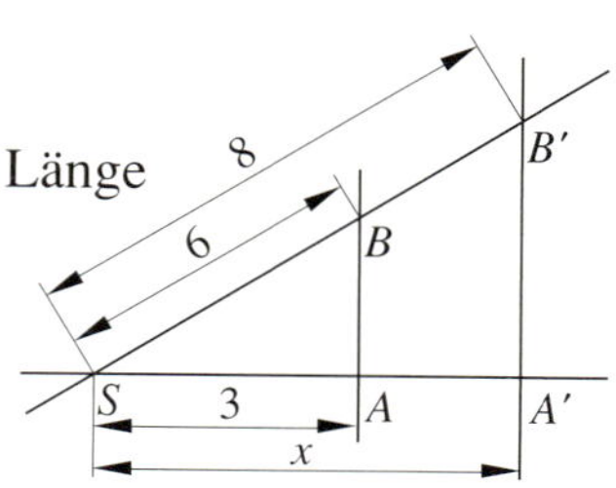

2 Berechne die Länge der Strecke x. (Maße in cm)

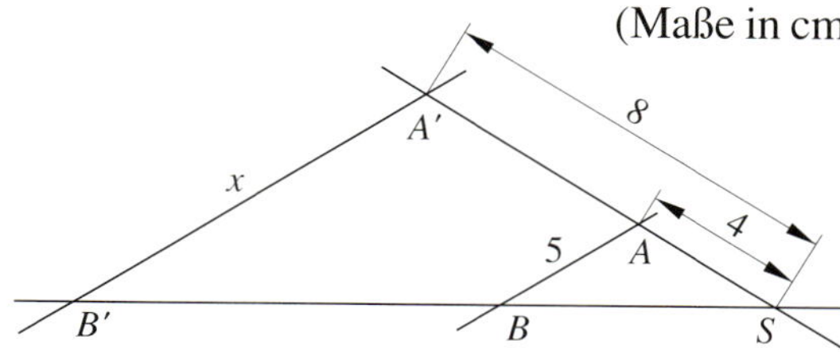

3 Berechne die Länge der Strecke x. (Maße in cm)

a)

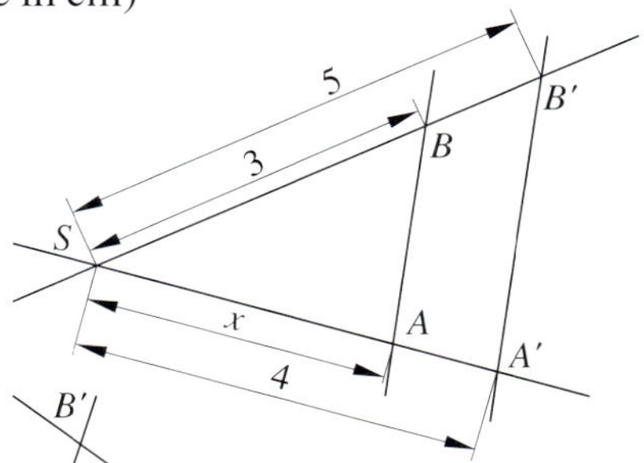

b)

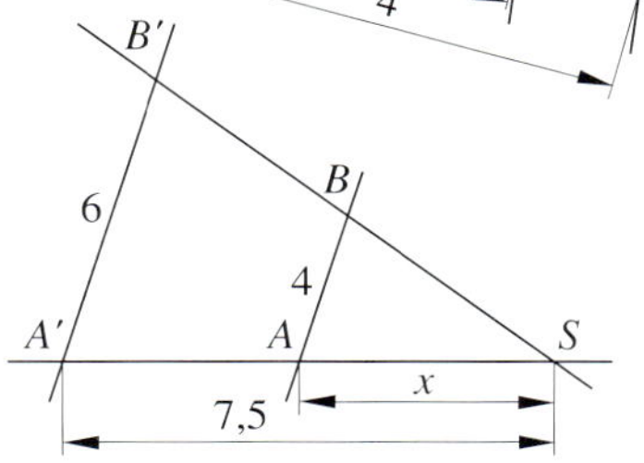

4 Berechne die Länge der Strecke x. (Maße in cm)

a)

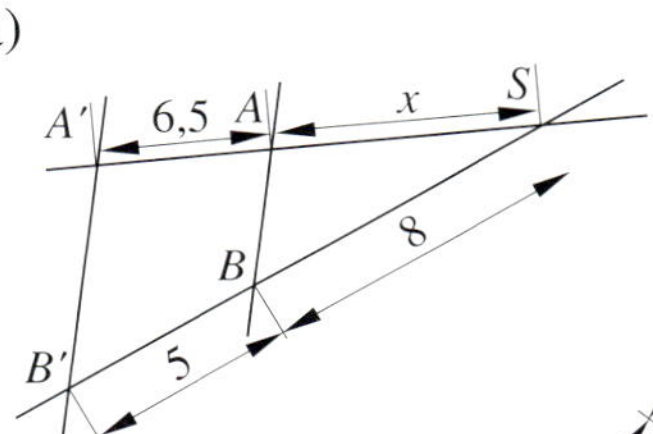

b)

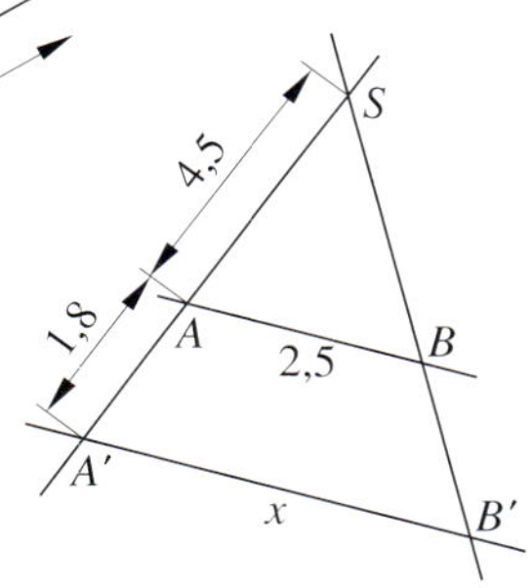

5 Berechne die fehlende Streckenlänge. (Maße in cm)

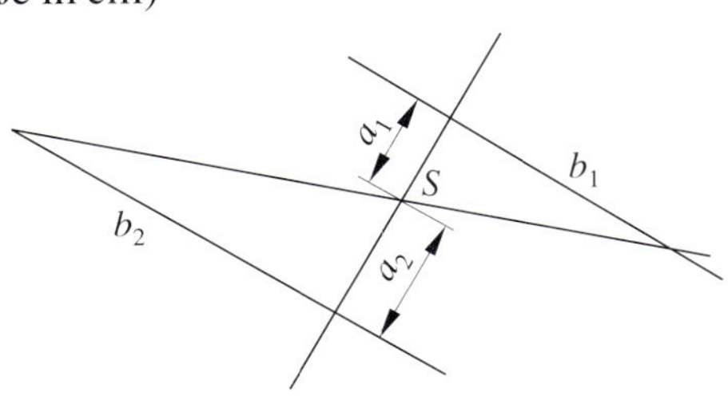

	a_1	a_2	b_1	b_2
a)	1,5	2		7
b)		2	2,5	4
c)	2	3	4	
d)	3,2		5	9,6

6 Berechne die Länge der Strecke x. (Maße in cm)

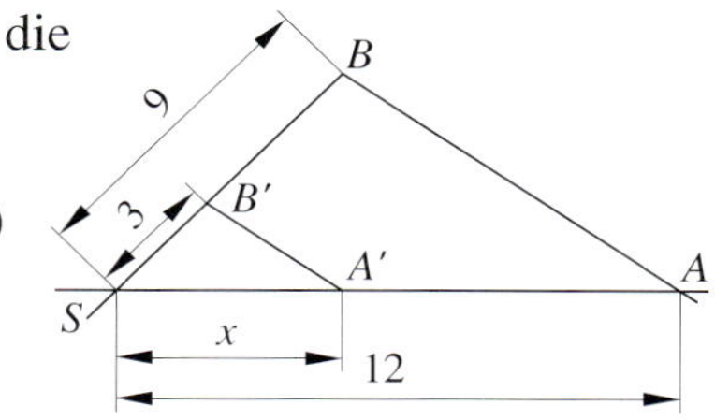

7 Berechne die Länge der vierten Strecke.

a) $\overline{SA} = 2$ cm
$\overline{SA'} = 5$ cm
$\overline{SB} = x$ cm
$\overline{SB'} = 8\frac{3}{4}$ cm

b) $\overline{SA} = 2{,}4$ cm
$\overline{SA'} = x$ cm
$\overline{SB} = 3{,}2$ cm
$\overline{SB'} = 4{,}8$ cm

c) $\overline{SA} = x$ cm
$\overline{SA'} = 7{,}25$ cm
$\overline{SB} = 3{,}75$ cm
$\overline{SB'} = 5$ cm

d) $\overline{SA} = 4\frac{3}{8}$ cm
$\overline{SA'} = 14$ cm
$\overline{SB} = 3\frac{1}{2}$ cm
$\overline{SB'} = x$ cm

8 Berechne die fehlende Länge (Maße in cm). Zeichne eine Planfigur, in der $\overline{SA} = a_1$, $\overline{SB} = b_1$, $\overline{SA'} = a_2$, $\overline{SB'} = b_2$ ist.

	a_1	a_2	b_1	b_2
a)	2	5		3
b)	2,8		1,7	8,5
c)	$1\frac{3}{4}$	$3\frac{1}{2}$	4	
d)		$4\frac{1}{2}$	1,6	$3\frac{3}{5}$

Verwende zur Lösung der Aufgaben 9 und 10 diese Strahlensatzfigur.

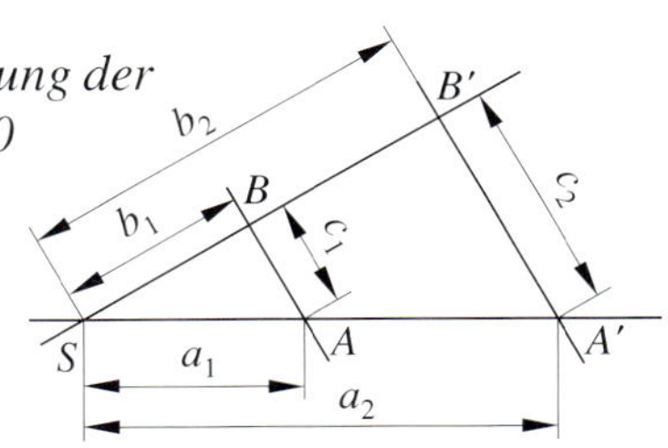

9 Von den Strecken a_1, a_2, b_1, b_2, c_1 und c_2 sind vier bekannt. Berechne die fehlenden Streckenlängen (Maße in cm).

a) $a_1 = 5$; $b_1 = 3$; $c_1 = 6$; $b_2 = 9$
b) $a_1 = 4$; $a_2 = 12$; $b_1 = 9$; $c_2 = 3$
c) $a_2 = 28$; $b_1 = 24$; $b_2 = 42$; $c_1 = 9$
d) $a_2 = 4{,}8$; $b_2 = 7{,}2$; $c_1 = 4{,}2$; $c_2 = 6{,}3$
e) $b_1 = 2{,}4$; $c_1 = 4{,}8$; $a_2 = 2$; $b_2 = 3{,}6$
f) $c_1 = 3{,}5$; $a_2 = 7{,}2$; $b_2 = 6$; $c_2 = 8{,}4$
g) $a_1 = 3{,}5$; $b_1 = 4{,}7$; $b_2 = 6{,}3$; $c_2 = 2{,}4$

10 Berechne die fehlenden Streckenlängen. (Maße in cm)

	a_1	a_2	b_1	b_2	c_1	c_2
a)	3,4	5,1	6		8	
b)		7	6	7,5		4
c)	3		5	7		11
d)	$3\frac{3}{4}$	$4\frac{1}{2}$		9	8	
e)	5			7,5	6	8
f)		7	13		4,8	$8\frac{2}{5}$
g)	$1\frac{1}{2}$	$2\frac{1}{4}$		$\frac{2}{3}$		$2\frac{1}{2}$
h)	$1\frac{1}{2}$		1,2	4		2,5

Verwende zur Lösung der Aufgaben 11 und 12 diese Strahlensatzfigur.

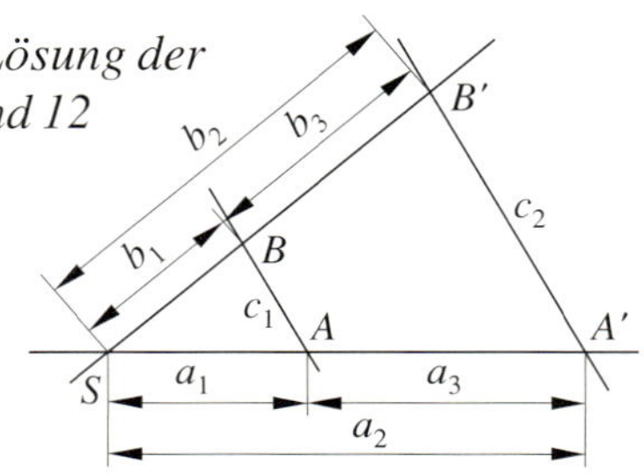

11 Von den Strecken a_1, a_2, a_3, b_1, b_2 und b_3 sind drei bekannt. Berechne die fehlenden Streckenlängen (Maße in cm).

a) $a_1 = 5$; $b_1 = 10$; $b_2 = 21$
b) $a_3 = 19{,}5$; $b_1 = 15$; $b_3 = 13$
c) $a_1 = 8\frac{1}{2}$; $a_3 = 10\frac{1}{5}$; $b_3 = 12$
d) $a_1 = 5{,}5$; $a_3 = 7{,}7$; $b_1 = 7{,}5$

12 Berechne die fehlenden Streckenlängen. (Maße in cm)

	a_1	a_2	a_3	b_1	b_2	b_3	c_1	c_2
a)	3,5	4,9			2,8		2,5	
b)	3,2		0,8	2,4				8
c)	5,3			0,9	2,7		4,6	
d)		$1\frac{1}{2}$	$\frac{2}{3}$			$\frac{4}{7}$		$2\frac{4}{7}$

13

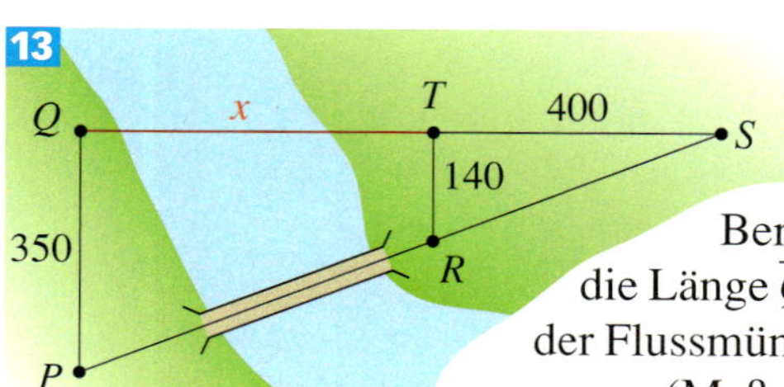

Berechne die Länge $\overline{QT}$ an der Flussmündung. (Maße in m)

14 Man kann die Flussbreite auch bestimmen, wenn die drei Strecken a, b und c bekannt sind (siehe Zeichnung). c ist parallel zum Ufer, an dem b verläuft. Berechne die Flussbreite x.

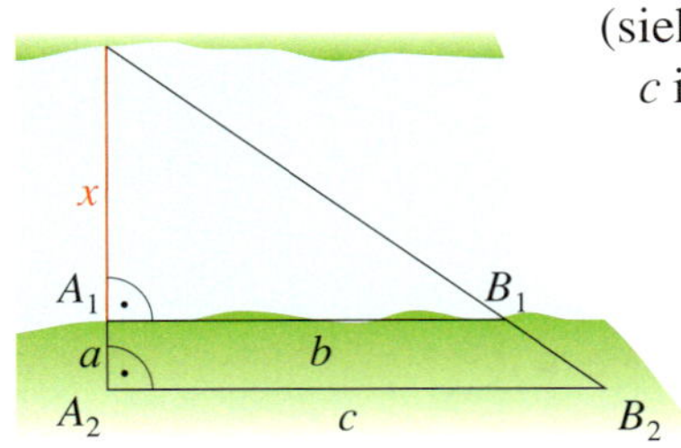

a) $a = 17$ m; $b = 75$ m; $c = 125$ m
b) $a = 20$ m; $b = 65$ m; $c = 100$ m
c) $a = 22$ m; $b = 83$ m; $c = 100$ m

15 Die Höhe eines Strommastes lässt sich bei Sonnenschein einfach ermitteln.

Dazu wird direkt neben den Mast ein Stab gesteckt, der wie der Strommast einen Schatten wirft. Zum gleichen Zeitpunkt hängt die Länge des jeweiligen Schattens nur von der Höhe des Gegenstands ab. Berechne mithilfe der Zeichnung die Höhe des Strommastes.

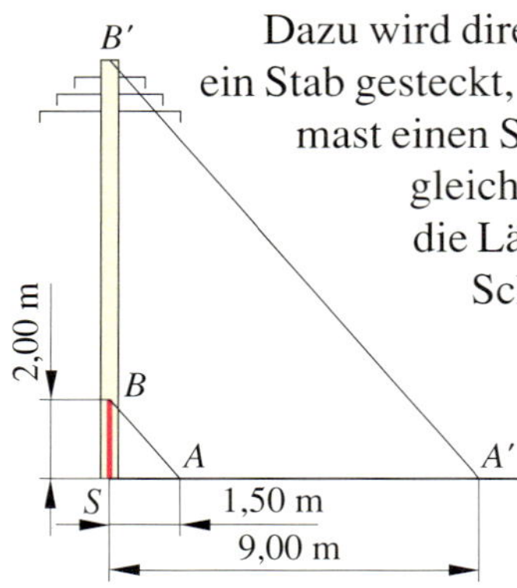

16 Das Wahrzeichen eines Vergnügungsparks in Virginia (USA) ist das Modell des Eiffelturms in Paris. Das Modell ist im Maßstab 1 : 3 gebaut.

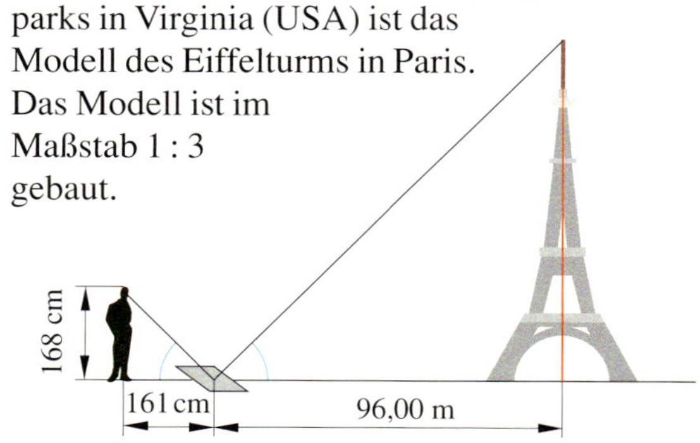

Man kann die Höhe des Modells mithilfe eines Spiegels bestimmen. Dazu legt man diesen auf den Boden und stellt sich so, dass man die Spitze des Turms sehen kann.

a) Wie hoch ist das Modell?
b) Wie hoch ist der Eiffelturm in Wirklichkeit?

Das Försterdreieck

In einem alten Förster-Lehrbuch aus dem Jahr 1902 steht Folgendes zu lesen:

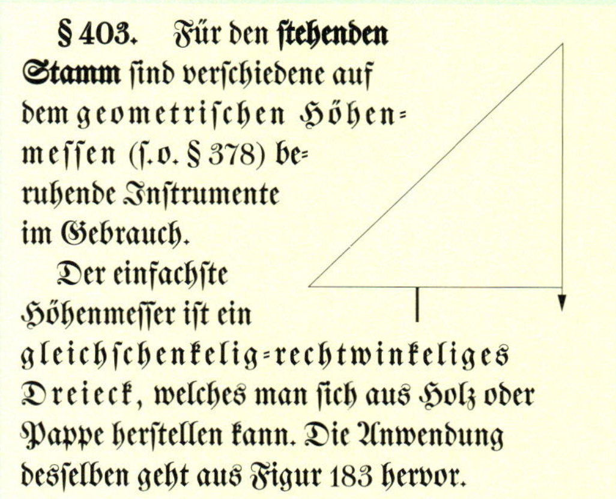
§ 403. Für den **stehenden Stamm** sind verschiedene auf dem geometrischen Höhenmessen (s. o. § 378) beruhende Instrumente im Gebrauch.

Der einfachste Höhenmesser ist ein gleichschenkelig-rechtwinkeliges Dreieck, welches man sich aus Holz oder Pappe herstellen kann. Die Anwendung desselben geht aus Figur 183 hervor.

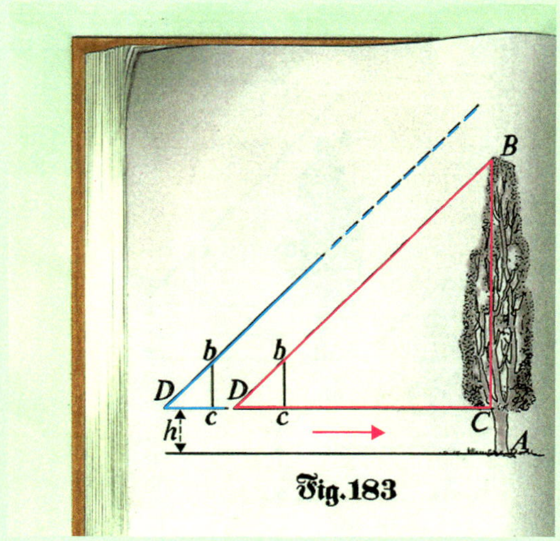

Fig. 183

Vom Punkt D aus peilt der Förster entlang der oberen Kante des Dreiecks in Richtung Baumspitze. Er verändert seine Entfernung zum Baum so lange, bis er die Baumspitze in der Verlängerung der oberen Kante des Dreiecks sieht.
Zwischen Förster und Baum entsteht das rote Dreieck. Dieses rote Dreieck und das Försterdreieck sind ähnlich. Deshalb ist das rote Dreieck ebenfalls gleichschenklig. Die Strecke $\overline{DC}$ (Entfernung des Försters vom Baum) ist genauso groß wie die Strecke $\overline{CB}$ (Baumhöhe minus Augenhöhe).
Um die Baumhöhe zu bestimmen, braucht der Förster nur seine Entfernung zum Baum abzuschreiten und die Augenhöhe zu addieren.
Der Förster kann auch mit seinem Wanderstock die Höhe eines Baumes bestimmen.
Dazu hält er den Stock parallel zum Baum und peilt über die Stockspitze die Baumspitze an.
Dann schreitet er seine Entfernung $\overline{SA'}$ zum Baum ab, z. B. $\overline{SA'} = 24$ m.
Der Förster muss außerdem seine Armlänge $\overline{SA}$, die Stocklänge $\overline{AB}$ und seine Augenhöhe kennen.
Wir nehmen an, dass die Armlänge des Försters $\overline{SA} = 0{,}6$ m, die Stocklänge $\overline{AB} = 0{,}8$ m und die Augenhöhe 1,5 m ist.

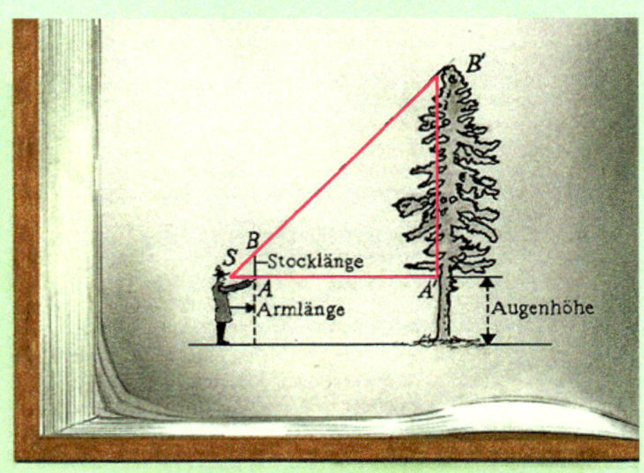

Die Dreiecke SAB und $SA'B'$ sind ähnlich und es gilt: $\frac{\overline{A'B'}}{\overline{AB}} = \frac{\overline{SA'}}{\overline{SA}} = k$

Für den Förster ergibt sich: $\frac{\overline{A'B'}}{0{,}8} = \frac{24}{0{,}6} = 40$

$$\overline{A'B'} = 40 \cdot 0{,}8 = 32$$

Zur Strecke $\overline{A'B'}$ addiert er 1,5 m Augenhöhe und erhält die Baumhöhe von ca. 33,5 m.

Strecken teilen mithilfe der Strahlensätze

Mithilfe des Strahlensatzes unter Verwendung einer Strahlensatzfigur lässt sich eine Strecke $\overline{AB}$ in beliebig viele gleich lange Teilstrecken genau unterteilen.

Beispiele

1. Teile die Strecke $\overline{AB} = 5{,}3$ cm in 5 gleiche Teile.

Konstruktionsbeschreibung:
1. Zeichne $\overline{AB} = 5{,}3$ cm.
2. Zeichne von A aus einen beliebigen Strahl.
3. Trage von A aus auf dem Strahl fünf gleich lange Strecken mit den Endpunkten T_1, T_2, T_3, T_4, T_5 ab.
4. Verbinde T_5 mit B.
5. Zeichne durch T_1, T_2, T_3 und T_4 Parallelen zu $\overline{T_5 B}$.

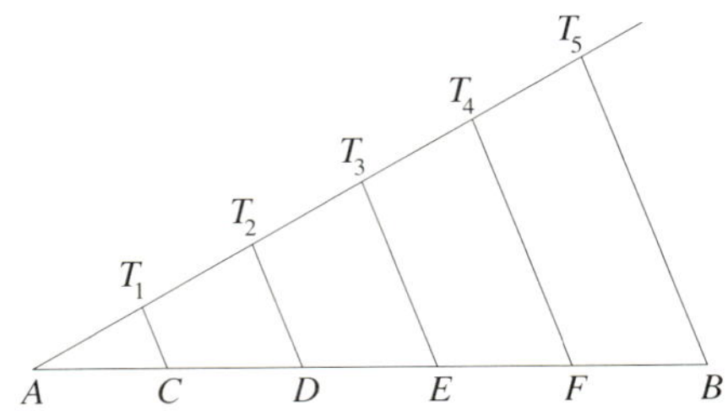

Die Punkte C, D, E, F teilen die Strecke $\overline{AB}$ in 5 gleiche Teile.

2. Teile die Strecke $\overline{AB} = 5{,}5$ cm im Verhältnis 1 : 2.

Konstruktionsbeschreibung:
1. Zeichne $\overline{AB} = 5{,}5$ cm.
2. Zeichne von A aus einen beliebigen Strahl.
3. Trage auf dem Strahl die Strecken $\overline{AT_1} = 1$ cm und $\overline{T_1 T_2} = 2$ cm ab.
4. Verbinde T_2 mit B.
5. Zeichne durch T_1 die Parallele zu $\overline{T_2 B}$.

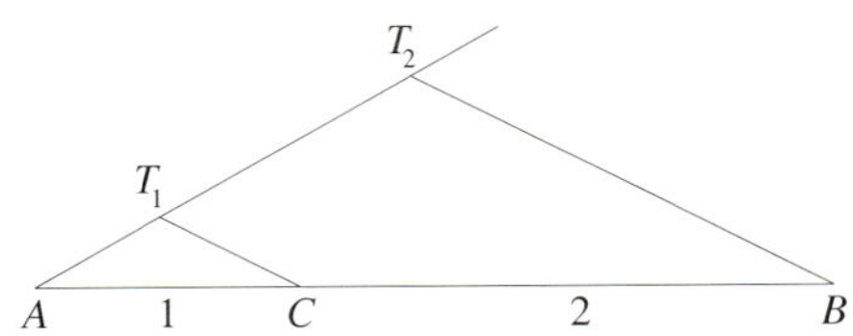

Der Punkt C teilt die Strecke $\overline{AB}$ im Verhältnis 1 : 2.

Übungen

1 a) Teile die gegebene Strecke $\overline{AB} = 10$ cm in 7 gleiche Teile.
b) Teile $\overline{AB} = 8$ cm in 11 gleiche Teile.
c) Teile $\overline{AB} = 5{,}7$ cm in 4 gleiche Teile.
d) Teile $\overline{AB} = 7{,}5$ cm in 9 gleiche Teile.
e) Teile $\overline{AB} = 3{,}6$ cm in 7 gleiche Teile.

2 a) Teile $\overline{AB} = 8$ cm im Verhältnis 2 : 3.
b) Teile $\overline{AB} = 11$ cm im Verhältnis 4 : 5.
c) Teile $\overline{AB} = 6$ cm im Verhältnis 2 : 7.
d) Teile $\overline{AB} = 5{,}7$ cm im Verhältnis 4 : 1.
e) Teile $\overline{AB} = 6{,}9$ cm im Verhältnis 3 : 6.

3 a) Teile $\overline{AB} = 7$ cm im Verhältnis 2,5 : 3.
b) Teile $\overline{AB} = 6$ cm im Verhältnis 3,5 : 4,2.
c) Teile $\overline{AB} = 8{,}5$ cm im Verhältnis 2,3 : 3,7.
d) Teile $\overline{AB} = 5{,}8$ cm im Verhältnis 4,4 : 2,9.

4 Konstruiere ein Trapez, dessen Diagonalenschnittpunkt S die Diagonale $\overline{BD}$ im Verhältnis 5 : 3 teilt.

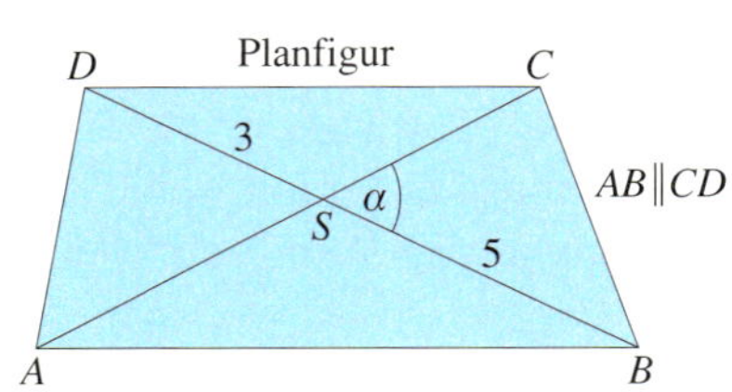

a) $\overline{BD} = 7$ cm; $\overline{AS} = 3$ cm; $\alpha = 45°$
b) $\overline{BD} = 9{,}2$ cm; $\overline{SC} = 4$ cm; $\alpha = 50°$
c) $\overline{BD} = 8{,}4$ cm; $\overline{BC} = 5{,}3$ cm; $\alpha = 62°$
d) $\overline{BD} = 7{,}8$ cm; $\overline{AB} = 9{,}5$ cm; $\alpha = 48°$
e) $\overline{BS} = 3{,}5$ cm; $\overline{DC} = 4$ cm; $\alpha = 54°$
f) $\overline{SD} = 2{,}9$ cm; $\overline{SC} = 3{,}2$ cm; $\alpha = 40°$
g) $\overline{BS} = 3{,}7$ cm; $\overline{SC} = 2{,}9$ cm; $\alpha = 52°$
h) $\overline{BS} = 4{,}2$ cm; $\overline{SC} = 3{,}3$ cm; $\alpha = 49°$
i) $\overline{SD} = 3{,}4$ cm; $\overline{SC} = 3{,}1$ cm; $\alpha = 51°$

1 Beim Ausbau eines Dachgeschosses soll der Raum unter einer Dachschräge genutzt werden. Der Bauherr will dazu durch einen Schreiner ein Regal einbauen lassen. Dieser macht an der Baustelle eine Skizze, nach der der Auszubildende des Betriebs die vier Regalbretter zuschneiden soll.

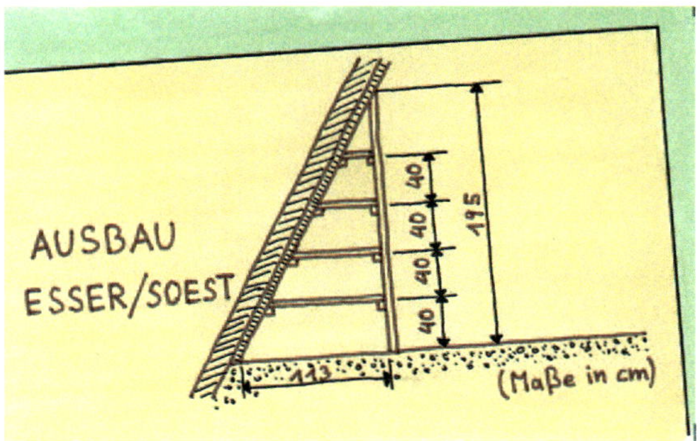

Wie lang muss jedes Brett an der Unterkante sein?

2 Der abgebildete Holzschemel besteht aus einer quadratischen Sitzplatte, die 40 mm stark ist, und aus Holzleisten mit quadratischem Querschnitt von ebenfalls 40 mm Stärke.

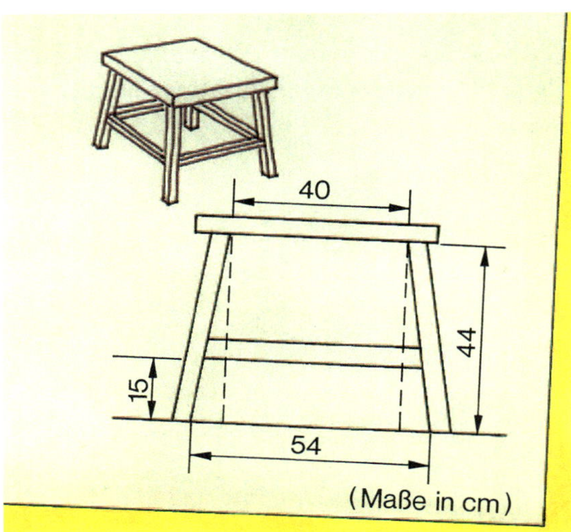

Ergänze im Heft zu einer Strahlensatzfigur.
Wie lang ist eine Versteifungsleiste
a) an der oberen Kante? Gib in mm an.
b) an der unteren Kante? Gib in mm an.
Entnimm die zur Berechnung nötigen Maße dem Seitenriss des Schemels.

3 Die im Prospekt eines Möbelhauses als besonders attraktiv bezeichnete Spitzgiebelvitrine steht auf einem Unterschrank. Die Innenmaße der Vitrine sind:
Länge: 118 cm; Höhe: 180 cm; Tiefe: 40 cm.

Der Boden der Vitrine ist mit einer Glasscheibe ausgelegt und im Abstand von 33 cm sind vier weitere Einlegeböden aus Glas angebracht.

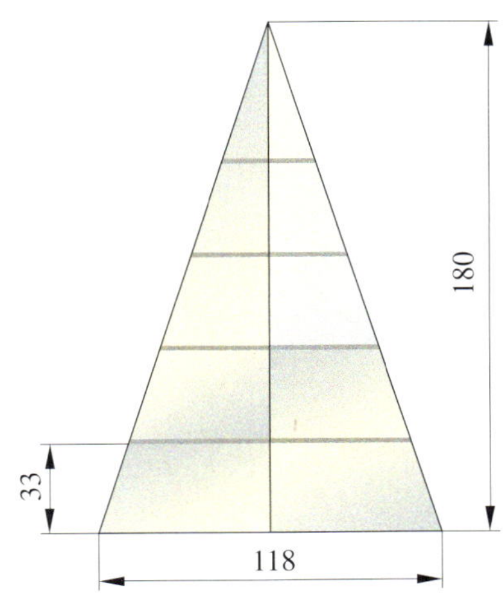

a) Berechne die Länge von jedem der vier Einlegeböden an der Unterkante.
b) Wie viel m^2 Glas wurden mindestens für die Einlegescheiben insgesamt verwendet?
c) Wie viel m^2 Glas wurden für die beiden Glastüren der Vitrine verwendet?

1 Bei offiziell anerkannten Leichtathletikfesten gibt es genaue Anforderungen an die Wettkampfstätten, damit die Bedingungen für die Athleten in jedem Stadion gleich sind.
Die Platzwarte der Stadien müssen deshalb nach der „Wettkampfordnung für Leichtathletik“ die Markierungen vornehmen.

Regel 54

Stoß- und Wurfsektoren

1. Die höchstzulässige Neigung des Stoß-/Wurffeldes in Stoß-/Wurf- bzw. Anlaufrichtung beträgt 0,1% (1 : 1000)
2. Der Sektor beim Kugelstoß soll aus Asche, Gras oder einem geeigneten Material bestehen, auf dem die Kugel einen Eindruck hinterlässt.
3. Alle Sektoren sind auf dem Boden mit 5 cm breiten Linien, deren Innenränder die Begrenzungslinien bilden, deutlich zu markieren.
4. Die Sektorenlinien bilden einen Sektor von 40 Grad und treffen sich im Mittelpunkt des Kreises. Sie sind mit ihren inneren Rändern über die Endpunkte einer Sehne zu führen; diese ist beim Durchmesser 2,50 m (Diskus) 85,5 cm, bei 2,135 m (Kugel, Hammer) 73 cm lang.

Anmerkung:
Die äußeren Enden der vom Mittelpunkt des Kreises gemessenen 20 m langen Sektorenlinien müssen 13,68 m voneinander entfernt sein um genau einen 40°-Sektor zu ergeben.

Hilfsmaße siehe Skizze

Die Skizze enthält gemäß der Regel 54 die Markierungsanleitung für Kugelstoß, Hammer- und Diskuswurf.

Kugelstoß, Hammer- und Diskuswurf

Maße zum Anlegen der Sektoren-Linien

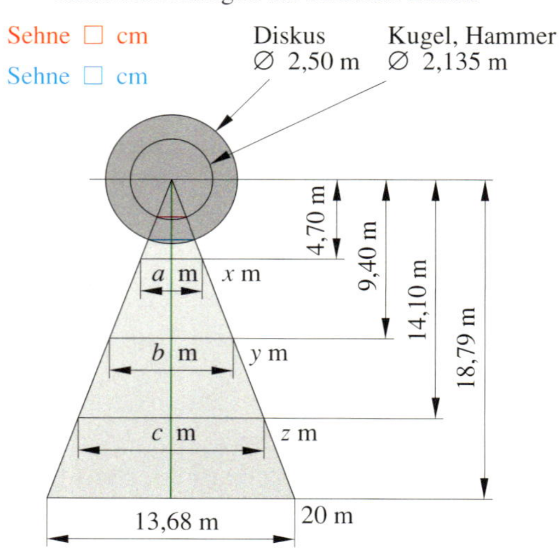

Berechne die fehlenden Hilfsmaße.

2

Zum Kugelstoßen wird ein Kreis benutzt, der einen Durchmesser von 2,135 m hat.
Der Stoßsektor bildet innerhalb des Kreises die in der Skizze rot markierte Kreissehne. Berechne die Länge der Sehne.

3 Zum Diskuswerfen wird ein Kreis benutzt, der einen Durchmesser von 2,50 m hat. Der Stoßsektor bildet innerhalb des Kreises die in der Skizze blau markierte Kreissehne. Berechne die Länge der Sehne.

4 Diese Skizze enthält die exakte Anleitung für das Anlegen der Sektoren-Linien beim Speerwerfen.

Speerwurf

Maße zum Anlegen der Sektoren-Linien

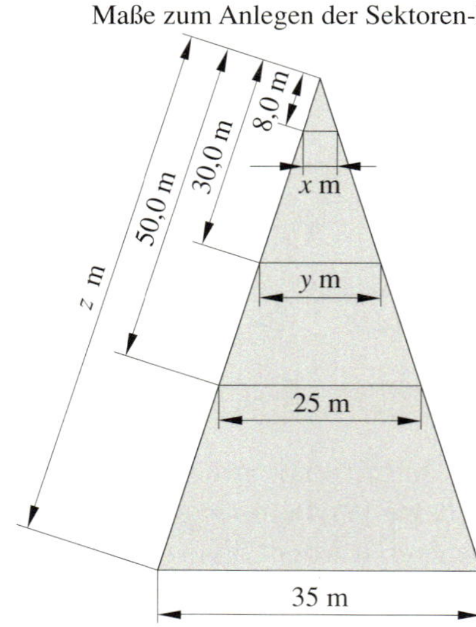

Berechne die fehlenden Hilfsmaße.

1 Aus dem Physikunterricht kennst du die Bildentstehung bei der Lochkamera. Vielleicht hast du eine solche schon selbst gebastelt. Die Bilder erscheinen dabei auf dem Kopf.

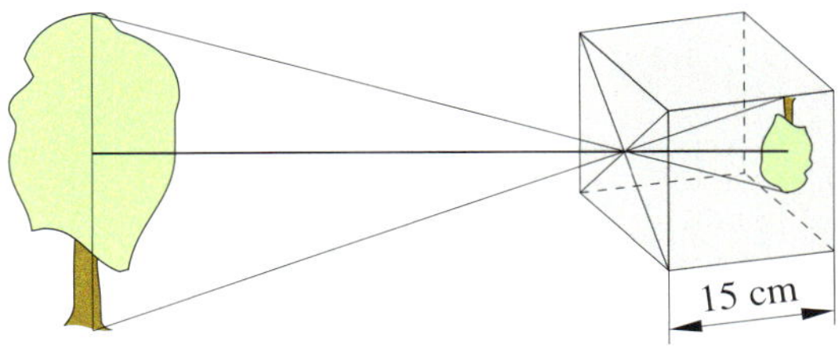

a) Bei einer Lochkamera ist die Mattscheibe 15 cm vom Loch entfernt. Auf der Mattscheibe sieht man ein 10 cm großes Bild eines Baums, der 25 m von der Lochblende entfernt ist. Wie hoch ist der Baum?
b) Wie weit muss ein 9 m hoher Baum mindestens von der Lochblende entfernt sein, damit du ihn auf der Mattscheibe der Lochkamera ganz sehen kannst?
c) Wie groß wird das Bild eines 7 m hohen Hauses auf der Mattscheibe, wenn es aus 20 m Entfernung von der Lochblende aufgenommen wird?

2 Aus der Physik weißt du, dass Sammellinsen Bilder von Gegenständen G erzeugen. Die Skizze zeigt die Versuchsanordnung mit den verschiedenen Linienverläufen und Längen. Suche zunächst eine Strahlensatzfigur.

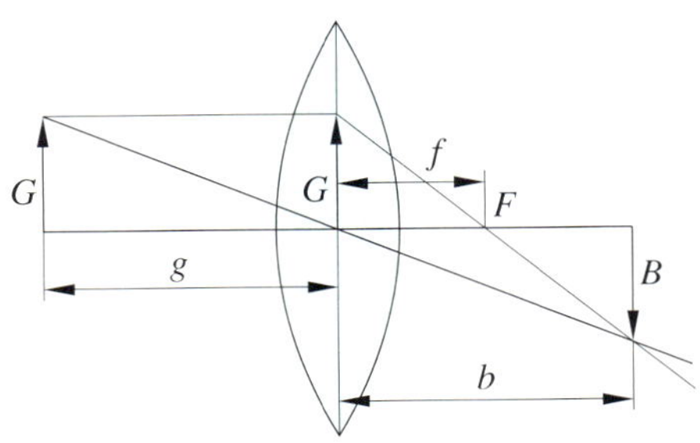

a) Stelle eine Gleichung auf, aus der du die Bildgröße B berechnen kannst, wenn $G = 5$ cm, $g = 20$ cm, $b = 15$ cm sind.
b) Wie weit ist das Bild von der Linse entfernt, wenn es 4 cm groß ist?
c) Erkläre die Gleichung $\frac{G}{B} = \frac{f}{b-f}$.

Info

Der Mond bewegt sich auf einer elliptischen Bahn um die Erde, zu der die größte Entfernung 406 700 km, die kleinste Entfernung 356 400 km beträgt.
Bei einer Sonnenfinsternis befindet sich der Mond zwischen der Erde und der Sonne. Beobachter auf der Erde können einen so günstigen Standort haben, dass sie beobachten können, wie der Mond die Sonne verdeckt. Dies war im August 1999 in Mitteleuropa der Fall. In Deutschland hatten sich besonders in Stuttgart Tausende Menschen versammelt, um dieses besondere Ereignis der totalen Sonnenfinsternis bestaunen zu können.

3 Bei einer Sonnenfinsternis war der Mond von der Erde ca. 375 000 km entfernt. Die Entfernung Sonne – Erde betrug zu diesem Zeitpunkt ca. 150 000 000 km.

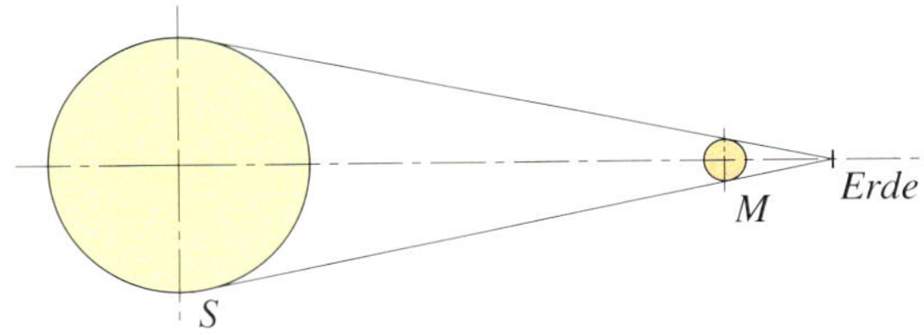

Der Monddurchmesser beträgt ca. 3480 km. Wie groß ist der Durchmesser der Sonne?

4 Wird ein 5 mm (6 mm) großer Gegenstand 58 cm (63 cm) vom Auge entfernt gehalten, verdeckt er den Vollmond.
Wie weit ist der Mond zu diesem Zeitpunkt von der Erde entfernt?

Messgeräte

Es gibt Messstrecken und Werkstücke, die sich nicht einfach mit dem Lineal abmessen lassen. Maßstäbliche Zeichnungen, winzige Werkstücke oder unzugängliche Messstrecken bereiten oft Schwierigkeiten.
Für diese Zwecke stehen uns spezielle Messwerkzeuge und Messgeräte zur Verfügung. Hier findest du eine kleine Auswahl der Geräte, bei denen die Strahlensätze genutzt werden.

Der Verhältnis- oder Proportionszirkel
Wir haben viel von Vergrößern und Verkleinern gesprochen. Mit dem Proportionsmalzirkel lassen sich bequem Strecken an Zeichnungen und Modellen abgreifen und beliebig vergrößern oder verkleinern. Die gewünschten Verhältnisse können dabei eingestellt werden.

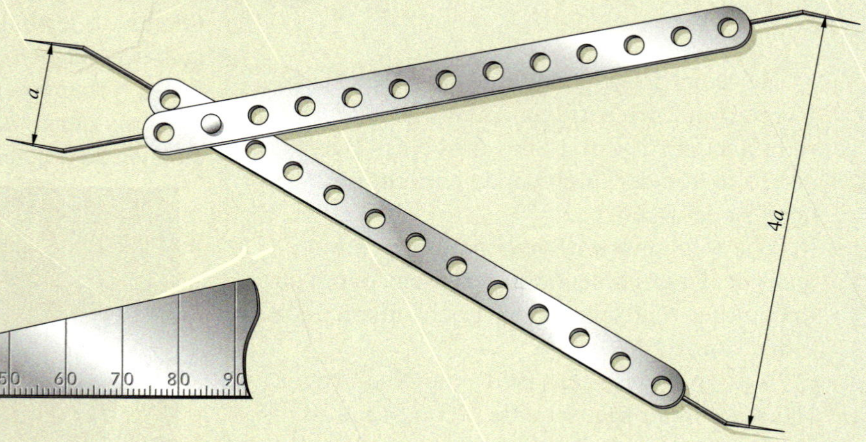

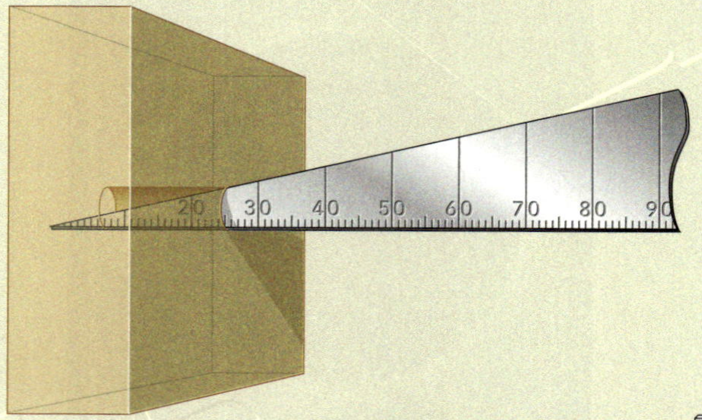

Messkeil
Dieses Messgerät benutzt man zum Messen von lichten Weiten (zum Beispiel kleine Bohrungen, Flaschenöffnungen usw.). Die beiden zueinander senkrechten Katheten des rechtwinkligen Keils stehen im Verhältnis 1:10 zueinander.

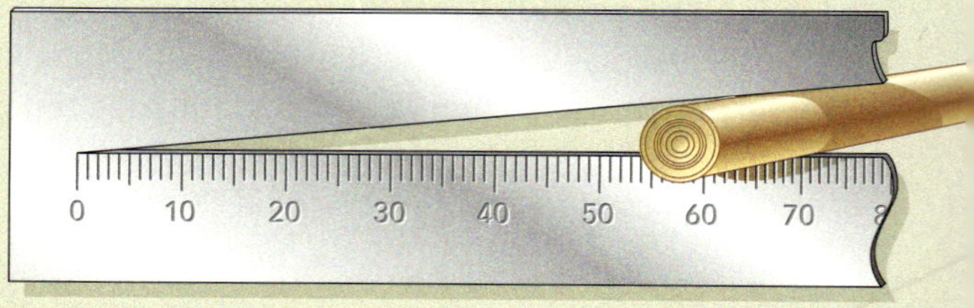

Messlehre
Mit diesem Messgerät lassen sich auch kleinste Durchmesser bestimmen. Hier wird das gleiche Prinzip wie beim Messkeil angewandt.

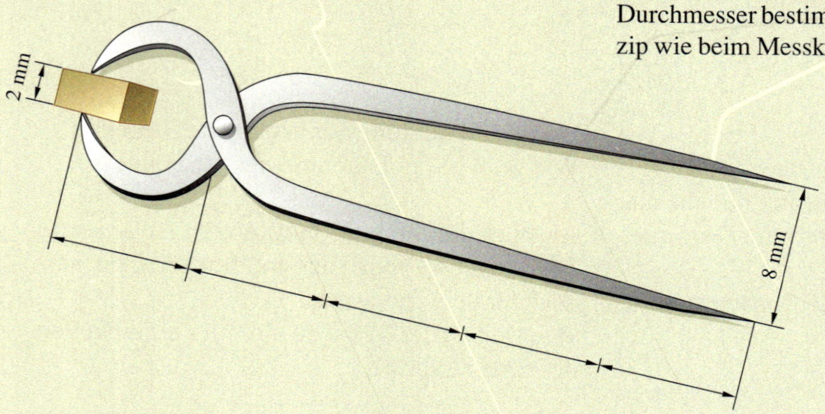

Messzange
Dieses Werkzeug ist eine Zange, die zum Messen genutzt wird. Dünnste Plättchen und Durchmesser lassen sich mit ihrer Hilfe nachmessen, besonders da, wo herkömmliche Messwerkzeuge versagen.

checkpoint

1 Untersuche, welche Dreiecke ähnlich sind.

(3 Punkte)

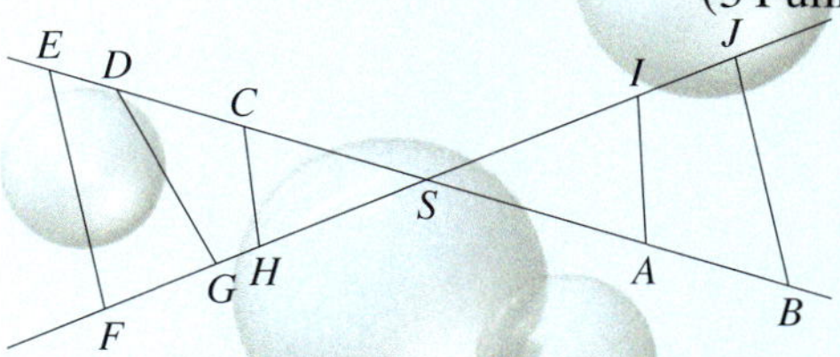

2 Zeichne ein Rechteck $ABCD$ mit $a = 2$ cm und $b = 1{,}5$ cm. Zeichne den Schnittpunkt S der Diagonalen ein. Führe die zentrische Streckung mit $k = 2{,}5$ und dem Streckungszentrum S aus.

(4 Punkte)

3 a) Berechne die Länge der Strecke d, wenn $a = 2{,}6$ cm, $b = 5{,}1$ cm und $f = 3{,}9$ cm sind.
b) Gib das Verhältnis $c : e$ an.

(5 Punkte)

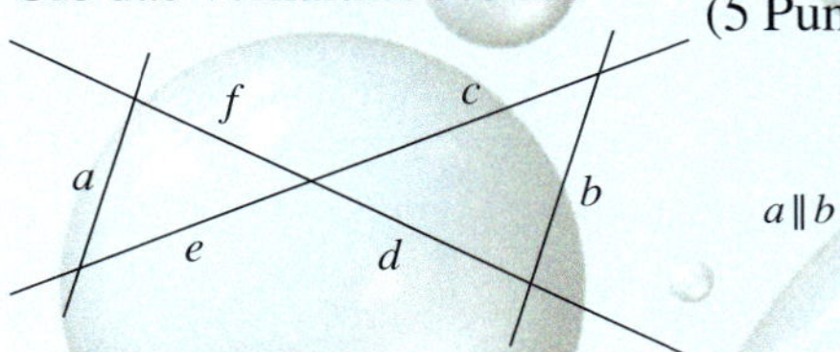

4 Berechne die Länge der Strecke x. (Maße in cm)

(4 Punkte)

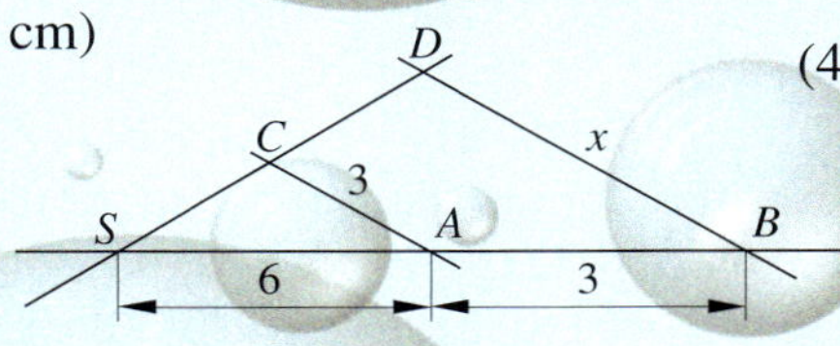

5 Sind die beiden Dreiecke SAD und SBC ähnlich? Wenn ja, gib den Ähnlichkeitsfaktor k für die Vergrößerung an.

(4 Punkte)

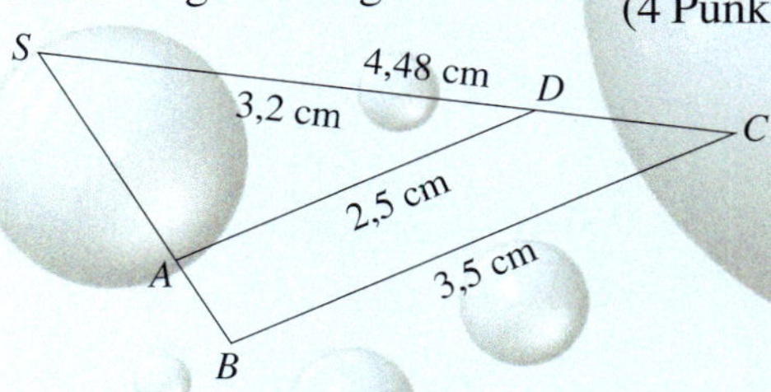

5 Berechne die fehlenden Strecken, wenn $a_1 = 5{,}3$ cm, $b_1 = 1{,}9$ cm, $b_3 = 1{,}8$ cm und $c_1 = 3{,}7$ cm sind.

(10 Punkte)

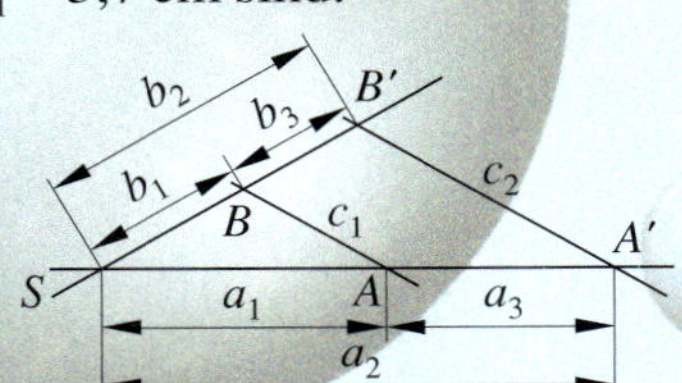

6 Teile die Strecke $\overline{AB} = 7{,}4$ cm im Verhältnis 3 : 4.

(3 Punkte)

6 Eine mögliche Fachwerkträgerform zum Bau von Dachgiebeln zeigt die Zeichnung. Die Stäbe b und c nennt man Füllstäbe. Sie dienen zur Stütze des Dachträgers.

Die Höhe h des Dachs beträgt 3,5 m. Die Füllstäbe haben die gleichen Abstände $a = 2$ m. Wie lang ist jeder Füllstab?

(4 Punkte)

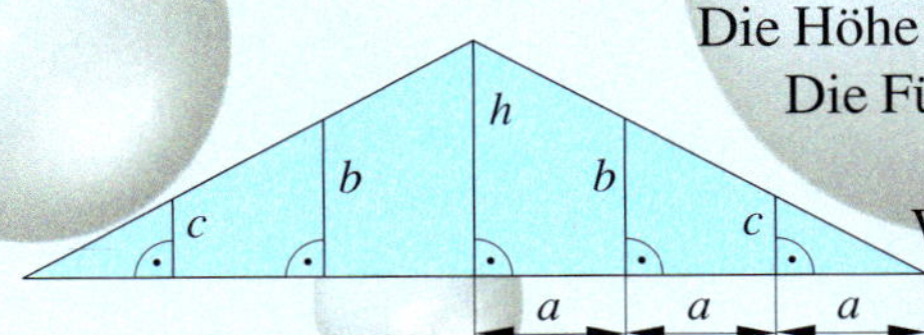

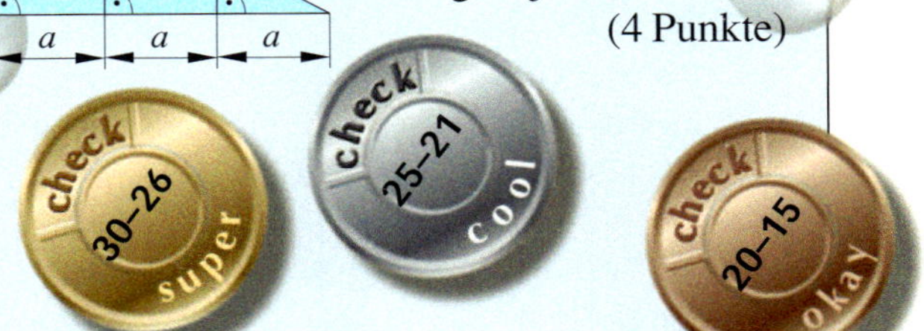

Herstellen rechtwinkliger Dreiecke

Im antiken Ägypten konnten Landvermesser mit einem Knotenseil exakt rechtwinklige Flächen abstecken.

Die Landvermesser benutzten ein in sich geschlossenes Seil, das in gleichmäßigen Abständen 12 Knoten besaß. Indische Landvermesser verwendeten zum Abstecken rechtwinkliger Flächen ein Seil mit 30 Knoten. Wurden diese Seile geeignet gespannt, entstanden rechtwinklige Dreiecke.

Wir versuchen, ähnlich wie damals, rechtwinklige Dreiecke zu bilden. Die Eckpunkte jedes Dreiecks sollen direkt auf den Knoten liegen.
Wir verwenden für die Knotenabstände gleich lange Hölzer.

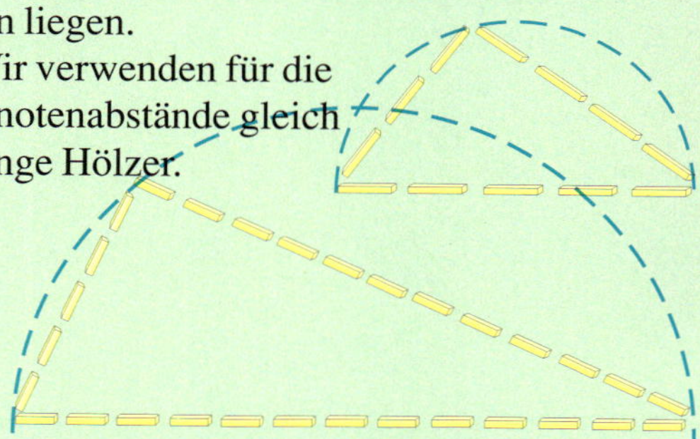

In beiden Fällen gibt es bis auf Spiegelgleichheit nur eine Möglichkeit.

Die Konstruktion von Dreiecken mithilfe des **Thaleskreises** führt zu beliebig vielen rechtwinkligen Dreiecken.

Übungen

1 Die Seiten des rot eingezeichneten Dreiecks in der rechten Abbildung sind 6 cm, 8 cm und 10 cm lang. Lege ein Dreieck dieser Form mit 24 gleich langen Hölzern nach.

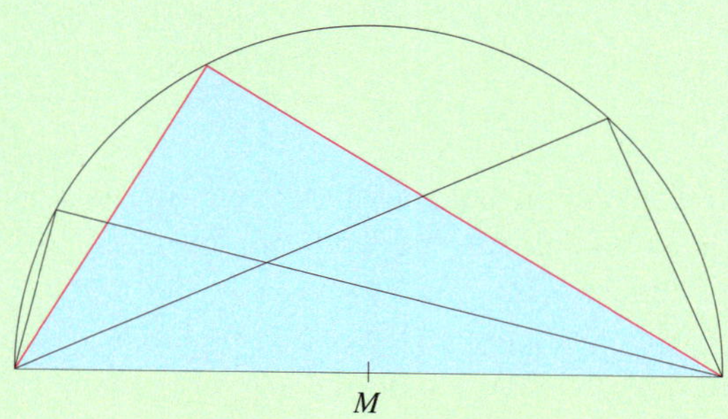

2 Finde eine Möglichkeit, mit 40 (56, 70) Hölzern ein rechtwinkliges Dreieck zu legen.

Kathete und Hypotenuse

Für die Seiten eines rechtwinkligen Dreiecks gibt es besondere Bezeichnungen.

Die Seiten, die den rechten Winkel einschließen, sind die **Katheten**.

Die Seite, die dem rechten Winkel gegenüber liegt, ist die **Hypotenuse**.

Im rechtwinkligen Dreieck ist die Hypotenuse immer die längste Seite.

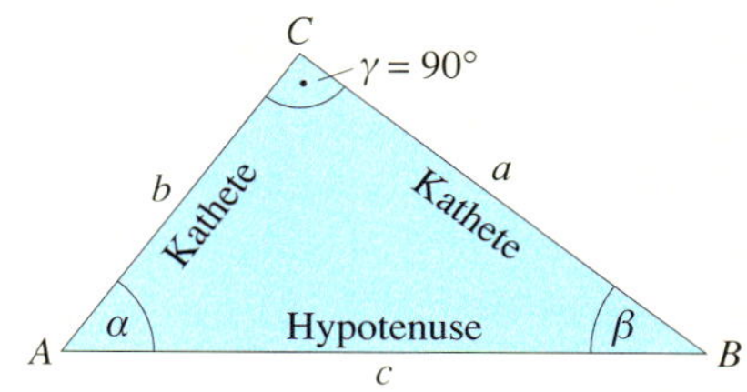

Übungen

1 a) Übertrage die rechtwinkligen Dreiecke auf Transparentpapier.

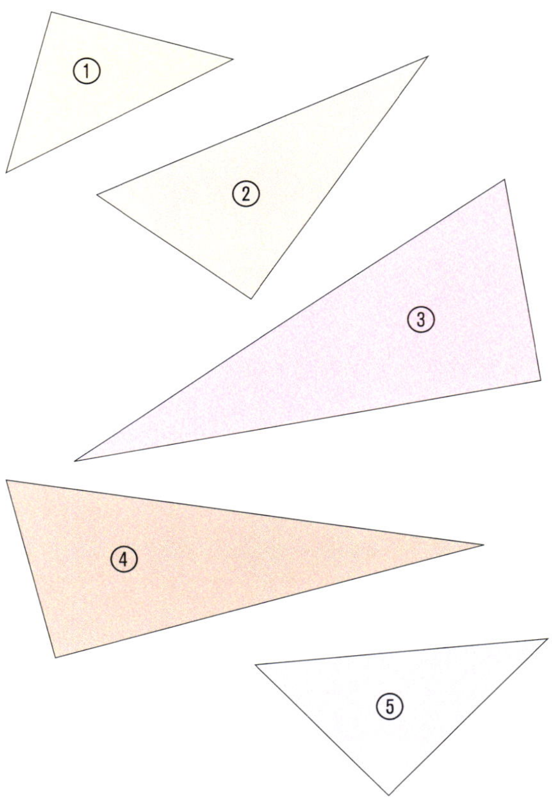

b) Kennzeichne bei den Dreiecken jeweils den rechten Winkel rot, die Katheten blau und die Hypotenuse grün.
c) Miss von jedem Dreieck die Länge jeder Seite und überprüfe damit, ob deine Entscheidung aus b) richtig war.

2 a) Übertrage die Dreiecke auf Transparentpapier.

b) Welche Dreiecke sind rechtwinklig?
c) Miss von jedem Dreieck die Größe jedes Innenwinkels. Überprüfe deine Entscheidung.
d) Kennzeichne bei den rechtwinkligen Dreiecken jeweils den rechten Winkel und die Seiten wie in Aufgabe 1.

Der Satz des Pythagoras

Der Satz des Pythagoras ist vermutlich der bekannteste Lehrsatz der Mathematik.

Er wurde nach dem griechischen Mathematiker und Philosophen aus Samos benannt, obwohl dieser Satz schon vorher bekannt war. Pythagoras bewies als Erster, dass in allen rechtwinkligen Dreiecken zwischen den Seitenlängen eine Gesetzmäßigkeit besteht, die auch geometrisch ausgedrückt werden kann.

Eine Bestätigung für diese Gesetzmäßigkeit findet man bei der Betrachtung folgender Figuren.

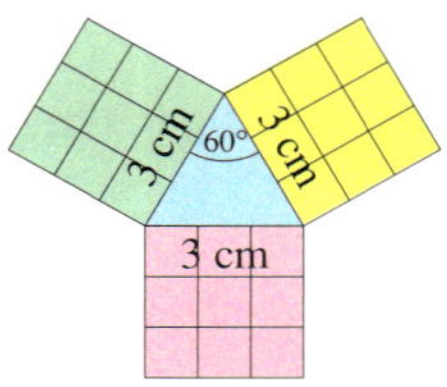

spitzwinkliges Dreieck

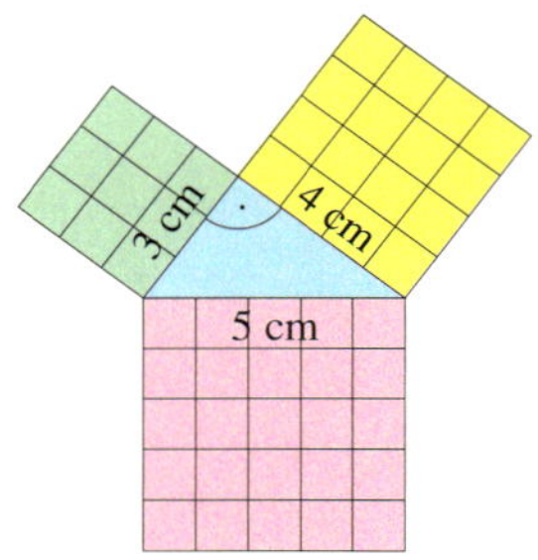

rechtwinkliges Dreieck

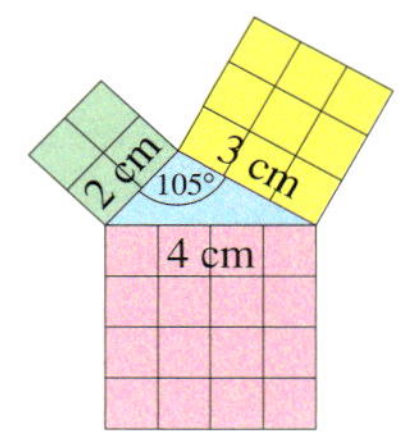

stumpfwinkliges Dreieck

Quadrat	spitzwinkliges Dreieck	rechtwinkliges Dreieck	stumpfwinkliges Dreieck
über der Seite a	9 cm²	16 cm²	9 cm²
über der Seite b	9 cm²	9 cm²	4 cm²
über der Seite c	9 cm²	25 cm²	16 cm²
	$a^2 + b^2 > c^2$	$a^2 + b^2 = c^2$	$a^2 + b^2 < c^2$

Nur beim **rechtwinkligen Dreieck** haben die Quadrate über den Katheten zusammen genauso viele Einheitsquadrate wie das Hypotenusenquadrat: 9 cm² + 16 cm² = 25 cm².
Diese Beziehung, die für alle rechtwinkligen Dreiecke gilt, heißt **Satz des Pythagoras**.

Satz des Pythagoras

Bei allen rechtwinkligen Dreiecken ist die Summe der Flächeninhalte der Kathetenquadrate gleich dem Flächeninhalt des Hypotenusenquadrats.

In jedem rechtwinkligen Dreieck gilt für die Hypotenuse c und für die beiden Katheten a und b:

$$\boldsymbol{a^2 + b^2 = c^2}$$

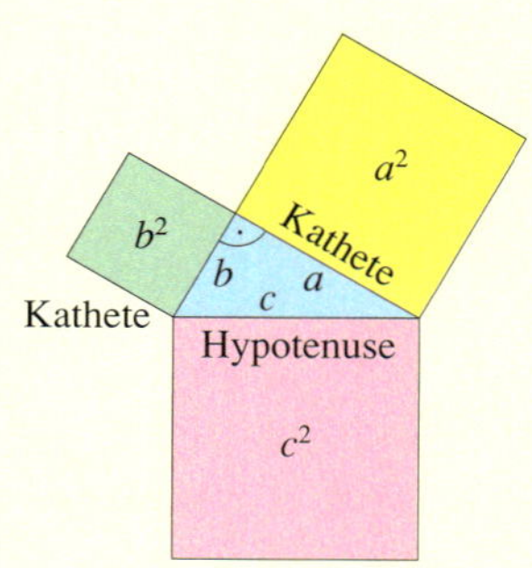

Es gilt aber auch: Wenn für drei Seiten a, b, c gilt $\boldsymbol{c^2 = a^2 + b^2}$, dann ist das Dreieck rechtwinklig.

Übungen

1 Die Dreiecke ABC der folgenden Abbildungen sind rechtwinklig.

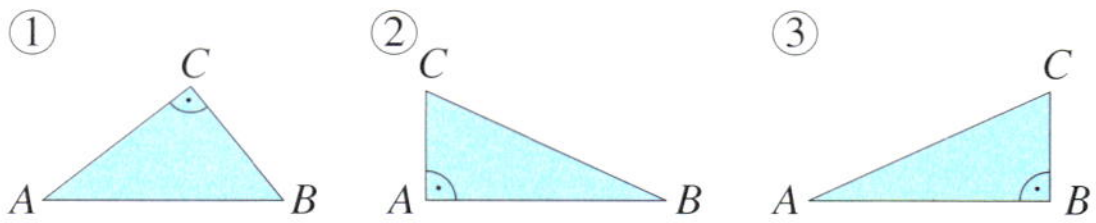

①	②	③
$a^2 + b^2 = c^2$		

a) Welche Seite des Dreiecks ist jeweils die Hypotenuse?
b) Schreibe auch zu den Dreiecken der Abbildungen ② und ③ die Kurzform auf.

2 Zeichne das Dreieck. Ist die längste Seite Hypotenuse eines rechtwinkligen Dreiecks? Überprüfe deine Entscheidung durch eine Rechnung.
a) $a = 5$ cm; $b = 6{,}5$ cm; $c = 9$ cm
b) $a = 3{,}5$ cm; $b = 6{,}5$ cm; $c = 4{,}5$ cm
c) $a = 4$ cm; $b = 3{,}4$ cm; $c = 2{,}4$ cm
d) $a = 4{,}5$ cm; $b = 2{,}7$ cm; $c = 3{,}6$ cm
e) $a = 5{,}9$ cm; $b = 4{,}6$ cm; $c = 3{,}6$ cm
f) $a = 6{,}5$ cm; $b = 15{,}6$ cm; $c = 16{,}9$ cm

3 Überprüfe mithilfe einer Rechnung, ob das Dreieck rechtwinklig ist.
a) $a = 3{,}2$ cm; $b = 2{,}4$ cm; $c = 4$ cm
b) $a = 2{,}5$ cm; $b = 6{,}5$ cm; $c = 6$ cm
c) $a = 5{,}2$ cm; $b = 2$ cm; $c = 4{,}8$ cm
d) $a = 4$ cm; $b = 7{,}5$ cm; $c = 8{,}5$ cm
e) $a = 3{,}6$ cm; $b = 4{,}8$ cm; $c = 6$ cm
f) $a = 9{,}4$ cm; $b = 4{,}6$ cm; $c = 8{,}1$ cm

4 Berechne die fehlende Seitenlänge des rechtwinkligen Dreiecks.

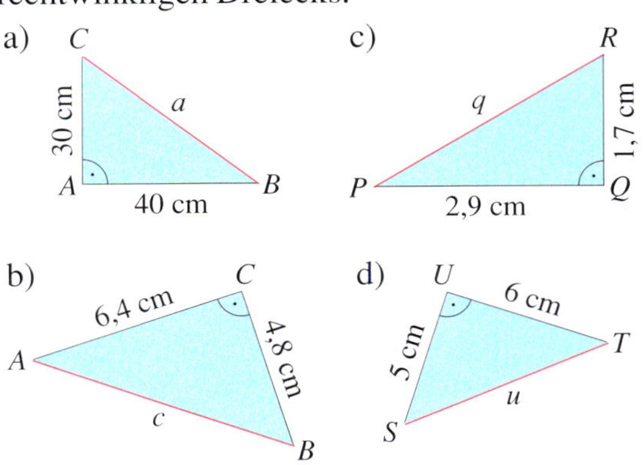

5 Berechne die fehlende Seitenlänge des rechtwinkligen Dreiecks.

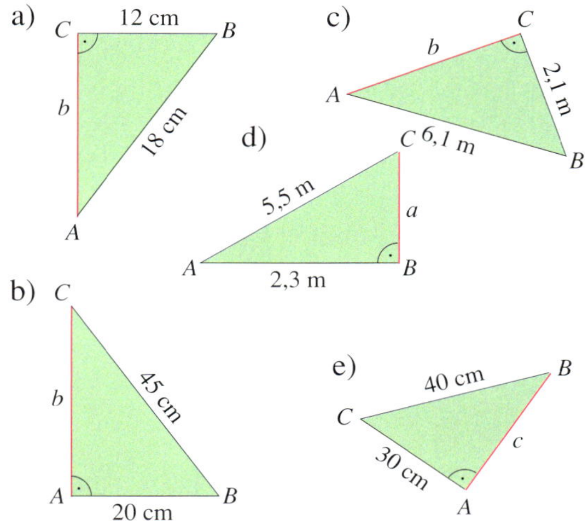

6 Das Dreieck ist rechtwinklig ($\gamma = 90°$). Berechne die fehlende Seite des Dreiecks.

	Seite a	Seite b	Seite c
a)	3 cm	4 cm	
b)	8 cm	15 cm	
c)	9 cm	12 cm	
d)	12 cm		20 cm
e)	4,5 cm		7,5 cm
f)	6 cm		10 cm
g)		12,8 cm	16 cm
h)	21,6 cm		36 cm

Info

In einigen handwerklichen Berufen, wie zum Beispiel bei Baufacharbeitern, gehört die Konstruktion eines rechten Winkels mit einem Lattendreieck zu den Grundkenntnissen.

7 Finde weitere Zahlen, mit denen ein rechter Winkel hergestellt werden kann.

8 Bei Charterflügen ist das Bordgeschirr für die Passagiere in der Regel einfach und zweckmäßig. Eine Fluggesellschaft hat aus Kosten- und Gewichtsgründen einen Kaffeelöffel herstellen lassen, der nur so groß wie nötig ist. Der Löffel ragt in diagonaler Lage nicht über den Tassenrand hinaus, aber er rutscht auch nicht in die Tasse hinein.
Berechne die notwendige Löffellänge aus den Angaben der Zeichnung.

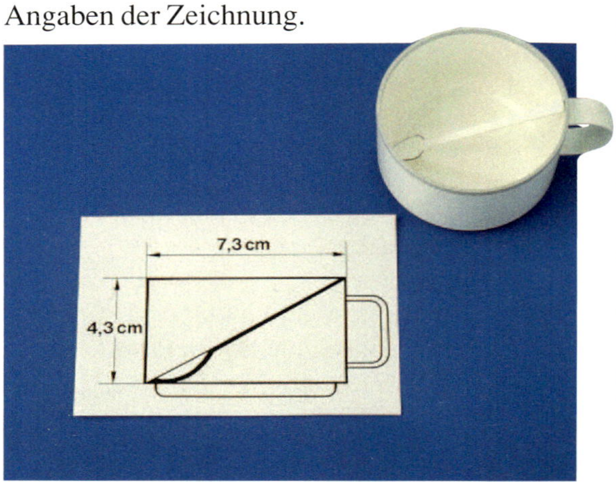

9 Für den Bau einer pyramidenförmigen Lautsprecherbox sind vier gleichschenklige Dreiecksflächen aus Spanplatte gesägt worden. Die Höhe der Dreiecke beträgt $h_a = 90$ cm. Welche Höhe hat die fertige Box bei einer quadratischen Grundfläche der Seitenlänge $a = 45$ cm?

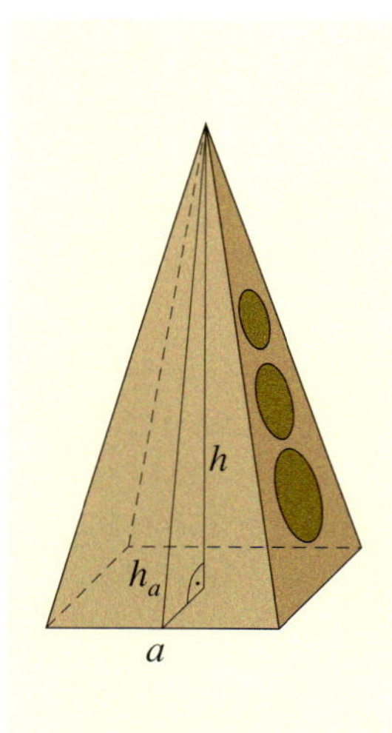

10 Carsten möchte eine Lautsprecherbox in der Form einer quadratischen Pyramide bauen. Die Seitenlänge der Grundfläche soll 50 cm und die Höhe der fertigen Pyramide 110 cm betragen.
Wie lang muss dann jeder Schenkel der Seitendreiecke sein?

11 Diese Drehleiter eines Feuerwehrwagens kann bis auf 30 m Länge ausgefahren werden. Bis zu welcher Höhe können Feuerwehrleute mit der Leiter gelangen? Verwende die Angaben der Zeichnung.

12 Zum Aufbau des Funktelefonnetzes werden häufig auf Hochhäusern vorgefertigte Funkstationen errichtet. Diese müssen dann mit einem Kran auf das Hausdach gehoben werden. Berechne die notwendige Kranarmlänge aus den Angaben der Zeichnung.

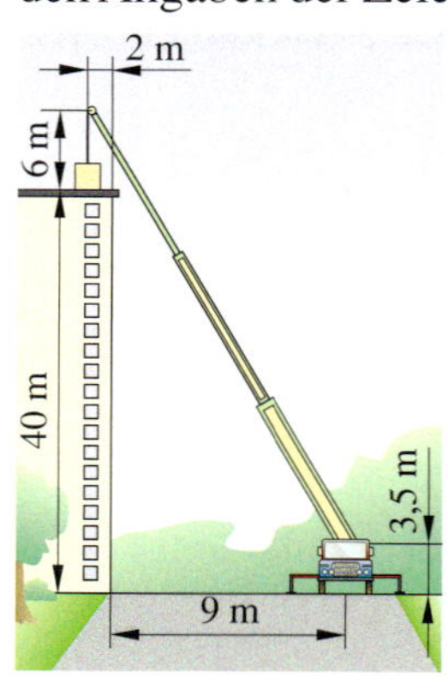

13 Nachdem eine Stehleiter aufgestellt wurde, stehen ihre Füße am Boden 1,90 m auseinander. Wie hoch reicht die Leiter, wenn jeder Leiterschenkel 3,20 m lang ist?

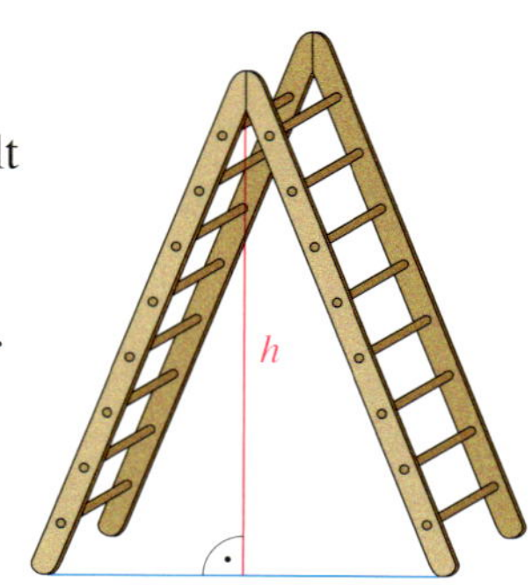

Info

Erdbeben können durch Brüche oder Verschiebungen der Erdkruste entstehen.

Bewegen sich Teile der Erdkruste, entstehen Spannungen. Übersteigen diese Spannungen die Festigkeit der Erdkruste, kommt es zum Bruch der äußeren Schale der Erde. Dabei entstehen Erschütterungen, die sich wie eine Wasserwelle in alle Richtungen ausbreiten. Die Erde bebt.

Am 13. April 1992 wurde das deutsch-niederländische Grenzgebiet vom schwersten Erdbeben seit dem Jahr 1756 heimgesucht. Zahlreiche Bauwerke nahmen dabei großen Schaden.

14 Am Aachener Rathaus war die Befestigung einer Fiale, das ist eine gotische Dachspitze, gebrochen. Wegen der drohenden Absturzgefahr musste die Fiale mit einem Kranwagen aus 36 m Höhe geborgen werden. Berechne anhand der Skizze, bis auf welche Länge der Kranausleger ausgefahren werden musste.

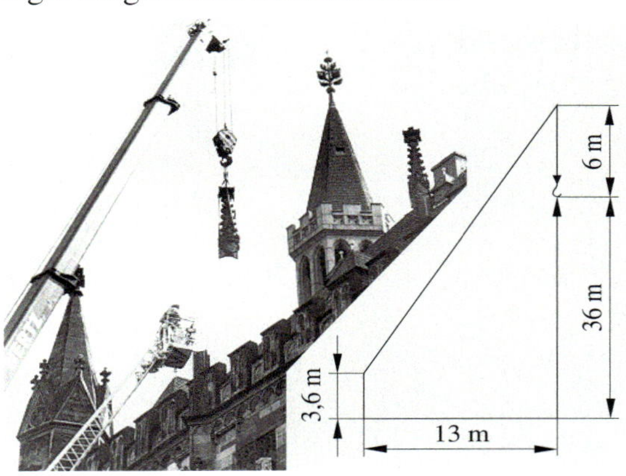

15 Die Arbeiten am Aachener Rathaus wurden aus einem Korb am Ende einer Feuerwehrdrehleiter überwacht, der sich in 34 m Höhe, 6 m entfernt von der Rathauswand befand. Der Leiterfußpunkt war 12 m von der Rathauswand entfernt, 2,40 m über dem Boden. Bis auf welche Länge musste die Drehleiter ausgefahren werden?

16 Zur Beseitigung der Erdbebenschäden hob ein Kran Arbeiter in einem Container an den defekten Hauskamin. Die waagrechte Entfernung des Containers vom Krandrehpunkt betrug 9 m. Alle weiteren Maße zeigt die Zeichnung. Bis zu welcher Länge musste der Kran ausgefahren werden?

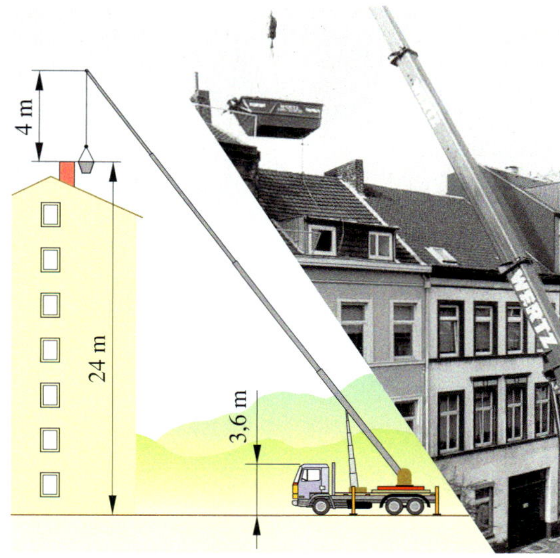

17 Am Langen Turm, einem Teil der Stadtbefestigung Aachens aus dem 14./15. Jahrhundert, hatten sich durch das Erdbeben viele Tonnen Gestein gelöst und waren in die Tiefe gestürzt. Um den Turm auf weitere Schäden zu überprüfen, wurden Sachverständige in einer Gondel mit einem Kran an den Turm gehoben. Bis zu welcher Länge musste der Kran ausgefahren werden, um die Schäden in 30 m Höhe zu untersuchen?

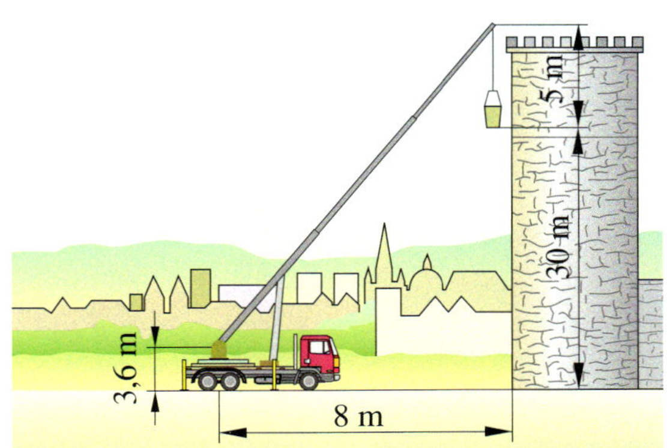

PYTHAGORAS – gestern und heute

Pythagoras wurde etwa im Jahr 570 v. Chr. auf der griechischen Insel Samos geboren, die ihm zu Ehren 1955 eine kleine Stadt in **Pythagorion** umbenannte. Dort am Hafen steht heute ein großes, modernes Denkmal, das seinen berühmten Satz symbolisiert.
Sein Leben verbrachte Pythagoras jedoch an vielen anderen Orten. So ging er zunächst nach Milet, wo der berühmte Mathematiker **Thales** seine Begabung erkannte.
Nach zwölf Jahren in Babylon gelangte er schließlich in die von Griechen bewohnte Stadt Croton in Süditalien. Dort gründete er eine religiöse Sekte, die **Pythagoräer**, die nach strengen Vorschriften über Kleidung und Nahrung lebte. Das Ordenszeichen dieses Geheimbundes wurde das **Pentagramm**, das noch im Mittelalter als „Drudenfuß“ magische Bedeutung erhielt.
Als die Pythagoräer aus Croton vertrieben wurden, ließen sie sich in der süditalienischen Stadt Metapontum nieder, wo Pythagoras etwa im Jahre 500 v. Chr. starb.
Ein großes Interesse der Pythagoräer galt der Erforschung der Zahlen. Beinahe göttliche Verehrung genoss das **Tetraktys**, die heilige Zehnzahl. Nach Pythagoras' Tod entdeckten sie, dass es nicht messbare, irrationale Zahlen gibt. Dies widersprach ihrer Auffassung „alles ist Zahl, alles ist Harmonie“ und führte schließlich gegen Ende des 4. Jahrhunderts v. Christus zur Auflösung des Geheimbundes.

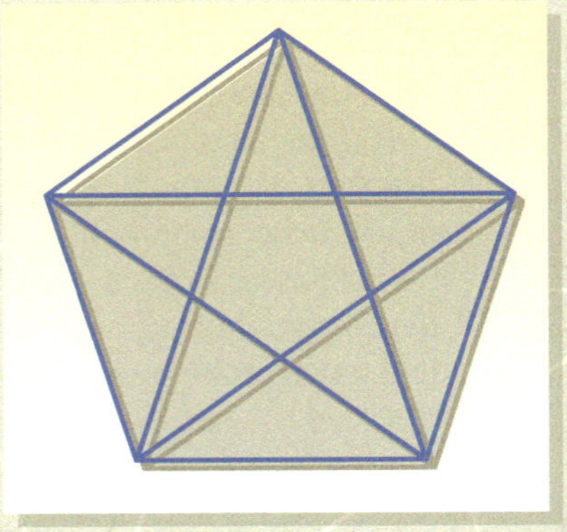

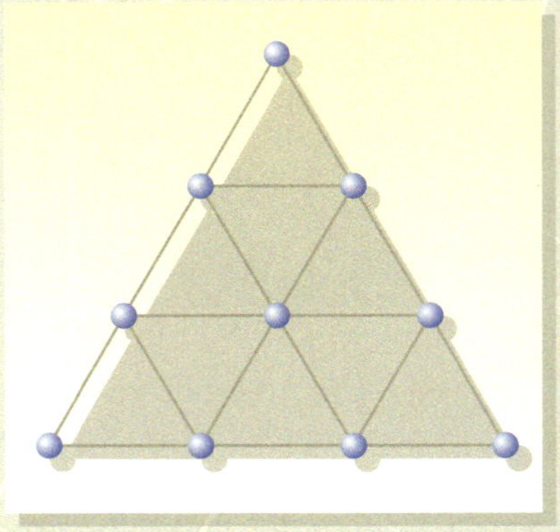

Das Tetraktys symbolisiert als „vollkommenes“ Dreieck die Rechnung $1+2+3+4=10$. Diese Darstellung von Dreieckszahlen lässt sich durch weitere Zeilen erweitern.

I B A

Die **Internationale Bauausstellung (IBA) Emscher Park**, die von 1989 bis 1999 im Ruhrgebiet stattfand, verwendete als Logo eine stilisierte Grafik des Satzes des Pythagoras. An Ausstellungsorten in **Bottrop** und **Duisburg** findet man Plastiken, die ganz deutlich den Satz des Pythagoras symbolisieren.

In vielen Kulturen hat man sich mit dem Satz des Pythagoras beschäftigt.
Figuren zum Beweis des Satzes von Pythagoras:

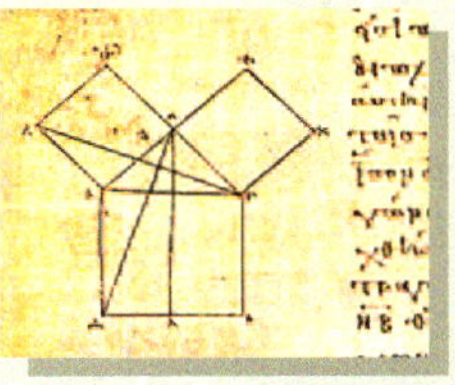

griech. Darstellung aus dem 8. Jahrhundert n.Chr.

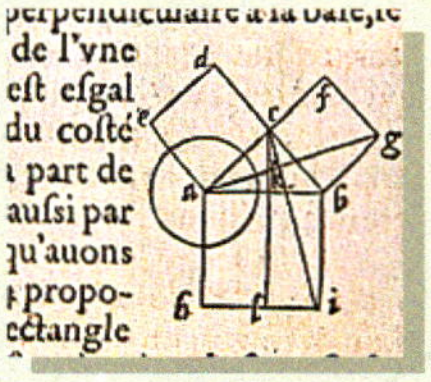

franz. Darstellung aus dem 16. Jahrhundert n.Chr.

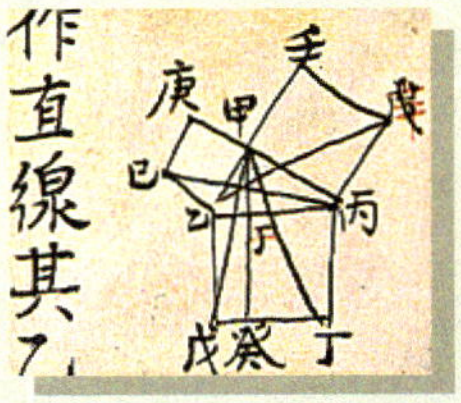

chines. Darstellung aus dem 17. Jahrhundert n.Chr.

Eine weitere bedeutende Entdeckung der Pythagoräer ist der Zusammenhang zwischen natürlichen Zahlen und musikalischen Harmonien. Erzeugt man einen Ton durch Zupfen einer Saite, so erzeugt man einen Ton, der genau eine Oktave tiefer liegt, wenn man die Saite doppelt so lang spannt. Das bedeutet, eine Oktave entspricht einem Saitenverhältnis von 1:2 ($= \frac{1}{2}$). Für eine Quinte beispielsweise gilt das Verhältnis 2:3, für die Quarte 3:4. Die Pythagoräer glaubten sogar, dass die Planeten auf ihren Bahnen ganzzahlige himmlische Harmonien erzeugen, die „Sphärenmusik".

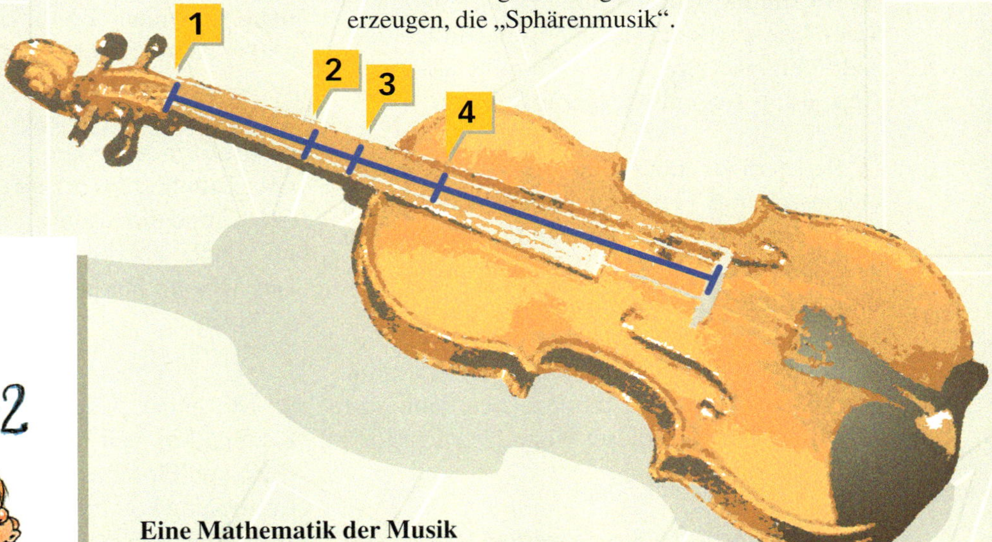

Eine Mathematik der Musik
Pythagoras entdeckte, dass Tonabstände in ganzzahligen Entfernungsverhältnissen gemessen werden können, wie an dem Schema einer G-Saite über der Viola (Bratsche) gezeigt ist. Position 1 (leere Saite) ergibt die Saitenlänge für das tiefe g, eine Oktave unter dem mittleren g; Fingerposition 2 hat $\frac{3}{4}$ der Länge und ergibt das mittlere c ; Fingerposition 3, mit $\frac{2}{3}$ der Länge, ergibt d; Fingerposition 4, $\frac{1}{2}$ der Länge, ergibt das mittlere g.

Info

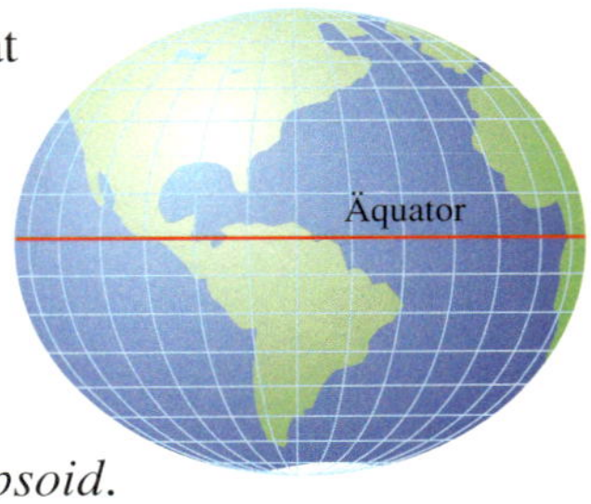

Die Erde hat nur scheinbar die Form einer Kugel. Genau genommen ist sie ein *Ellipsoid*.
Der Äquatorradius ist mit 6378 km deutlich größer als der Polradius mit 6357 km. Der **mittlere Erdradius** beträgt **6371 km**.

In den folgenden Aufgaben soll die Erde vereinfacht als Kugel betrachtet werden, sodass mit dem mittleren Erdradius gerechnet wird.

Diese Skizze verdeutlicht, wie man die Sichtweite mit dem Satz des Pythagoras berechnen kann.

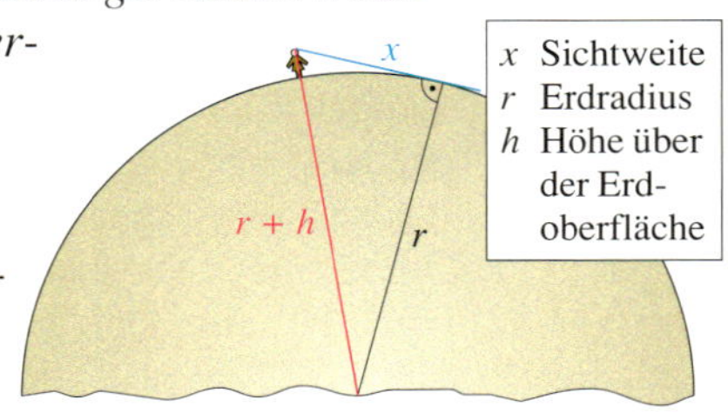

1 Alexandra steht am Strand und schaut aufs Meer. Wie weit kann sie sehen, oder anders ausgedrückt, wie weit ist es bis zum Horizont? Alexandras Augenhöhe beträgt 1,60 m.

2 Badestrände überwacht oft die Deutsche Lebensrettungs-Gesellschaft (DLRG). Häufig hat sie dort extra Aussichtsstände errichtet. Wie weit lässt sich von einem 3 m hohen Aussichtsstand das Meer überblicken?

3 Reiseflugzeuge haben eine durchschnittliche Flughöhe von 10 km. Wie weit kann man bei klarer Sicht aus dieser Höhe bis zum Horizont schauen?

4 Zur Wetterbeobachtung werden Ballons mit Instrumenten bestückt, die nach den erfolgten Messungen an einem Fallschirm wieder zur Erde zurückschweben. Stratosphärenballons erreichen dabei oft Höhen von 45 km. Wie weit könnte eine Kamera aus dieser Höhe bis zum Horizont „blicken“?

5

Am Kap São Vincente in Portugal überragt eine 60 m hohe Steilküste das Meer. Das Leuchtfeuer des lichtstärksten europäischen Leuchtturms warnt aus 25 m Höhe über dem Erdboden die Schiffe vor gefährlichen Klippen. Wie weit reicht das Leuchtfeuer, wenn es bis zum Horizont strahlt?

6 Wie viele Erfindungen der Vergangenheit dienten auch Ballons zunächst nur militärischen Zwecken. Als mit Gas gefüllte „Fesselballons“ wurden sie zur Beobachtung der feindlichen Stellungen benutzt. Die „Fessel“ war ein Stahlseil, das den Ballon nur bis zu einer bestimmten Höhe steigen ließ. Wie weit könnte man aus einem Ballonkorb blicken, der sich 150 m senkrecht über der Erde befindet?

7 Wie weit könnte theoretisch ein Astronaut (Augenhöhe 1,70 m) auf dem Mond die Mondoberfläche überblicken? Der Mondradius beträgt 1738 km.

8 Mit einer Augenhöhe von 1,75 m kann Kevin 5 km weit bis zum Horizont sehen. Der Dom von Florenz ist 107 m hoch. Aus welcher Entfernung könnte Kevin theoretisch die Domspitze noch erkennen?

9 Vera (Augenhöhe 1,65 m) steht auf der 3 m hohen Strandpromenade. In welcher Entfernung kann sie das obere Segel (2 m hoch) eines 30 m hohen Segelschiffs noch am Horizont erkennen? Fertige zunächst eine Skizze an.

Der Kathetensatz des Euklid

Anhand der Figur des Satzes des Pythagoras lassen sich weitere Gesetzmäßigkeiten herleiten. Eine der Gesetzmäßigkeiten ist der Kathetensatz des Euklid.

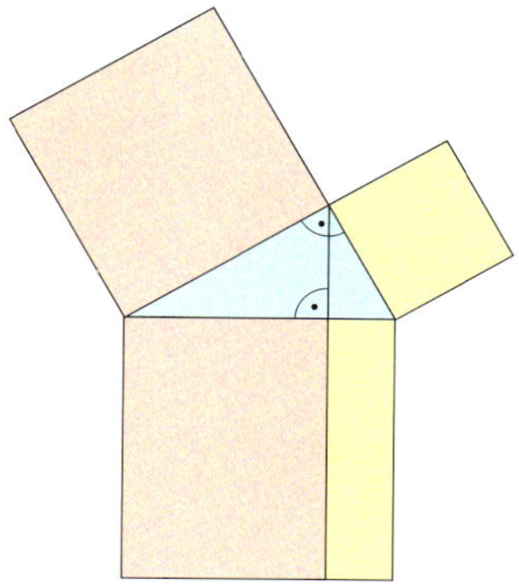

Im rechtwinkligen Dreieck mit $\gamma = 90°$ teilt die Höhe h die Hypotenuse in zwei **Hypotenusenabschnitte** p und q.

Info

Euklid lebte etwa 365 bis 300 v. Chr. In der Geschichte der Wissenschaften wird Euklid als „Euklid von Alexandria" bezeichnet, weil mit großer Sicherheit Alexandria als Wirkungsstätte angegeben werden kann.
Die entscheidende Leistung Euklids ist sein Werk „Die Elemente". In 13 Büchern stellte er das mathematische Wissen streng aufgebaut und systematisch angeordnet zusammen. Diese Erkenntnisse waren bereits früher gefunden worden.
Euklid war ein Meister der kurzen und präzisen Formulierung von Beweisen.

Zerlegt man die Flächen A_1 und A_2 günstig durch parallele Linien zu den Seiten der Flächen, entstehen Teilflächen mit jeweils gleichem Flächeninhalt. Also ist auch die Fläche A_1 flächengleich zur Fläche A_2. Entsprechend lässt sich nachweisen, dass die Fläche A_3 flächengleich zur Fläche A_4 ist.

Für die Flächeninhalte bedeutet das:

$$a^2 = c \cdot p$$

$$b^2 = c \cdot q$$

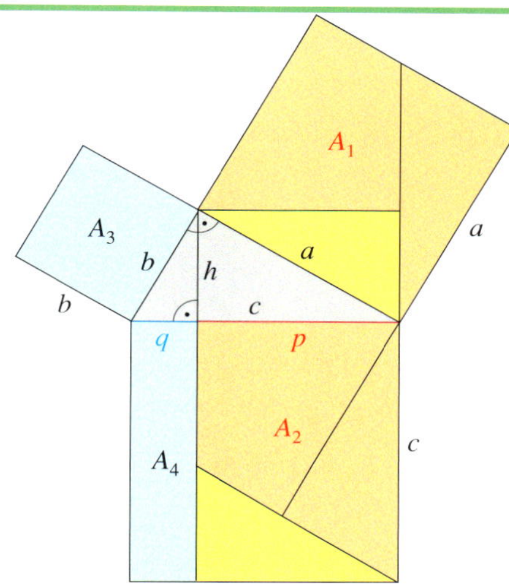

Kathetensatz des Euklid

Im rechtwinkligen Dreieck ist das Quadrat über einer Kathete flächengleich zum Rechteck aus der Hypotenuse und dem anliegenden Hypotenusenabschnitt.

Es gilt ($\gamma = 90°$): $\boldsymbol{a^2 = c \cdot p}$ und $\boldsymbol{b^2 = c \cdot q}$

Übungen

1 Berechne die fehlenden Seitenlängen des Dreiecks ($\gamma = 90°$).
a) $a = 5$ cm; $p = 2{,}5$ cm
b) $a = 4$ cm; $q = 3{,}5$ cm
c) $c = 17{,}2$ cm; $q = 6{,}5$ cm
d) $a = 5$ cm; $h = 3{,}7$ cm

2 In einem rechtwinkligen Dreieck ist $\alpha = 90°$. Der Hypotenusenabschnitt p geht von C aus, der Hypotenusenabschnitt q geht von B aus.
a) Entwickle die zwei Formen zum Kathetensatz.
b) Berechne a und c aus $p = 1{,}2$ cm und $b = 2{,}6$ cm.

Der Höhensatz des Euklid

Auch für die Höhe auf der Hypotenuse lässt sich im rechtwinkligen Dreieck eine Gesetzmäßigkeit herleiten.

Diese Höhe teilt das Dreieck in zwei rechtwinklige Teildreiecke.

Im Dreieck ABC mit $\gamma = 90°$ entstehen somit rechtwinklige Teildreiecke ADC und DBC.

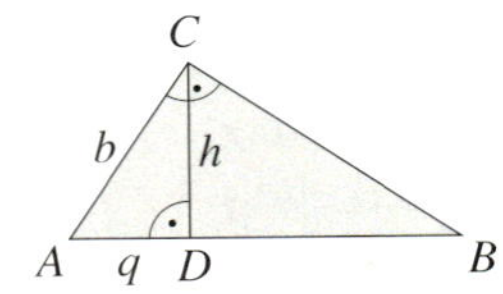

Auf das Teildreieck ADC kann der Satz des Pythagoras angewendet werden.

Da der rechte Winkel bei D liegt, gilt für das rechtwinklige Dreieck ADC:

$$b^2 = q^2 + h^2$$

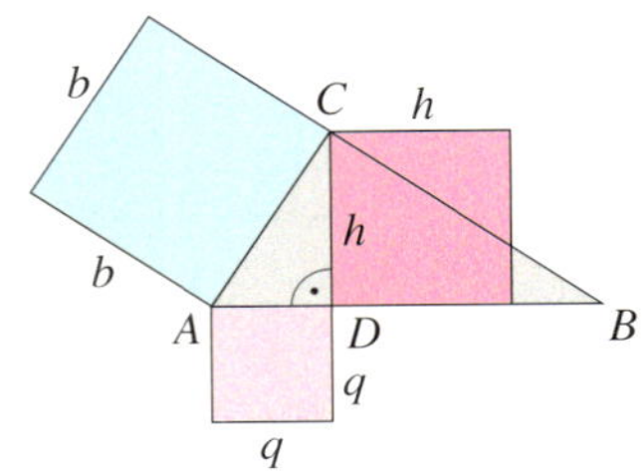

Nach dem Kathetensatz gilt für das Dreieck ABC die Beziehung:

$$b^2 = q \cdot c.$$

Da die Hypotenuse c in p und q geteilt ist, gilt auch:

$$b^2 = q \cdot (q + p),$$

also

$$b^2 = q^2 + p \cdot q$$

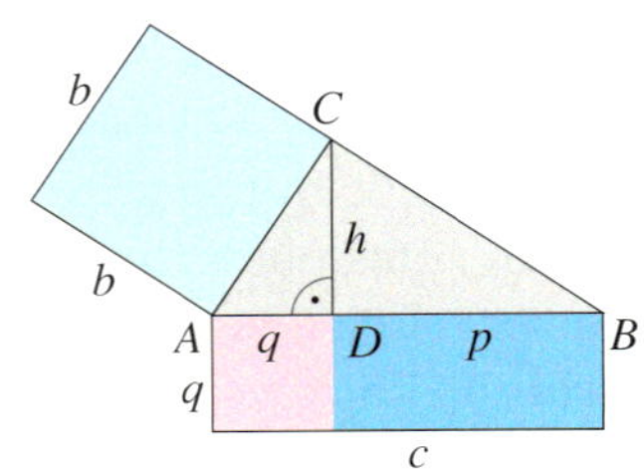

Die Anwendung beider Sätze ergibt für b^2 zwei verschiedene Ausdrücke, die demnach gleich sind:

$$q^2 + h^2 = q^2 + p \cdot q \quad | -q^2$$

$$\boldsymbol{h^2 = p \cdot q}$$

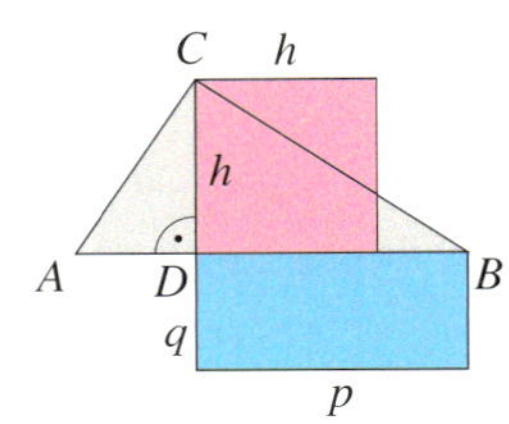

Höhensatz des Euklid

Im rechtwinkligen Dreieck ist das Quadrat über der Höhe flächengleich zum Rechteck aus den Hypotenusenabschnitten.

Es gilt: $\boldsymbol{h^2 = p \cdot q}$

Übungen

1 Berechne die Höhe des rechtwinkligen Dreiecks.

a) $p = 2{,}5$ cm; $q = 3{,}6$ cm
b) $p = 0{,}8$ cm; $q = 4{,}7$ cm
c) $p = 6{,}6$ cm; $q = 2{,}3$ cm
d) $p = 8{,}9$ cm; $q = 12{,}4$ cm

2 Mit dem Höhensatz lässt sich geometrisch die „Quadratur des Rechtecks“ durchführen. Man benötigt dazu auch den Satz des Thales.

Verwandle ein Rechteck mit der Länge $a = 4{,}5$ cm und der Breite $b = 2$ cm zeichnerisch in ein flächengleiches Quadrat. Wie lang ist das Quadrat?

checkpoint

1 Berechne die fehlende Seitenlänge des rechtwinkligen Dreiecks.
a) $a = 9$ cm; $b = 16$ cm; $\gamma = 90°$
b) $b = 9{,}8$ cm; $c = 4{,}5$ cm; $\alpha = 90°$
c) $a = 3{,}1$ cm; $c = 6{,}7$ cm; $\beta = 90°$
(9 Punkte)

2 Ein Rechteck hat die Seitenlängen $a = 7$ cm und $b = 4$ cm.
Berechne die Länge der Diagonale e.
(3 Punkte)

3 Eine 6,50 m lange Leiter wird an eine senkrechte Hauswand gestellt. Das untere Leiterende steht dabei 1,60 m von der Hauswand entfernt. In welcher Höhe liegt die Leiter an der Hauswand an? Fertige zunächst eine Skizze an. (6 Punkte)

4 Berechne die fehlende Seitenlänge des rechtwinkligen Dreiecks.

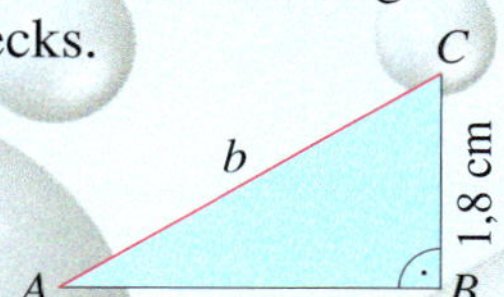

(3 Punkte)

4 Miriam (Augenhöhe 1,70 m) steht auf dem 11 m hohen Pier und schaut übers Meer zum Horizont. Wie weit kann sie sehen?
Der Erdradius beträgt 6371 km.
Fertige zunächst eine Skizze an. (7 Punkte)

5 Bestimme aus der „Schlüsselfigur“
a) die Seitenlänge des Quadrats,
b) die Längen der Rechtecksseiten.

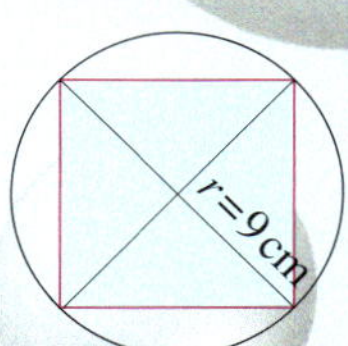

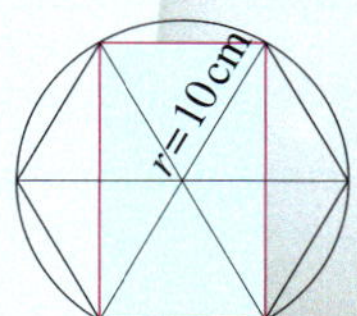

(6 Punkte)

5 Beweise den Satz des Pythagoras mithilfe des Kathetensatzes von Euklid.

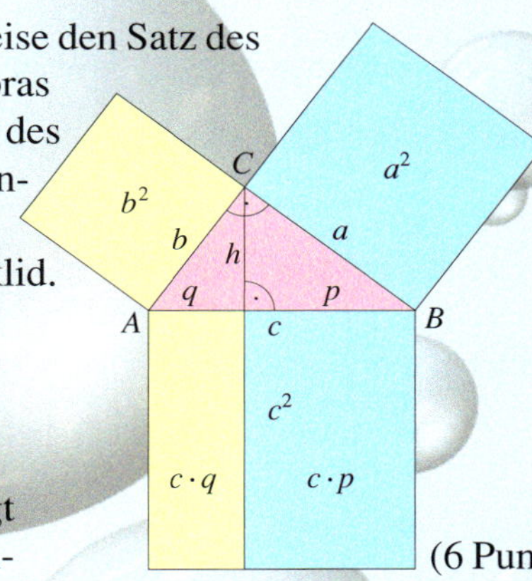

(6 Punkte)

6 Die Kantenlänge des Würfels beträgt $a = 9$ cm. Berechne die Längen der Flächendiagonale e und der Raumdiagonale d.
(6 Punkte)

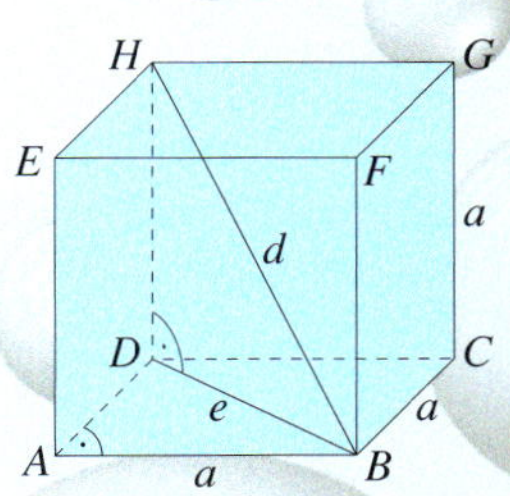

6 Berechnungen am Würfel (Bezeichnungen siehe Zeichnung)
a) Berechne die Längen der Flächendiagonale e und der Raumdiagonale d. Die Kantenlänge des Würfels beträgt $a = 9$ cm.
b) Berechne die Länge der Flächendiagonale und die Kantenlänge a. Die Raumdiagonale beträgt $d = 22{,}5$ cm.
c) Zeige, dass für die Länge der Raumdiagonale im Würfel stets $d = a\sqrt{3}$ gilt.
(15 Punkte)

Die Pyramiden von Gizeh

In der 4. Dynastie (ca. 2600 – 2475 v.Chr.) des alten ägyptischen Reiches errichteten seine Herrscher, die Pharaonen, die Pyramiden als Grabstätten. Die Menschen des alten Ägypten verstanden den Tod als den Beginn eines neuen Lebens in einer anderen Welt. Da ihnen das Leben auf der Erde relativ kurz vorkam, errichteten sie ihr Wohnhaus aus vergänglichen Lehmziegeln. Das für die Ewigkeit bestimmte Grab bauten sie aus Stein. Je höher eine Person gestellt war, desto größer war ihr Grab. Das Grab eines Pharaos war immer besonders groß und prunkvoll.

Pyramide des Chufu (auch Cheops- oder Große Pyramide genannt)	
Standort:	Gizeh (Ägypten)
Höhe:	nach Bauschluss 146,6 m Es fehlen heute 10 m von der Spitze, da die Marmorverkleidung zerfiel, entfernt oder gestohlen wurde.
Bodenfläche:	Quadrat mit ca. 230 m Seitenlänge Genaue Messungen ergaben: Nordseite: 230,25 m, Südseite 230,44 m. Ostseite: 230,38 m, Westseite 230,35 m
Gewicht:	ca. 6 180 000 t
Baumaterial:	ca. 2 Mio. Kalksteinblöcke
Baubeginn:	nicht genau bekannt, irgendwann während der Regierungszeit des Pharaos Cheops
Bauzeit:	10 Jahre für das Fundament und ca. 20 Jahre für die Pyramide
Erbauer:	Pharao Chufu, auch Cheops genannt (ca. 2620 – 2580 v. Chr.)

Pyramide des Chafre (auch Chephrenpyramide genannt)	
Höhe:	ursprünglich 143,5 m
Bodenfläche:	Quadrat mit 210 m Seitenlänge
Gewicht:	ca. 5,18 Mio. t
Erbauer:	Pharao Chafre, auch Chefren genannt Sohn des Chufu (ca. 2570 – 2530 v. Chr.)

Pyramide des Menkaure (auch Mykerinospyramide genannt)	
Höhe:	ursprünglich 62,18 m
Bodenfläche:	Quadrat mit 108,5 m Seitenlänge
Gewicht:	0,57 Mio. t
Erbauer:	Pharao Menkaure, auch Mykerinos genannt, Enkel des Chufu (ca. 2530 – 2510 v. Chr.)

In der Chufu-Pyramide befinden sich zwei quaderförmige Kammern.
Königskammer:
Länge 10,49 m, Breite 5,42 m, Höhe 5,84 m
Königinkammer:
Länge 5,76 m, Breite 5,23 m, Höhe 6,26 m

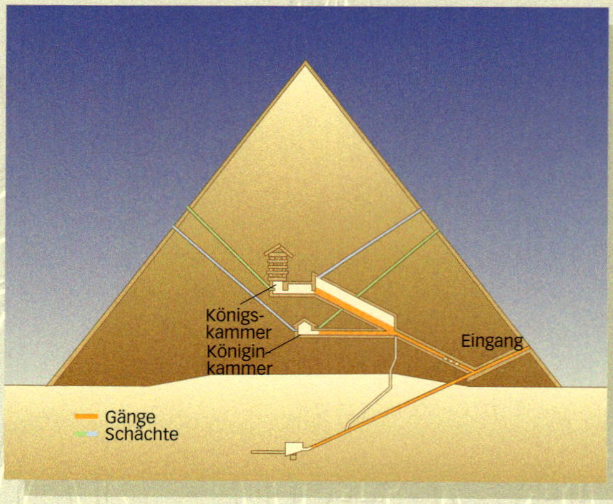

Wenn von **Pyramiden** die Rede ist, denkt man oft an die Pyramiden in Ägypten. Sie werden nach den Pharaonen Menkaure, Chafre und Chufu benannt. Jede dieser Pyramiden hat eine quadratische Grundfläche.

Es gibt jedoch auch Pyramiden mit anderen Grundflächen. Man kann zum Beispiel Turmdächer sehen, deren Grundflächen Achtecke sind.

Die Pyramiden werden meistens nach ihrer **Grundfläche** benannt, aus der sich die Anzahl der dreieckigen **Seitenflächen ergibt**, die in der **Spitze** der Pyramide zusammentreffen.

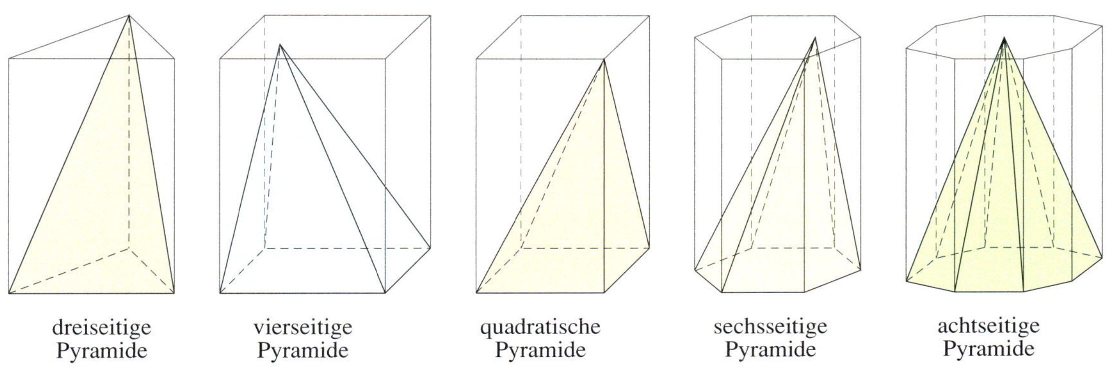

Wenn die Grundfläche ein regelmäßiges Vieleck ist, heißt sie **regelmäßige Pyramide**.

Liegt die Spitze der Pyramide senkrecht über dem Mittelpunkt der Grundfläche, heißt sie **gerade Pyramide**, sonst **schiefe Pyramide**. Die Höhe verläuft dann von der Spitze zum Mittelpunkt der Grundfläche.

Bei geraden regelmäßigen Pyramiden sind die Seitenkanten von der Spitze zu den Eckpunkten der Grundfläche gleich lang.

Die Seitenflächen sind kongruente gleichschenklige Dreiecke.

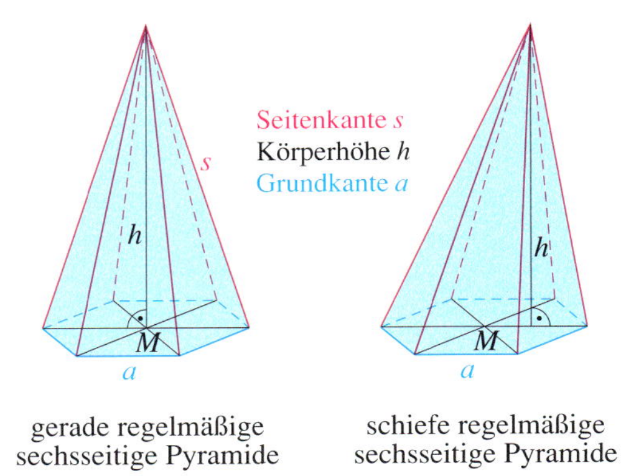

Wir beschäftigen uns meist nur mit geraden regelmäßigen Pyramiden.

Denise will eine gerade quadratische Pyramide basteln. Dazu zeichnet sie ein Körpernetz.

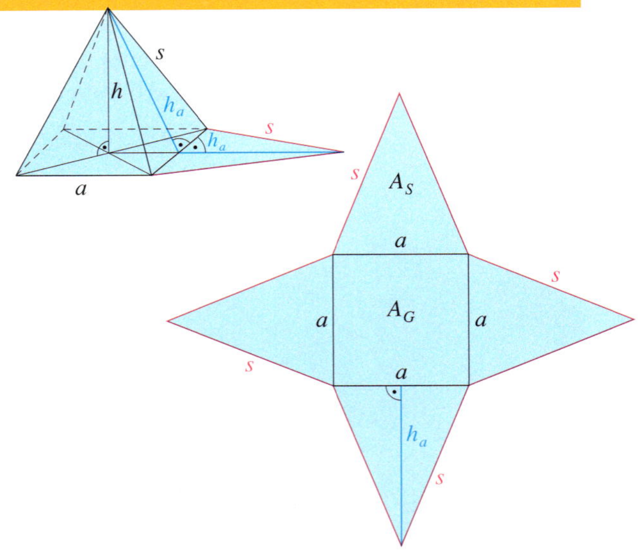

In diesem Körpernetz ist die Grundkante a der quadratischen Grundfläche 6 cm lang. Die Höhe h_a einer Seitenfläche ist 8 cm lang.

Wird der Flächeninhalt des Körpernetzes bestimmt, ist das die **Oberfläche A_O** der Pyramide. Die Oberfläche setzt sich aus dem Flächeninhalt A_G der Grundfläche und dem Flächeninhalt von vier gleichen Seitenflächen A_S zusammen.

Die Seitenflächen sind gleichschenklige Dreiecke. Deren Flächeninhalt ergibt zusammen die **Mantelfläche A_M** der Pyramide.

Wir berechnen die Oberfläche der Pyramide nach den Angaben des Körpernetzes, das Denise gezeichnet hat.

Grundfläche: $A_G = a^2$
$A_G = 6^2\ \text{cm}^2$
$A_G = 36\ \text{cm}^2$

Seitenfläche: $A_S = \frac{a \cdot h_a}{2}$
$A_S = \frac{6 \cdot 8}{2}\ \text{cm}^2$
$A_S = 24\ \text{cm}^2$

Mantelfläche: $A_M = 4\,A_S$
$A_M = 4 \cdot 24\ \text{cm}^2$
$A_M = 96\ \text{cm}^2$

Oberfläche: $A_O = A_G + A_M$
$A_O = 36\ \text{cm}^2 + 96\ \text{cm}^2$
$A_O = 132\ \text{cm}^2$

Die Oberfläche der Pyramide beträgt 132 cm².

Die Oberfläche der Pyramide setzt sich aus der Grundfläche A_G und der Mantelfläche A_M zusammen. $\mathbf{A_O = A_G + A_M}$

Übungen

1 Berechne aus den gegebenen Längen die Grundfläche, die Mantelfläche und die Oberfläche dieser quadratischen Pyramide.

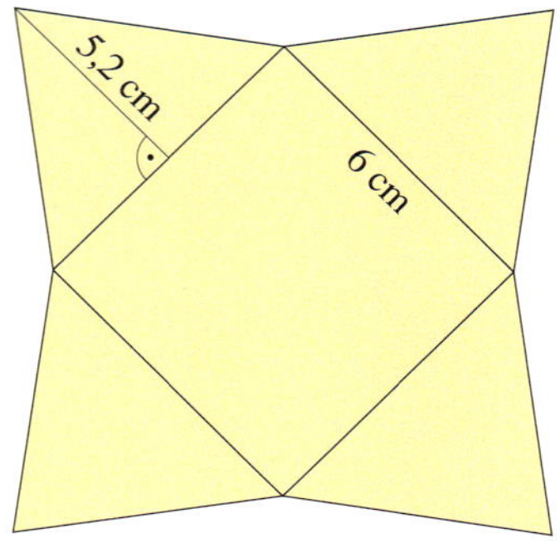

2 Dargestellt ist das Körpernetz einer geraden dreiseitigen Pyramide. Die Grundfläche ist ein gleichseitiges Dreieck. Berechne die Grundfläche, die Mantelfläche und die Oberfläche dieser Pyramide.

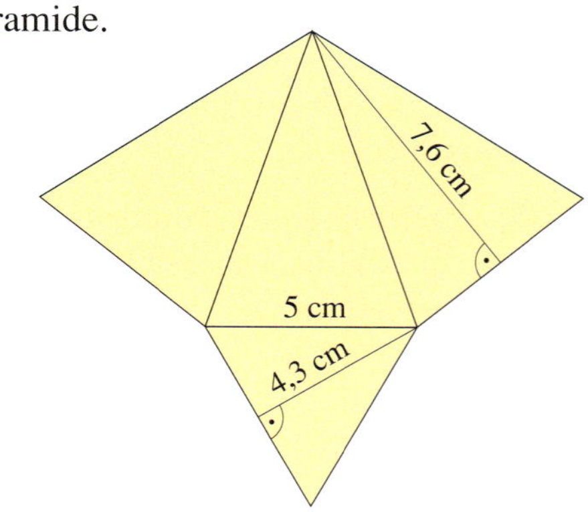

3 a) Zeichne das Körpernetz der Pyramide in dein Heft. Die Grundkanten und Seitenkanten sind gleich lang. Färbe die Grundfläche und die Mantelfläche mit verschiedenen Farben ein.

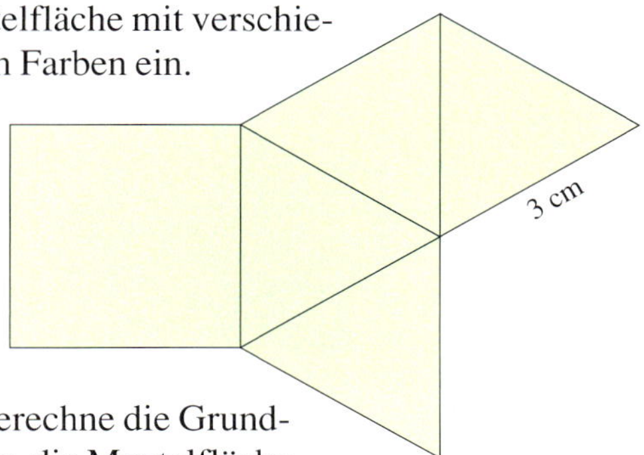

b) Berechne die Grundfläche, die Mantelfläche und die Oberfläche der Pyramide. Entnimm die fehlende Länge deiner Zeichnung.

4 Übertrage die Tabelle in dein Heft und vervollständige sie mit den fehlenden Flächeninhalten der quadratischen Pyramide.

	A_G	A_S	A_M	A_O
a)	64 cm²		320 cm²	
b)	49 m²		76 m²	
c)	81 mm²	41 mm²		
d)	100 cm²			320 cm²
e)	196 m²			1200 m²
f)			1260 m²	1885 m²
g)			1520 dm²	2249 dm²

5 Berechne die Mantelfläche und die Oberfläche der Pyramide aus den gegebenen Maßen der Skizze (Maße in cm).

a)

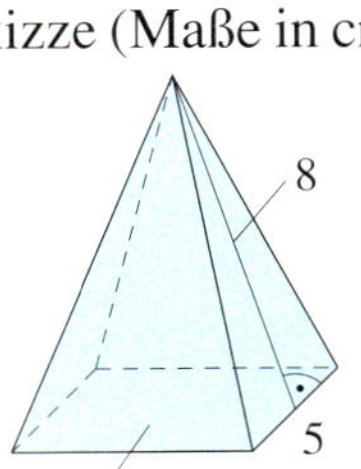

Quadrat

c)

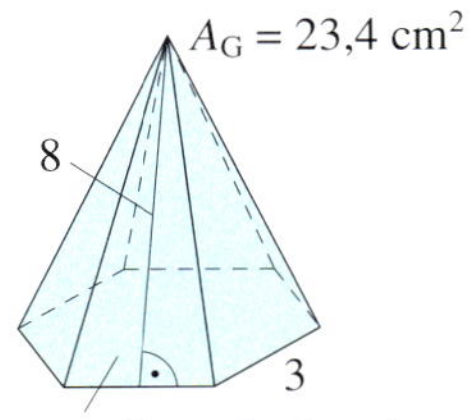

regelmäßiges Sechseck

b)

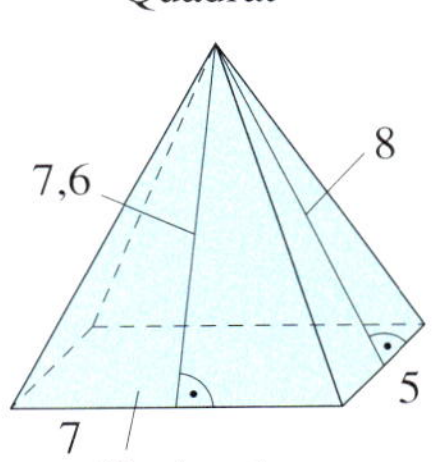

Rechteck

d)

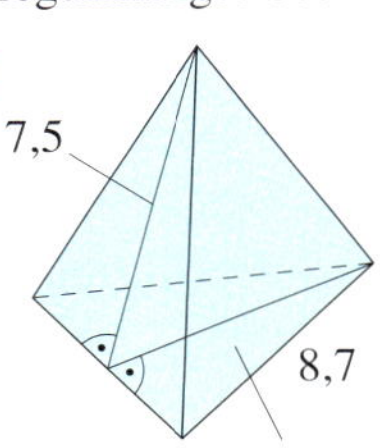

gleichseitiges Dreieck

6 a) Zeichne nach der Skizze das Körpernetz einer geraden rechteckigen Pyramide. Die Grundfläche hat die Maße $a = 6$ cm und $b = 4$ cm. Die Seitenkanten s sind alle 9 cm lang.

b) Zeichne die Höhen h_a und h_b der Seitenflächen ein und miss ihre Längen.

c) Berechne die Mantelfläche und die Oberfläche der Pyramide.

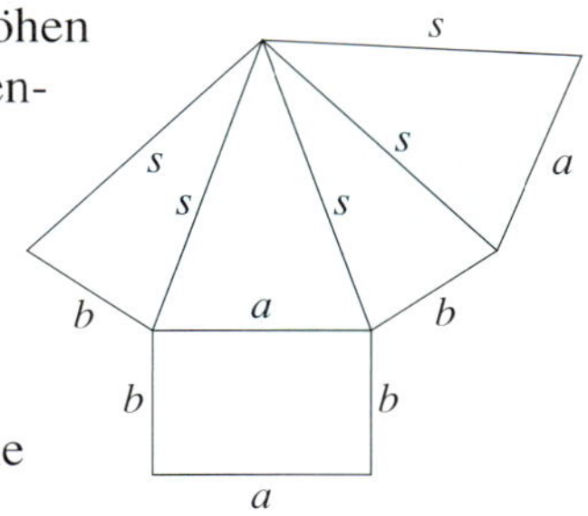

7 Dargestellt ist die Abwicklung einer regelmäßigen sechsseitigen Pyramide. Berechne aus den gegebenen Längen die Grundfläche, die Mantelfläche und die Oberfläche der Pyramide.

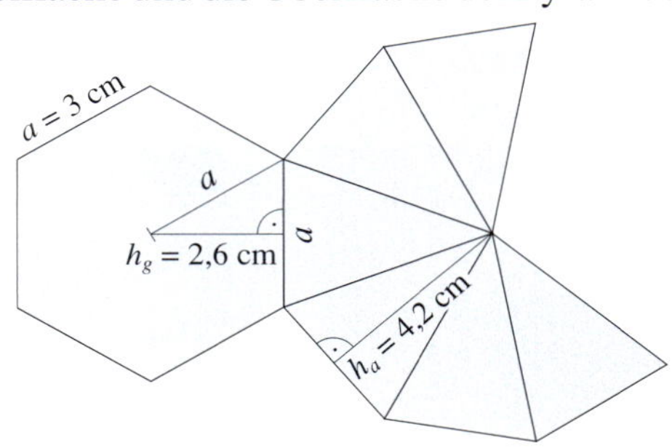

8 Ein **Tetraeder** ist eine Pyramide, deren Grundfläche und Seitenflächen gleichseitige Dreiecke sind. Zeichne das Netz eines Tetraeders mit 5 cm Kantenlänge. Miss benötigte Maße und berechne die Oberfläche.

9 Ein Turmdach ist pyramidenförmig mit quadratischer Grundfläche. Das Dach soll mit Kupferplatten neu gedeckt werden. Die Grundkanten des Dachs sind 4,8 m lang. Die Höhe jedes Seitendreiecks beträgt 3,6 m. Wie viel Quadratmeter Kupferblech sind erforderlich, wenn mit 4% Verschnitt gerechnet wird?

10 Berechne die Mantelfläche einer geraden quadratischen Pyramide.

a) $a = 5$ cm; $h_a = 7$ cm
b) $a = 3{,}9$ cm; $h_a = 10{,}2$ cm
c) $a = 3$ cm; $s = 6{,}3$ cm
d) $a = 4{,}7$ m; $s = 6{,}3$ m
e) $a = 8$ mm; $h_a = 12$ mm
f) $a = 7{,}6$ m; $h_a = 14{,}3$ m

11 Berechne die fehlenden Werte einer quadratischen Pyramide (Längen in m).

	a	s	h_a	A_M	A_O
a)	8	10			
b)	31,3		21		
c)		24	18		
d)	12		20		

12 Am Stadtrand von Paris stehen die „weinenden Türme von Nanterre“.

Mehrere Häuser haben pyramidenförmige Aufbauten mit quadratischen Grundflächen, die 5,50 m lang sind, genauso wie die Höhe der Seitenflächen jeder Pyramide. Wie groß ist die Fläche, die bei einer Pyramide gestrichen werden musste?

13 Dieses **Oktaeder** wird von acht kongruenten gleichseitigen Dreiecken begrenzt. Berechne die Oberfläche, wenn die Seitenkante $s = 6$ cm beträgt.

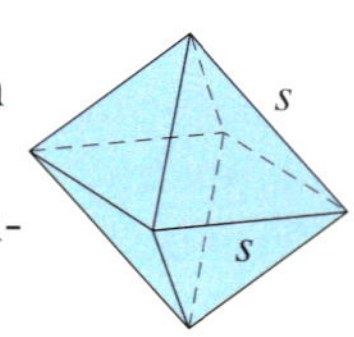

14 Berechne die Mantelfläche und die Oberfläche der Pyramide, deren Seitenkante 10 cm lang ist. Die Grundfläche ist ein

a) Quadrat, 4,6 cm lang,
b) Rechteck, 5,3 cm lang und 2,9 cm breit,
c) regelmäßiges Sechseck, 2,5 cm lang.

Info

Der Louvre ist eines der bedeutendsten Gebäude von Paris. Er war ursprünglich ein königliches Schloss.

Heute beherbergt er das größte Museum der Welt. Bei der Neugestaltung des Louvre wurde der Haupteingang in den Innenhof, den *Cour Napoleon*, verlegt und durch eine Glaspyramide überdacht. Ihre Maße sind proportional zu den Maßen der Cheopspyramide in Ägypten.

15 Berechne die Glasfläche der Pyramide im Hof des Louvre. Die Seitenfläche der Pyramide ist 28,1 m hoch. Die Grundkante dieser geraden quadratischen Pyramide ist 35 m lang.

16 Im Hof des Louvre sind neben der großen Glaspyramide des Haupteingangs weitere drei kleinere Glaspyramiden aufgebaut worden. Diese sind 4,93 m hoch. Ihre quadratischen Grundflächen sind jeweils 9,02 m lang.

a) Wie groß ist die Glashülle einer Pyramide?
b) Die Glashülle der großen Pyramide ist ca. 1967 m^2 groß und wiegt ca. 86 t. Die kleinen Pyramiden sind genauso aufgebaut. Wie schwer ist die Glashülle einer kleinen Pyramide?

17 Die Grundkante einer sechsseitigen regelmäßigen Pyramide ist 6,1 cm lang. Ihre Seitenkante ist 13 cm lang. Berechne die Mantelfläche der Pyramide.

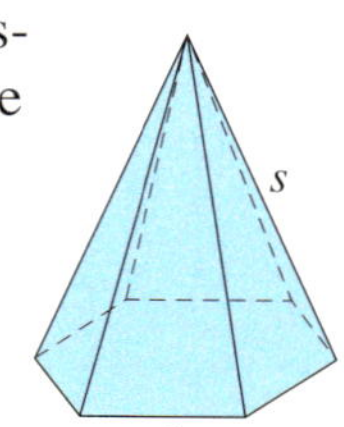

Volumen von Pyramiden

Das wohl mächtigste Bauwerk der Welt ist die Pyramide des Pharaos Chufu, auch Cheopspyramide genannt.

Sie hat die Form einer geraden quadratischen Pyramide. Die Pyramide wurde etwa 2600 vor Christus aus mehr als zwei Millionen Steinblöcken gebaut.

Wir überlegen, wie das Volumen einer Pyramide berechnet werden kann. Mit einem einfachen Experiment lässt sich das Volumen einer Pyramide bestimmen.

Hierfür benötigen wir ein Pyramidenmodell und ein Prismenmodell. Beide Modelle müssen die gleiche Grundfläche und die gleiche Körperhöhe haben. Durch Umfüllen von Wasser kann gemessen werden, wie oft das Volumen der Pyramide in das Volumen des Prismas passt.

Mit drei Füllungen des Pyramidenvolumens ist das Prismenvolumen ausgefüllt: $3\,V_{\text{Pyramide}} = V_{\text{Prisma}}$

$V_{\text{Pyramide}} = \frac{1}{3}\,V_{\text{Prisma}}$

Für das Volumen von Prismen gilt $V = A_G \cdot h$.
Für das Volumen von Pyramiden gilt demnach $V = \frac{1}{3} A_G \cdot h$.
Für das Volumen von quadratischen Pyramiden mit der Grundkante a gilt dann $V = \frac{1}{3} a^2 h$.

Das Volumen V einer quadratischen Pyramide mit der Grundkante a und der Höhe h lässt sich mit dieser Formel berechnen:

$$\boldsymbol{V = \frac{1}{3} a^2 h}$$

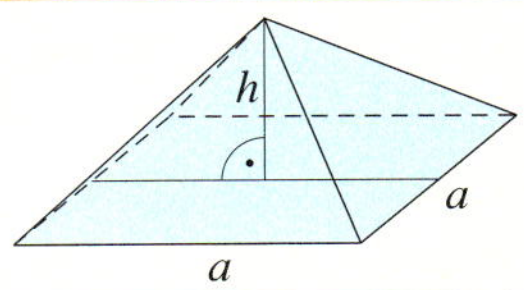

Beispiel

Berechne den umbauten Raum der Cheopspyramide.

Gegeben: $a = 230{,}8$ m, $h = 146{,}6$ m

Gesucht: V

Lösung:
$V = \frac{1}{3} a^2 h$
$V = \frac{1}{3} \cdot 230{,}8^2 \cdot 146{,}6\ \text{m}^3$
$V \approx 2\,603\,061\ \text{m}^3$
$V \approx 2\,603\,000\ \text{m}^3$

Der umbaute Raum der Cheopspyramide beträgt ca. $2\,603\,000\ \text{m}^3$.

Übungen

1 Berechne die Grundfläche und das Volumen der quadratischen Pyramide.
a) $a = 7$ cm; $h = 9$ cm
b) $a = 8$ cm; $h = 15$ m
c) $a = 7{,}4$ cm; $h = 20{,}3$ cm
d) $a = 12{,}85$ dm; $h = 21{,}9$ dm

2 Berechne das Volumen der quadratischen Pyramide.
a) $a = 16{,}2$ cm; $h = 24{,}8$ cm
b) $a = 12{,}9$ m; $h = 25{,}1$ m
c) $a = 105$ m; $h = 46$ m

3 Auf dem Marktplatz von Karlsruhe steht diese quadratische Pyramide. Sie ist an der Grundkante 6,05 m lang und 6,81 m hoch. Berechne den umbauten Raum dieses Bauwerks.

4 In der Nähe der Cheopspyramide wurden für den Sohn des Pharaos Cheops die Chefrenpyramide und später für einen Enkel des Pharaos die Pyramide des Mykerinos erbaut. Beide Pyramiden haben jeweils eine quadratische Grundfläche.
a) Die Chefrenpyramide ist 210 m lang und war ursprünglich 143,5 m hoch.
b) Die Pyramide des Mykerinos ist 108,5 m lang und war ursprünglich 62,18 m hoch.
Berechne das Volumen.

5 Berechne die Grundfläche der Pyramide mithilfe der umgestellten Formel $A_G = \frac{3V}{h}$.

Beispiel: $V = 300\text{ cm}^3$; $h = 12$ cm
$A_G = \frac{3 \cdot 300}{12}\text{ cm}^2$; $A_G = 75\text{ cm}^2$

a) $V = 600\text{ cm}^3$; $h = 18$ cm
b) $V = 1560\text{ m}^3$; $h = 25$ m
c) $V = 248\text{ mm}^3$; $h = 12$ mm

6 Berechne die Höhe der Pyramide mithilfe der umgestellten Formel $h = \frac{3V}{A_G}$.

Beispiel: $V = 400\text{ cm}^3$; $A_G = 150\text{ cm}^2$
$h = \frac{3 \cdot 400}{150}$ cm; $h = 8$ cm

a) $V = 600\text{ cm}^3$; $A_G = 160\text{ cm}^2$
b) $V = 1560\text{ m}^3$; $A_G = 250\text{ m}^2$
c) $V = 248\text{ mm}^3$; $A_G = 64\text{ mm}^2$

7 Berechne die Grundkante der Pyramide mithilfe der umgestellten Formel $a = \sqrt{\frac{3V}{h}}$.
Runde das Ergebnis auf eine Nachkommastelle.

Beispiel: $V = 300\text{ cm}^3$; $h = 12$ cm
$a = \sqrt{\frac{3 \cdot 300}{12}}$ cm; $a \approx 8{,}7$ cm

a) $V = 800\text{ cm}^3$; $h = 21$ cm
b) $V = 2350\text{ m}^3$; $h = 33$ m
c) $V = 346\text{ mm}^3$; $h = 19$ mm

8 Übertrage die Tabelle in dein Heft und berechne die fehlenden Angaben der quadratischen Pyramide.

	V	h	A_G	a
a)		9,3 cm		5,6 cm
b)		12,4 m	$23{,}04\text{ m}^2$	
c)	$237{,}16\text{ dm}^3$			7,7 dm
d)	$62{,}68\text{ cm}^3$		$34{,}81\text{ cm}^2$	
e)		7,2 m		21,8 m
f)	1536 cm^3		256 cm^2	

9 Wie hoch ist die quadratische Pyramide?
a) $V = 100\text{ m}^3$; $a = 2$ m
b) $V = 36\text{ cm}^3$; $a = 2{,}4$ cm
c) $V = 892{,}8\text{ cm}^3$; $a = 9{,}3$ cm
d) $V = 270\,000\text{ cm}^3$; $a = 71$ cm

10 Ein Trinkpäckchen hat die Form eines **Tetraeders**, einer dreiseitigen Pyramide, die von vier kongruenten gleichseitigen Dreiecken begrenzt ist. Eine Seitenkante ist 13,7 cm lang.
a) Berechne das Volumen.
b) Vergleiche das Volumen mit der Inhaltsangabe.

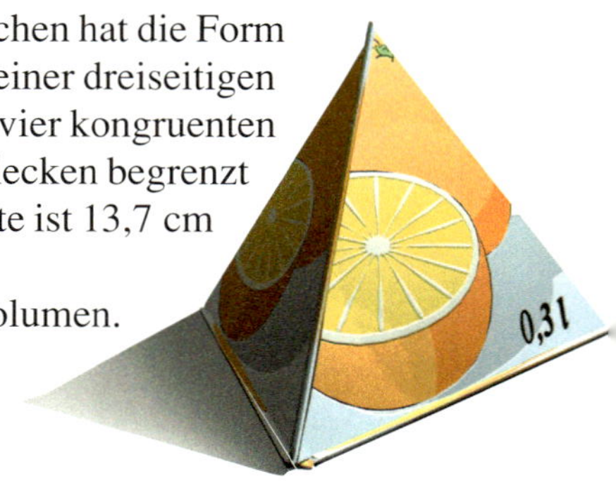

11 Eine quadratische Pyramide soll gemauert werden. Die Grundkante soll 2,4 m betragen, die Höhe 1,5 m. Die Pyramide ist innen ausgefüllt

a) Wie viel m^3 Mauerwerk enthält der Bau?

b) Wie viele Mauersteine und wie viel m^3 Mörtel werden mindestens benötigt, wenn man für $1\,m^3$ Mauerwerk mit 380 Steinen und 300 l Mörtel rechnet?

12 Berechne aus dem Netz der quadratischen Pyramide ihr Volumen. Bestimme dazu die Seitenhöhe und daraus die Körperhöhe.

a)

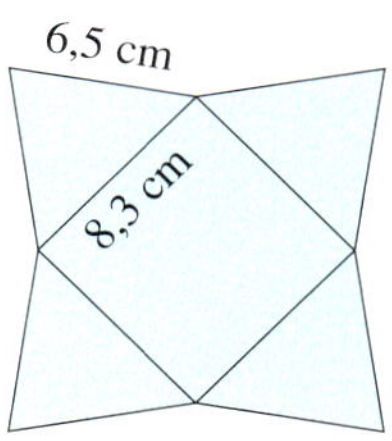

b)

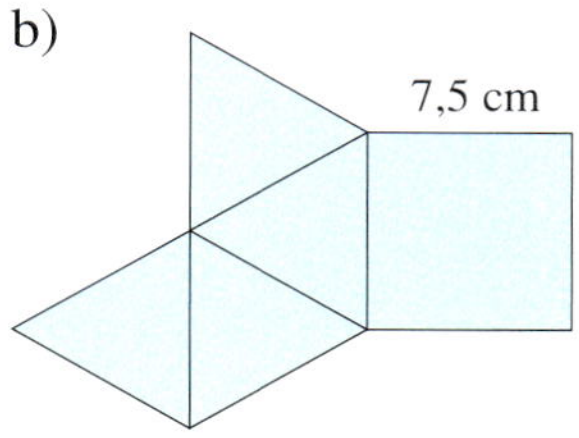

13 Ein Würfel hat 10 cm Kantenlänge. Aus dem Würfel soll eine quadratische Pyramide mit möglichst großem Volumen herausgearbeitet werden.

a) Welches Volumen hat die Pyramide?

b) Vergleiche das Volumen des Würfels mit dem der Pyramide.

14 Eine quadratische Pyramide hat die Grundkantenlänge $a = 20$ cm und die Höhe $h = 30$ cm.

a) Durch einen Schnitt parallel zur Grundfläche im Abstand von 18 cm wird diese Pyramide geteilt. Berechne das Volumen der abgetrennten Pyramide.

b) Es soll die Pyramide durch einen Schnitt parallel zur Grundfläche so geteilt werden, dass die Höhe halbiert wird. Bestimme durch eine Rechnung, ob beide Körper auch das gleiche Volumen besitzen.

15 Von dem Würfel mit $a = 8{,}25$ dm wird eine Pyramide abgeschnitten (siehe Zeichnung).

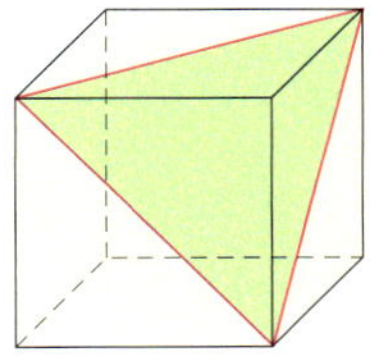

a) Berechne das Volumen der Pyramide.

b) Berechne das Volumen des Restkörpers.

16 Eine Sandsteinpyramide hat eine rechteckige Grundfläche mit 2,3 m Länge und 1,7 m Breite. Die Pyramide ist 2,7 m hoch.

a) Berechne das Volumen der Pyramide.

b) Wie schwer ist die Pyramide, wenn $1\,dm^3$ Sandstein 2,6 kg wiegt?

Info

In der Natur kommen Kristalle meist in geometrisch genauen Formen vor.

Quarze bilden zum Beispiel häufig Kristalle mit der Form zusammengesetzter Körper, die aus regelmäßigen sechsseitigen Prismen mit zwei aufgesetzten Pyramiden bestehen.

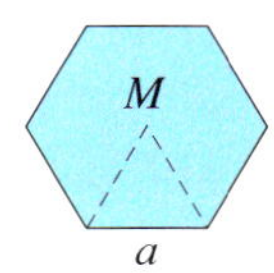

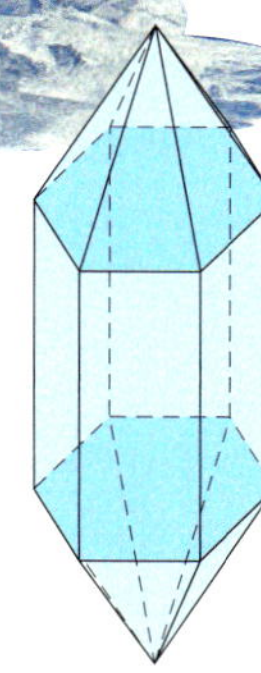

Schwefelkristalle haben häufig die Form von Doppelpyramiden mit rautenförmigen Grundflächen.

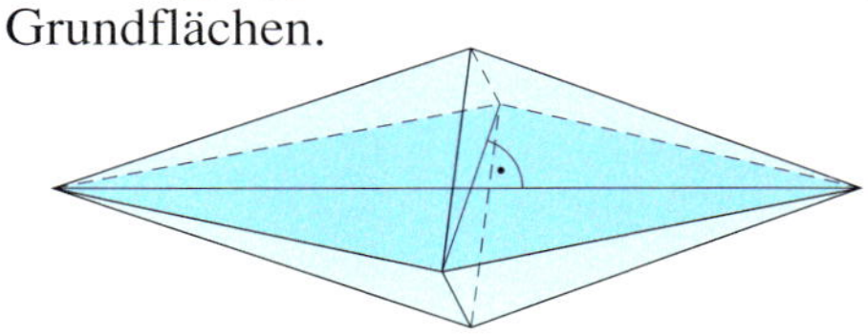

17 Bei einem Quarzkristall ist der prismenförmige Teilkörper 4,7 cm, jeder pyramidenförmige Teilkörper 3,4 cm hoch. Die gemeinsame Grundfläche der Teilkörper ist 3,1 cm lang.

a) Berechne die Grundfläche jedes Teilkörpers.

b) Berechne das Volumen des Kristalls.

18 Bei einem Schwefelkristall sind die Diagonalen der gemeinsamen rautenförmigen Grundfläche der Teilpyramiden 3,8 mm und 1,6 mm lang. Eine Teilpyramide ist 1 mm hoch.

a) Berechne die gemeinsame Grundfläche der Teilpyramiden.

b) Berechne das Volumen des Kristalls.

checkpoint

1 Berechne die Oberfläche der Pyramide.
(3 Punkte)

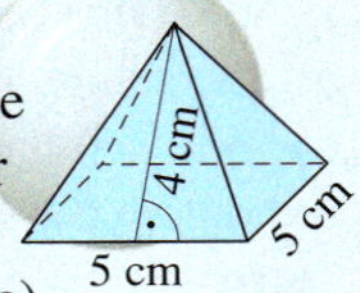

2 Berechne das Volumen der Pyramide.
(3 Punkte)

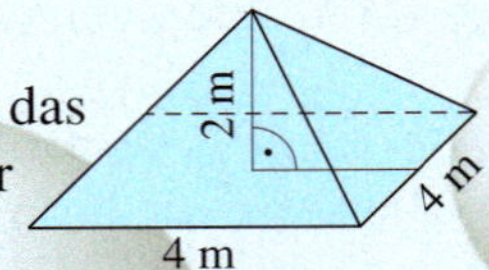

3 Gegeben ist das Körpernetz einer quadratischen Pyramide.
a) Berechne die Oberfläche.
b) Berechne das Volumen, wenn die Höhe der Pyramide 2,1 cm beträgt.
(6 Punkte)

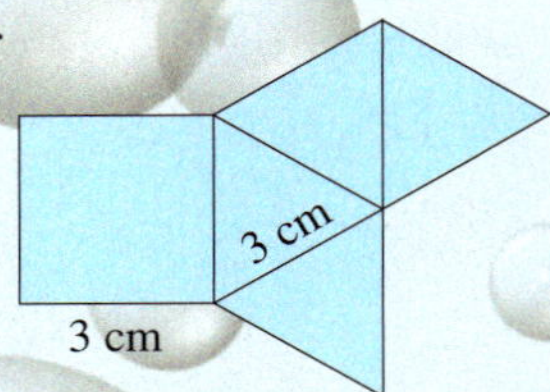

3 Die Grundfläche einer quadratischen Pyramide aus Marmor (Dichte $\varrho = 2{,}65\ \frac{\text{kg}}{\text{dm}^3}$) hat die Grundkante $a = 21$ cm.
Die Pyramide wiegt 14 kg
(Dichte = Masse : Volumen, $\varrho = \frac{m}{V}$).
Welche Höhe hat die Pyramide?
(10 Punkte)

4 Ein Zeltdach hat die Form einer quadratischen Pyramide, deren Grundkante $a = 4{,}2$ m und deren Seitenhöhe $h_a = 10{,}8$ m beträgt.
a) Wieviel m^2 Kupferblech braucht ein Dachdecker zur Bedeckung dieses Daches?
b) Was kostet die Dachbedeckung, wenn 1 m^2 Kupferblech 55 € kostet? (ohne Verschnitt)
c) Wie hoch ist das Dach?

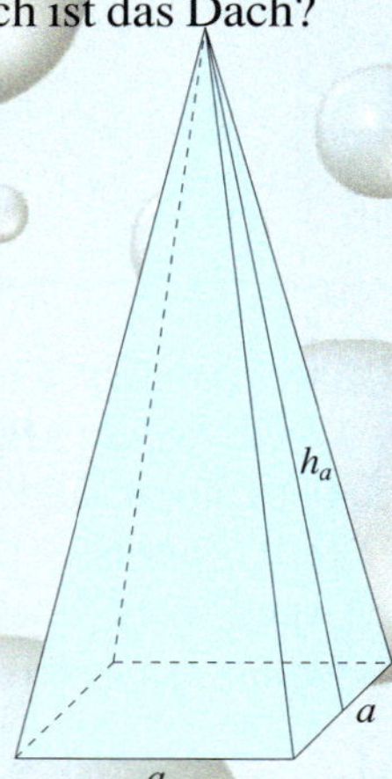

(10 Punkte)

4 Es soll eine quadratische Pyramide gemauert werden. Ihre Grundkante ist mit 2,4 m Länge angegeben. Ihre Höhe soll 1,5 m betragen.
a) Wie viel m^3 Mauerwerk wird für die Pyramide verarbeitet?
b) Man rechnet, dass für 1 m^3 Mauerwerk 380 Ziegelsteine und 0,3 m^3 Mörtel benötigt werden. Wie viele Mauersteine und wie viel m^3 Mörtel werden mindestens benötigt?
c) Um die Pyramide zu bauen, will ein Bauunternehmen 2 Maurer einsetzen. Jeder von ihnen arbeitet 9,5 Stunden an der Pyramide. Das Unternehmen berechnet die Arbeitsstunde des ersten Maurers mit 32,50 € zuzüglich MwSt. und die des zweiten Maurers mit 24,85 € zuzüglich MwSt. Der Mehrwertsteuersatz beträgt 16%. Berechne die Gesamtkosten einschließlich Mehrwertsteuer für die Arbeit beider Maurer.
(11 Punkte)

Zufall

Geheimschriften entschlüsseln

Glh Zlvvhqvfkdiw yrq ghu
Jhkhlpkdowxqj ghu Gdwhq
khlvvw **Nubswrjudsklh**.
Lkuh Dxijdeh ehvwhkw gdulq
hlqhq Whaw lq hlqhq
Jhkhlpwhaw cx xhehuvhwchq.
Gdv Yhuvfkoxhvvhoq qhqqw
pdq dxfk **Fkliiulhuhq**, gdv
Hqwvfkoxhvvhoq
Ghfkliiulhuhq.

Chiffrierscheibe zum Ver- und Entschlüsseln eines Geheimtextes
(Eingestellt ist die Verschiebung + 3)

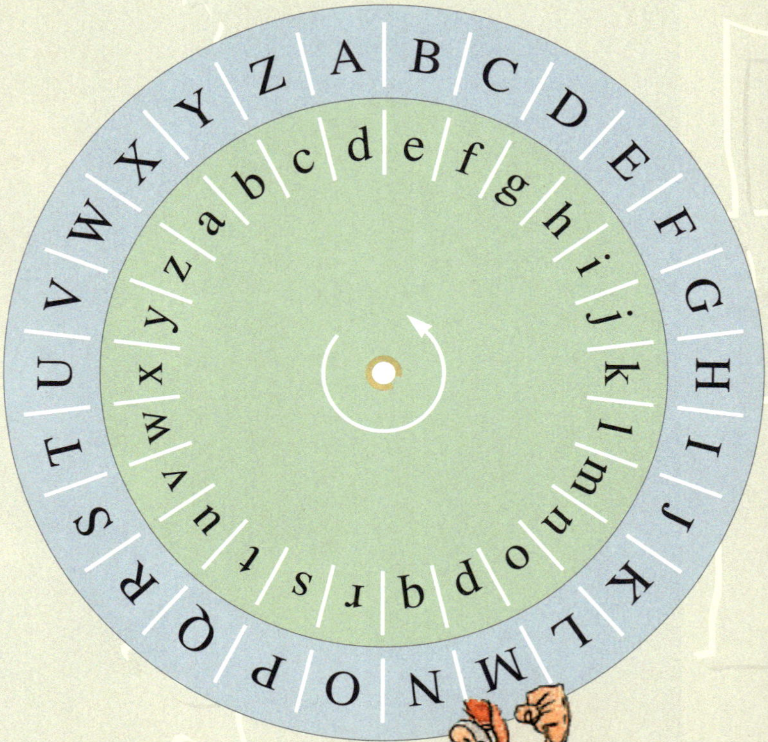

Solche Geheimschriften entstehen durch eine Verschiebung der Buchstaben des Alphabets. Diese Verschlüsselungsart nennt man auch CAESAR, da der römische Feldherr und Politiker Gaius Julius Caesar (100 – 44 v. Chr.) sie bereits benutzt haben soll.

Kompliziertere Verschlüsselungen arbeiten oft mit einem Schlüsselwort wie z. B. „Tunfisch“. Das bedeutet, dass dieses Wort die ersten Buchstaben der Geheimschrift bildet. Die nicht im Schlüsselwort vorkommenden Buchstaben schreibt man in alphabetischer Reihenfolge dahinter.

A	B	C	D	E	F	G	H	I	J	K	L	M	N	O	P	. . .
t	u	n	f	i	s	c	h	a	b	d	e	g	j	k	l	. . .

Deshalb darf im Schlüsselwort kein Buchstabe mehrfach vorkommen.

Fai cihiagi Ftqijriuioqotcrjc plaieq hirqi vko teeig aj Nkglrqiojiqzij iaji cokppi Okeei z. U. uiag Nkgiutjdajc. Uipkjfiop panhioi Viopnherippierjcpgiqhkfij viowijfij htirsac cokppi Loagztheij.

Relative Häufigkeit = $\frac{\text{absolute Häufigkeit}}{\text{Grundgesamtheit}}$

Indem man die relative Häufigkeit von Geheimschriftzeichen in einem Text ermittelt, gelingt es zumeist schnell, die Zeichen für die am häufigsten in der deutschen Sprache vorkommenden Buchstaben zu entschlüsseln. Auf diese Weise kann man auch Geheimschriften entschlüsseln, die nicht auf einer einfachen Buchstabenverschiebung beruhen.

• • • – – – – • • •

Jokyk Fkoinkt yzgsskt gay jks Suxykgrvnghkz atj hkjkazkt YUY (ygek uax yuary). Jokyk Fkoinkt ckxjkt akhkx Roinz ujkx krkqzxoyink Yomtgrk akhkxsozzkrz. (• qaxf, –rgtm).

(Dieser Text wurde mit einer anderen Verschiebung der Chiffrierscheibe verschlüsselt)

Relative Häufigkeit der Buchstaben in der deutschen Sprache

e	0,181061	**m**	0,025145
n	0,104125	**o**	0,022383
r	0,080820	**b**	0,018824
i	0,075155	**z**	0,016765
s	0,063501	**w**	0,016736
t	0,055757	**f**	0,016026
a	0,053933	**k**	0,011264
d	0,051684	**v**	0,008662
h	0,051330	**p**	0,005883
u	0,040985	**j**	0,001942
l	0,034545	**y**	0,000207
c	0,031506	**q**	0,000171
g	0,031434	**x**	0,000156

Auch die Pay-TV-Sender benutzen eine Codierung, um ihre Fernsehbilder zu verschlüsseln. Nur Zuschauer, die für einen Decoder bezahlt haben, können diese Sendungen mit einem scharfen Bild empfangen.

Zufall, Glück und Pech spielen in unserem Leben oftmals eine große Rolle. Es geht dabei immer um Vorgänge, die sich nicht vorhersagen lassen.

Wenn Ute und Peter auf die Wippe steigen, kannst du das Ergebnis vorhersagen. Es ist nicht zufällig.

Beim Würfeln kann man nicht vorhersagen, welches Ergebnis man erhält. Es hängt vom Zufall ab.

> Mehrfache Wiederholungen eines zufälligen Vorgangs unter gleichen Bedingungen nennt man **Zufallsexperimente**.
>
> Die Menge aller möglichen Ergebnisse eines Zufallsexperiments heißt **Ergebnismenge *S***.
>
> Für einen Würfel heißt die Ergebnismenge $S = \{1, 2, 3, 4, 5, 6\}$.

Beispiel

In einer Urne liegen 10 bunte Kugeln. (Im Zusammenhang mit Zufallsexperimenten spricht man von Urnen anstelle von Gefäßen.) Sie unterscheiden sich durch ihre Farben blau, gelb und rot. Jens greift mit verbundenen Augen in die Urne und entnimmt zufällig eine Kugel. Bestimme die Ergebnismenge S.

Jens zieht entweder eine blaue, eine gelbe oder eine rote Kugel. In der Ergebnismenge werden die Farben der Kugeln aufgeführt.

$$S = \{\text{blau, gelb, rot}\}$$

Übungen

1 In einer Urne liegen Kugeln mit den Nummern 1 bis 8. Eine Kugel wird zufällig entnommen. Bestimme die Ergebnismenge S.

2 In einer Urne liegen grüne, schwarze, weiße und braune Kugeln. Ann-Katrin greift mit verbundenen Augen einmal hinein und entnimmt eine Kugel. Schreibe die Ergebnismenge S dieses Zufallsexperiments auf.

3 In einer Urne liegen Kugeln mit den Nummern 1 bis 15. Außerdem unterscheiden sie sich durch ihre Farben rot, gelb, blau und grün. Zufällig soll eine Kugel entnommen werden.

a) Schreibe die Ergebnismenge S_1 auf, die sich auf die Nummern der Kugeln bezieht.
b) Schreibe die Ergebnismenge S_2 auf, die sich auf die Farben der Kugeln bezieht.

4 Die beiden Seiten einer Münze heißen Wappen bzw. Zahl. Du wirfst eine Münze. Schreibe die Menge der möglichen Ergebnisse auf.

5 Das Glücksrad wird einmal gedreht. Bestimme die Ergebnismenge S.

6 Inge, Kai, Petra, Bernd und Dirk spielen „Der Plumpsack geht um“.

Bernd muss gleich hinter jemandem das Taschentuch fallen lassen. Gib dafür die Ergebnismenge S an.

7 a) Gib die Ergebnismenge S für das einmalige Würfeln mit jedem einzelnen Würfel an.
b) Gib die Ergebnismenge S dafür an, wenn man mit beiden Würfeln gleichzeitig würfelt und die Augenzahlen addiert.
Hinweis: Elf Ergebnisse sind möglich.

8 a) Hier wird mit zwei Würfeln gewürfelt und jedes Mal werden die Augenzahlen addiert. Welche Ergebnisse sind möglich? Vervollständige die Ergebnismenge
$S = \{\ldots, 7, \ldots\}$.

b) Wie lautet die Ergebnismenge S, wenn man mit drei Würfeln würfelt und die Augenzahlen addiert?

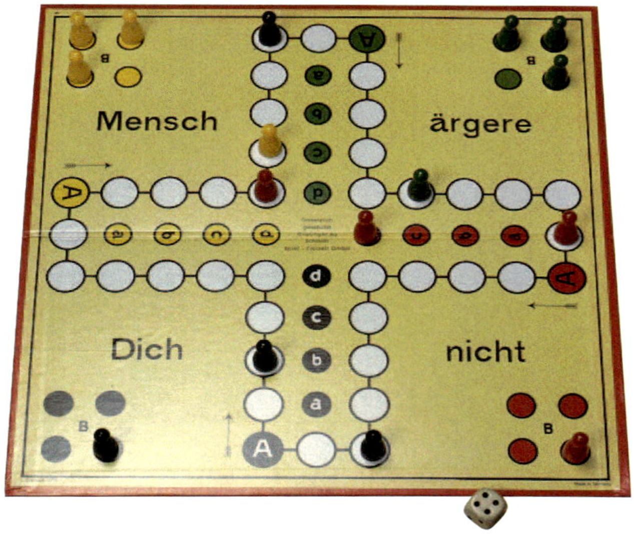

Katja spielt mit Freunden „Mensch ärgere dich nicht“. Beim Würfeln muss Katja mit allen möglichen Ergebnissen rechnen. Die Ergebnismenge ist also

$S = \{1, 2, 3, 4, 5, 6\}$.

Jens hat die schwarzen Steine.
Er möchte mit seinem nächsten Wurf in das Ziel gelangen. Deshalb sind für ihn nur die Ergebnisse 2, 3, 4 und 5 günstig.
Auf dieses Ereignis wartet er.
In diesem Fall bilden 2, 3, 4 und 5 die **Ereignismenge** $E = \{2, 3, 4, 5\}$.

Unter einem **Ereignis** bei Zufallsexperimenten versteht man eine Menge möglicher Ergebnisse.

Beispiel

Inge hat die roten Steine. Sie wartet auf das Ereignis, einen anderen Spieler hinauszuwerfen. Schreibe die Ereignismenge E auf.

Wenn Inge eine 1 oder eine 4 würfelt, kann sie einen Mitspieler hinauswerfen. Für sie sind die Ergebnisse 1 und 4 günstig. In diesem Fall bilden 1 und 4 die Ereignismenge.

$E = \{1, 4\}$

Übungen

1 Betrachte den oben abgebildeten Spielstand.
a) Der Spieler mit den gelben Steinen hofft, nicht hinausgeworfen zu werden. Welches Ergebnis ist für ihn günstig? Gib die Ereignismenge an.
b) Der Spieler mit den schwarzen Steinen hofft ebenfalls in der nächsten Spielrunde nicht hinausgeworfen zu werden. Wie lautet die zugehörige Ereignismenge?
c) Der Spieler mit den roten Steinen möchte mit **einem** Wurf einen Stein in das Ziel bringen. Auf welche Augenzahlen wartet er? Gib die Ereignismenge an.

2 Der Spieler möchte mit einem Wurf einen Stein in das Ziel bringen. Welche Ergebnisse sind für ihn günstig? Schreibe die Ereignismenge auf.

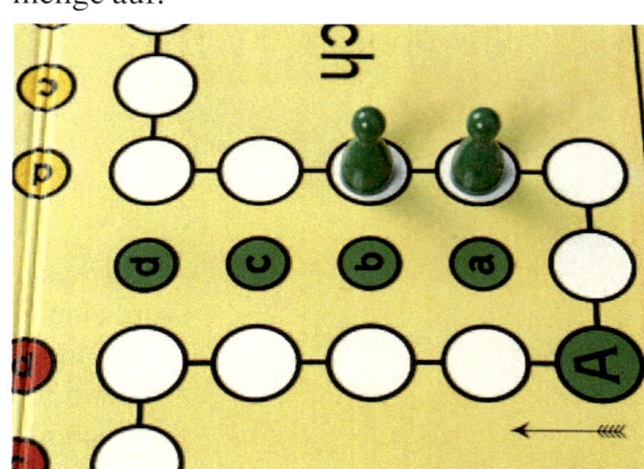

3 Welche Augenzahlen sind günstig, wenn der rote Stein mit einem Wurf in das Ziel gebracht werden soll? Schreibe für die Spielsituationen die Ereignismenge auf, wenn

a) nur ⓒ mit einem Stein besetzt ist,
b) ⓒ und ⓓ mit Steinen besetzt sind,
c) ⓐ, ⓑ und ⓒ mit Steinen besetzt sind.

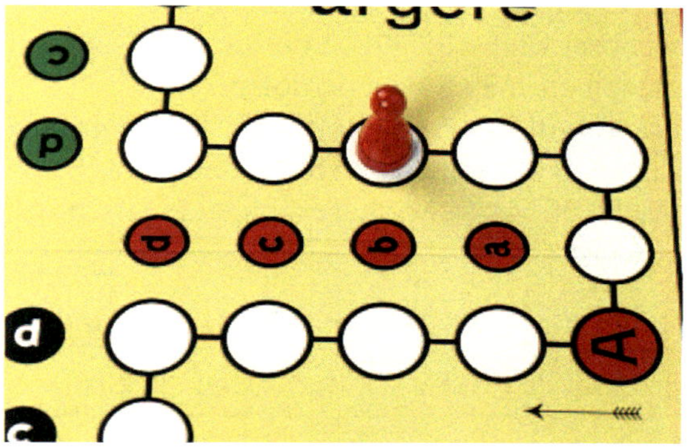

4 Welche Augenzahlen sind für die gelben Spielsteine mit einem Wurf günstig, damit einer in das Ziel gebracht werden kann? Gib die Ereignismenge an, wenn

a) keines der Felder ⓐ, ⓑ, ⓒ, ⓓ mit einem Stein besetzt ist,
b) ⓓ mit einem Stein besetzt ist,
c) ⓒ und ⓓ mit Steinen besetzt sind.

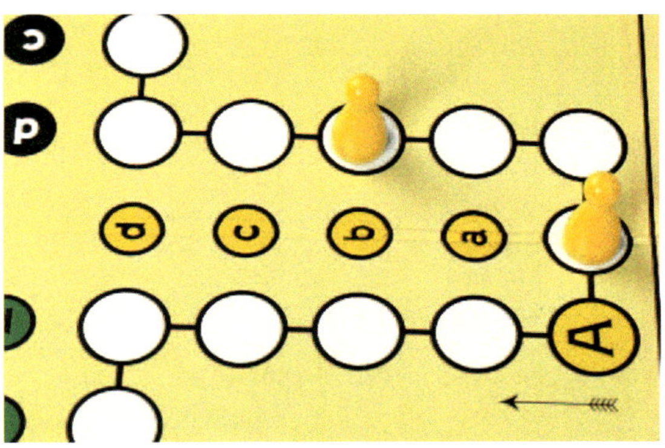

5 Die Spielsituation beim „Mensch ärgere dich nicht" ist wie in der Aufgabe 4. Zusätzlich sollen zwei blaue Steine direkt hinter dem letzten gelben Stein stehen. Auf welche Augenzahl wartet der Spieler mit den blauen Steinen, um bei seinem nächsten Wurf einen gelben Stein hinauszuwerfen?

6 Sabine und Marion spielen Buchstabenlotto. Dazu gehört ein Säckchen mit Spielsteinen. Auf jedem Spielstein steht ein Buchstabe. Jeder Buchstabe des Alphabets kommt nur einmal vor. Die Spielerinnen greifen abwechselnd in das Säckchen und ziehen blind einen Buchstaben. Sabine und Marion haben mit den gezogenen Buchstaben bereits Wortteile gelegt.
Schreibe die Buchstaben auf, mit denen du ein Hauptwort (Substantiv) bilden kannst. Notiere, welche dieser Buchstaben noch im Säckchen enthalten sind. Fasse sie in der Ereignismenge zusammen.

a)

e)

b)
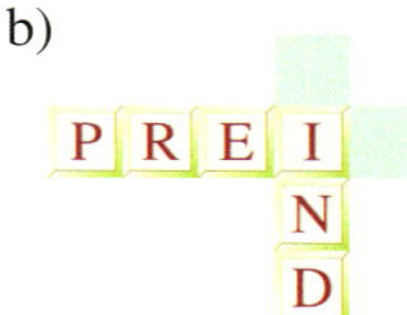

f)

c)
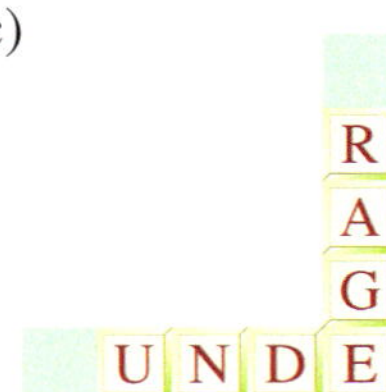

g)

d)
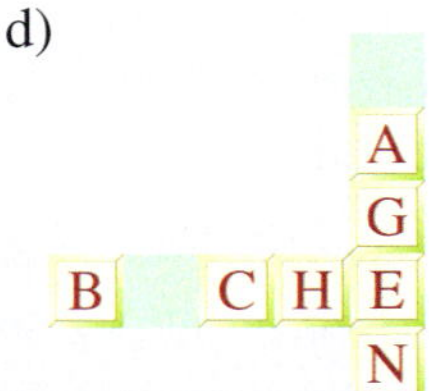

h)

Vater hat für Frank und Eva einen roten und einen blauen Vollgummiball mitgebracht. Beide Kinder möchten den roten Ball haben. Um einen Streit zu vermeiden, soll der Zufall entscheiden. In jeder Hand versteckt Vater einen Ball und fragt Frank: „Welche Hand willst du?“ Frank zieht den blauen Ball und ist enttäuscht. Er behauptet, dass diese Entscheidung nicht gerecht sei, und schlägt vor, dieses Zufallsexperiment mehrmals zu wiederholen.
Frank will sehen, wie oft er bei einer großen Zahl von Versuchen den roten Ball zieht.
Nach 100 Versuchen hat er folgende Strichliste erhalten.

blauer Ball	𝍸 I	III	𝍸 III	II	III	II	𝍸 III	𝍸 III	III	𝍸 III
roter Ball	IIII	𝍸 II	II	𝍸 III	𝍸 II	𝍸 III	II	II	𝍸 II	II

Aus der **Strichliste** bestimmt er die absolute und die relative Häufigkeit des Ereignisses „Ziehen des roten Balles“.

Anzahl der Versuche	10	20	30	40	50	60	70	80	90	100
absolute Häufigkeit	4	11	13	21	28	36	38	40	47	49
relative Häufigkeit	0,4	0,6	0,43	0,53	0,56	0,6	0,54	0,5	0,52	0,49

Um den Ausfall des Experimentes noch übersichtlicher darzustellen, zeichnen wir mit den Zahlenwerten der Tabelle ein Balkendiagramm.

Relative Häufigkeit des Ereignisses „Ziehen des roten Balles“

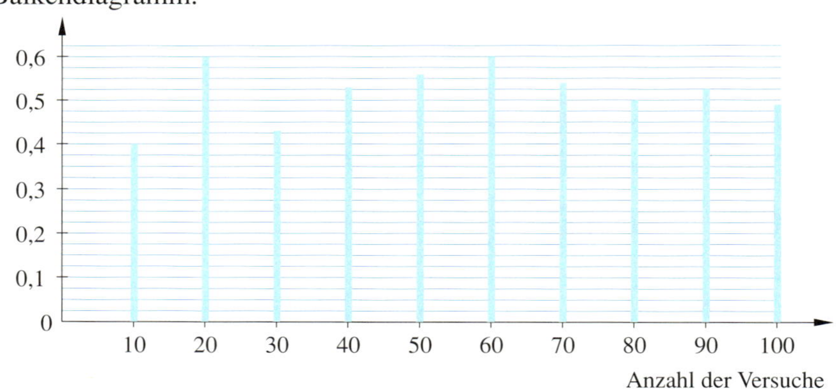

Man erkennt, dass das Zufallsexperiment zu einer gerechten Entscheidung führt. Bei einer großen Zahl von Versuchen hat Frank den blauen und den roten Ball etwa gleich häufig gezogen. Er hat also bei der Hälfte der Experimente den roten Ball gezogen. Die relative Häufigkeit dieses Ereignisses ist bei 100 Versuchen ungefähr 0,5.

Gesetz der großen Zahl	Nach einer großen Zahl von Versuchen ändert sich bei einem Zufallsexperiment die relative Häufigkeit durch weitere Versuche nur noch wenig.

Übungen

1 Zeichne das Quadratgitter ab und lasse ein 2-Cent-Stück auf das Quadratgitter fallen.

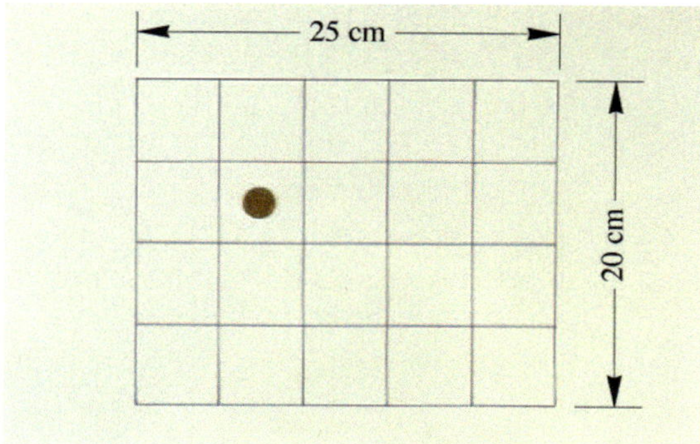

Fällt das Geldstück ganz neben das Quadratgitter, so zählt der Wurf nicht. Führe das Experiment 120-mal durch und erstelle eine Strichliste, in der du notierst, ob das Geldstück ganz in das Innere eines Quadrates fällt oder ob es eine Gitterlinie berührt.
Gib nach 120 Versuchen die relative Häufigkeit an, mit der das Geldstück ganz in das Innere eines Quadrates fällt.

2 Wirf die Streichholzschachtel 100-mal. Bestimme die relative Häufigkeit, mit der die Schachtel nach 100 Versuchen

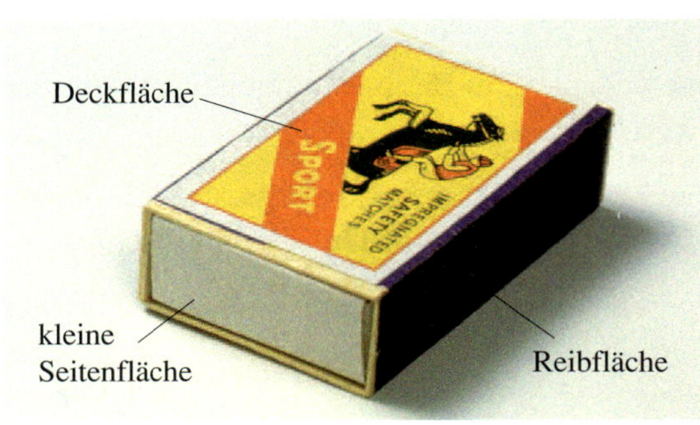

a) auf die Deck- oder Bodenfläche fällt,
b) auf die Reibflächen fällt,
c) auf die kleinen Seitenflächen fällt.

3 Wirf zwei Münzen gleichzeitig 100-mal. Bestimme die relative Häufigkeit der angegebenen Ereignisse.
a) „Zahl liegt bei beiden Münzen oben“
b) „Zahl und Wappen liegt oben“

4 Nimm drei gelbe und einen weißen Tischtennisball und lege sie in eine Urne. Ziehe ohne hinzusehen nacheinander alle vier Bälle und notiere nach jedem Zug die Farbe des gezogenen Balles.
Führe dieses Experiment 70-mal durch und schreibe nach 50, 60, 70 Durchführungen die relative Häufigkeit auf, mit der der weiße Ball im 1. Zug, im 2. Zug, im 3. Zug oder im 4. Zug gezogen wird.

5 Drei Schüler werfen nacheinander eine Münze so lange, bis einer der Mitspieler Wappen wirft. Führt dieses Spiel 100-mal durch. Behaltet dabei die Reihenfolge, in der ihr werft, stets bei. Notiert in einer Strichliste wie häufig der 1. Werfer, wie häufig der 2. Werfer und wie häufig der 3. Werfer gewonnen hat. Bestimmt die relative Häufigkeit, mit der
a) der 1. Werfer,
b) der 2. Werfer,
c) der 3. Werfer gewinnt.

6 Das Knobelspiel „Papier, Schere, Stein“ wird zu zweit gespielt. Die Spieler zählen bis drei und zeigen dann gleichzeitig mit der rechten Hand Schere oder Stein oder Papier.

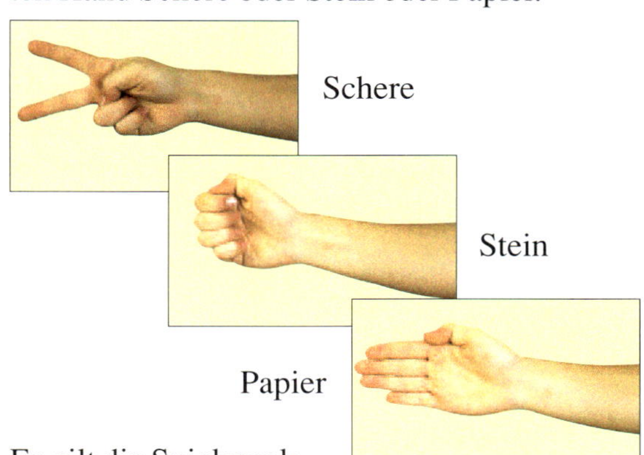

Es gilt die Spielregel:
Papier wickelt Stein, Stein schleift Schere, Schere schneidet Papier. Zeigen beide Spieler dasselbe, so ist das Spiel unentschieden.
Spielt 160-mal und notiert in einer Strichliste, wie oft bei euch das Spiel unentschieden ausgegangen ist.
Berechnet die relative Häufigkeit für dieses Ereignis.

Herr Schneider plant seinen Skiurlaub. Er will im Oktober oder im Februar auf die Zugspitze fahren. Im Reisebüro erkundigt er sich nach den Schneeverhältnissen. Er erhält die Auskunft, dass im Oktober *ziemlich wahrscheinlich* und im Februar *höchstwahrscheinlich* eine geschlossene Schneedecke auf der Zugspitze vorhanden sein wird. Das ist ihm zu ungenau. Beim Wetteramt auf der Zugspitze will er Genaueres erfahren.

Der Wetterwart schreibt in seiner Antwort:

Wie die Schneeverhältnisse im nächsten Winter sein werden, kann man nicht sicher vorhersagen. Wir haben aber für die letzten 12 Jahre unsere Beobachtungen über die Schneeverhältnisse aufgezeichnet und zusammengestellt. Mithilfe der Daten aus der Vergangenheit kann man die Wahrscheinlichkeit schätzen, mit der eine geschlossene Schneedecke in Zukunft vorhanden sein wird. Da sich die Wahrscheinlichkeit durch Zahlen genauer beschreiben lässt als durch Worte, stellen wir Ihnen unsere Aufzeichnungen gerne zur Verfügung.

Oktobertage insgesamt	372	Februartage insgesamt	339
Oktobertage mit geschlossener Schneedecke	342	Februartage mit geschlossener Schneedecke	339
relative Häufigkeit der Tage mit geschlossener Schneedecke	$\frac{342}{372} = 0{,}92$	relative Häufigkeit der Tage mit geschlossener Schneedecke	$\frac{339}{339} = 1$

Mithilfe der relativen Häufigkeit nach einer großen Zahl von Beobachtungen ermittelt der Wetterwart einen Zahlenwert für die Wahrscheinlichkeit.

Da sich die relative Häufigkeit nach weiteren Beobachtungen ändern kann, lässt sich die Wahrscheinlichkeit nicht genau festlegen. Man kann sie mithilfe der relativen Häufigkeit nur schätzen.

Der Schätzwert für die Wahrscheinlichkeit, dass eine geschlossene Schneedecke liegen wird, beträgt

für Oktober 0,92 und für Februar 1.

Es ist wahrscheinlicher, im Februar eine geschlossene Schneedecke vorzufinden als im Oktober. Im Februar liegt den Zahlen nach ganz sicher Schnee.

Die relative Häufigkeit nach einer großen Zahl von Beobachtungen ist ein Schätzwert für die **Wahrscheinlichkeit** eines Ereignisses.

Der Wert der Wahrscheinlichkeit liegt immer zwischen 0 und 1.
Je größer die Zahl der Beobachtungen ist, desto präziser ist die Schätzung.

Übungen

Gib in allen Aufgaben dieser Seite den Schätzwert für die Wahrscheinlichkeit mit zwei Stellen hinter dem Komma an.

1 Die Tabelle zeigt die Zahl der Lebendgeborenen in der Bundesrepublik Deutschland.

Jahr	Geburten		relative Häufigkeit der Geburt eines Jungen
	insgesamt	Jungen	
1965	1 325 386	682 200	0,5147
1975	782 310	402 790	0,5149
1985	813 803	417 248	0,5127
1995	765 221	392 729	0,5132

Gib einen Schätzwert für die Wahrscheinlichkeit an, dass in Deutschland
a) ein Junge b) ein Mädchen geboren wird.

2 Die Zeit vom Sonnenaufgang bis zum Sonnenuntergang bezeichnet man als mögliche Sonnenscheindauer. Auf der Insel Sylt beträgt sie im Juli 521 Stunden. Da die Sonne aber nicht ständig scheint, liegt die tatsächliche Sonnenscheindauer häufig viel niedriger.

In sechs aufeinander folgenden Jahren wurde im Juli jeweils die Sonnenscheindauer gemessen:

Jahr	tatsächlich	möglich
1. Jahr	221 h	521 h
2. Jahr	178 h	521 h
3. Jahr	182 h	521 h
4. Jahr	302 h	521 h
5. Jahr	268 h	521 h
6. Jahr	157 h	521 h

Schätze die Wahrscheinlichkeit, mit der im Juli auf Sylt die Sonne scheint.

3 Seit 1963 gibt es die Fußball-Bundesliga. Bis zum Ende der Saison 1996/1997 wiesen die folgenden Vereine diese Elfmeterstatistik auf:

	Elfmeter	Elfmetertore
Bor. Mönchengladbach	219	170
Bayern München	236	185
Bayer Leverkusen	121	94
Borussia Dortmund	178	130
VfL Bochum	133	106
Hertha BSC Berlin	103	76
Energie Cottbus	8	5
Hansa Rostock	33	25

a) Berechne die relative Häufigkeit, mit der jeweils Elfmeter in ein Tor verwandelt wurden.
b) Berechne nach dieser Stichprobe einen Schätzwert für die Wahrscheinlichkeit, dass in der Bundesliga mit einem Elfmeter ein Tor erzielt wird.

4 2001 wurden 8 bis 9 Jahre alte Autos untersucht.

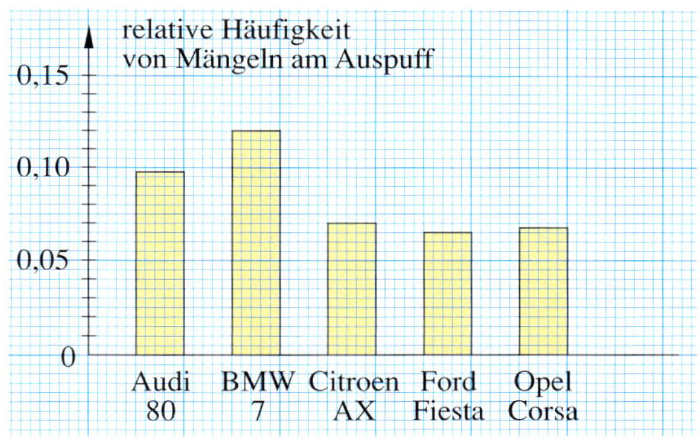

Schätze nach diesen Angaben die Wahrscheinlichkeit dafür, dass ein 8 bis 9 Jahre altes Auto Mängel am Auspuff aufweist.

5 2001 vom TÜV und anderen Institutionen untersuchte Autos:

Alter in Jahren	insgesamt untersucht	ohne Mängel
0 bis 3	3 564 382	2 713 425
4 bis 5	3 237 614	2 027 604
6 bis 7	2 725 939	1 397 360
8 bis 9	2 798 437	1 157 418
10 bis 11	5 038 174	1 563 261

Schätze die Wahrscheinlichkeit je Altersgruppe, dass ein Auto keine Mängel hat.

Laplace-Wahrscheinlichkeit

Nina, Anna und Kevin haben den abgebildeten Baustein jeweils 50-mal mit einem Würfelbecher auf eine Tischplatte geworfen und notiert, welche Seitenfläche oben liegt.

	1	2	3	4	Noppenseite	Lochseite
Nina	1	6	0	3	16	24
Anna	0	7	0	6	16	21
Kevin	0	4	0	8	13	25

Die Ergebnisse zeigen, dass für die verschiedenen Seitenflächen die Wahrscheinlichkeit oben zu liegen nicht gleich groß ist.

Beim Spielwürfel dagegen nimmt man den Idealfall an, dass die Wahrscheinlichkeit oben zu liegen für alle Seitenflächen gleich groß ist. Daher ist die Wahrscheinlichkeit für jedes mögliche Würfelergebnis gleich groß.

Beim 6er-Würfel beträgt die Wahrscheinlichkeit für jedes mögliche Ergebnis $\frac{1}{6} \approx 0{,}167$, also $\approx 16{,}7\%$.

Zufallsexperimente, bei denen alle Ergebnisse **gleichwahrscheinlich** sind, nennt man **Laplace-Experimente**. Man berechnet die Wahrscheinlichkeit für ein Ereignis so:

$$\textbf{Wahrscheinlichkeit des Ereignisses} = \frac{\textbf{Anzahl der günstigen Ergebnisse}}{\textbf{Anzahl der möglichen Ergebnisse}}$$

Bei einer Anzahl von n möglichen Ergebnissen beträgt die Wahrscheinlichkeit für jedes Ergebnis $\frac{1}{n}$. Man spricht in diesem Fall von einer **Laplace-Wahrscheinlichkeit**.

Beispiel

Wie groß ist die Wahrscheinlichkeit dafür, dass bei dem abgebildeten Glücksrad mit acht gleich großen Feldern die 3 gewinnt?

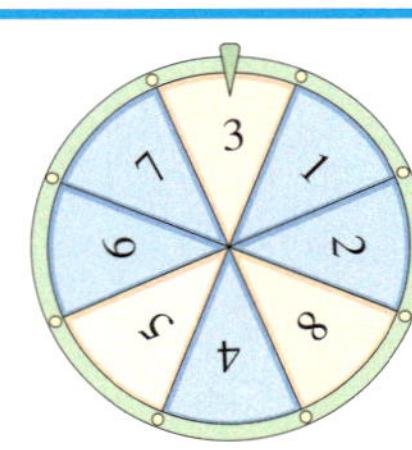

8 mögliche Ergebnisse, also $n = 8$
Wahrscheinlichkeit $\frac{1}{8} = 0{,}125 = 12{,}5\%$

Die Wahrscheinlichkeit, dass die 3 gewinnt, beträgt 12,5%.

Info

Der Franzose **Pierre Simon Laplace** wurde am 28. März 1749 in einem Dorf in der Normandie geboren und starb am 5. März 1827 in Paris.
Die wissenschaftlichen Untersuchungen von Laplace dienten dem Ziel, physikalische Vorgänge oder Naturerscheinungen mithilfe der Mathematik zu erklären. Besonders bedeutsam waren seine Bücher über die Wahrscheinlichkeitsrechnung. Laplace war der Ansicht, dass es keinen Zufall gab. Das Problem sei nur das Unvermögen des Menschen, alle Vorgänge berechnen und damit vorhersehen zu können.

Übungen

1 Entscheide und begründe, ob es sich bei den folgenden Experimenten um ein Laplace-Experiment handelt oder nicht.

a) Eine Geldmünze wird geworfen; Kopf oder Zahl.

b) Ein Elfmeter wird geschossen; Tor oder nicht.

c) Ein Marmeladenbrot fällt vom Tisch; Marmeladenseite oder Unterseite.

d) Ein Dartpfeil wird auf die Dartscheibe geworfen; Treffer oder nicht.

e) Ein Würfel wird geworfen: gerade oder ungerade Zahl?

Bei jedem der folgenden Zufallsexperimente nehmen wir an, dass alle Ergebnisse gleichwahrscheinlich sind.

2 a) Schreibe für das linke und das rechte Glücksrad die Ergebnismengen auf.

b) An welchem Glücksrad ist die Wahrscheinlichkeit größer, dass ein Hauptgewinn erzielt wird?

c) Ist die Wahrscheinlichkeit, eine Niete zu erhalten, an beiden Glücksrädern gleich?

3 a) Ein Skatspiel besteht aus 32 Karten, je eine Karte der Farbe Karo, Herz, Pik und Kreuz mit den Werten 7, 8, 9, 10, Bube, Dame, König, Ass. Berechne die Wahrscheinlichkeit dafür, dass du verdeckt die Herz-Dame ziehst.

b) Ein Romméspiel besteht aus 52 Karten. Wie groß ist die Wahrscheinlichkeit dafür, dass du die Pik-Sieben ziehst?

c) Wie groß ist die Wahrscheinlichkeit, aus einem Romméspiel eine Herzkarte zu ziehen?

4 Die bekannteste Urne ist wohl die Lottotrommel aus dem Fernsehen.

a) Wie groß ist die Wahrscheinlichkeit, dass die 14 als erste Zahl gezogen wird?

b) Bei einer Lottoziehung werden die Zahlen 14, 36, 5, 3, 41 und 11 gezogen. Wie groß ist die Wahrscheinlichkeit, dass die 20 als Zusatzzahl gezogen wird?

5 In einer Urne liegen eine schwarze und fünf weiße Kugeln.

a) Wie groß ist die Wahrscheinlichkeit, dass du beim „blinden“ Hineingreifen die schwarze Kugel ziehst?

b) Alexandra hat beim ersten Zug eine weiße Kugel erwischt. Sie legt sie nicht wieder zurück. Berechne nun die Wahrscheinlichkeit, dass sie beim zweiten Versuch die schwarze Kugel zieht.

6 In einer Urne befinden sich 10 Kugeln. Bei 100 Versuchen wird 63-mal eine weiße und 37-mal eine schwarze Kugel gezogen. Wie viele weiße und wie viele schwarze Kugeln befinden sich wahrscheinlich in der Urne?

7 „Mensch ärgere dich nicht.“

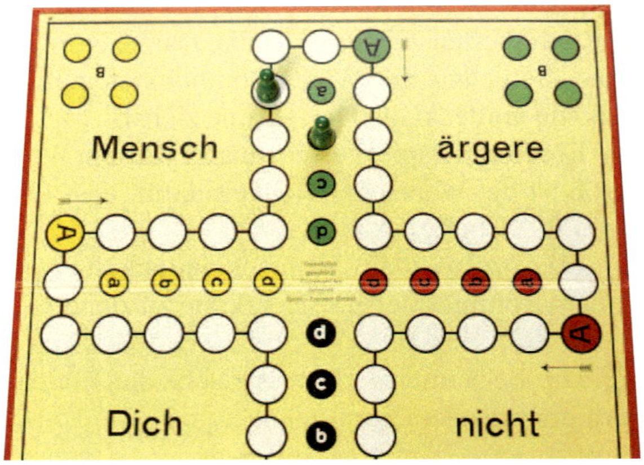

Welche Ergebnisse sind beim nächsten Wurf günstig, um den zweiten grünen Stein ins Ziel zu bringen? Wie groß ist die Wahrscheinlichkeit, dass das dem Spieler gelingt?

8 Betrachte das Glücksrad und die folgenden Ereignisse:

E_1 – eine Zahl der 4er-Reihe

E_2 – eine ungerade Zahl, kleiner als 5

E_3 – eine Zahl der 9er-Reihe

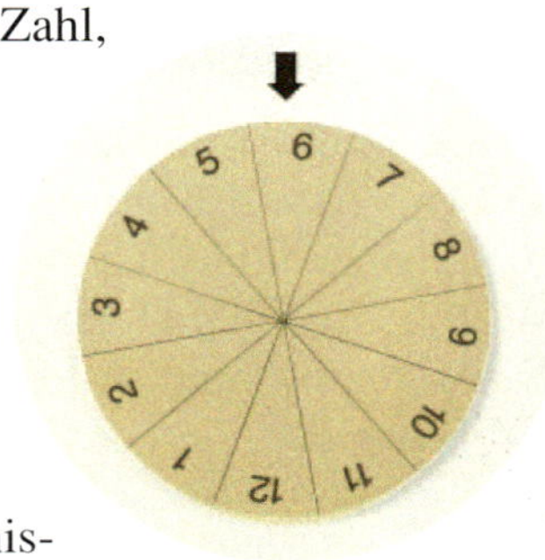

Schreibe für jedes Ereignis die Ereignismenge auf und berechne seine Wahrscheinlichkeit.

9 Betrachte das Glücksrad und berechne die Wahrscheinlichkeit der folgenden Ereignisse:

E_1 – eine gerade Zahl, kleiner als 6

E_2 – eine Zahl, größer als 15

E_3 – eine Zahl der 3er-Reihe, kleiner als 16

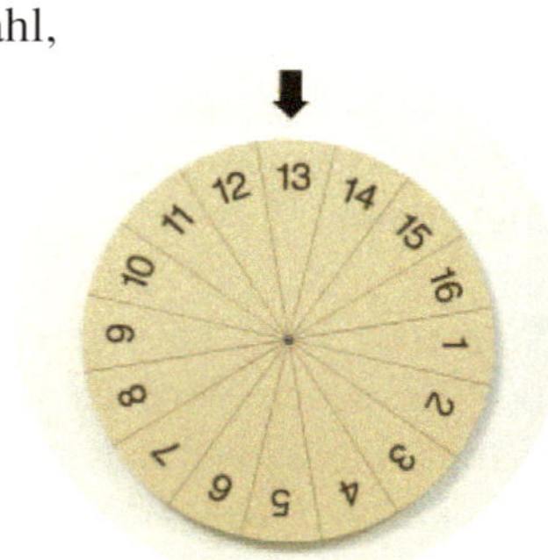

10 Berechne die Wahrscheinlichkeit dafür, dass du aus einem gut gemischten Skatspiel (32 Karten) zufällig diese Karte ziehst:

a) die Karo-Dame,
b) einen König,
c) eine schwarze Sieben,
d) eine Zahl,
e) eine Bildkarte (Bube, Dame, König),

f) ein rotes Ass,
g) eine Zahl unter 10,
h) eine schwarze Zahl.

11 Berechne, wie hoch die Wahrscheinlichkeit dafür ist, dass beim Roulette das folgende Ereignis eintritt.

a) die Zahl 23,
b) eine ungerade Zahl,
c) die Farbe rot (schwarz, grün),
d) eine Zahl, die kleiner als 10 ist,
e) eine Primzahl.

12 Berechne die Wahrscheinlichkeit für das Ereignis, dass sich beim gleichzeitigen Wurf von einem roten und einem grünen Würfel die genannte Augensumme ergibt.

a) 7 b) 8 c) 10 d) 12

Wahrscheinlichkeitsverteilung

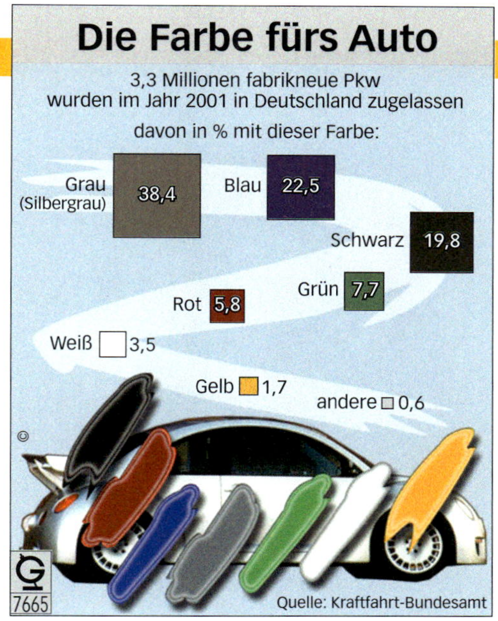

Das Diagramm zeigt, welche Farbe die Autos hatten, die 2001 zugelassen wurden. Mit dieser Übersicht lässt sich die Wahrscheinlichkeit berechnen, mit der ein zufällig ausgewähltes Auto eine bestimmte Farbe hat.

Wenn zum Beispiel 38,4% der Autos grau waren, bedeutet dies, dass von 1000 Fahrzeugen 384 die Farbe grau hatten. Damit ist nach der Laplace-Formel die Wahrscheinlichkeit für dieses Ereignis:

$$\frac{384}{1000} = 0{,}384$$

Ebenso lassen sich die Wahrscheinlichkeiten für die anderen Farben berechnen.

Dann ergibt sich die folgende Wertetabelle:

Farbe des Autos	grau	blau	schwarz	grün	rot	weiß	gelb	andere
Wahrscheinlichkeit	0,384	0,225	0,198	0,077	0,058	0,035	0,017	0,006

Eine andere Möglichkeit, diese Zuordnung zu verdeutlichen, ist ein Balkendiagramm. Die Ergebnisse werden dabei auf der Abszissenachse, die Wahrscheinlichkeiten auf der Ordinatenachse dargestellt:

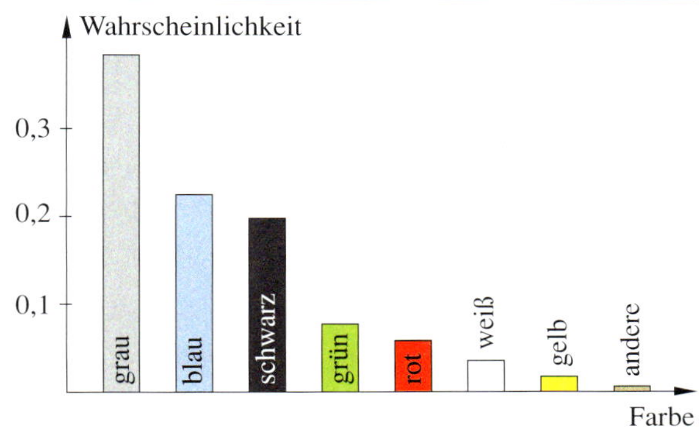

> Eine Zuordnung, bei der jedem Ereignis eines Zufallsexperimentes seine Wahrscheinlichkeit zugeordnet wird, heißt **Wahrscheinlichkeitsverteilung**.

Übungen

1 a) Gib die Wahrscheinlichkeitsverteilung dafür an, mit einem Würfel eine 1, 2, 3, 4, 5 bzw. 6 zu würfeln. Stelle dazu eine Wertetabelle auf und zeichne ein Balkendiagramm.
b) Warum nennt man diese Wahrscheinlichkeitsverteilung wohl **Gleichverteilung**?

2 Erstelle ein Kreisdiagramm zur Wahrscheinlichkeitsverteilung der Autofarben,
Hinweis: Benutze den Dreisatz oder eine Verhältnisgleichung.

3 Die Tabelle gibt den Anteil ausländischer Mitbürger in einigen europäischen Staaten wieder. Berechne die Wahrscheinlichkeiten, in den einzelnen Staaten einen Ausländer zu treffen, stelle eine Wertetabelle zu dieser Wahrscheinlichkeitsverteilung auf und zeichne ein Balkendiagramm.

Luxemburg	35,6%
Schweiz	19,1%
Österreich	9,1%
Deutschland	8,9%
Griechenland	1,6%

Sabrina greift mit verbundenen Augen in die Urne. Sie entnimmt zufällig eine Kugel.

Wie groß ist die Wahrscheinlichkeit, dass sie eine rote Kugel erwischt?

Bei diesem Versuch handelt es sich um ein Laplace-Experiment, da jede Kugel die gleiche Chance hat, gezogen zu werden.

Die Anzahl der günstigen Ergebnisse beträgt 2, die Anzahl der möglichen Ergebnisse ist 7.

Die Wahrscheinlichkeit, dass Sabrina eine rote Kugel zieht, beträgt $\frac{2}{7} \approx 0{,}286$, also $\approx 28{,}6\,\%$.

Man kann diese Wahrscheinlichkeit aber auch anders berechnen.

Jede einzelne Kugel wird mit der Wahrscheinlichkeit $\frac{1}{7}$ gezogen. Günstig für Sabrina sind die Kugeln 3 und 5.

Wahrscheinlichkeit, dass eine rote Kugel gezogen wird: $\frac{1}{7} + \frac{1}{7} = \frac{2}{7} \approx 0{,}286$.

Sabrina zieht mit einer Wahrscheinlichkeit von ungefähr 28,6 % eine rote Kugel.

Die Berechnung der Wahrscheinlichkeit eines Ereignisses durch Addition der Wahrscheinlichkeiten der günstigen Ergebnisse gilt auch für Zufallsexperimente, die keine Laplace-Experimente sind.

Bei Zufallsexperimenten gilt die **Summenregel** zur Berechnung von Wahrscheinlichkeiten.

Man berechnet die Wahrscheinlichkeit eines Ereignisses, indem man die Wahrscheinlichkeiten der günstigen Ergebnisse addiert.

Beispiel

Wie groß ist die Wahrscheinlichkeit dafür, dass bei dem abgebildeten Glücksrad ein Gewinn erzielt wird?

Wahrscheinlichkeit für einen Hauptgewinn:
$\frac{1}{12} \approx 0{,}083$, also $\approx 8{,}3\,\%$

Wahrscheinlichkeit für einen Kleingewinn:
$\frac{3}{12} = \frac{1}{4} = 0{,}25 = 25\,\%$

Wahrscheinlichkeit für einen Gewinn:
$\frac{1}{12} + \frac{3}{12} = \frac{4}{12} = \frac{1}{3} \approx 0{,}333$, also $\approx 33{,}3\,\%$

Die Wahrscheinlichkeit für einen Gewinn beträgt ungefähr 33,3 %.

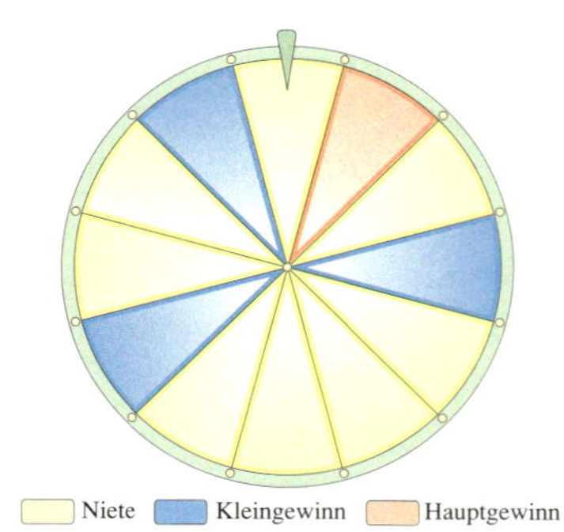

Übungen

1 Jana zieht eine Karte aus einem Skatspiel (32 Karten).

Wie groß ist die Wahrscheinlichkeit, dass folgendes Ereignis eintritt?
a) die Karo-Sieben
b) ein Bube
c) eine Dame oder ein König
d) das Herz-Ass oder eine Acht
e) eine Kreuz-Karte oder die Pik-Sieben
f) eine rote Karte oder eine Zehn

2 Britta wirft gleichzeitig drei Münzen. Wie groß ist die Wahrscheinlichkeit, dass zweimal „Zahl“ erscheint?

3 Berechne die Wahrscheinlichkeit dafür, dass Agnes an einem Sonntag oder Mittwoch geboren wurde.

4 In einer Lostrommel befinden sich 112 Nieten, 69 Kleingewinne und 19 Hauptgewinne. Wie groß ist die Wahrscheinlichkeit,
a) einen Kleingewinn,
b) eine Niete oder einen Kleingewinn,
c) einen Gewinn zu ziehen?

5 Von 30 Schülerinnen und Schülern einer Klasse kommen 8 mit dem Bus zur Schule und 12 mit dem Fahrrad. 4 Schülerinnen und Schüler gehen zu Fuß zur Schule, 6 werden mit dem Auto gebracht. Wie groß ist die Wahrscheinlichkeit, dass ein zufällig ausgewählter Schüler bzw. eine Schülerin
a) mit dem Fahrrad,
b) mit dem Fahrrad oder zu Fuß,
c) nicht mit dem Fahrrad
zur Schule kommt?

6 Bei einem Fußballturnier schießen die Teilnehmer auf die Torwand. Dabei wurde zu 35% einmal getroffen, zu 15% zweimal, zu 8% dreimal und zu 42% keinmal. Wie groß ist die Wahrscheinlichkeit, dass ein zufällig ausgewählter Spieler die Torwand mindestens einmal trifft?

7 Zeichne ein Glücksrad mit 16 gleich großen Feldern. Färbe die Felder so rot, blau, gelb und grün ein, dass rot mit der Wahrscheinlichkeit $\frac{1}{8}$, blau mit $\frac{1}{4}$, gelb mit $\frac{3}{16}$ und grün mit $\frac{7}{16}$ „erdreht“ werden könnte.

8 Berechne die Wahrscheinlichkeit, mit der beim Roulette die Kugel auf eine ungerade Zahl fällt.

9 Danny wirft vier Münzen.

Berechne die Wahrscheinlichkeit dafür, dass
a) genau drei Münzen „Zahl“ zeigen,
b) mindestens 2 Münzen „Kopf“ zeigen,
c) mindestens 3 Münzen „Zahl“ zeigen.

10 Dustin würfelt mit zwei Würfeln. Bei dem Spiel „Backgammon“ ist es günstig, einen „Pasch“ zu erzielen.

Bei einem „Pasch“ zeigen beide Würfel die gleiche Augenzahl. Wie groß ist die Wahrscheinlichkeit, dass Dustin mit einem Wurf einen „Pasch“ wirft?

11 Berechne die Wahrscheinlichkeit, bei einem Wurf mit zwei 12er-Würfeln einen „Pasch“ zu erhalten.

Pfadregel

Viele Schülerinnen und Schüler behaupten, bestimmte Nahrungsmittel oder Getränke geschmacklich besonders gut unterscheiden zu können. Solche Behauptungen kann man mit einem einfachen Test überprüfen.

Die Klasse 8 c untersucht die Frage, wer Leitungswasser von Mineralwasser ohne Kohlensäure geschmacklich unterscheiden kann. Dazu werden drei Glaskaraffen beschriftet. Durch Los oder Münzwurf bestimmt, werden sie zufällig mit Leitungswasser oder Mineralwasser gefüllt. Es ist dabei theoretisch möglich (wenn auch nicht wahrscheinlich), dass in allen drei Karaffen die gleiche Wassersorte ist.
Keine Testperson weiß, womit die Karaffen gefüllt sind. Jede Testperson kostet nun das Wasser in den einzelnen Karaffen und notiert, welche Wassersorte sich nach ihrer Meinung darin befindet. Später wird die tatsächliche Füllung bekannt gegeben.

Viele Schülerinnen und Schüler haben 2 oder 3 Treffer. Sind auch diejenigen „gute Wasserschmecker", die nur zwei Wassersorten richtig erkannt haben?

Wir berechnen die Wahrscheinlichkeit dafür, dass eine Testperson rein zufällig durch Raten ohne zu schmecken genau 2 Treffer erreicht. Dazu veranschaulichen wir alle Möglichkeiten und ihre Wahrscheinlichkeiten in einem **Baumdiagramm**.

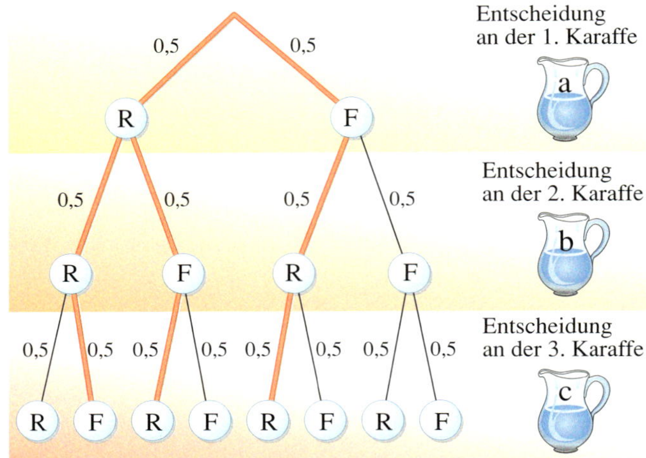

Bei jedem Versuch beträgt die Wahrscheinlichkeit jeweils $\frac{1}{2} = 0{,}5$, sich richtig (R) bzw. falsch (F) zu entscheiden.

Es gibt im Baumdiagramm 3 von 8 **Pfaden**, die genau zwei richtige Entscheidungen darstellen:

• — (R) — (R) — (F)

• — (R) — (F) — (R)

• — (F) — (R) — (R)

Die Wahrscheinlichkeit für jeden Pfad ergibt sich aus den Einzelwahrscheinlichkeiten bei jeder Entscheidung.
Sie beträgt 0,125.

• —$\frac{1}{2}$— (R) —$\frac{1}{2}$— (R) —$\frac{1}{2}$— (F)

$\frac{1}{2}$ von 1	$\frac{1}{2}$	$\frac{1}{2}$ von $\frac{1}{2}$	$\frac{1}{4}$	$\frac{1}{2}$ von $\frac{1}{4}$	$\frac{1}{8}$

$$\frac{1}{2} \cdot \frac{1}{2} \cdot \frac{1}{2} = \frac{1}{8}$$

$$0{,}5 \cdot 0{,}5 \cdot 0{,}5 = 0{,}125$$

Nach der Summenregel beträgt die Wahrscheinlichkeit, dass eine Testperson zufällig genau 2 Treffer erzielt, $0{,}125 + 0{,}125 + 0{,}125 = 0{,}375 = 37{,}5\,\%$.
Daher ist es sinnvoll, nur bei 3 Treffern von einem „guten Schmecker" zu sprechen.

> Bei mehrstufigen Zufallsexperimenten, die sich in einem Baumdiagramm darstellen lassen, gilt die **Pfadregel**.
>
> Die Wahrscheinlichkeit eines Pfads erhält man, indem man die Wahrscheinlichkeiten längs des Pfads miteinander multipliziert.

Beispiel

Wie groß ist die Wahrscheinlichkeit dafür, dass aus 5 verdeckten Karten (2 Buben, 3 Damen) zweimal hintereinander eine Dame gezogen wird, wenn die Karte nach der 1. Ziehung wieder zurückgelegt wird?

Wahrscheinlichkeit für das Ziehen von Buben: 2 von $5 = \frac{2}{5} = 0{,}4$; von Damen: 3 von $5 = \frac{3}{5} = 0{,}6$

Längs des Pfads •—(D)—(D) ergibt sich zweimal die Wahrscheinlichkeit 0,6.

$0{,}6 \cdot 0{,}6 = 0{,}36 = 36\%$.

Die Wahrscheinlichkeit dafür, dass zweimal hintereinander eine Dame gezogen wird, beträgt 36%.

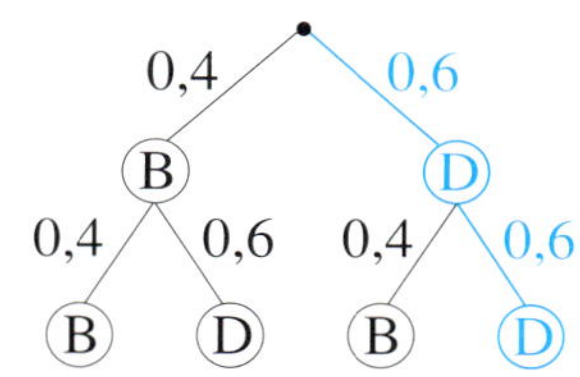

Übungen

1 Von Seite 149 kennst du das Spiel „Papier-Schere-Stein“. Zwei Spieler zählen bis drei und zeigen dann gleichzeitig mit einer Hand Schere, Stein oder Papier.
Das Baumdiagramm zeigt die möglichen Wahrscheinlichkeiten, wenn das Spiel zweimal hintereinander ausgeführt wird.

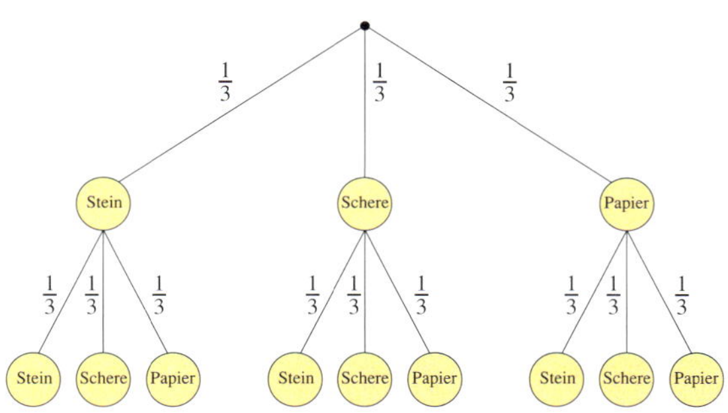

a) Gib alle möglichen Spielergebnisse an.
b) Wie groß ist die Wahrscheinlichkeit, dass das Spiel unentschieden ausgeht?
c) Bestimme die Wahrscheinlichkeit dafür, dass das Spiel zweimal (dreimal) hintereinander unentschieden endet.
d) Gib eine Formel für die Wahrscheinlichkeit an, dass das Spiel n-mal hintereinander unentschieden endet.

2 Berechne mit der Pfadregel die Wahrscheinlichkeit dafür, dass beim dreimaligen Werfen einer Münze keinmal „Zahl“ erscheint. Zeichne ein Baumdiagramm.

3 Berechne die Wahrscheinlichkeit dafür, dass man bei drei Versuchen mit einem normalen Spielwürfel wenigstens einmal die 6 erzielt. Zeichne dazu ein Baumdiagramm.

4 Denise hat 7 Spielkarten verdeckt auf den Tisch gelegt: 4 Buben, 2 Damen und ein Ass. Berechne die Wahrscheinlichkeit dafür, dass man bei drei Versuchen
a) genau 2 Buben,
b) mindestens 2 Buben,
c) 3 Damen,
d) mindestens 1 Ass,
e) genau 1 Ass,
f) mindestens 1 Buben zieht.

5 Eine Klasse führt einen Geschmackstest zur Untersuchung zweier Sorten Vollmilchschokolade durch. Dazu werden vier zufällig bestimmte Proben A, B, C und D bereitgestellt.

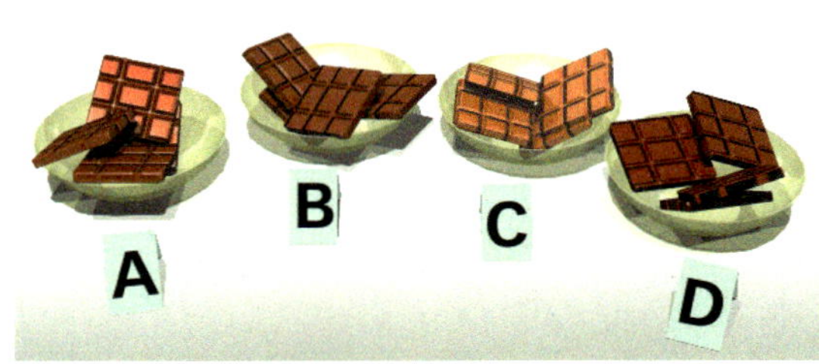

a) Zeichne ein Baumdiagramm.
b) Berechne die Wahrscheinlichkeit dafür, dass jemand zufällig mindestens drei Treffer erzielt.
c) Entscheide und begründe, wann man bei diesem Test von einem „guten Schmecker“ sprechen kann.

6 Bei Mario liegen 6 schwarze, 2 rote und 4 blaue Socken in einer Schublade des Schrankes wild durcheinander.

Mario greift ohne hinzuschauen hinein. Bestimme die Wahrscheinlichkeit dafür,

a) dass er nach drei Versuchen mindestens zwei Socken gleicher Farbe,

b) dass er nach vier Versuchen mindestens zwei Socken gleicher Farbe,

c) dass er nach vier Versuchen mindestens zwei blaue Socken gezogen hat.

7 An einer Eisbude am Strand werden 11 verschiedene Sorten Eis verkauft, darunter 5 Sorten Fruchteis.

Tatjana wählt zufällig 3 verschiedene Eissorten aus. Zeichne ein Baumdiagramm und berechne die Wahrscheinlichkeit dafür, dass sie mindestens (genau) zwei Fruchteissorten erhalten hat.

Info

Bereits vor etwa 300 Jahren stellte der Engländer John Arbuthnot (1667–1735) fest, dass die Wahrscheinlichkeit für eine Jungengeburt größer als 0,5 ist. Er sah darin eine göttliche Vorsehung, durch die die Verluste an Männern durch Kriege ausgeglichen werde.
Daniel Bernoulli (1700 – 1782) vermutete zunächst, es sei Zufall, dass mehr Jungen als Mädchen geboren werden. Nach Auswertung von Geburtenstatistiken in Frankreich berechnete Laplace die relative Häufigkeit von Jungengeburten mit $\frac{22}{43} \approx 0{,}512$ und bei Mädchen mit $\frac{21}{43} \approx 0{,}488$. Heute weiß man, die Ursache dafür ist genetischer Art.
In Deutschland betrug 1999 die relative Häufigkeit für die Geburt eines Jungen 0,514.

8 Wie wahrscheinlich ist es, dass in einer Familie mit 4 Kindern genau 3 Mädchen sind? Beantworte mithilfe eines Baumdiagramms.

9 Viele Einstellungstests sind als „Multiple-Choice“ gestaltet. Bei dieser Methode muss der Prüfling unter mehreren vorgegebenen Antworten die richtige auswählen.

Zahlensymbole
Welche Zahl bzw. Ziffer muss für das Symbol ● eingesetzt werden, damit sich eine korrekte Gleichung ergibt?

① ● + ● = ◧ ▲	ⓐ 1; ⓑ 3; ⓒ 4; ⓓ 6
② ▼ – ▼ = ●	ⓐ 0; ⓑ 1; ⓒ 2; ⓓ 4
③ ● ◩ · ■ = ■ ◩	ⓐ 0; ⓑ 1; ⓒ 5; ⓓ 8
④ ● ● · ◀ = ◀ ◀	ⓐ 1; ⓑ 2; ⓒ 3; ⓓ 6
⑤ ◪ ● : ● = ●	ⓐ 1; ⓑ 2; ⓒ 4; ⓓ 5

a) Bestimme die Wahrscheinlichkeit dafür, dass die ersten beiden Aufgaben zufällig richtig angekreuzt werden.

b) Wie groß ist die Wahrscheinlichkeit, alle fünf Aufgaben zufällig richtig anzukreuzen?

c) Wenn man vier der fünf Aufgaben richtig löst, hat man diesen Teil des Testes bestanden. Berechne die Wahrscheinlichkeit dafür, dass man dies durch zufälliges Ankreuzen schafft.

Das Ziegenproblem

In der amerikanischen Fernsehshow „Let's make a deal" ist ein Auto der Hauptpreis. Um ihn zu gewinnen, muss sich der Kandidat schließlich für die richtige von drei verschlossenen Türen entscheiden. Hinter einer befindet sich das Auto, hinter den beiden anderen jeweils eine Ziege. Wenn sich der Kandidat für eine der drei Türen entschieden hat, zum Beispiel für Tür 1, öffnet der Moderator, der weiß, was sich hinter den Türen befindet, mit den Worten „Soll ich Ihnen 'mal 'was zeigen?" eine der beiden anderen Türen, zum Beispiel Tür 3, und eine Ziege schaut ins Publikum.

Der Kandidat hat nun noch die Möglichkeit, sich für die andere verschlossene Tür, hier Tür 2, zu entscheiden. Soll er besser bei seiner ursprünglichen Wahl bleiben oder soll er die Tür wechseln? Diese Frage wurde der Journalistin *Marylin vos Savant* von einem Leser der Zeitschrift „Parade" gestellt. In ihrer Kolumne „Ask Marylin" antwortete sie, dass der Kandidat auf jeden Fall wechseln sollte. Dieses Vorgehen würde seine Gewinnwahrscheinlichkeit verdoppeln, nämlich von $\frac{1}{3}$ auf $\frac{2}{3}$. Daraufhin erhielt sie etwa zehntausend Leserbriefe, die diese Strategie für falsch hielten.

Argumentation von Marylin vos Savant

Die Wahrscheinlichkeit, dass sich das Auto hinter Tür 1 befindet, ist $\frac{1}{3}$. Die Wahrscheinlichkeit, dass sich das Auto hinter einer der beiden anderen Türen befindet, ist somit $\frac{2}{3}$. Mindestens hinter einer dieser beiden Türen steht eine Ziege.
Öffnet der Moderator eine dieser Türen, so steht die Tür fest, hinter welcher das Auto mit der Wahrscheinlichkeit $\frac{2}{3}$ steht. Also empfiehlt es sich, die gewählte Tür zu wechseln. Die Chance auf den Hauptgewinn verdoppelt sich.

Argumentation der meisten Leser

Die Wahrscheinlichkeit, dass sich das Auto hinter Tür 1 befindet, ist $\frac{1}{3}$, genauso wie für die beiden anderen Türen.
Öffnet der Moderator eine der beiden anderen Türen, zum Beispiel Tür 3, so scheidet diese Tür als mögliche Auto-Tür aus. Die Wahrscheinlichkeit, dass sich das Auto hinter Tür 1 befindet, beträgt jetzt $\frac{1}{2}$, genauso wie für Tür 2. Es gibt also keinen Grund die Tür zu wechseln. Die Gewinnchance ist für beide Türen gleich.

1 Diskutiert die beiden unterschiedlichen Argumentationen.

2 Wenn du als Kandidat entscheiden müsstest, würdest du die Tür wechseln oder nicht? Begründe deine Überlegungen.

3 Überprüft eure Überlegungen an einem Experiment, das dem „Ziegenproblem" entspricht. Geeignet sind zum Beispiel drei Würfelbecher und eine Münze als Gewinn oder drei Spielkarten mit einem Ass als „Gewinn" und zwei Siebenen als „Ziegen".

Glücksspiele

Spielanleitung „Der große Wurf“

Am Würfelspiel „Der große Wurf“ (auch als „Kniffel“ oder „Yatzee“ bekannt) können beliebig viele Spieler teilnehmen (sowohl weibliche als auch männliche Teilnehmer).

Es sind insgesamt 15 Runden zu spielen. In jeder Runde hat jeder Spieler 3 Würfe. Der erste Wurf wird mit 5 Würfeln gespielt. Der Spieler kann diesen Wurf komplett gelten lassen, mit allen Würfeln noch einmal würfeln, oder einzelne Würfel heraus legen und mit den restlichen Würfeln weiter spielen. Danach sind auf gleiche Weise der zweite und der dritte Wurf möglich. Spätestens nach dem dritten Wurf muss das Ergebnis in ein Feld des Spielscheins eingetragen bzw. ein Feld des Spielscheins ausgestrichen werden, wenn das Würfelergebnis für kein Feld geeignet ist.

Sieger ist, wer nach 15 Runden die höchste Endsumme erreicht hat.

Der große Wurf

Spielschein Name ______

Oberer Spielschein-Teil		Spiel 1	Spiel 2	Spiel 3	Spiel 4
Nur ⚀	zusammenzählen				
Nur ⚁	zusammenzählen				
Nur ⚂	zusammenzählen				
Nur ⚃	zusammenzählen				
Nur ⚄	zusammenzählen				
Nur ⚅	zusammenzählen				
Punkte zusammenzählen	→				
Wenn 63 oder mehr - Sonderbonus	25 Punkte →				
Gesamt-Punktzahl im oberen Spielschein-Teil	→				
Unterer Spielschein-Teil		**Spiel 1**	**Spiel 2**	**Spiel 3**	**Spiel 4**
Ein Paar	alle Würfelaugen zählen				
Zwei Paar	alle Würfelaugen zählen				
Dreierpasch 3 x gleich	alle Würfelaugen zählen				
Viererpasch 4 x gleich	alle Würfelaugen zählen				
Full House	30 Punkte				
Kleine Straße (4er Folge)	35Punkte				
Große Straße (5er Folge)	45 Punkte				
Super 3 x gleich	75 Punkte				
Chance	alle Würfelaugen zählen				
Gesamt-Punktzahl im unteren Spielschein-Teil	→				
Gesamt Punktzahl vom oberen Spielschein-Teil	→				
Spiel-Ergebnis Endsumme	→				

Würfeln mit dem Taschenrechner

Fast alle in der Schule genutzten Taschenrechner besitzen einen **Zufallszahlengenerator**. Das Erzeugen einer Zufallszahl (random number) unterscheidet sich bei den verschiedenen Modellen geringfügig. Nach der Zweitbelegungstaste (**SHIFT**, **2nd**, **2ndF**) wird die Taste gedrückt, über die der Zufallszahlengenerator angesprochen wird (**RAN#**, **RANDOM**). Bei verschiedenen Modellen muss zusätzlich die Taste [=] gedrückt werden.

Der Zufallszahlengenerator erzeugt eine Zahl zwischen 0 und 1 mit drei Dezimalen, zum Beispiel 0,398. Diese Zufallszahlen lassen sich für die verschiedenen Zufallsexperimente nutzen.

Man kann damit auch beliebige Würfel simulieren, zum Beispiel einen 7er-Würfel.

Taschenrechner: 7 [×] Zufallszahl [=]

Ergebnis: Zahl zwischen 0 und 7, z.B. 3,91

Durch eine „Festkomma“-Einstellung auf 0 Dezimalen können diese Dezimalzahlen auf „ganze“ Zahlen gerundet werden, sodass die „Würfelzahlen“ 0 bis 7 entstehen, wobei jedoch die 0 und die 7 halb so häufig auftreten wie die Zahlen 1 bis 6.

Addieren wir stets 0,5, erhalten wir alle Zahlen von 1 bis 7 mit der gleichen Wahrscheinlichkeit.

Simulation des 7er-Würfels:

- Voreinstellung „Festkomma“ mit 0 Dezimalen
- Eingabe: 0,5 [+] 7 [×] Zufallszahl [=]
  Ergebnis: eine Zahl von 1 bis 7

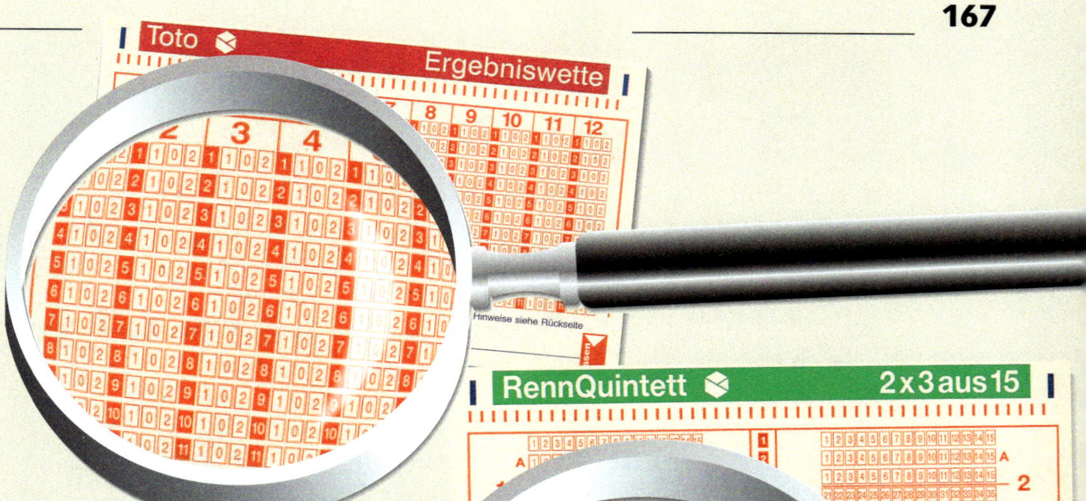

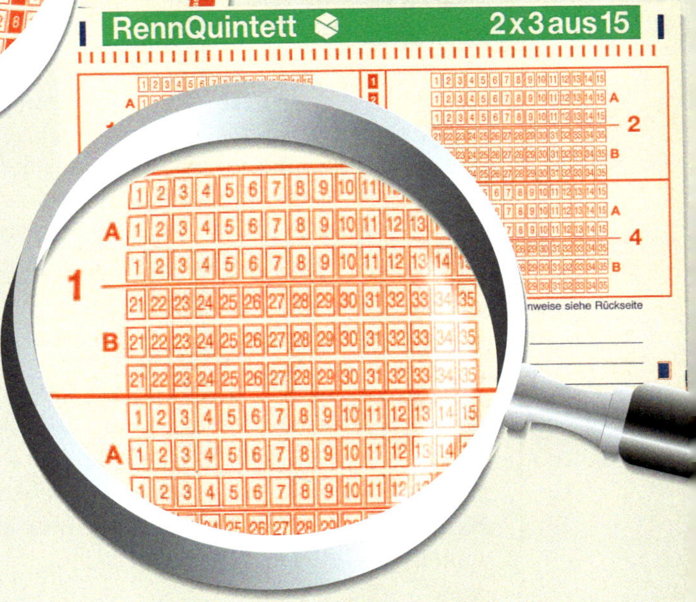

Drei Tipper lagen richtig

MÜNCHEN Unglaublich! Trotz der sensationellen Zahlenreihe im Samstagslotto haben drei Spieler den Jackpot in Höhe von rund zwölf Millionen Mark geknackt. Die drei Glückspilze, die die Ziffern 2, 3, 4, 5, 6 und 26 angekreuzt hatten, gewinnen jeweils 4 229 585 Mark. Pech für alle, die nur fünf Richtige haben: eine Minusquote von 379,90 Mark.

Rheinische Post, 13.4.99

2, 3, 4, 5 ,6 im Lotto

KÖLN (dpa) Mit den Ziffern 2, 3, 4, 5, 6 im Fünferpack wurden am Samstag abend Millionen von Tippern in Aufregung versetzt. Freilich kreuzen nach allen Erfahrungen mehrere tausend Menschen jede Woche die „unmögliche" Folge 1, 2, 3, 4, 5, 6. „Die Quoten für Fünfer, Vierer und Dreier werden konkurrenzlos in den Keller sausen", prognostizierte Elmar Bamfaste, Sprecher der Westdeutschen Lotteriegesellschaft.

Rheinische Post, 12.4.99

7. Ausspielung, 20. Februar 1999

1	Tsv München 1860	-	Eintracht Frankfurt	4:1	1
2	VfB Stuttgart	-	Schalke 04	2:1	1
3	Hertha BSC Berlin	-	Borussia Dortmund	3:0	1
4	1.FC Nürnberg	-	Werder Bremen	1:1	0
5	Bayer Leverkusen	-	SC Freiburg	1:1	0
6	MSV Duisberg	-	Bayern München	0:3	2
7	B.Mönchengladbach	-	1.FC Kaiserslautern	0:2	2
8	KFC Uerdingen	-	Hannover 96	0:1	2
9	AC Mailand	-	Cagliari Caldo	1:0	1
10	Lazio Rom	-	Inter Mailand	1:0	1
11	Juventus Turin	-	Vicenca Calcio	2:0	1

Entsprechend den Spielergebnissen werden Punkte vergeben.

Ergebniswette

Spieleinsatz				DM 3.908.902,00
Gewinntipreihe	**1 1 1 0 0 2 2 2 1 1 1**			
Klasse I	0 Fehler	598	x	1.089,40
Klasse II	1 Fehler	16.441	x	39,60
Klasse III	2 Fehler	110.162	x	5,90

RennQuintett 2 x 3 aus 15

Spieleinsatz				DM 48.058,00
Ⓐ	**10 7 14**	Ⓑ		**35 34 27**
Ⓐ	1. Rang*	56	x	85,80
	2. Rang**	257	x	18,60
Ⓑ	1. Rang	7	x	686,50
	2. Rang	69	x	69,60
Ⓐ+Ⓑ = Kombination Rennen A1 + B1:				
		unb./Jackp.		43.820,40

*drei Richtige in der richtigen Reihenfolge
**drei Richtige ohne Berücksichtigung der Reihenfolge

In Rennen A hat Pferd 10 gewonnen, zweites wurde Pferd 7, als drittes kam Pferd 14 ins Ziel.

checkpoint

1 Murat hat zehn Spielkarten verdeckt auf den Tisch gelegt: 3 Buben, 4 Könige, 2 Asse, 1 Zehn.
Bestimme die Wahrscheinlichkeit, mit der Anna
a) ein Ass,
b) einen Buben,
c) einen König oder ein Ass zieht.

(3 Punkte)

2 Wie groß ist die Wahrscheinlichkeit, bei 3 Würfen mit zwei normalen Spielwürfeln wenigstens einmal einen Pasch (zwei gleiche Zahlen) zu erzielen?
Zeichne ein Baumdiagramm und berechne den Wert.

(4 Punkte)

3 Florian behauptet, die Chance, bei einem Wurf mit drei normalen Spielwürfeln wenigstens eine 6 zu erzielen, liege unter 50%. Kerstin meint, die Chance liege bei 50 : 50. Timo glaubt, dass sie sogar mehr als 50% betrage. Wer hat Recht? Begründe deine Antwort durch Berechnung des genauen Wertes.

(4 Punkte)

4 Bei einem Pferderennen starten 7 Pferde. Bei einer Zweierwette muss man die ersten beiden Pferde in der richtigen Reihenfolge tippen. Berechne die Wahrscheinlichkeit, dass man zufällig bei der Zweierwette gewinnt.

(4 Punkte)

4 Bei einem Pferderennen starten 9 Pferde. Bei der Platzwette muss man ein Pferd tippen, das auf die ersten drei Plätze kommt. Frau Jäger gibt für das Rennen drei verschiedene Platzwetten ab. Wie groß ist die Wahrscheinlichkeit, dass sie zufällig bei allen drei Wetten gewinnt?

(8 Punkte)

5 Ein Romméspiel besteht aus 52 Karten, je eine Karte der Farbe Karo, Herz, Pik und Kreuz mit den Werten 2 bis 10, Bube, Dame, König, Ass. Berechne die Wahrscheinlichkeit dafür, dass du aus einem gut gemischten Romméspiel zufällig die entsprechende Karte ziehst.
a) ein Herz-Bube
b) eine 5
c) ein rotes Ass

(6 Punkte)

5 Ein Romméspiel besteht aus 52 Karten, je eine Karte der Farbe Karo, Herz, Pik und Kreuz mit den Werten 2 bis 10, Bube, Dame, König, Ass. Berechne die Wahrscheinlichkeit dafür, dass du aus einem gut gemischten Romméspiel zufällig die entsprechende Karte ziehst.
a) eine Dame oder ein König
b) ein rotes „Bild“ (Bube, Dame oder König)
c) eine Kreuzkarte

(9 Punkte)

Anwendungen

Verkehrsmittel Auto

Aus Tabellen können Schaubilder erstellt werden.

Aus einem Schaubild können verschiedene Aussagen abgelesen werden.
Eine Umfrage, was für Autokäufer wichtig ist, wurde veranschaulicht.

Kriterien auf einer Skala von **1** (wichtig) bis **4** (unwichtig)

Sofort ist erkennbar, dass die Zuverlässigkeit beim Autokauf an erster Stelle steht. Es können weitere Aussagen entnommen werden.

	Hubraum in Liter	Leistung in kW	Verbrauch in l pro 100 km	Kosten in € pro 10000 km Kraftstoff	Werkstatt
Citroën ZX	1,4	55	7,6 S	668	127
Ford Escort	1,4	52/55	8,6 S	756	109
Honda Civic/CRX	1,3	55	7,2 N	615	125
Hyundai Lantra	1,5	63	7,9 N	674	13
Mazda 323	1,4	54	7,9 N	674	155
Nissan Almera	1,4	55	7,3 S	642	100
Nissan Sunny	1,4	55	7,4 N	632	117
Opel Astra	1,4	44	7,6 S	668	133
Peugeot 306	1,4	55	7,7 S	677	122
Renault 19	1,4	55	7,2 S	633	277
Renault Mégane	1,6	55	7,5 S	660	86
Seat Toledo	1,6	52/55	7,8 N	666	96
Toyota Corolla	1,4	55	7,5 S	660	99
VW Golf/Vento	1,4	44	7,6 S	668	92

N = Normal, S = Super

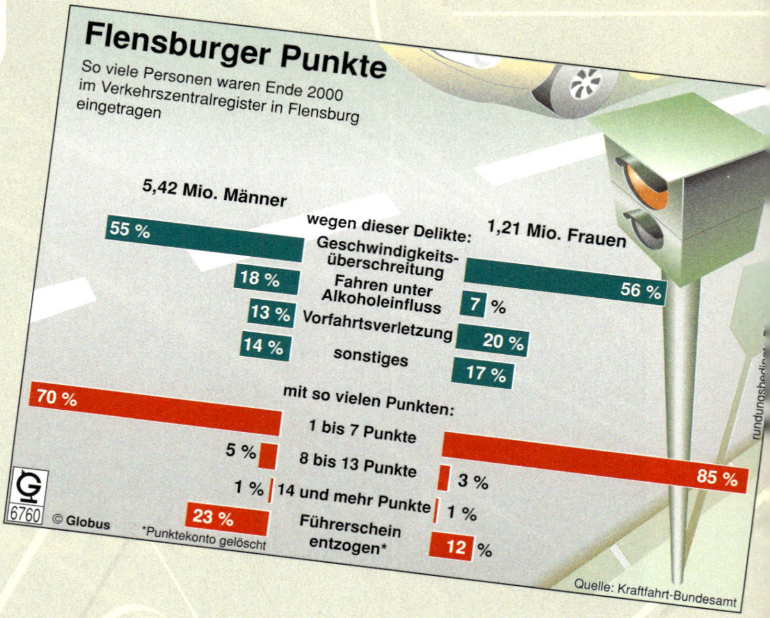

	auf 10000 km bezogen Pannen	Reparaturen	Mängel
Citroën ZX Benzin	0,09	0,31	0,42
Citroën ZX Diesel	0,02	0,10	0,15
Ford Escort Benzin	0,08	0,53	0,51
Ford Escort Diesel	0,07	0,32	0,39
Honda Civic/CRX	0,02	0,12	0,17
Hyundai Lantra	0,03	0,28	0,32
Mazda 323 Benzin	0,01	0,12	0,16
Nissan Almera Benzin	0,01	0,24	0,24
Nissan Sunny Benzin	0,03	0,13	0,19
Nissan Sunny Diesel	0,02	0,07	0,14
Opel Astra Benzin	0,08	0,57	0,64
Opel Astra Diesel	0,07	0,31	0,40
Peugeot 306 Benzin	0,06	0,39	0,44
Peugeot 306 Diesel	0,05	0,16	0,19
Renault Mégane Benzin	0,11	0,50	0,63
Renault 19 Benzin	0,08	0,25	0,32
Renault 19 Diesel	0,04	0,10	0,17
Seat Toledo Benzin	0,04	0,24	0,31
Seat Toledo Diesel	0,02	0,48	0,42
Toyota Corolla Benzin	0,01	0,09	0,13
Toyota Corolla Diesel	0,02	0,07	0,08
VW Golf/Vento Benzin	0,06	0,33	0,41
VW Golf/Vento Diesel	0,03	0,30	0,32

Zu einem möglichen Vergleich können die Daten und die Messwerte von diesen Autos in Tabellen zusammengestellt werden.

Testverbrauch (Liter auf 100 km)		Höchstgeschwindigkeit:	195 $\frac{km}{h}$
Stadt	10,4	Umweltverhalten: +	2,3
Land	7,0		
Autobahn	9,3	Preis:	16873 €

Testverbrauch (Liter auf 100 km)		Höchstgeschwindigkeit:	188 $\frac{km}{h}$
Stadt	9,6	Umweltverhalten: +	2,3
Land	6,8		
Autobahn	9,8	Preis:	17645 €

Testverbrauch (Liter auf 100 km)		Höchstgeschwindigkeit:	185 $\frac{km}{h}$
Stadt	11,6	Umweltverhalten: ○	3,2
Land	8,8		
Autobahn	13,1	Preis:	19046 €

In diesem Fall werden verschiedene Daten in einer Tabelle zusammengestellt, die auch in Grafiken veranschaulicht werden können.

Das **Elektroauto** ist emissionsfrei. Das bedeutet, das Auto belastet die Luft nicht mit Schadstoffen. Das Elektrizitätswerk liefert den Strom, ist jedoch nicht emissionsfrei.
Das Elektroauto ist noch verhältnismäßig teuer.
Ein Citroën Saxo electrique kostete 2002 umgerechnet 23570 €, ein Fiat Seicento elettra 24285 €.

Testnoten des „Elektro-Fiat“	
Karosserie	○
Verarbeitung	+
Funktionalität	○
Ausstattung	○
Kofferraum	–
Größe	–
Zugänglichkeit	○
Variabilität	–
Innenraum	○
Platzangebot	○
Funktionalität	○
Ausstattung	–
Fahrerplatz	+
Bedienung	+
Instrumente	+
Sichtverhältnisse	○
Sicherheit	○
Außen	+
Innen	○
Kinder	○
Antrieb	+
Motor	+
Getriebe	n.v.
Fahrleistungen	○
Umweltverhalten	++
Verbrauch	++
Abgase	++
Außengeräusch Motor	++
Fahrverhalten	+
Straßenlage	+
Lenkung	○
Bremse	○
Fahrkomfort	○
Federung	+
Sitze	–
Innengeräusch	++
Heizung, Lüftung	○
Regulierbarkeit	○
Wirksamkeit	○
Aufheizung	+

++ sehr gut, + gut, ○ zufriedenstellend, – mangelhaft, – – sehr mangelhaft

Diese Grafik entstand aus Tabellen mit verschiedenen Daten.

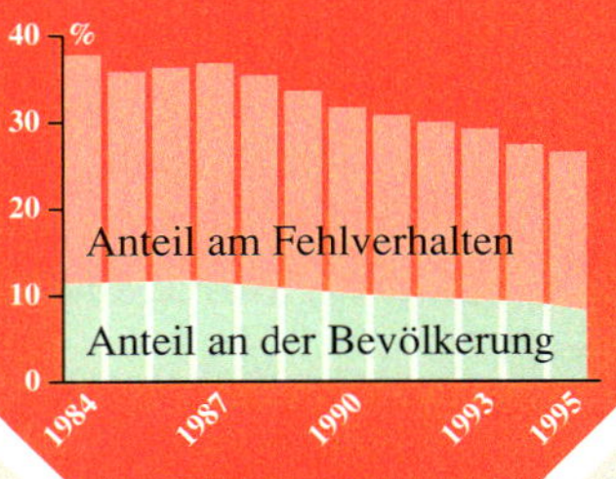

18- bis 25jährige hatten 1995 nur 8 % Anteil an der Bevölkerung. Ihr Anteil am Fehlverhalten bei schweren Unfällen lag bei 28 %.

In der Bundesrepublik Deutschland hat sich der gesamte Kraftfahrzeugbestand zwischen 1970 und Anfang 2002 von 16,8 Millionen auf 53,3 Millionen erhöht.
1970 waren davon 13,9 Millionen Personenkraftwagen.
Anfang 2002 gab es 44,4 Millionen Personenkraftwagen.
Obwohl ständig sparsamere Motoren entwickelt wurden, gehören die Kraftfahrzeuge heute zu den größten Schadstofferzeugern an Stickstoffoxiden, Kohlenwasserstoff und Kohlenmonoxid.

Die Wirkung von Schadgasen auf den Menschen ist davon abhängig, wie hoch die Konzentration ist und wie lange das Gas auf den Körper einwirkt.

Wirkung von Schadgasen auf Mensch und Tier (hier nur eine Auswahl)

Kohlenmonoxid:
- Beeinträchtigung des Kreislaufsystems
- Kopfschmerzen; Übelkeit, Schwindel, Ohrensausen
- Beeinträchtigung der Aufmerksamkeit
- Verringerte Lichtempfindlichkeit

Stickoxide:
Bei ständiger Einwirkung chronische Bronchitis mit Lungenschädigung

Für die Verbrennung von 1 Liter Treibstoff werden 10 000 Liter Luft benötigt, die nachher stark belastet den Auspuff verlassen. Der Grad der Belastung hängt unter anderem von der Einstellung des Motors ab. Deshalb muss der Fahrzeughalter in einer ein- bzw. zweijährlichen Abgasuntersuchung (AU) das Abgasverhalten des Kraftfahrzeuges überprüfen lassen.

Schadstoffbelastungen durch Kraftfahrzeugabgase im Jahresmittel (Orientierungswerte)

	städtische Hauptverkehrsstraßen	städtische Wohngebiete	ländliche Gebiete
Kohlenmonoxid	6 mg/m³	1 mg/m³	0,1 mg/m³
Stickoxide	120 µg/m³	50 µg/m³	8 µg/m³

Die höchsten Schadstoffkonzentrationen werden unmittelbar am Straßenrand in Auspuffhöhe gemessen. Die Gefährdung durch Abgase aus dem Kraftfahrzeugverkehr ist für den Menschen besonders hoch, da diese Abgase im Gegensatz zu Industrie- und Haushaltsabgasen in sehr geringer Bodenhöhe ausgestoßen werden. In 20 m Höhe werden bei normaler Wetterlage noch 20–30% dieser Werte erreicht. Besonders Kleinkinder werden daher hohen Risiken ausgesetzt.

Aufträge

1 a) Berechne den prozentualen Anteil der Personenkraftwagen am gesamten Kraftfahrzeugbestand für 1970 und für 2002.
b) Um wie viel Prozent hat sich der Bestand der gesamten Fahrzeuge erhöht?

2

a) Erkundige dich nach weiteren schädlichen Wirkungen von Schadstoffen aus Fahrzeugabgasen (Schwefeldioxid, Blei, Benzol). Stelle diese in einer Übersicht zusammen.
b) Überlege, was getan werden kann, um die ständige Erhöhung des Schadstoffausstoßes durch den Verkehr zu verringern.

3 a) Erkundige dich, welche Autos besonders umweltfreundlich sind und wie viel Benzin sie verbrauchen.
b) Berechne, wie viel Liter Luft auf einer Fahrstrecke von 500 km für die Verbrennung bei jedem der Fahrzeugtypen aus a) benötigt werden. Zeichne ein entsprechendes Balkendiagramm.

4 Zeichne einen Funktionsgraphen, aus dem man sofort ablesen kann, wie viel Liter Luft benötigt werden, wenn eine vorgegebene Menge Treibstoff verbrannt werden soll.

5 Wie viel Milligramm Kohlenmonoxid pro Kubikmeter und wie viel Mikrogramm Stickoxid pro Kubikmeter sind in 20 Meter Höhe
a) an einer städtischen Hauptstraße
b) in einem städtischen Wohngebiet
c) in ländlichem Gebiet
etwa noch messbar?

Info

Die Bezeichnung Tonnenkilometer ist eine Maßgröße, die von Verkehrsexperten benutzt wird, um die Leistung unterschiedlicher Beförderungsmittel vergleichbar machen zu können. Sie bezieht sich auf den Güterverkehr. Wenn zum Beispiel 12 Tonnen in einem LKW eine Strecke von 1000 Kilometern transportiert werden, so hat der LKW eine Verkehrsleistung von $12 \cdot 1000 = 12\,000$ Tonnenkilometer erbracht.

6 Nenne drei verschiedene Möglichkeiten, 800 Tonnenkilometer Leistung zu erbringen.

7 a) Um wie viel Prozent hat der Güterverkehr zwischen 1970 und 2000 zugenommen?

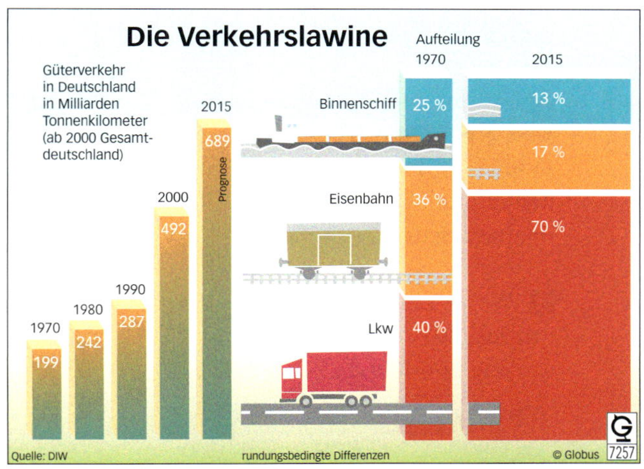

b) Wie ist der Sprung zwischen 1990 und 2000 zu erklären?
c) Um wie viel Prozent wird der Güterverkehr der Prognose entsprechend von 2000 bis 2015 anwachsen?
d) Um wie viel Prozent wird die Leistung der Lkws zwischen 1970 und 2015 voraussichtlich anwachsen?
e) Wie viele der 199 Milliarden Tonnenkilometer im Jahr 1970 erbrachten die Lastkraftwagen?
f) Wie viele der 689 Milliarden Tonnenkilometer im Jahr 2015 werden voraussichtlich die Lkws erbringen?

Schulwege

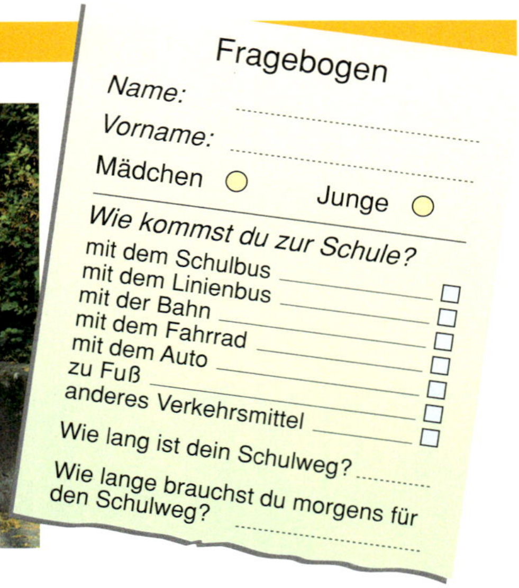
Fragebogen

Name: ....

Vorname: ....

Mädchen ◯ Junge ◯

Wie kommst du zur Schule?

mit dem Schulbus ☐
mit dem Linienbus ☐
mit der Bahn ☐
mit dem Fahrrad ☐
mit dem Auto ☐
zu Fuß ☐
anderes Verkehrsmittel ☐

Wie lang ist dein Schulweg? ....

Wie lange brauchst du morgens für den Schulweg? ....

Aufträge

1 Erstelle einen Fragebogen zum Thema Schulwege. Es sollen zum Beispiel Informationen zu den Themen Dauer, Länge, Verkehrsmittel und Kosten gesammelt werden.

2 Führe eine Befragung durch. Dafür eignet sich z. B. deine Klasse, andere Klassen deiner Schule, andere Schulen im Umkreis oder Partnerschulen deiner Schule. Stelle die Ergebnisse in einer Urliste zusammen.

3 Werte einige Fragen aus dem Fragebogen mit Strichlisten aus.

a) Wie kommst du zur Schule?

Verkehrsmittel	Strichliste
Zu Fuß	
Fahrrad	
Bus	
…	

b) Wie weit ist dein Schulweg?

Verkehrsmittel	Strichliste
Bis 200 m	
200–500 m	
500–1000 m	
1–2 km	
2–4 km	
über 4 km	

c) Erstelle weitere Strichlisten aus dem Fragebogen.

4 a) Wie viel Prozent der befragten Schüler kommen zu Fuß, mit dem Fahrrad usw.? Erstelle eine Übersicht.

b) Fertige Übersichten zu den Prozentangaben für die anderen untersuchten Themen an.

5 Wähle eine Möglichkeit für die Darstellung deiner Befragung aus (z. B. Balkendiagramm, Kreisdiagramm, Funktionsgraph) und zeichne ein entsprechendes Diagramm.

6 Welches der Verkehrsmittel, die von deinen Mitschülern benutzt werden, ist am sichersten? Besorge zur Beantwortung dieser Frage Statistiken zur Unfallhäufigkeit der einzelnen Verkehrsmittel in Brandenburg.

7 Welches der Verkehrsmittel ist am preisgünstigsten? Überlege, welche Aspekte bei diesem Vergleich berücksichtigt werden müssen (Beispiele: Anschaffungs- und Unterhaltskosten bei Fahrrad und Auto; die für das Fahrgeld zurückgelegte Entfernung bei öffentlichen Verkehrsmitteln).

8 Welches der Verkehrsmittel ist am umweltverträglichsten?

9 Finde heraus, wie man in deiner Wohngegend vor 50 oder 100 Jahren zur Schule gelangte. Vergleiche die damaligen mit den heutigen Möglichkeiten in Bezug auf Umweltverträglichkeit, Schnelligkeit, Kosten und Sicherheit.

Info

Der Personenkilometer ist ebenfalls eine Maßgröße, die von Verkehrsexperten benutzt wird, um Leistungen unterschiedlicher Beförderungsmittel vergleichbar machen zu können. Wenn beispielsweise vier Personen mit einem Auto 100 km zurücklegen, so hat dieser PKW eine Leistung von 400 Personenkilometern erbracht.

Aufträge

1 Nenne drei verschiedene Möglichkeiten, eine Leistung von 1000 Personenkilometern zu erbringen.

2 a) Berechne die prozentualen Anteile der einzelnen Verkehrsmittel für den Personenverkehr.

b) Stelle die Ergebnisse aus a) in einem Balkendiagramm dar.

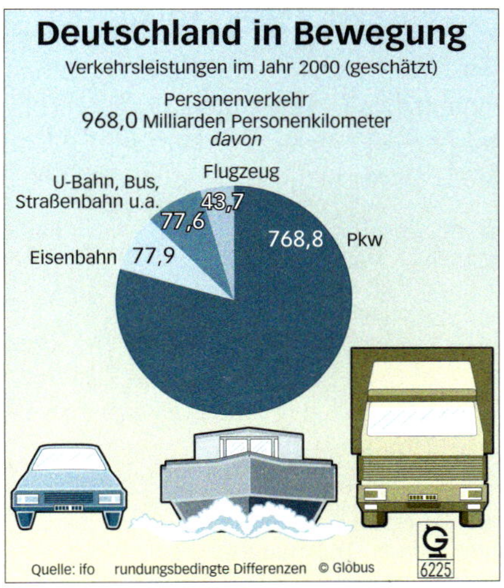

3 a) Finde heraus, wie lange eine Reise von Berlin nach Stuttgart mit dem Auto, der Bahn oder dem Flugzeug ungefähr dauern würde.
b) Wie groß ist die Entfernung Berlin – Stuttgart, wenn man mit dem Auto fährt? Wie groß ist sie bei der Bahn und beim Flugzeug?
c) Berechne aus den Zeiten eine Durchschnittsgeschwindigkeit der Verkehrsmittel.
d) Zeichne in ein Koordinatensystem drei Funktionsgraphen für die drei Verkehrsmittel. Auf der x-Achse soll die Zeit und auf der y-Achse die Entfernung eingetragen werden. Lege die Durchschnittsgeschwindigkeit zugrunde.

4 Das Diagramm zeigt, welche Folgekosten durch Umweltverschmutzung und Unfälle entstehen. Diese Kosten werden nicht von denjenigen getragen, die sie verursachen, sondern von der Allgemeinheit. Sie fallen beispielsweise an, wenn Maßnahmen zu Vermeidung oder Beseitigung von Umweltschäden ergriffen werden müssen.

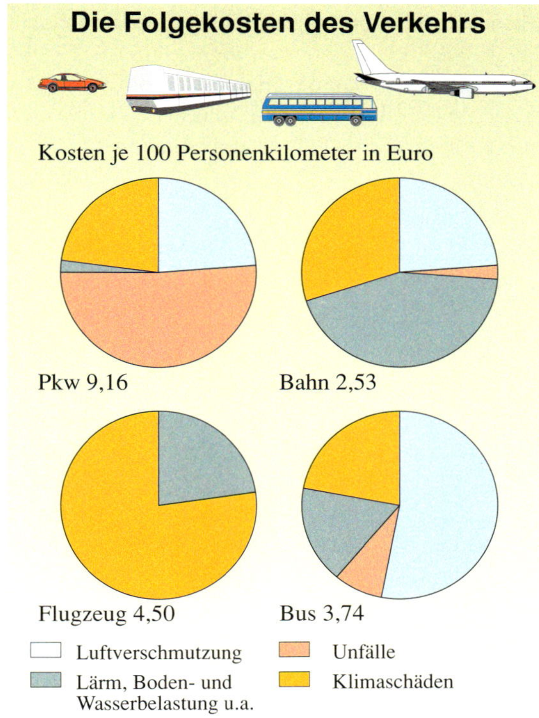

a) Welches Verkehrsmittel verursacht die meisten Kosten, welches die wenigsten?
b) Übertrage die Gesamtkosten, die jeweils für den Pkw, die Bahn, den Bus und das Flugzeug entstehen, in ein Balkendiagramm.
c) Gib die Kosten für die Bereiche Luftverschmutzung, Unfälle, Lärm-, Boden- und Wasserbelastung und Klimaschäden in € an. Miss dazu die Winkel aus und berechne die Kosten mit dem Dreisatz oder einer Verhältnisgleichung.
d) Welches scheint nach dem vorliegenden Diagramm das sicherste Verkehrsmittel zu sein?
e) Wie hoch sind die Folgekosten, die durch die vier Verkehrsmittel bei einer Reise von Berlin nach Stuttgart entstehen?

Augen auf beim Ratenkauf

Ratenkredite stellen die wohl häufigste Kreditform dar. Der Kredit wird in monatlichen Raten zusammen mit Zinsen und Gebühren zurückgezahlt. Anzahl und damit Höhe der Raten kann unterschiedlich vereinbart werden, je nachdem wie viel der Kreditnehmer monatlich zahlen kann oder will. Dies wird häufig in einem so genannten Tilgungsplan festgesetzt.

Beachte, dass es bei Ratenkäufen unterschiedliche Angaben von Zinssätzen gibt. Der effektive Jahreszins gibt an, wie hoch der Zinssatz für ein Jahr ist. „Effektiv" kommt aus dem lateinischen und heißt so viel wie „tatsächlich". Bei Krediten müssen bei effektivem Zinssatz auch alle Gebühren einbezogen sein.

Teilzahlungspreis in € bei Zahlung in Monatsbeträgen

Monate	3	6	9	12	18	24
Barzahlungs- bzw. Kaufpreis in €	Mindestbestellwert					
	100,00	200,00	300,00	400,00	600,00	800,00
1,00	1,02	1,04	1,06	1,07	1,11	1,14
5,00	5,12	5,20	5,29	5,37	5,55	5,72
10,00	10,23	10,41	10,58	10,73	11,1	11,44
50,00	51,16	52,04	52,88	53,66	55,49	57,2
100,00	102,31	104,08	106,76	107,32	110,96	114,4
150,00	153,47					
200,00	204,62	208,16				
250,00	255,78	260,20				
300,00	306,93	312,24	317,28			
350,00	358,09	364,28	370,16			
400,00	409,24	416,32	423,04	429,28		
450,00	460,40	468,36	475,92	482,94		
500,00	511,55	520,40	528,80	536,60		
550,00	562,71	572,44	581,68	590,26		
600,00	613,86	624,48	634,56	643,92	665,88	
650,00	665,02	676,52	687,44	697,58	721,37	
700,00	716,17	728,56	740,32	751,24	776,86	
750,00	767,33	780,60	793,20	804,90	832,35	
800,00	818,48	832,64	846,08	858,56	887,84	915,20
850,00	869,64	884,68	898,96	912,22	943,33	972,40
900,00	920,79	936,72	951,84	965,88	998,82	1029,60
950,00	971,95	988,76	1004,72	1019,54	1054,31	1086,80
1000,00	1023,10	1040,80	1057,60	1073,20	1109,80	1144,00
1200,00	1227,72	1246,96	1269,12	1287,84	1331,76	1372,80
1500,00	1534,65	1561,20	1586,4	1609,80	1664,70	1716,00
1600,00	1836,96	1665,28	1692,16	1717,12	1775,66	1830,40
2000,00	2046,20	2081,60	2115,20	216,40	2219,60	2268,00
2500,00	2557,75	2602,00	2644,00	2683,00	2774,50	2860,00
3000,00	3069,30	3122,40	3172,80	3219,60	3329,40	3432,00
4000,00	4092,40	4163,20	4230,40	4292,80	4439,20	4576,00
5000,00	5115,50	5204,00	5288,00	5366,00	5549,00	5720,00
Zinsaufschlag	0,77 %	0,66 %	0,64 %	0,61 %	0,61%	0,60 %
	pro Monat × Laufzeit					
Effektiver Jahreszins	14,0 %	14,4 %	14,5 %	14,4 %	14,4 %	14,3 %

Teilzahlung

Bei größeren Anschaffungen können Sie bequem in 3, 6, 9, 12, 18 und in 24 Monatsbeträgen bezahlen (Bonität vorausgesetzt).

Die monatlichen Zinsaufschläge, die entsprechenden Mindestbestellwerte und die effektiven Jahreszinssätze ersehen Sie aus unserer Teilzahlungstabelle.

Berechnung der Teilzahlungspreise

Die in der Tabelle nicht genannten Werte können Sie leicht errechnen: den Kaufpreis mit den gewünschten Monatsraten und dem entsprechenden Zinsaufschlag malnehmen, durch 100 teilen und den so ermittelten Teilzahlungsaufschlag dem Kaufpreis hinzuzählen.

Beispiel: Kaufpreis	**849,00 €**
Zahlung in 24 Monatsraten,	
Zinsaufschlag 0,60 % pro Monat	
Teilzahlungsaufschlag:	
849 × 24 × 0,6 : 100	122,26 €
Kaufpreis	+ 849,00 €
Teilzahlungspreis	**971,26 €**
monatliche Rate	
971,26 : 24	40,47 €

Fälligkeit der Rate:
Die 1. Rate wird 30 Tage nach Erhalt der Ware fällig, die weiteren Raten jeweils einen Monat später.

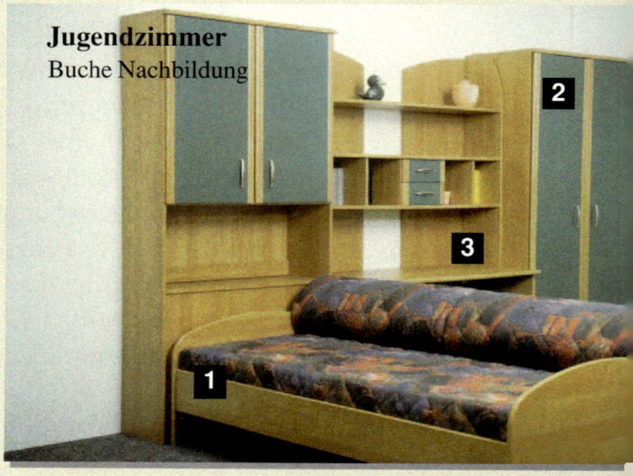

Jugendzimmer
Buche Nachbildung

1	Liege	139,- €
2	Kleiderschrank zweitürig	199,- €
3	Schreibteil mit Regalaufsatz	168,- €
4	Schrankteil mit Bettkasten	189,- €

Unsere Roller sind supergünstig

Null Anzahlung und z. B. 0,49 % effektiver Jahreszins
Das Beste dabei: Ihr startet mit den Raten erst nach den Ferien.

Easy to buy
0,49 % effektiver Jahreszins bei 12 Monaten Laufzeit. Weitere Laufzeit: 24 Monate mit 9 % effektivem Jahreszins, 36 Monate mit 2,9 % effektivem Jahreszins und 47 Monate mit 3,9 % effektivem Jahreszins.

supergünstig

KTM
1 Zylinder; 2 Takt-Motor
49 cm³; Variomatik
Luftkühlung
Tankinhalt 5,2 Liter
1590,- €

Dragster
1 Zylinder; 2 Takt-Motor
49 cm³;
stufenlose Variomatik
Wasserkühlung
Tankinhalt 7 Liter
2690,- €

Phantom
1 Zylinder; 2 Takt-Motor
49 cm³; Variomatik
Luftkühlung
Tankinhalt 8,1 Liter
2040,- €

Tapo
supergünstig
1 Zylinder; 2 Takt-Motor
49 cm³; Variomatik
Luftkühlung
Tankinhalt 4,8 Liter
1550,- €

Namur
1 Zylinder; 2 Takt-Motor
49 cm³; stufenlose Automatik
Wasserkühlung
Tankinhalt 7 Liter plus 2 Liter Reserve
2350,- €

Angebote aus einem Versandhaus:

Leder Kurzjacke Damen	ab 129 €
Lederhose (Damen)	**ab 99 €**
Lammnappa-Blouson (Herren)	**ab 159 €**
Trainingsanzug für Sie	ab 65 €
für Ihn	ab 55 €
Jeans	39,95 €
Sweatshirt	15,95 €
Hose mit Beintasche	29,95 €
Anorak	**39,95 €**
Hi-Fi Minianlage	669 €
Stereo-Radiorecorder	129 €
CD-Porti	**75 €**
Videorecorder	249 €
Fernseher	345 €
Computer	690 €
Taucheruhr	999 €

Kleinkredite, 500 € mit halbjährlicher Laufzeit, effektiver Jahrszins 12 %

☏ (02190) 86782

Peugeot Motorroller zu verk., 1 700,- €. ☏ (02191) 882748

Yamaha DT 80 LC 2, rep.-bedürftig, 380,- €. ☏/ Fax (02191) 73722

Verk. Motorroller Piaggio Zip-Base 50, 25 km/h, 2 135 km. Bj. 97, VB 2500,- €. ☏ (02195) 8371

Motorroller zu verk., 3 500,- €.

Nach dem Geldsegen folgt der Crash
Eine Umfrage (1996) der Verbraucherzentrale ergab, dass 16 % der befragten Jugendlichen zwischen 14 und 17 Jahre ihr Dispo-Konto bei Banken überzogen hatten. In den meisten Fällen „nur“ bis zu einer Höhe von umgerechnet durchschnittlich 750 Euro, das Maximum lag allerdings bei 7000 Euro.

Bei einem Versandhandel kann man einen Roller und das entsprechende Zubehör bestellen.

Roller Dragster	2690,00 €
Helm Dragon mit Visier	81,90 €
Motorrad Tourenhandschuhe	32,50 €
Wetterschutzscheibe	75,90 €
Top Box	79,90 €
Stretch Nierengurt	19,95 €
Regenanzug	49,95 €
gesamt:	3030,10 €

Die Bedingungen sind: Anzahlung 530,10 €, den Rest in 5 gleichen Raten mit einem Zinssatz von 0,71% pro Monat, Bearbeitungsgebühr 2%. (effektiver Zinssatz: 22,7%) Der Ratenplan geht von 2500 € Kredit aus.

Zur **Zinsberechnung** aus dem **Kreditbetrag** wird der Zinssatz pro Monat mit der Ratenzahl multipliziert.
Die Bearbeitungsgebühr ergibt sich aus dem Kreditbetrag.
Die **Kreditschuld** setzt sich aus dem Kreditbetrag, dem Zinsaufschlag und den Bearbeitungskosten zusammen.
Im Ratenplan wird die Höhe der monatlichen **Rate** bestimmt, indem man die Kreditschuld durch die Anzahl der Raten teilt.

	A	B	C	D	E	F
1	EINGABEN:	Kaufsumme	Anzahlung	Bearbeitungs-gebühr	Zinssatz pro Monat	monatliche Ratenzahl
2		3030,1	530,1	0,02	0,0071	5
3	BERECHNUNG:	Kredit	Zinsauf-schlag	Bearbeitungs-kosten	Kreditschuld	Ratenhöhe
4		=B2-C2	=B4*E2*F2	=B4*D2	=B4+C4+D4	=E4/F2
5	Geldbeträge in €			Kreditkosten	=E4-B4	

Aufträge

1 a) Berechne für dieses Angebot die zu zahlenden Zinsen.
b) Ermittle die Bearbeitungsgebühr.
c) Berechne die Kreditschuld.
d) Bestimme die Höhe der monatlichen Rate.

2 Markus möchte einen Roller Phantom für 2040 € kaufen. Der Händler bietet für sein altes Moped noch 380 €. Für den Rest wird eine Ratenzahlung von 24 Raten mit einem Zinssatz von 0,5% pro Monat angeboten.
a) Berechne die Höhe einer Rate.
b) Die örtliche Sparkasse bietet ebenfalls einen Ratenkredit mit 0,48% pro Monat und 2% Bearbeitungsgebühr an. Vergleiche die Angebote des Händlers und der Sparkasse.

3 a) Ein anderes Großversandhaus verlangt bei Ratenzahlung den gleichen Zinssatz wie im Beispiel, aber keine Bearbeitungsgebühr. Erstelle einen Ratenplan (Bedingungen wie oben, jedoch 20% Anzahlung) und vergleiche.
b) Das Versandhaus verlangt bei Teilzahlung von 6 und mehr Monaten nur 0,69% pro Monat. Vergleiche die Kreditkosten.

Eine Sparkasse bietet für einen Kredit folgende Konditionen:

Bearbeitungsgebühr 2%;
Zinssatz pro Jahr 6,75%;
Laufzeit 4 Jahre = 48 Monate oder 7 Jahre = 84 Monate

Der Kreditbetrag, der aufgenommen werden soll, wird **Nettokreditbetrag (Nennbetrag)** genannt.
Die Zinsen werden für die **Gesamtlaufzeit** berechnet.
Der Nettokreditbetrag, die Bearbeitungsgebühr und die Zinsen ergeben zusammen die **Darlehenssumme (Gesamtbetrag)**.
Dieser Gesamtbetrag wird dann pro Monat auf die Laufzeit als **Rate** aufgeteilt.

Bei der Aufnahme eines Kredits muss man entscheiden, ob eine möglichst niedrige Darlehenssumme mit höheren Monatsraten sinnvoll ist, oder ob mit geringerer monatlicher Rückzahlung ein insgesamt höherer Gesamtbetrag in Kauf genommen werden soll.

Aufträge

1 Frau Müller will einen Kredit über 15 000 € bei der oben genannten Sparkasse aufnehmen. Sie überlegt, ob sie für die Laufzeit dieses Kredites 48 oder 84 Monate wählen soll.
a) Wie hoch ist die Bearbeitungsgebühr?
b) Berechne die Zinsen für eine Gesamtlaufzeit von 48 Monaten bzw. 84 Monaten.
c) Wie hoch ist die Darlehenssumme bei 48 Monaten, wie hoch ist sie bei 84 Monaten? Was würdest du Frau Müller raten?
d) Berechne die monatlich zu zahlende Rate für die beiden Laufzeiten. Ändert sich dein Ratschlag an Frau Müller jetzt?

2 Zwischen einer Bank und einem Kunden wird ein Darlehensvertrag mit 4 Jahren Laufzeit abgeschlossen. Dazu wurden 3% Bearbeitungsgebühren angerechnet, außerdem 9,5% p. a. Zinsen. Monatlich müssen 367,19 € zurückgezahlt werden.
Von welchem Nennwert wurde für dieses Darlehen ausgegangen?

3 Herr Heinz will eine neue Kücheneinrichtung für 7300 € kaufen. Er will den Betrag finanzieren und erhält von seiner Bank folgendes Angebot: Laufzeit 5 Jahre mit 7,9% p. a. und 2% Bearbeitungsgebühr.
a) Berechne die Darlehenssumme.
b) Herr Heinz möchte nicht mehr als 200 € monatlich zahlen. Kann er das Angebot der Bank annehmen?

4 Für 3 Jahre wird ein Kleinkredit über 3000 € aufgenommen. Die Bearbeitungsgebühr beträgt 1%, die Zinsen 8,5% p. a. Berechne die monatliche Rate.

Info

Bei Krediten muss der **Effektivzinssatz** angegeben werden, damit Verbraucher die verschiedenen Kreditangebote vergleichen können. Die Berechnung erfolgt mit einer komplizierten Formel, die alle Bedingungen des Kredits wie Zinssatz, Laufzeit und Bearbeitungsgebühr berücksichtigt.

Kosten vergleichen

Die Dresdner Bank Zehdenick (DB Z) und die Mittelbrandenburgische Sparkasse Zehdenick (MBS Z) berechnen unterschiedliche Preise beim Führen von Privat-Girokonten.

Geld-institut	Grundpreis je Monat	Preis je Buchung
DB Z	6,14 €	–
MBS Z	3,07 €	0,31 €

(Stand: Mai 2002)

Grundgebühr und Buchungsgebühren ergeben die monatlichen Kosten.

Wie kann man herausfinden, welches Geldinstitut günstiger ist? Offenbar hängt der Preis, der monatlich zu zahlen ist, von der Anzahl der Buchungen ab.
Zur Lösung eignet sich ein lineares Gleichungssystem, bei dem die eine Variable die Anzahl der monatlichen Buchungen angibt und die andere die monatlichen Kosten in €.
Bei der endgültigen Entscheidung für ein Geldinstitut müssen neben den Kontoführungsgebühren noch andere Dinge verglichen werden. Es ist beispielsweise interessant, wie viel Zinsen gezahlt werden und welche sonstigen Leistungen das Institut bietet.

Aufträge

1 a) Wie viel Gebühren sind bei 9 bzw. 11 Buchungen bei der Dresdner Bank und bei der Sparkasse zu zahlen?
b) Berechne mithilfe eines linearen Gleichungssystemes, bei wie viel Buchungen beide Geldinstitute rein rechnerisch die gleichen Kosten veranschlagen. Wähle für die Anzahl der monatlichen Buchungen die Variable x und für die monatlichen Kosten in € die Variable y.
c) Löse das zugrundeliegende lineare Gleichungssystem graphisch.
d) Lies aus der graphischen Darstellung ab, welches Geldinstitut günstiger ist.

Verwende in den Aufgaben 2 bis 4 die in der folgenden Tabelle zusammengestellten Angaben zu verschiedenen Geldinstituten von Zehdenick über die Kosten beim Führen von Privat-Girokonten.

Geldinstitut	*Grundpreis je Monat*	*Preis je Buchung*
Dresdner Bank	*6,14 €*	*–*
Mittelbrandenburgische Sparkasse	*3,07 €*	*0,31 €*
Berliner Volksbank	*3,83 €*	*–*
Raiffeisenbank	*2,50 €*	*0,45 €*

2 Frau Esser überlegt, für welches Geldinstitut sie sich entscheiden sollte, wenn sie ein Girokonto neu einrichten lässt. Sie vergleicht die Angaben der Mittelbrandenburgische Sparkasse mit denen der Raiffeisenbank.
a) Bei welcher Buchungsanzahl sind rein rechnerisch die monatlichen Kosten für das private Girokonto bei beiden Geldinstituten gleich?
b) Zeichne von beiden Geldinstituten die Kostenlinien für die monatlichen Kosten für Privat-Girokonten in ein Diagramm.
c) Bis zu welcher Anzahl von Buchungen bzw. ab welcher Anzahl von Buchungen ist jeweils ein Geldinstitut günstiger als das andere?
d) Frau Esser rechnet mit etwa 12 Buchungen monatlich. Welches Geldinstitut ist für sie in diesem Fall günstiger?

3 a) Frau Iwaskewicz ist Kundin der Raiffeisenbank. Sie hat durchschnittlich pro Monat auf ihrem Girokonto 15 Buchungen.
b) Herr Jansen hat sein privates Girokonto bei der Berliner Volksbank. Bei seinem Konto werden monatlich durchschnittlich 30 Buchungen vorgenommen.
Welche Kosten entstehen monatlich?

4 Bei welchem der vier Geldinstitute werden für ein Privat-Girokonto die niedrigsten Gebühren angerechnet, wenn mit monatlich 25 Buchungen zu rechnen ist?

Ausflug nach Dresden

Cottbus	Dresden	Frankfurt/O.	Potsdam	Schwedt	
0	105	80	133	178	Cottbus
	0	186	188	282	Dresden
		0	111	99	Frankfurt/O.
			0	126	Potsdam
				0	Schwedt

Unterkunft und 2 Übernachtungen mit Frühstück
Hin- und Rückfahrt mit dem Bus: 350 Freikilometer
Info-Material zur Reisevorbereitung
Buchungs-Service für Exkursionen
Reiserücktrittskostenversicherung

Anzahl der Teilnehmer	Preis	Verlängerungstag
20–25	119 €	21 €
26–30	103 €	20 €
31–35	95 €	19 €
Über 35	85 €	17 €

Jeder 21. Teilnehmer gratis

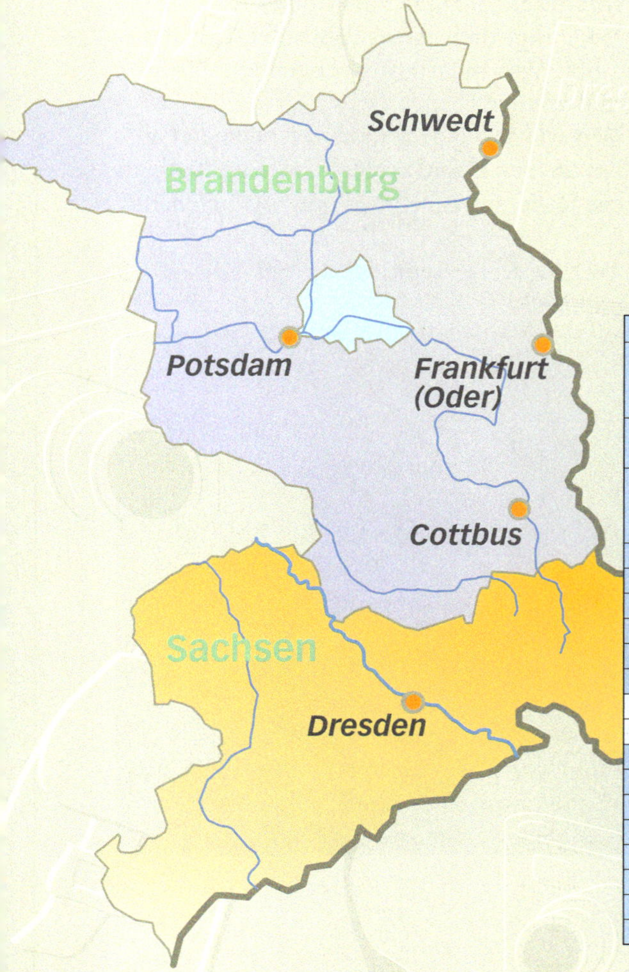

Sächsische Dampfschiffahrt

Fahrt-Nr.		13	72	62	32	72	61	72	31	62	72
Fahrtlinie		Elbtal-Linie	Stadt-rundfahrt	Schlösser-fahrt	Sächs. Schweiz	Stadt-rundfahrt	Schlösser-fahrt	Stadt-rundfahrt	Sächs. Schweiz	Schlösser-fahrt	Stadt-rundfahrt
Einsatz-Zeiten		02.05.–06.10.	23.03.–03.11.	02.05.–06.10.	23.03.–03.11.	23.03.–03.11.	23.03.–03.11.	23.03.–03.11.	02.05.–06.10.	02.05.–06.10.	02.05.–06.10.
Einsatztage		tgl.	tgl. Dauer 90 min	tgl.	tgl.	tgl. Dauer 90 min	tgl.	tgl. Dauer 90 min	tgl.	tgl.	tgl. Dauer 90 min
			Rundfahrt ohne Halt			Rundfahrt ohne Halt		Rundfahrt ohne Halt			Rundfahrt ohne Halt
	an										
Seußlitz	↑										
Diesbar											
Meißen											
Radebeul											
Dresden Terrassenufer	ab										
Dresden Terrassenufer	ab	10.30	11.00	12.00		13.00	14.00	15.00		16.00	17.00
Loschwitz	↓	11.10		12.40			14.40			16.40	
Pillnitz		12.00		13.30	13.00		15.30			17.30	
Pirna		13.00			14.00				15.00		
Stadt Wehlen		13.45			14.45				15.45		
Kurort Rathen		14.15			15.15				16.15		
Königstein		15.00			16.00				17.00		
Prossen		15.15			16.15				17.15		
Bad Schandau	an	16.00			17.00				18.00		

Die Klasse 8 b aus Potsdam plant eine Klassenfahrt. Noch ist nicht klar, wohin es gehen soll und auch nicht, ob man den Bus oder die Bahn nehmen sollte. Einig ist man sich darüber, dass die Fahrt innerhalb Deutschlands stattfinden soll. Sie darf drei Tage dauern und soll möglichst preiswert sein. Einige Schüler wollen an die Ostsee, andere wiederum möchten das Elbsandsteingebirge kennenlernen.

Aufträge

1 Erkundige dich im Reisebüro oder im Internet, wo es in den beiden Gebieten Jugendherbergen, Schullandheime oder andere geeignete Unterkünfte gibt. Vergleiche die Kosten für Unterkunft und Verpflegung. Kann man zwischen verschiedenen Verpflegungsarten wählen und dadurch Kosten sparen? Gibt es Freiplätze ab einer bestimmten Teilnehmerzahl?

2 Vergleiche Preisangebote für die Fahrtkosten. Erkundige dich dazu z.B. in Reisebüros, bei Busunternehmen, bei der Bahn oder im Internet. Gibt es Freikilometer?

3 Informiere dich über Sehenswürdigkeiten und Ausflugsmöglichkeiten an den Zielorten. Wie viel Geld muss für Eintrittsgelder und zusätzliche Fahrtkosten einkalkuliert werden?

4 Stelle alle gesammelten Informationen in einer Tabelle zusammen. Finde eine möglichst preiswerte Kombination.

5 a) Lies aus einer Karte die Entfernungen zu den Zielorten ab. Beachte dabei, dass die Bahn eine andere Strecke zurücklegt als der Bus.
b) Bestimme den Preis pro Kilometer.
c) Wie lange dauern die Reisen jeweils?
d) Bestimme die Durchschnittsgeschwindigkeit bei der Bahn- und Busreise.

6 Finde heraus, welche Versicherungen für eine Klassenfahrt abgeschlossen werden können. Erkundige dich, ob diese Versicherungen sinnvoll sind.

7 Einige Schüler haben die Idee, einen Teil der Anfahrt ins Elbsandsteingebirge mit dem Fahrrad auf dem Elbe-Fernradweg zurückzulegen.
a) Informiere dich über die Route.
b) Erkundige dich, wo es Fahrradverleihstationen gibt. Was müsste für geliehene Fahrräder bezahlt werden?
c) Was würde der Transport von eigenen Fahrrädern in der Bahn kosten? Ist es günstiger, eigene Räder mitzunehmen oder sie zu leihen?

8 Welche Reise würdest du der Klasse 8 b empfehlen?

Training

Rechnen mit Potenzen und Wurzeln

1 Berechne.
a) 2^5 c) $(-2)^4$ e) -4^2
b) 5^2 d) $(-3)^3$ f) $(-4)^2$

2 Berechne.
a) 4^3 d) $(\frac{3}{2})^6$ g) $(-\frac{1}{2})^4$
b) 2^8 e) $0{,}4^3$ h) $(-\frac{2}{3})^5$
c) $(\frac{1}{4})^3$ f) $0{,}3^4$ i) $(\frac{2}{7})^{-2}$

3 Schreibe als Potenz mit kleinstmöglicher Basis.
a) 64 b) 225 c) 256 d) 144 e) 125

4 Fasse zusammen.
a) $6x^2 - 3x^2$ d) $5x^6 + 17x^6 - 29x^6$
b) $4{,}5a^4 - 6{,}2a^4$ e) $3{,}5z^8 - 2{,}9z^8 + 7{,}4z^8$
c) $0{,}63y^{-3} + 1{,}4y^{-3}$ f) $0{,}7a^{-2} - 3{,}1a^{-2}$

5 Multipliziere.
a) $5^3 \cdot 5^4$ f) $a^3 \cdot a^4 \cdot a^5$
b) $2{,}4^5 \cdot 2{,}4^5$ g) $y^{-6} \cdot y^{-6} \cdot y^8$
c) $(-3)^3 \cdot (-3)^5$ h) $2x^3 \cdot 3x^{-1}$
d) $z \cdot z^7$ i) $0{,}5x^{-3} \cdot 0{,}2x^{-4}$
e) $(-x)^6 \cdot (-x)^3$ j) $0{,}3x^{-3} \cdot x^{-2} \cdot x^{-5}$

6 Dividiere.
a) $7^{10} : 7^8$ f) $x^{12} : x^6$
b) $2^8 : 2^5$ g) $a^0 : a^2$
c) $(-5)^3 : (-5)^2$ h) $a^{-4} : a^2$
d) $0{,}2^6 : 0{,}2^4$ i) $b^{-6} : b^4$
e) $0{,}15^{-8} : 0{,}15^{-6}$ j) $z^{-a} : z^a$

7 Berechne.
a) $(5x)^2$ c) $(2a)^5$ e) $(\frac{a}{b})^4$
b) $(\frac{2}{5}y)^3$ d) $(\frac{1}{2}cd)^3$ f) $(0{,}2a)^3$

8 Berechne. Runde auf zwei Kommastellen.
a) $21{,}3^2$ c) $-0{,}789^2$
b) $5{,}39^3$ d) $-4{,}23^3$

9 Schreibe ohne negativen Exponenten.
a) 2^{-2} c) $(0{,}5)^{-2}$ e) 2^{-8}
b) 3^{-1} d) a^{-4} f) $(xy)^{-1}$

10 Schreibe mit negativem Exponenten.
a) $\frac{1}{2}$ c) $\frac{1}{a}$ e) $\frac{2}{x^3}$
b) $\frac{1}{3^2}$ d) $\frac{1}{a^6}$ f) $\frac{5}{y^5}$

11 Schreibe als Zehnerpotenz.
a) 1000 c) 10 e) 0,1 g) $\frac{1}{10\,000\,000}$
b) 1 000 000 d) 1 f) 0,000 01 h) $\frac{1}{100\,000}$

12 Multipliziere.
a) $2^6 \cdot 2^{-2}$ c) $a^7 \cdot a^{-5}$ e) $a^{-3} \cdot (-a^{-2})$
b) $5^{-3} \cdot 5^{-4}$ d) $a \cdot a^{-1}$ f) $2a^4 \cdot 3a^{-7}$

13 Schreibe die Inselflächen mit Zehnerpotenzen in wissenschaftlicher Schreibweise.

Rügen	924,4 km^2
Island	102 819 km^2
Grönland	2 175 500 km^2
Tasmanien	63 015 km^2

14 Die Nervenbahnen des Großhirns ergeben eine Gesamtlänge von 500 000 km. Wie viel Meter sind dies? Gib in wissenschaftlicher Schreibweise an.

15 a) Berechne die Gesamtzahl der beförderten Personen mit öffentlichen Verkehrsmitteln im Jahr 1998 in Deutschland.

Bus, U-Bahn, Straßenbahn	$7{,}77 \cdot 10^9$ Personen
Bahn	$1{,}74 \cdot 10^9$ Personen
Flugzeug	10^8 Personen

b) Insgesamt wurden 1998 die beförderten Personen auf $6{,}104 \cdot 10^{10}$ geschätzt. Wie viele Personen entfallen nach den Angaben aus a) auf Fahrten mit dem Pkw?

16 Berechne ohne Taschenrechner.
a) $(\sqrt{16})^2$ d) $\sqrt{3^2}$ g) $\sqrt{(\frac{1}{16})^2}$
b) $(\sqrt{12{,}25})^2$ e) $3\sqrt{0{,}6^2}$ h) $\sqrt{(\frac{3}{5})^2}$
c) $(\sqrt{71})^2$ f) $\sqrt{(\frac{2}{3})^2}$ i) $(\sqrt{3 \cdot 9})^2$

17 Berechne. Runde auf 3 Kommastellen.
a) $\sqrt{2{,}63}$ d) $\sqrt[3]{15{,}7}$
b) $\sqrt{98{,}74}$ e) $\sqrt[3]{6{,}1}$
c) $\sqrt{0{,}056}$ f) $\sqrt[3]{0{,}897}$

Zuordnungen

1 Entscheide, ob eine eindeutige oder nicht eindeutige Zuordnung vorliegt.
a) Buch → Preis
b) Autor → Buch
c) Ausweisnummer → Person
d) verschiedene Autos → Kilometerstand

2 Die Rurtalbahn verbindet die Orte Düren und Heimbach in der Nordeifel. Diese Bahnverbindung zwischen beiden Orten ist eingleisig.

Im Diagramm ist der Fahrplan am Morgen dargestellt.

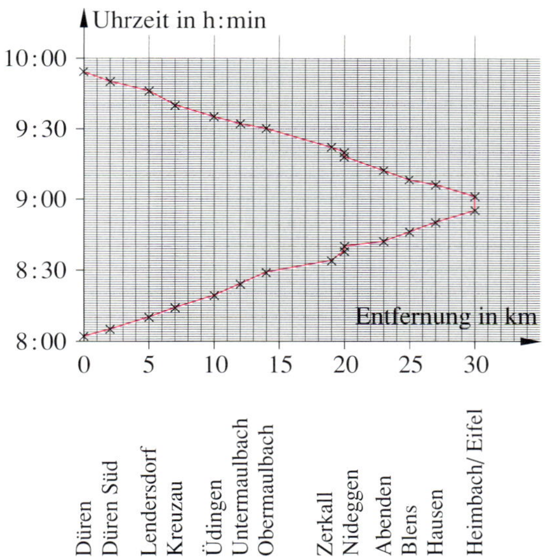

a) Wann ist der Zug fahrplanmäßig in den Bahnhöfen der angegebenen Orte? Vervollständige die Tabelle.

Ort	Zeit	Zeit
Düren	8:02	9:54
Düren-Süd	8:05	9:50
…	…	…

b) Kann man zu jedem Ort genau eine Zeit angeben, zu der der Zug morgens in diesem Ort ist?
c) Ist jedem Ort eindeutig eine Zeit zugeordnet? Ist also die Zuordnung zwischen dem Ort und der Zeit eine Funktion?

Info

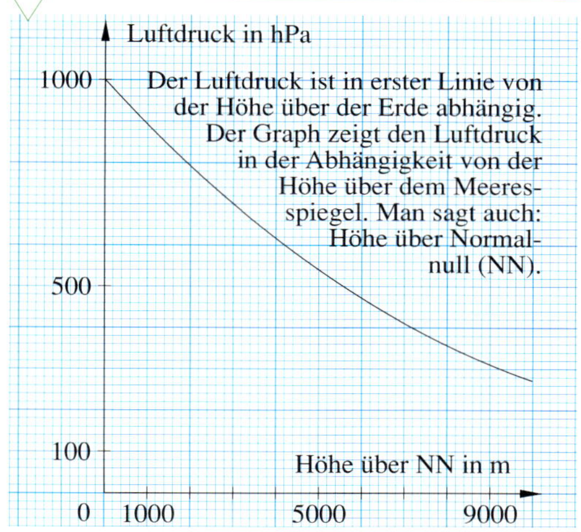

3 Entnimm dem Diagramm aus der Info die Werte und fülle im Heft die Tabelle aus.

a)

Höhe über NN in m	Luftdruck in hPa
1000	
3500	
7000	
9000	

b)

Höhe über NN in m	Luftdruck in hPa
	900
	800
	620
	360

4 a) In welcher Höhe ist der Luftdruck nur halb so groß wie in Meereshöhe?
b) In welcher Höhe ist der Luftdruck dreimal so groß wie in 9000 m Höhe?
c) Wie groß ist der Luftdruckunterschied zwischen 3000 m und 5500 m über NN?

5 Beantworte mithilfe des Diagramms.
a) Ist jeder Höhe über dem Meeresspiegel im Bereich 0 m bis 10 000 m eindeutig ein Luftdruck zugeordnet? Ist also die Zuordnung Höhe über NN → Luftdruck in diesem Bereich eine Funktion?
b) Ist auch die Zuordnung Luftdruck → Höhe über NN im Bereich 200 hPa bis 1013 hPa eine Funktion?

6 Der Airbus A 330–300 ist ein zweistrahliger europäischer Großraumjet für Langstrecken. Seine maximale Reichweite beträgt bei voller Besetzung 10 200 km.
a) Erstelle eine Tabelle, aus der du die Funktion Entfernung $\mapsto$ Zeit ablesen kannst, wenn die durchschnittliche Reisegeschwindigkeit 800 $\frac{km}{h}$ beträgt. Beachte die maximale Reichweite.
b) Erstelle ein zugehöriges Diagramm. Wähle die Längeneinheiten 1 cm für 500 km und 1 cm für 1 Stunde.

7 Anhand einer Fieberkurve erhält der Arzt Informationen über Art und Verlauf einer Krankheit. Die folgende Fieberkurve zeigt den typischen Verlauf bei einer Masernerkrankung. Masern entstehen durch einen Virus. Von der Ansteckung bis zum Ausbruch vergehen etwa 9 Tage. Nach etwa 19 Tagen klingt die Krankheit ab.

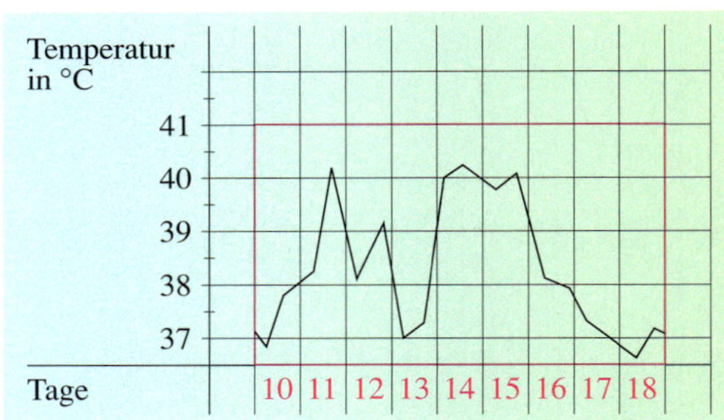

Trage für jeden Tag der Erkrankung die höchste Temperatur in eine Tabelle.

8 Berechne den Funktionswert der Funktion mit der Gleichung $y = -2x + 3$ an der Stelle
a) 0, b) 1, c) 8, d) −3, e) −2,1.

9 Berechne den Funktionswert an der angegebenen Stelle.
a) $y = 0{,}5x - 4$

x	−5	−4	−3	0	1	3	5
y							

b) $y = -7x + 8$

x	−5	−3	−1	0	1	3	5
y							

10 Erstelle eine Wertetabelle von −4 bis 4 (Schrittweite 1 LE) und zeichne den Funktionsgraphen in ein Koordinatensystem.
a) $y = -x + 0{,}5$
b) $y = 1{,}5x - 2$
c) $y = 0{,}6x$
d) $y = -2x - 1{,}4$

11 Die angegebenen Punkte liegen auf der Geraden $y = 2x - 3$. Berechne die fehlende Koordinate.
a) $P_1(0 \mid y)$
b) $P_2(1{,}2 \mid y)$
c) $P_3(x \mid 8)$
d) $P_4(x \mid -6)$
e) $P_5(-3 \mid y)$
f) $P_6(x \mid 1{,}6)$

12 Überprüfe, ob die Punkte auf dem Graphen mit der Gleichung $y = -3x + 2{,}5$ liegen.
a) $P_1(1 \mid -0{,}5)$
b) $P_2(-2 \mid 8{,}5)$
c) $P_3(3 \mid -7{,}5)$
d) $P_4(6{,}5 \mid -17)$
e) $P_5(7{,}6 \mid -20{,}3)$
f) $P_6(-0{,}5 \mid 3{,}5)$

13 Stellenabbau bei der Steinkohle.

Beschäftigte (jeweils am Jahresende)

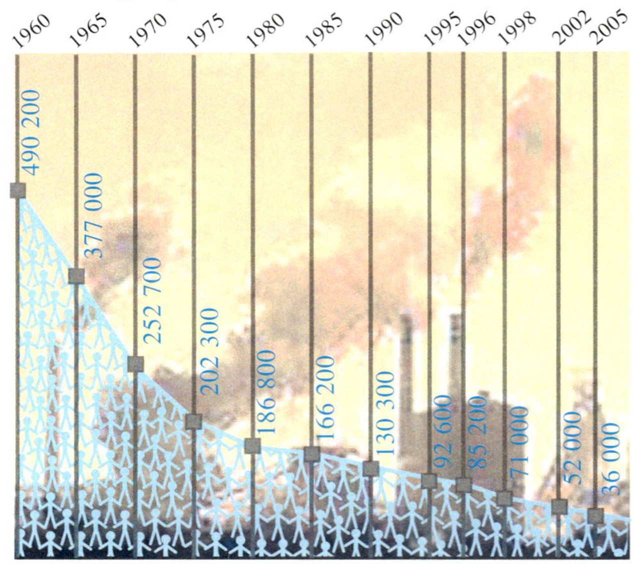

geplant laut Kohlekompromiss 1997

a) Bestimme die durchschnittliche Steigung des Stellenabbaus bei der Steinkohle von 1960 bis 2005.
b) Berechne die Steigung der abgebildeten Teilstrecken (1960 – 1965 usw.).
c) In welchen Zeitabschnitten war der Stellenabbau stärker als im Durchschnitt?

14 Bestimme die Koordinatengleichungen folgender Graphen.

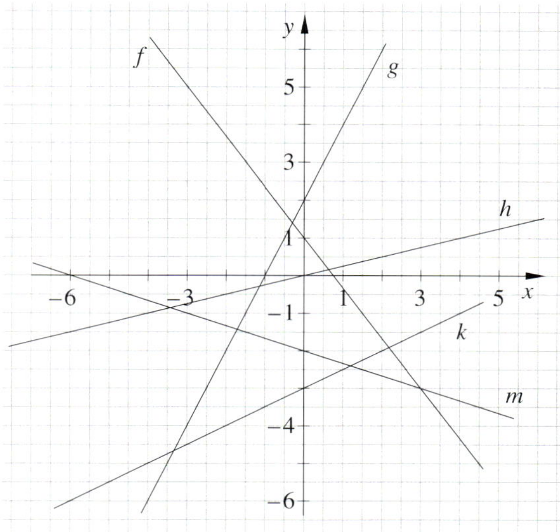

15 Gegeben ist die Funktion mit der Koordinatengleichung $y = -2x + 3$.

a) Untersuche, ob die Punkte $P(5\,|\,-7)$ und $Q(-7\,|\,10)$ auf der Geraden liegen.

b) Berechne die fehlenden Koordinaten der Punkte $R(x\,|\,-3)$ und $S(-2\,|\,y)$.

c) Bestimme die x-Koordinate des Punkts $N(x\,|\,0)$.

d) Gib die Gleichung der Geraden g an, die parallel zu f ist und die y-Achse bei $B(0\,|\,-5)$ schneidet.

e) Zeichne die Geraden f und g aus der Teilaufgabe d).

16 Gib die Koordinatengleichungen der folgenden Geraden an.

a) f hat die Steigung $-0{,}25$ und schneidet die y-Achse bei $B(0\,|\,-3)$.

b) g hat die Steigung $-\frac{1}{2}$ und geht durch den Punkt $P(-3\,|\,1)$.

c) h schneidet die y-Achse bei $B(0\,|\,3)$ und ist parallel zur Geraden mit $y = -2x - 1$.

d) i ist parallel zur x-Achse und geht durch den Punkt $Q(-4\,|\,2)$.

e) j hat die Steigung 2 und geht durch den Punkt $R(5\,|\,12)$.

f) Zeichne zu a), b), c), d) und e) die Graphen in ein Koordinatensystem.

Gleichungssysteme

1 Lies die x-Koordinate des Schnittpunkts ab und berechne die y-Koordinate.

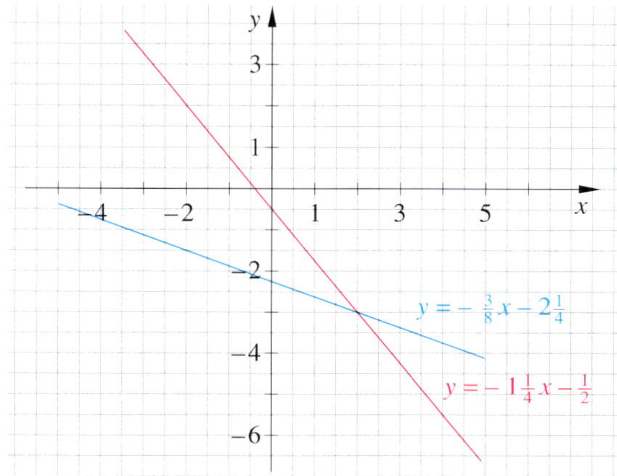

2 Zeichne die Geraden. Lies die y-Koordinate des Schnittpunkts ab und berechne die x-Koordinate des Schnittpunkts.

a) $y = \frac{2}{3}x - 4$
$y = 2x - 4$

b) $y = 3\frac{1}{2}x - 1$
$y = 2\frac{1}{2}x$

c) $y = -\frac{1}{4}x + 1$
$y = \frac{1}{4}x + 1$

d) $y = \frac{1}{2}x + 4$
$y = -4$

3 Überprüfe rechnerisch jeweils die Koordinaten des Schnittpunkts $S(x_s\,|\,y_s)$ nach der Bestimmung aus den Graphen.

a) $y = -x + 7$
$y = x - 3$

b) $y = 3x - 5$
$y = 4x - 9$

c) $x = 2y + 7$
$x = 5y + 22$

d) $x = 3y - 7$
$x = 2y - 2$

4 Löse das Gleichungssystem mithilfe des Gleichsetzungsverfahrens.

a) $x = 16 - 2y$
$x = 25 - 5y$

b) $y = -x + 7$
$y = x - 3$

c) $5y = -3x + 1$
$5y = -6x - 8$

d) $-y = 15 - 9x$
$-y = 7 - 5x$

5 Wende das Gleichsetzungsverfahren an.

a) $13y - 9x = 7$
$13y - 11x = -3$

b) $5x - y = 110$
$3x - y = 60$

c) $8x - 5y = 76$
$9x + 4y = 47$

d) $2y + 25x = 79$
$5x - 11y = -7$

6 Löse das Gleichungssystem mithilfe des Einsetzungsverfahrens.

a) $x + 3y = 11$
$x = 9 - 2y$

b) $y - 2x = -3$
$y = 3x - 9$

c) $3x = 7y + 1$
$3x - 5y = 5$

d) $7x - 3y = 13$
$6y = 50 - 5x$

7 Löse mit dem Einsetzungsverfahren.

a) $5y = 3x - 2$
$4x - 5y = 11$

b) $9y = 5x + 2$
$3y = 29 - 4x$

c) $35x = 17y + 59$
$7x = 5y - 9$

d) $8x - 9y = 25$
$45y = 13 - 29x$

e) $0{,}7x - 0{,}9y = 1$
$0{,}3y = 0{,}2x - 0{,}2$

f) $0{,}8x - 0{,}3y = 0{,}34$
$1{,}5y = 0{,}7x - 0{,}05$

8 Wende zur Lösung ein dir geeignetes Lösungsverfahren an.

a) $x - y = 65$
$x + y = 107$

b) $y - 2x = -3$
$y - 3x = -9$

c) $4x + y = 31$
$2x - y = 11$

d) $7x - 5y = 11$
$3x + 5y = 19$

9 Löse das Gleichungssystem mit einem dir geeigneten Verfahren.

a) $22x - 13y = 125$
$66x - 65y = 141$

b) $13x + 4y = -38$
$7x - 3y = -5$

c) $21x - 19y = 70$
$2x + 3y = -27$

d) $16x - 5y = 53$
$15y - 4x = -27$

e) $1{,}2x + 3{,}5y = 10{,}6$
$2{,}4x - 0{,}08y = 7{,}04$

f) $5x + 7y = 50$
$9x + 14y = 90$

10 Löse mit einem dir geeigneten Verfahren.

a) $4x + 11 = 42 - y$
$17 + y = 6 + 2x$

b) $5x + 2{,}5y - 5 = 3x - 0{,}5y + 13$
$7x - 1{,}5y + 5 = 4x - 3{,}5y + 22$

c) $192 - 33x - (15y + 9) = 30x$
$-7x + 4y + 32 = 20 - (5y - 77)$

11 Wie heißen die beiden Zahlen, deren Summe 1176 und deren Differenz 474 beträgt?

12 Die Differenz aus dem 8fachen einer Zahl und dem 5fachen der zweiten Zahl beträgt 49. Addiert man zum 7fachen der ersten Zahl das 15fache der zweiten Zahl, erhält man 101. Wie heißen die Zahlen?

13 Die Summe zweier Zahlen ist 352. Die Summe aus der ersten Zahl und dem 6fachen der zweiten Zahl ist 1312. Berechne die beiden Zahlen.

14 Die Summe zweier Zahlen ist um 18 kleiner als das 5fache der ersten Zahl. Das 4fache der ersten Zahl ist gleich dem 10fachen der zweiten Zahl. Wie heißen die zwei Zahlen?

15 Frau Heidmann sagt zu ihrer Tochter: „In 4 Jahren werde ich 3-mal so alt sein wie du. Vor 5 Jahren war ich 5-mal so alt wie du. Wie alt sind Mutter und Tochter heute?

16 Für einen Schülerwettbewerb sollen Preise für 3 € und 5 € gekauft werden. 17 Schülerinnen und Schüler erhalten je einen Preis. Es können 67 € ausgegeben werden. Wie viele Preise welcher Sorte können damit gekauft werden?

17 Ein Fußballverein will mit 29 Jugendspielern in ein Trainingslager fahren. Es gibt dort Dreibett- und Vierbettzimmer. Der Trainer bestellt 8 Zimmer. Wie viele Zimmer jeder Art müssen bereitgestellt werden?

18 Zwei Kapitalanlagen bringen jährlich gleich hohe Zinserträge, wenn das erste Kapital zu 3% und das zweite Kapital zu 4,5% verzinst werden. Wird jedoch das erste Kapital zu 4% und wird das zweite Kapital zu 5% verzinst, so bringt das erste Kapital im Jahr 25 € mehr Zinsen als das zweite Kapital. Wie hoch sind beide Kapitalanlagen?

19 Herr Nusch legt für seine Kinder Markus und Sabrina bei einer Bank je ein Sparkonto an. Markus erhält 3000 €, Sabrina 5000 €. Beide erhalten nach einem Jahr zusammen 305 € Zinsen, die ausgezahlt werden. Am Anfang des zweiten Jahrs erhöht Herr Nusch beide Anlagen um 500 €. Am Ende des zweiten Jahrs betragen die Zinsen zusammen 342,50 €.

a) Berechne die Zinssätze.

b) Wie viel Zinsen werden jeweils am Jahresende an jedes Kind ausgezahlt?

Beziehungen in Ebene und Raum

1 Entnimm die notwendigen Maße der Zeichnung und bestimme den Ähnlichkeitsfaktor k.

a) Das Dreieck ABC wurde zum Dreieck $A'B'C'$ vergrößert.

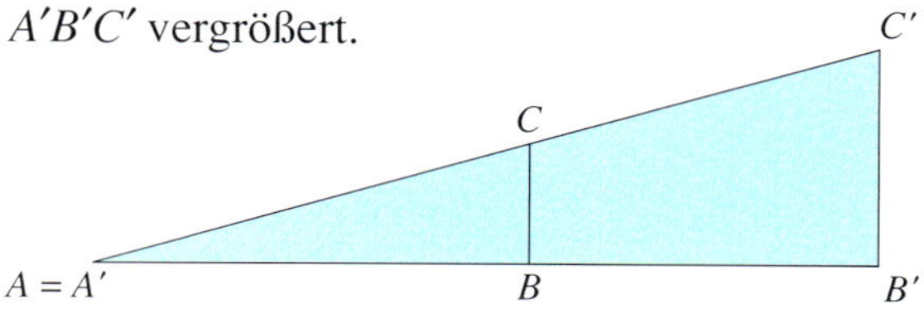

b) Der Kreis mit dem Radius r wurde zum Kreis mit dem Radius r' verkleinert.

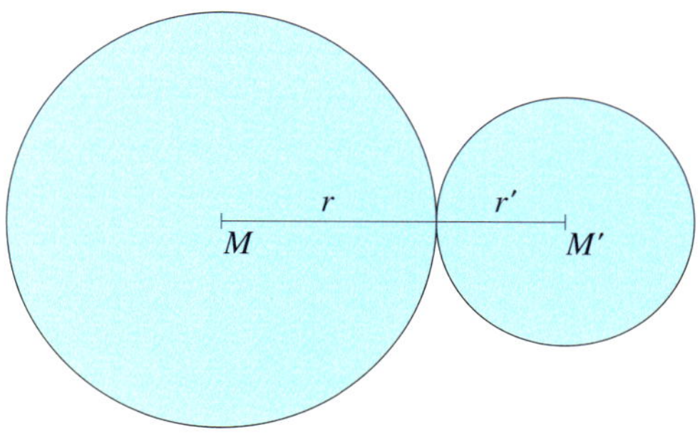

2 Überprüfe, ob die beiden Rechtecke ähnlich sind. Begründe.

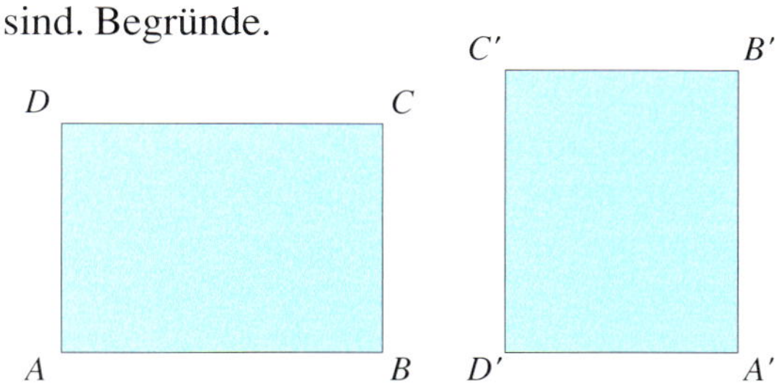

3 Konstruiere die Dreiecke ABC und $A'B'C'$ und untersuche, ob sie ähnlich sind. Begründe deine Entscheidung.

Dreieck ABC: $\alpha = 40°$; $\beta = 60°$; $\overline{AB} = 5$ cm

Dreieck $A'B'C'$: $\alpha = 40°$; $\gamma = 80°$; $\overline{A'B'} = 3{,}5$ cm

4 Die Tabelle enthält Angaben zu zwei Trapezen ($a \parallel c$; $a' \parallel c'$). Konstruiere die Trapeze und überprüfe, ob sie ähnlich sind.

Trapez	α	β	γ	δ	a	b
$ABCD$	40°	50°		140°	5 cm	4,2 cm
$A'B'C'D'$		50°	130°	140°	4,5 cm	3,9 cm

5 Zeichne ein Quadrat mit der Seitenlänge 3 cm. Führe eine zentrische Streckung aus. Der Schnittpunkt S der Diagonalen ist das Streckungszentrum.

a) Streckungsfaktor $\frac{1}{3}$ (rotes Quadrat)

b) Streckungsfaktor 1,1 (blaues Quadrat)

c) Streckungsfaktor $\frac{3}{2}$ (grünes Quadrat)

6 Zeichne die Strecke $\overline{AB}$ mit einer Länge von 3 cm. Konstruiere als zentrische Streckung von $\overline{AB}$ eine Strecke $\overline{A'B'}$ mit der doppelten Länge. Verwende für die Konstruktion nur Lineal und Zirkel, miss dabei aber keine weitere Strecke aus.

7 Berechne x. Alle Maße in der Zeichnung sind in m angegeben.

a)

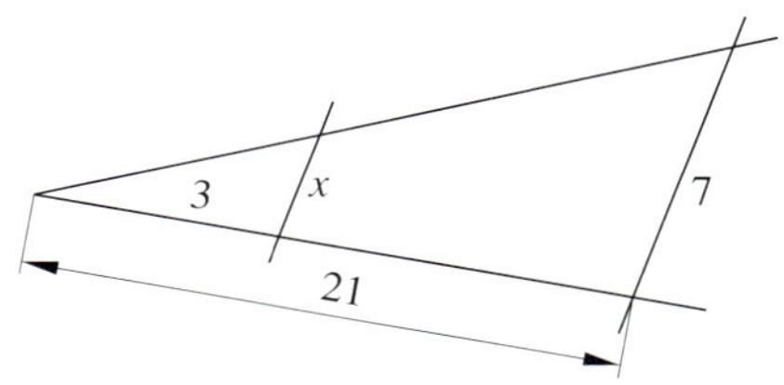

b)

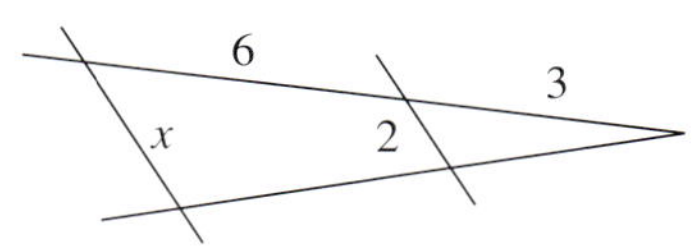

c)

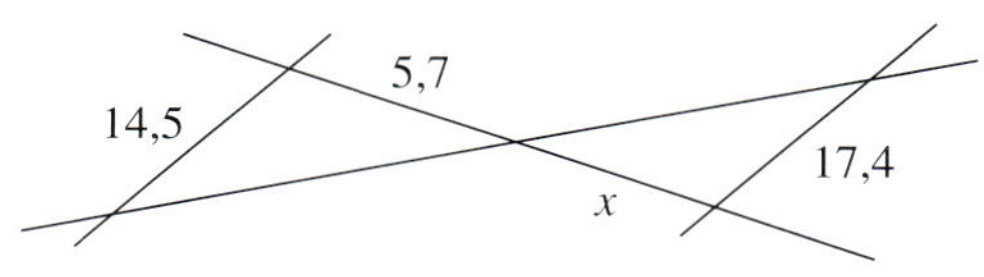

d)

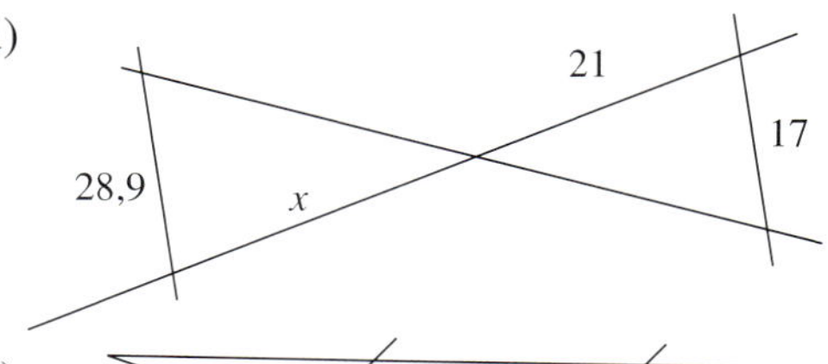

e)

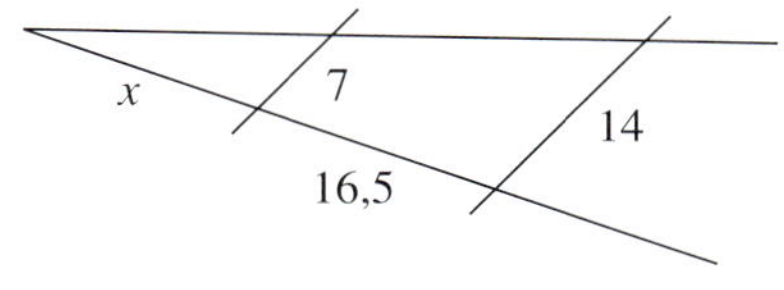

8 Ein 2,10 m langer Stab wirft einen Schatten von 2,65 m Länge. Wie hoch ist ein Turm, der zur gleichen Zeit am gleichen Ort einen Schatten von 35,60 m Länge wirft?

9 Die Höhe eines Kirchturms soll ermittelt werden. Dazu werden, wie in der Skizze dargestellt, an den Punkten A und B zwei Stäbe aufgestellt.

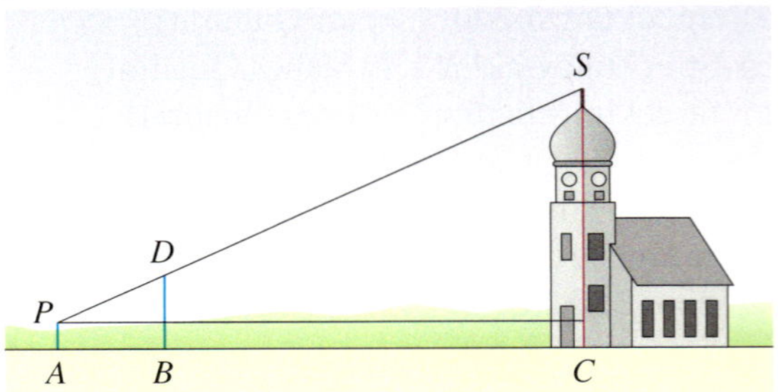

Die Stäbe sind 1,5 m bzw. 2,4 m lang. Über ihre Enden wird die Kirchturmspitze S angepeilt. Dabei ergeben sich die Längen $\overline{AB} = 1{,}6$ m und $\overline{BC} = 220$ m. Wie hoch ist der Kirchturm, wenn die Augenhöhe 1,50 m beträgt?

10 Berechne die fehlende Seitenlänge des rechtwinkligen Dreiecks.
a) $a = 4$ cm; $b = 3$ cm; $\gamma = 90°$
b) $b = 10{,}5$ cm; $c = 4{,}9$ cm; $\alpha = 90°$
c) $a = 42$ mm; $b = 86$ mm; $\beta = 90°$
d) $b = 3{,}5$ cm; $c = 7{,}1$ cm; $\gamma = 90°$
e) $a = 0{,}6$ dm; $b = 0{,}3$ dm; $\alpha = 90°$

11 Ein Rechteck hat die Seitenlängen $a = 8$ cm und $b = 5$ cm. Berechne die Längen der Diagonalen.

12 Bei einer Raute sind die Diagonalen 3 cm bzw. 5,2 cm lang. Bestimme die Seitenlänge dieser Raute.

13 Die Seitenlängen einer Seite dieses Buches betragen 19,5 cm und 26 cm. Bestimme die Länge der Diagonalen.

14 Eine Leiter von 6 m Länge wird an eine Hauswand angelehnt. Der Fuß der Leiter steht 2,50 m von der Hauswand entfernt. In welcher Höhe berührt die Leiter die Hauswand?

15 Die Füße einer Stehleiter stehen am Boden 1,60 m auseinander. Wie hoch reicht die Leiter, wenn jeder der Leiterschenkel 1,70 m lang ist?

16 Berechne von den drei Größen Länge a, Breite b und Diagonalenlänge e eines Rechtecks die fehlende Größe.
a) $a = 13$ cm; $b = 8$ cm
b) $a = 3{,}5$ cm; $b = 6$ cm
c) $a = 5{,}5$ cm; $e = 7{,}2$ cm
d) $b = 2{,}8$ cm; $e = 6$ cm
e) $e = 12{,}9$ cm; $b = 4{,}7$ cm
f) $e = 20{,}4$ cm; $a = 3{,}1$ cm

17 Die Figur ist eine Raute. Berechne die fehlende Größe.
a) $a = 6$ cm; $e = 9$ cm
b) $a = 5{,}1$ cm; $f = 4{,}5$ cm
c) $e = 3{,}4$ cm; $f = 4{,}4$ cm
d) $e = 7{,}3$ cm; $f = 2{,}8$ cm
e) $e = f = 6{,}2$ cm
f) $e = f = 15{,}5$ cm

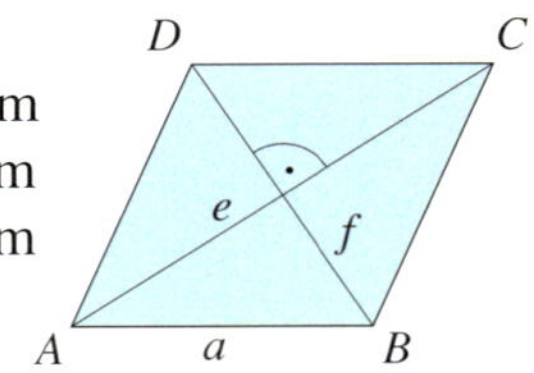

18 Berechne den Umfang u dieses gleichschenkligen Trapezes.

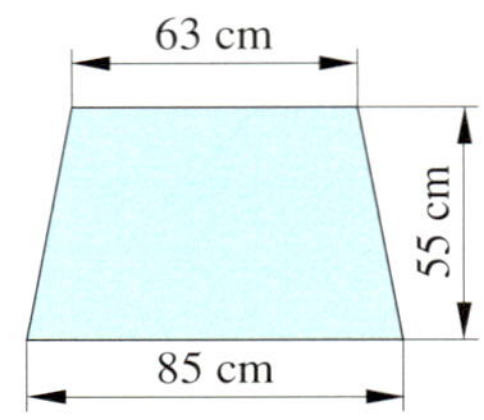

19 Ein Grundstück hat den in der Zeichnung gegebenen Grundriss. Wie viel Meter Zaun sind für das Grundstück nötig?

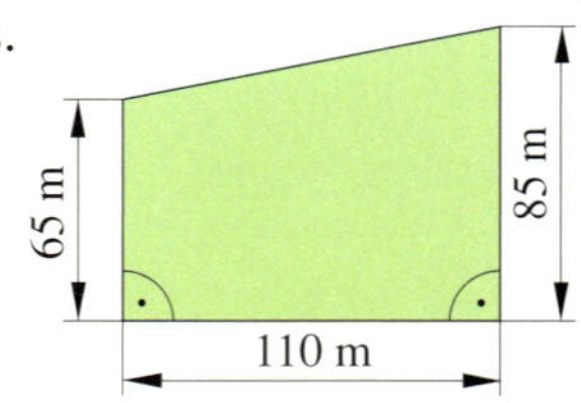

20 Ein Quader hat die Seitenlängen a, b und c.

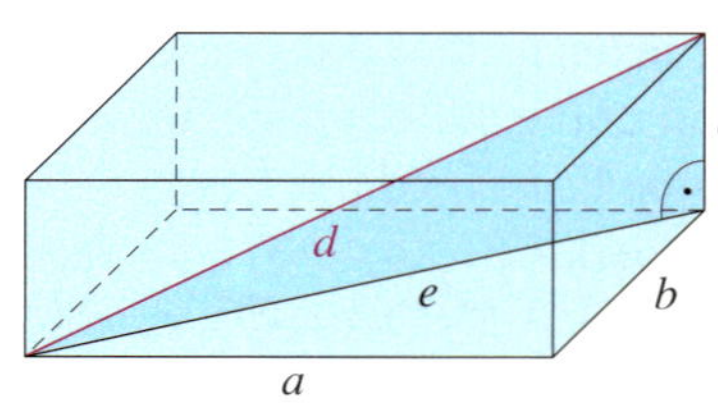

Berechne die Länge der Flächendiagonale e, der Grundfläche und der Raumdiagonale d.
a) $a = 18$ cm; $b = 14$ cm; $c = 6$ cm
b) $a = 9$ cm; $b = 6$ cm; $c = 2$ cm
c) $a = 10$ cm; $b = 5{,}4$ cm; $c = 3$ cm
d) $a = 4{,}3$ dm; $b = 2{,}7$ dm; $c = 1{,}2$ dm
e) $a = 2{,}5$ m; $b = 1{,}3$ m; $c = 0{,}4$ m

21 Bei einem Würfel beträgt die Kantenlänge $a = 8$ cm.
Berechne die Länge der Flächendiagonale e und der Raumdiagonale d.

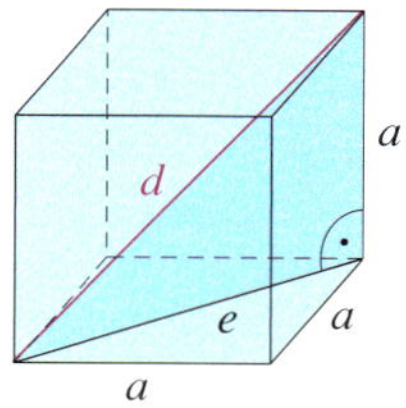

22 Ein Einfamilienhaus wurde mit einem Satteldach gebaut.

a) Wie lang sind die Dachsparren s, wenn die Dachhöhe $h = 6$ m und dessen Breite $b = 11$ m betragen?
b) Wie hoch ist so ein Dach mit der Dachsparrenlänge 7,50 m und der Breite 9,40 m?
c) Die unteren Enden der 6 m langen Sparren überspannen 10 m. Wie hoch ist der Giebel?
d) Die Dachsparren sind 20,20 m lang, die Höhe des Daches beträgt 3 m. Wie breit ist das Dach?

23 Beim Dachausbau eines Hauses sind die Stützbalken 4 m lang und stehen auch 4 m auseinander. Wie hoch ist der Dachausbau an der Stirnseite?

24 Berechne die Mantelfläche und die Oberfläche der quadratischen Pyramide mit der Grundkante a und der Seitenhöhe h_a.
a) $a = 4$ cm; $h_a = 8$ cm
b) $a = 7{,}4$ cm; $h_a = 12{,}3$ cm
c) $a = 53$ mm; $h_a = 73$ mm

25 Berechne die Grundfläche G und das Volumen V der quadratischen Pyramide mit der Grundkante a und der Höhe h.
a) $a = 8$ cm; $h = 12$ cm
b) $a = 11{,}5$ m; $h = 15{,}3$ m
c) $a = 12{,}7$ mm; $h = 22{,}8$ mm

26 Das Volumen einer quadratischen Pyramide beträgt 2304 mm³. Berechne die Höhe h, wenn die Seitenlänge der Grundfläche dieser Pyramide 24 mm beträgt.

27 Berechne die fehlenden Strecken. Runde die Ergebnisse auf Millimeter. *Hinweis:* Nutze den Satz des Pythagoras.

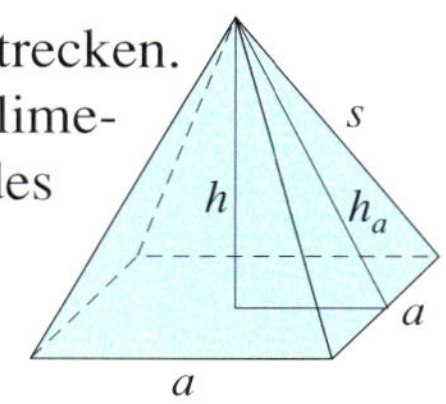

	a	s	h	h_a
a)	6 cm	12 cm		
b)			10,2 cm	12,9 cm
c)		11,4 cm		9,9 cm
d)	15 cm			28 cm

28 Berechne die Mantelfläche einer quadratischen Pyramide. (Grundkante a, Seitenkante s, Raumhöhe h, Seitenhöhe h_a)
a) $a = 8{,}9$ cm; $h_a = 15{,}2$ cm
b) $a = 14{,}4$ m; $s = 16{,}8$ m
c) $a = 27{,}4$ dm; $h_a = 44{,}2$ dm
d) $h = 12$ cm; $h_a = 19$ cm

29 Berechne die fehlenden Größen und das Volumen der quadratischen Pyramide. Runde sinnvoll (auf die kleinste angegebene Stelle).

	a	s	h	h_a
a)	6,0 cm		8,5 cm	
b)			88 mm	170 mm

Zufall

1 Für ein Klassenfest wurden 20 Geodreiecke, 85 Radiergummis, 50 Bleistifte und 6 Fußbälle gestiftet.
Wie würdest du die Gewinne den Farbfeldern des Glücksrades zuordnen? Begründe.

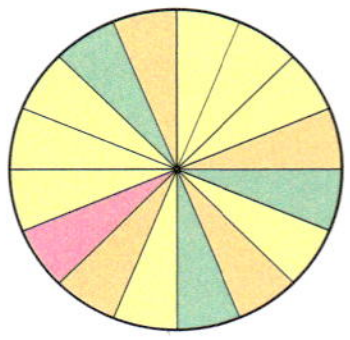

2 Vergleiche beide Glücksräder, indem du die Wahrscheinlichkeit berechnest, dass ein Hauptgewinn (rot), ein Kleingewinn (blau) bzw. eine Niete (gelb) erzielt wird.

a) 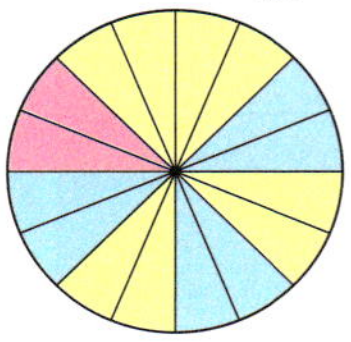

b) 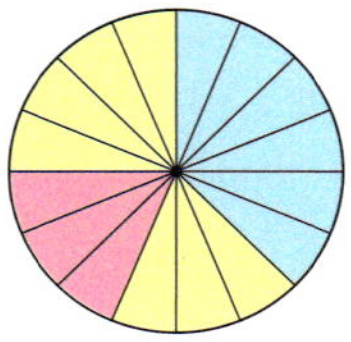

3 Zwei Apfelsorten wurden in einem Keller eingelagert. Nach einiger Zeit waren 15 von 125 Äpfeln der Sorte *Paris* und 21 von 136 Äpfeln der Sorte *Schneewittchen* verdorben. Welche Sorte ist demnach haltbarer? Begründe.

4 Berechne die Wahrscheinlichkeit dafür, dass beim gleichzeitigen Werfen von 2 Würfeln diese Augensumme erscheint.
a) 2 b) 3 c) 4 d) 9

5 Dörte hat acht Spielkarten verdeckt auf den Tisch gelegt: 3 Damen, 2 Buben, 2 Zehnen und 1 Ass. Bestimme die Wahrscheinlichkeit, dass Jörn die folgende Karte zieht.
a) eine Dame
b) einen Buben
c) eine Bildkarte
d) eine Zahl oder ein Ass

6 In einer Urne liegen drei rote, zwei schwarze und fünf blaue Kugeln. Sie enthält außerdem eine gelbe Kugel. Bestimme die Wahrscheinlichkeit, dass
a) eine schwarze Kugel,
b) eine rote Kugel oder eine gelbe Kugel,
c) keine blaue Kugel,
d) erst eine schwarze und dann eine rote Kugel
gezogen wird.

7 Daniel trifft beim Bogenschießen in 45% der Fälle ins Schwarze. Wie groß ist die Wahrscheinlichkeit, dass er bei vier Versuchen mit den Pfeilen wenigstens einmal ins Schwarze trifft?

8 Berechne die Wahrscheinlichkeit, dass beim viermaligen Werfen einer Münze mindestens dreimal „Kopf" erscheint.

9 Berechne die Wahrscheinlichkeit, dass beim Lotto (6 aus 49) zuerst die 17, dann die 3 und danach die 31 gezogen wird.

10 Beim Pferderennen kann man verschiedene Wetten eingehen. Bei der *Siegwette* setzt man auf den Gewinner. Bei der *Zweierwette* muss man die ersten beiden Pferde und bei der *Dreierwette* entsprechend die ersten drei Pferde in der richtigen Reihenfolge tippen. Mit der *Platzwette* setzt man auf ein Pferd, das einen der ersten drei Plätze erreicht.
Wie groß ist die Wahrscheinlichkeit, dass man bei einem Rennen mit 12 Pferden zufällig in
a) der Siegwette,
b) der Zweierwette,
c) der Dreierwette,
d) der Platzwette
gewinnt?

11 Laut einer Umfrage der Zeitschrift *Eltern* (im April 97 veröffentlicht) antworteten von 2202 Schülerinnen und Schülern auf die Frage, wovor sie Angst hätten (Auswahl):

1629	Angst vor Sexualverbrechern
1101	Angst vor Einbrechern
837	Angst vor Mitschülern
440	Angst vor dem Zahnarzt
128	Angst vor Gespenstern
62	Angst vor dem Teufel
152	Angst vor niemandem

a) Berechne die relativen Häufigkeiten. Runde auf 2 Dezimalstellen.
b) Schätze die absolute Häufigkeit dieser Antworten in einer Klasse mit 29 Schülerinnen und Schülern.
c) Stelle den Sachverhalt von a) in einem Balkendiagramm dar.

Zum Training

Rechnen mit Potenzen und Wurzeln

1 a) 32 b) 25 c) 16 d) −27 e) −16 f) 16

2 a) 64 b) 256 c) $\frac{1}{64}$ d) $\frac{729}{64}$ e) 0,064 f) 0,0081 g) $\frac{1}{16}$ h) $-\frac{32}{243}$ i) $\frac{49}{4}$

3 a) 2^6 b) 15^2 c) 2^8 d) 12^2 e) 5^3

4 a) $3x^2$ b) $-1{,}7a^4$ c) $2{,}03y^{-3}$ d) $-7x^6$ e) $8z^8$ f) $-2{,}4a^{-2}$

5 a) 5^7 b) $2{,}4^{10}$ c) $(-3)^8$ d) z^8 e) $(-x)^9$ f) a^{12} g) y^{-4} h) $6x^2$ i) $0{,}1x^{-7}$ j) $0{,}3x^{-10}$

6 a) 7^2 b) 2^3 c) -5 d) $0{,}2^2$ e) $0{,}15^{-2}$ f) x^6 g) a^{-2} h) a^{-6} i) b^{-10} j) z^{-2a}

7 a) $25x^2$ b) $\frac{8}{125}y^3$ c) $32a^5$ d) $\frac{1}{8}c^3d^3$ e) $\frac{a^4}{b^4}$ f) $0{,}008a^3$

8 a) 453,69 b) 156,59 c) 0,62 d) −75,69

9 a) $\frac{1}{2^2}$ b) $\frac{1}{3}$ c) $\frac{1}{0{,}5^2}$ d) $\frac{1}{a^4}$ e) $\frac{1}{2^8}$ f) $\frac{1}{xy}$

10 a) 2^{-1} b) 3^{-2} c) a^{-1} d) a^{-6} e) $2x^{-3}$ f) $5y^{-5}$

11 a) 10^3 b) 10^6 c) 10^1 d) 10^0 e) 10^{-1} f) 10^{-5} g) 10^{-7} h) 10^{-5}

12 a) 2^4 b) 5^{-7} c) a^2 d) 1 e) $-a^{-5}$ f) $6a^{-3}$

13 Rügen $9{,}244 \cdot 10^2\ \text{km}^2$ Grönland $2{,}1755 \cdot 10^6\ \text{km}^2$
Island $1{,}028\,19 \cdot 10^5\ \text{km}^2$ Tasmanien $6{,}3015 \cdot 10^4\ \text{km}^2$

14 $5 \cdot 10^8$ m

15 a) $9{,}61 \cdot 10^9 = 9\,610\,000\,000$
b) $5{,}053 \cdot 10^{10} = 50\,530\,000\,000$

16 a) 16 b) 12,25 c) 71 d) 3 e) 1,8 f) $\frac{2}{3}$ g) $\frac{1}{16}$ h) $\frac{3}{5}$ i) 27

17 a) 1,622 b) 9,937 c) 0,237 d) 2,504 e) 1,827 f) 0,964

Zuordungen

1 a) eindeutig b) nicht eindeutig c) eindeutig d) eindeutig

2 a)

Ort	Zeit	Zeit
Düren	8:02	9:54
Düren-Süd	8:05	9:50
Lendersdorf	8:10	9:46
Kreuzau	8:14	9:40
Üdingen	8:19	9:35
Untermaubach	8:24	9:32
Obermaubach	8:29	9:30
Zerkall	8:34	9:22
Nideggen	8:38 – 8:40	9:18 – 9:20
Abenden	8:42	9:12
Blens	8:46	9:08
Hausen	8:50	9:06
Heimbach/Eifel	8:55	9:01

2 b) nein
c) nein, keine Funktion

3 a)

Höhe über NN in m	Luftdruck in hPa
1000	**900**
3500	**660**
7000	**410**
9000	**310**

b)

Höhe über NN in m	Luftdruck in hPa
1000	900
2000	800
4000	620
8000	360

4 a) 5500 m b) ≈ 700 m c) 200 hPa

5 a) ja b) ja

6 a)

Entfernung in km	Zeit in h
500	0,625
1000	1,25
2000	2,5
3000	3,75
4000	5
6000	7,5
8000	10
10 000	12,5
10 200	12,75

b)

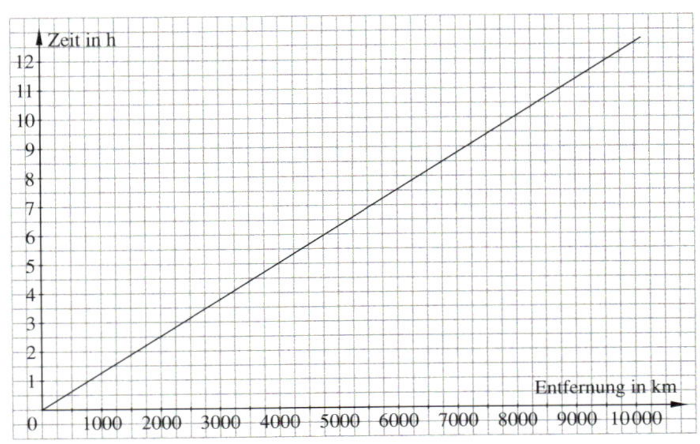

7

Tag	10	11	12	13	14	15	16	17	18
Höchsttemperatur in °C	38	40,1	39,1	39	40,3	40,1	39,3	37,8	37,2

8 a) 3 b) 1 c) -13 d) 9 e) 7,2

9 a)

x	-5	-4	-3	0	1	3	5
y	**$-6{,}5$**	**-6**	**$-5{,}5$**	**-4**	**$-3{,}5$**	**$-2{,}5$**	**$-1{,}5$**

b)

x	-5	-3	-1	0	1	3	5
y	**43**	**29**	**15**	**8**	**1**	**-13**	**-27**

10 a)

x	-4	-3	-2	-1	0	1	2	3	4
y	4,5	3,5	2,5	1,5	0,5	$-0{,}5$	$-1{,}5$	$-2{,}5$	$-3{,}5$

b)

x	-4	-3	-2	-1	0	1	2	3	4
y	-8	$-6{,}5$	-5	$-3{,}5$	-2	$-0{,}5$	1	2,5	4

c)

x	-4	-3	-2	-1	0	1	2	3	4
y	$-2{,}4$	$-1{,}8$	$-1{,}2$	$-0{,}6$	0	0,6	1,2	1,8	2,4

d)

x	-4	-3	-2	-1	0	1	2	3	4
y	6,6	4,6	2,6	0,6	$-1{,}4$	$-3{,}4$	$-5{,}4$	$-7{,}4$	$-9{,}4$

Darstellung im Koordinatensystem

11 a) $P_1(0|\mathbf{-3})$ c) $P_3(\mathbf{5{,}5}|8)$ e) $P_5(-3|\mathbf{-9})$
b) $P_2(1{,}2|\mathbf{-0{,}6})$ d) $P_4(\mathbf{-1{,}5}|-6)$ f) $P_6(\mathbf{2{,}3}|1{,}6)$

12 a) ja c) nein e) ja
b) ja d) ja f) nein

13 a) $\approx -10\,093$ (pro Jahr)
b) 1960 – 1965: $-22\,640$ (pro Jahr)
1965 – 1970: $-24\,860$ (pro Jahr)
1970 – 1975: $-10\,080$ (pro Jahr)
1975 – 1980: -3100 (pro Jahr)
1980 – 1985: -4120 (pro Jahr)
1985 – 1990: -7180 (pro Jahr)
1990 – 1995: -540 (pro Jahr)
1995 – 1996: -7400
1996 – 1998: -6700 (pro Jahr)
1998 – 2002: -4950 (pro Jahr)
2002 – 2005: ≈ -5333 (pro Jahr)
c) in den Zeiträumen 1960 – 1965; 1965 – 1970

14 f: $y = -\frac{4}{3}x + 1$ h: $y = \frac{1}{4}x$ m: $y = -\frac{1}{3}x - 2$
g: $y = 2x + 2$ k: $y = \frac{1}{2}x - 3$

15 a) P (ja); Q (nein) d) g: $y = -2x - 5$
b) $R(\mathbf{3}|-3)$; $S(-2|\mathbf{7})$ e) Darstellung im Koordinatensystem
c) $N(\mathbf{1{,}5}|0)$

16 a) f: $y = -0{,}25x - 3$ d) i: $y = 2$
b) g: $y = -\frac{1}{2}x - 0{,}5$ e) j: $y = 2x + 2$
c) h: $y = -2x + 3$ f) Darstellung im Koodinatensystem

Gleichungssysteme

1 $x_S = 2$; $y_S = -3$

2 Darstellung im Koordinatensystem
a) $y_S = -4$; $x_S = 0$ c) $y_S = 1$; $y_S = 0$
b) $y_S = 2{,}5$; $x_S = 1$ d) $y_S = -4$; $x_S = -16$

3 a) $S(5|2)$ c) $S(-5|-3)$
b) $S(4|7)$ d) $S(8|5)$

4 a) $x = 10$; $y = 3$ c) $x = -3$; $y = 2$
b) $x = 5$; $y = 2$ d) $x = 2$; $y = 3$

5 a) $x = 5$; $y = 4$ c) $x = 7$; $y = -4$
b) $x = 25$; $y = 15$ d) $x = 3$; $y = 2$

6 a) $x = 5$; $y = 2$ c) $x = 5$; $y = 2$
b) $x = 6$; $y = 9$ d) $x = 4$; $y = 5$

7 a) $x = 9$; $y = 5$ d) $x = 2$; $y = -1$
b) $x = 5$; $y = 3$ e) $x = 4$; $y = 2$
c) $x = 8$; $y = 13$ f) $x = 0{,}5$; $y = 0{,}2$

8 a) $x = 86$; $y = 21$ c) $x = 7$; $y = 3$
b) $x = 6$; $y = 9$ d) $x = 3$; $y = 2$

9 a) $x = 11$; $y = 9$ d) $x = 3$; $y = -1$
b) $x = -2$; $y = -3$ e) $x = 2$; $y = 3$
c) $x = -3$; $y = -7$ f) $x = 10$; $y = 0$

10 a) $x = 7$; $y = 3$ c) $x = 1$; $y = 8$
b) $x = 3$; $y = 4$

11 $x + y = 1176$; $x - y = 474$
$x = 825$; $y = 351$

12 $8x - 5y = 49$; $7x + 15y = 101$
$x = 8$; $y = 3$

13 $x + y = 352$; $x + 6y = 1312$
$x = 160$; $y = 192$

14 $x + y = 5x - 18$; $4x = 10y$
$x = -5$; $y = -2$

15 $x + 4 = 3(y + 4)$; $x - 5 = 5(y - 5)$
$x = 50$; $y = 14$

16 $3x + 5y = 67$; $x + y = 17$
$x = 9$; $y = 8$

17 $3x + 4y = 29$; $x + y = 8$
$x = 3$; $y = 5$

18 $0{,}03x = 0{,}045y$; $0{,}04x = 0{,}05y + 25$
$x = 3750$; $y = 2500$

19 a) $3000x + 5000y = 305$; $3500x + 5500y = 342{,}5$
$x = 0{,}035$ (3,5%); $y = 0{,}04$ (4%)
b) 1. Jahr: Markus 105 €; Sabrina 200 €
2. Jahr: Markus 122,50 €; Sabrina 220 €

Beziehungen in Ebene und Raum

1 a) $k = 1{,}8$ b) $k = 0{,}6$

2 nicht ähnlich; $\frac{AB}{A'B'} \approx 1{,}1$; $\frac{BC}{B'C'} = 1$

3 Dreiecke sind ähnlich, denn sie stimmen in den Winkeln überein:
$\alpha = \alpha' = 40°$; $\beta = \beta' = 60°$; $\gamma = \gamma' = 80°$

4 Trapeze sind nicht ähnlich
$\frac{a}{a'} \approx 1{,}11$; $\frac{b}{b'} \approx 1{,}08$

5
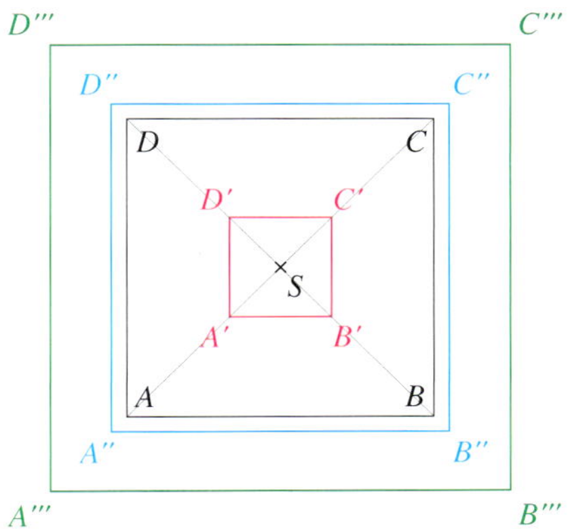

6
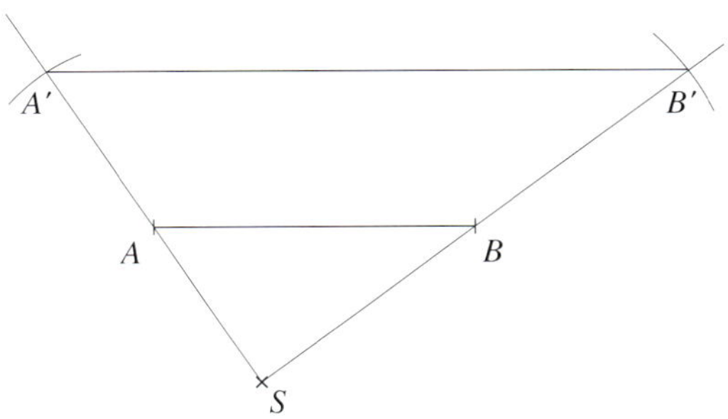

7 a) $x = 1$ b) $x = 6$ c) $x = 6{,}84$ d) $x = 35{,}7$ e) $x = 16{,}5$

8 Der Turm ist ca. 28,20 m hoch.

9 Höhe: 124,65 m + 1,5 m = 126,15 m

10 a) $c = 5$ cm b) $a \approx 11{,}6$ cm c) $c \approx 75$ mm d) $a \approx 6{,}2$ cm e) $c \approx 0{,}5$ dm

11 $e = f \approx 9{,}4$ cm

12 $a \approx 3{,}0$ cm

13 $e = 32{,}5$ cm

14 $h \approx 5{,}45$ m

15 $h = 1{,}50$ m

16 a) $e \approx 15{,}3$ cm b) $e \approx 6{,}9$ cm c) $b \approx 4{,}6$ cm d) $a \approx 5{,}3$ cm e) $a \approx 12{,}0$ cm f) $b \approx 20{,}2$ cm

17 a) $f \approx 7{,}9$ cm b) $e \approx 9{,}2$ cm c) $a \approx 2{,}8$ cm d) $a \approx 3{,}9$ cm e) $a \approx 4{,}4$ cm f) $a \approx 11{,}0$ cm

18 Schenkel: ≈ 56 cm; $u \approx 260$ cm

19 4. Seite: ≈ 112 m; Zaunlänge: ≈ 372 m

20 a) $e \approx 22{,}8$ cm; $d \approx 23{,}6$ cm
b) $e \approx 10{,}8$ cm; $d = 11$ cm
c) $e \approx 11{,}4$ cm; $d \approx 11{,}8$ cm
d) $e \approx 5{,}1$ dm; $d \approx 5{,}2$ dm
e) $e \approx 2{,}82$ m; $d \approx 2{,}85$ m

21 $e \approx 11{,}3$ cm; $d \approx 13{,}9$ cm

22 a) $s \approx 8{,}1$ m b) $h \approx 5{,}8$ m c) $h \approx 3{,}3$ m d) $b = 9{,}75$ m

23 $h \approx 3{,}46$ m

24 a) $A_M = 64\text{ cm}^2$; $A_O = 80\text{ cm}^2$
b) $A_M = 182{,}04\text{ cm}^2$; $A_O = 236{,}8\text{ cm}^2$
c) $A_M = 7738\text{ mm}^2$; $A_O = 10\,547\text{ mm}^2$

25 a) $A_G = 64\text{ cm}^2$; $V = 256\text{ cm}^3$
b) $A_G = 132{,}25\text{ m}^2$; $V = 674{,}475\text{ m}^3$
c) $A_G = 161{,}29\text{ mm}^2$; $V = 1225{,}8\text{ mm}^3$

26 $h = 12$ mm

27

	a	s	h	h_a
a)	6 cm	12 cm	**11,2 cm**	**11,6 cm**
b)	**15,8 cm**	**15,1 cm**	10,2 cm	12,9 cm
c)	**11,3 cm**	11,4 cm	**8,1 cm**	9,9 cm
d)	15 cm	**29 cm**	**27 cm**	28 cm

28 a) $A_M = 270{,}56\text{ cm}^2$
b) $h_a \approx 15{,}2$ m; $A_M \approx 437{,}2\text{ m}^2$
c) $A_M = 2422{,}16\text{ dm}^2$
d) $a \approx 29{,}5$ cm; $A_M \approx 1119{,}5\text{ cm}^2$

29

	a	s	h	h_a
a)	6,0 cm	**9,5 cm**	8,5 cm	**9,0 cm**
b)	**291 mm**	**224 mm**	88 mm	170 mm

Zufall

1 Hauptgewinn (rot): Fußball
2. Preis (orange): Geodreieck
3. Preis (orange): Bleistifte
„Trostpreis" (gelb): Radiergummi
weniger Artikel sollten mit geringerer Wahrscheinlichkeit vergeben werden, das ist hier erfüllt

2 a) Haupt: 0,125 Klein: 0,375 Niete: 0,5
b) Haupt: 0,1875 Klein: 0,375 Niete: 0,4375

3 „Paris": 0,12 „Schneewittchen": ≈ 0,15
Die Sorte „Paris" ist haltbarer, weil die Wahrscheinlichkeit des Verderbens kleiner ist.

4 a) ≈ 0,028 b) ≈ 0,056 c) ≈ 0,083 d) ≈ 0,111

5 a) $\frac{3}{8} = 37{,}5\%$ b) $\frac{2}{8} = 25\%$ c) $\frac{5}{8} = 62{,}5\%$ d) $\frac{3}{8} = 37{,}5\%$

6 a) $\frac{2}{11} \approx 18{,}2\%$ b) $\frac{4}{11} \approx 36{,}4\%$ c) $\frac{6}{11} \approx 54{,}5\%$ d) $\frac{2}{11} \cdot \frac{3}{10} = \frac{3}{55} \approx 5{,}5\%$

7 Wahrscheinlichkeit, dass er keinmal trifft:
$0{,}55^4 \approx 0{,}092$ (9,2%)
wenigstens einmal trifft er mit ≈ 90,8%.

8 3 Möglichkeiten mit dreimal Kopf
1 Möglichkeit mit viermal Kopf
Wahrscheinlichkeit: $4 \cdot 0{,}5^4 = 0{,}25$ (25%)

9 $\frac{1}{49} \cdot \frac{1}{48} \cdot \frac{1}{47} = \frac{1}{110544} \approx 0{,}000009$ ($\approx 0{,}0009\%$)

10 a) $\frac{1}{12} \approx 0{,}083$ (8,3%)
b) $\frac{1}{12} \cdot \frac{1}{11} = \frac{1}{132} \approx 0{,}0076$ (0,76%)
c) $\frac{1}{12} \cdot \frac{1}{11} \cdot \frac{1}{10} = \frac{1}{1320} \approx 0{,}00076$ (0,076%)
d) $\frac{3}{12} = 0{,}25$ (25%)

11 a)

Angst vor Sexualverbrechern:	≈ 0,74	①
Angst vor Einbrechern:	0,5	②
Angst vor Mitschülern:	≈ 0,38	③
Angst vor dem Zahnarzt:	≈ 0,20	④
Angst vor Gespenstern:	≈ 0,06	⑤
Angst vor dem Teufel:	≈ 0,03	⑥
Angst vor niemandem:	0,07	⑦

b) Angst vor Sexualverbrechern (22), Einbrechern (15), Mitschülern (11), Zahnarzt (6), Gespenstern (2), Teufel (1), niemandem (2)
c)

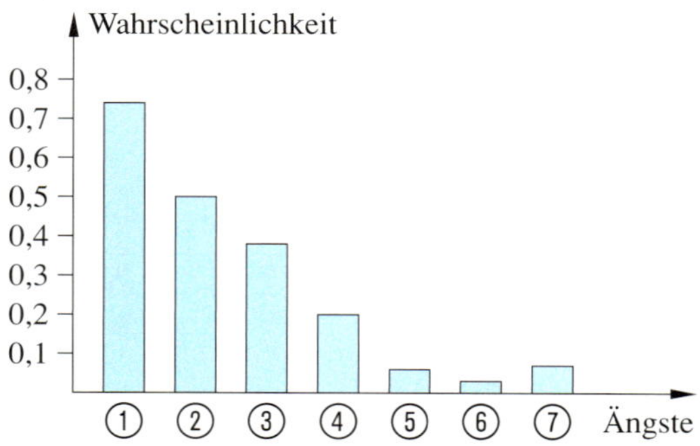

Zum Checkpoint

Seite 40

1 a) $(5b)^4$ b) $-48x^3y^2z^3$ *(3 P.)*

2 a) 15^2 b) 2^7 c) $(-3)^5$ d) 10^{-7} *(4 P.)*

3 a) 16 b) $-a^3$ c) $\frac{1}{9}$ d) $\frac{1}{16}$ e) $\frac{1}{9}$ f) 1 *(6 P.)*

4 a) $x = -\frac{3}{2}$ *(4 P.)* **4** b) $x = -3$ *(5 P.)*

5 a) 531400 b) 1260 *(2 P.)*

5 a) $6{,}5 \cdot 10^5$ b) $2{,}95 \cdot 10^{-3}$ *(4 P.)*

6 a) 11 b) 4 *(3 P.)*

6 a) 0,07 b) 0,2 *(4 P.)*

7 50 cm bzw. 20 cm *(3 P.)*

7 5 cm *(6 P.)*

Seite 70

1 f: $n = 0$, steigend
g: $n = 3$, fallend
h: $n = -4$, steigend *(je 2 P.)*

2

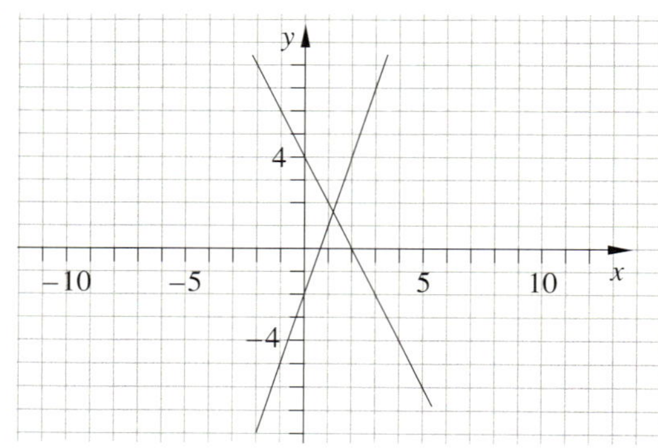

(4 P.)

3 a)

x	−3	−2	−1	0	1	2	3
y	**−11**	**−9**	**−7**	**−5**	**−3**	**−1**	**1**

(3 P.)

b) Darstellung *(2 P.)*

4 a) P: $-5 = -2 - 3$ P liegt auf der Geraden
Q: $1 \neq -6 - 3$ Q liegt nicht auf der Geraden *(je 2 P.)*
b) $R\,(0\,|\,\mathbf{-3})$; $S\,(\mathbf{3}\,|\,3)$ *(2 P.)*
c) $x = 1{,}5$ *(2 P.)*
d) Darstellung *(2 P.)*

4 a) $-6 = \frac{3}{4} \cdot (-4) - 3$; P liegt auf der Geraden
$1 \neq \frac{3}{4} \cdot (-5) - 3$; Q liegt nicht auf der Geraden *(je 2 P.)*
b) $R\,(1\,|\,\mathbf{-2\tfrac{1}{4}})$ *(2 P.)* $S\,(\mathbf{6\tfrac{2}{3}}\,|\,2)$ *(2 P.)*
c) $x = 4$ *(2 P.)*
d) $y = \frac{3}{4}x + 4{,}5$ *(3 P.)*

5 a) $y = 1{,}5x + 3$ *(2 P.)*
b) $y = -\frac{3}{5}x - 4$ *(2 P.)*
c) $y = -\frac{1}{2}x - 2$ *(3 P.)*
d) Darstellung *(6 P.)*

5 a) $y = -1{,}5x + 5$ *(2 P.)* d) $y = -\frac{3}{5}x - 4$ *(2 P.)*
b) $y = -\frac{2}{3}x$ *(4 P.)* e) $y = -7$ *(2 P.)*
c) $y = 3x - 2$ *(4 P.)*

Seite 98

1 Darstellung *(4 P.)* $x_S = 3$; $y_S = 4$ *(2 P.)*

2 $x = 2$; $y = 7$ *(5 P.)*

3 $x = 2$; $y = 8$ *(5 P.)*

4 $x = 9\frac{1}{3}$; $y = -2\frac{2}{9}$ *(6 P.)*

4 $x = 6$; $y = -\frac{1}{6}$ *(8 P.)*

5 $3(x-7) = y - 7$ $3x - 14 = y$
$2(x+18) = y + 18$ *(4 P.)* $2x + 18 = y$ *(2 P.)*
$x = 32$; $y = 82$
Enkelin ist heute 32 Jahre alt;
Großvater heute 82 Jahre alt *(2 P.)*

5 a) $x + y = 18$; $2x + y = 30$; $x = 12$; $y = 6$
12 Doppel- und 6 Einzelzimmer *(5 P.)*
b) $x + y = 6$; $4x + 2y = 18$; $x = 3$; $y = 3$
jeweils 3 Einzel bzw. Doppelspiele *(5 P.)*

6 $x + y = 980$; $x = 90 + y$; $x = 535$; $y = 445$
Damenfahrrad 535 €; Herrenfahrrad 445 € *(5 P.)*

6 a) $x + y = 60\,000$; $0{,}1x + 0{,}08y = 5700$
$x = 45\,000$ (€); $y = 15\,000$ (€); *(6 P.)*
b) 6,2% von 60 000 € sind 3720 € Zinsen *(3 P.)*
c) 2. Angebot ist günstiger *(1 P.)*

Seite 123

1 $\Delta SBJ \sim \Delta SEF$ *(3 P.)*

2
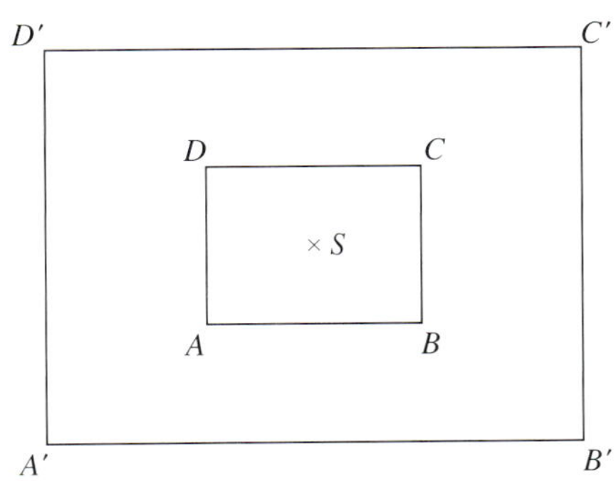

(4 P.)

3 a) $d = 7{,}65$ cm *(3 P.)*
b) $\frac{c}{e} = \frac{b}{a} = \frac{51}{26} \approx 1{,}96$ *(2 P.)*

4 $x = 4{,}5$ cm *(4 P.)*

5 ja; $k = 1{,}4$ cm *(4 P.)*

5 $b_2 = 3{,}7$ cm *(1 P.)*; $a_2 \approx 10{,}3$ cm *(4 P.)*; $a_3 \approx 15$ cm *(1 P.)*
$c_2 \approx 7{,}2$ cm *(4 P.)*

6 Konstruktion (Teilpunkt T); $\overline{AT} \approx 3{,}2$ cm *(3 P.)*

6 $b \approx 2{,}33$ m; $c \approx 1{,}17$ m *(je 2 P.)*

Seite 135

1 a) $c \approx 18{,}4$ cm b) $a \approx 10{,}8$ cm c) $b \approx 7{,}4$ cm *(je 3 P.)*

2 $e \approx 8{,}1$ cm *(3 P.)*

3 Skizze *(2 P.)* $h = 6{,}30$ m *(4 P.)*

4 $b \approx 3{,}7$ cm *(3 P.)*

4 Skizze *(2 P.)* $s \approx 12{,}7$ km *(5 P.)*

5 a) $s \approx 12{,}7$ cm *(2 P.)* b) $a = 10$ cm;
$b \approx 17{,}3$ cm *(4 P.)*

5 $a^2 = c \cdot p$, $b^2 = c \cdot q$, $c = p \cdot q$
$a^2 + b^2 = c \cdot p + c \cdot q$
$a^2 + b^2 = c \cdot (p + q)$
$a^2 + b^2 = c \cdot c$
$a^2 + b^2 = c^2$ *(6 P.)*

6 $e \approx 12{,}7$ cm; $d \approx 15{,}6$ cm *(6 P.)*

6 a) $e \approx 12{,}7$ cm; $d \approx 15{,}6$ cm *(6 P.)*
b) $a \approx 13{,}0$ cm; $e \approx 18{,}4$ cm *(6 P.)*
c) $e^2 = 2a^2$; $d^2 = e^2 + a^2$
$d^2 = 3a^2$
$d = a\sqrt{3}$ *(3 P.)*

Seite 144

1 $A_0 = 65\ \text{cm}^2$ *(3 P.)*

2 $V \approx 10{,}7\ \text{m}^3$ *(3 P.)*

3 a) $h_a \approx 2{,}6$ cm
$A_0 \approx 24{,}59\ \text{cm}^2$
b) $V \approx 6{,}3\ \text{cm}^3$ *(je 2 P.)*

3 $V = \frac{m}{\varrho} \approx 5283\ \text{cm}^3$ *(5 P.)*
$h = \frac{3V}{a^2} \approx 35{,}9$ cm *(5 P.)*

4 a) $90{,}72\ \text{m}^2$ *(3 P.)*
b) 4989,6 € *(1 P.)*
c) $h = 10{,}6$ m *(6 P.)*

5 a) $V = 2{,}88\ \text{m}^3$ *(2 P.)*
b) ca. 1095 Steine; ca. $0{,}86\ \text{m}^3$ *(4 P.)*
c) 1. Maurer: 358,15 €; 2. Maurer: 273,85 €
gesamt: 632 € *(5 P.)*

Seite 168

1 a) $\frac{1}{5} = 20\%$ b) $\frac{3}{10} = 30\%$ c) $\frac{3}{5} = 60\%$ *(je 1 P.)*

2 Wahrscheinlichkeit, mit zwei Würfeln einen Pasch zu werfen: $\frac{1}{6}$

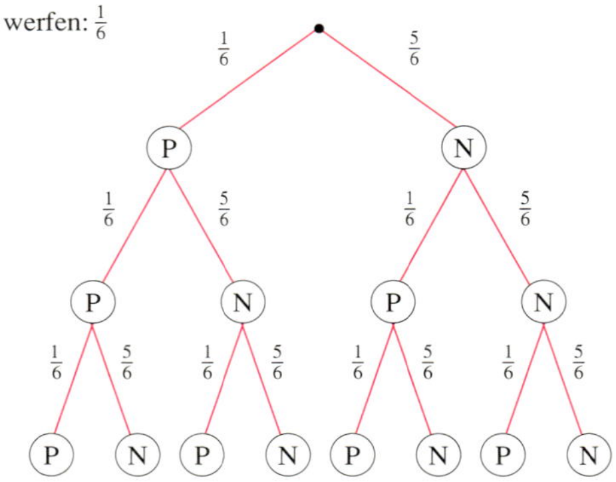

Wahrscheinlichkeit, keinmal Pasch zu werfen:
$\frac{5}{6} \cdot \frac{5}{6} \cdot \frac{5}{6} = \frac{125}{216} \approx 57{,}9\%$
Wahrscheinlichkeit, wenigstens einmal Pasch zu werfen:
$\approx 42{,}1\%$ *(4 P.)*

3 Wahrscheinlichkeit für keine 6: $\frac{5}{6} \cdot \frac{5}{6} \cdot \frac{5}{6} = \frac{125}{216} \approx 57{,}9\%$
Wahrscheinlichkeit für wenigstens eine 6: $\approx 42{,}1\%$
Florian hat Recht. *(4 P.)*

4 $\frac{1}{7} \cdot \frac{1}{6} = \frac{1}{42} \approx 2{,}4\%$ *(4 P.)*

4 Platzwette: $\frac{3}{9} \approx 33\%$
Zufällig alle drei Wetten gewinnen bedeutet
$\frac{3}{9} \cdot \frac{2}{8} \cdot \frac{1}{7} = \frac{1}{84} \approx 1{,}2\%$ *(8 P.)*

5 a) $\approx 0{,}019$ b) $\approx 0{,}077$ c) $\approx 0{,}038$ *(je 2 P.)*

5 a) $\approx 0{,}154$ b) $\approx 0{,}115$ c) $\approx 0{,}25$ *(je 3 P.)*

1 Finde die Vorschrift für die Zahlenfolge und setze sie um drei Zahlen fort.

Beispiele:
2, 4, 6, … (immer +2, also weiter:) … 8, 10, 12
1, 3, 6, 5, 7, 14, 13, … (immer +2 · 2 – 1, also weiter:) … 15, 30, 29

a) 1, 2, 4, 8, …
b) 1, 1, 2, 6, 24, …
c) 2, 8, 3, 12, 7, 28, 23, …
d) 97, 83, 70, 58, …
e) 3, 4, 6, 10, 18, 34, …
f) 1, 1, 3, 3, 11, 7, 43, 15, …
g) 6, 42, 47, 13, 41, 53, 20, 39, 58, 27, 36, 62, …
h) 3, 1, 6, 4, 5, 9, 10, 16, 8, 25, 16, 36, 13, …

2 Setze im Heft die Rechenzeichen für die Addition, Subtraktion, Multiplikation bzw. Division so ein, dass nacheinander gerechnet ohne Berücksichtigung der Punkt-vor-Strich-Regel das Ergebnis entsteht.

a)	6	2	8 = 12	k)	2	2	2	3 = 5
b)	9	1	3 = 5	l)	7	2	2	2 = 5
c)	4	2	1 = 8	m)	9	3	3	3 = 5
d)	5	4	3 = 3	n)	4	4	7	3 = 11
e)	7	5	3 = 4	o)	5	5	4	7 = 3
f)	8	2	2 = 6	p)	3	4	3	5 = 10
g)	9	2	3 = 6	q)	8	2	7	2 = 7
h)	1	3	2 = 5	r)	5	3	2	7 = 9
i)	6	3	4 = 6	s)	3	9	2	3 = 8
j)	2	2	2 = 3	t)	8	6	4	2 = 10

3 Jeder Buchstabe steht für eine Ziffer. Löse die Aufgabe im Kopf und schreibe das „Buchstabenergebnis" auf. Die zehn Aufgaben in jedem Schwierigkeitsgrad müssen in 4 bzw. 6 Minuten gelöst sein.

0 = B	a) V + Ü	k) Ü + AR + Q
1 = J	b) Q + C	l) RB + T + J
2 = Ü	c) Y + A	m) C + V + YT
3 = Q	d) T – J	n) VC + T – AÜ
4 = A	e) J + R	o) RQ – ÜY + JB
5 = R	f) V + Y	p) T + CC – Q
6 = T	g) R – A	q) QB + AJ – R
7 = V	h) C + Q	r) Y + JC + V
8 = Y	i) A + V	s) AJ + Q – ÜÜ
9 = C	j) QJ – Ü	t) CA – TT + RB

4 Gib in 2 Minuten für jeden Körper an, von wie vielen Flächen er begrenzt wird.

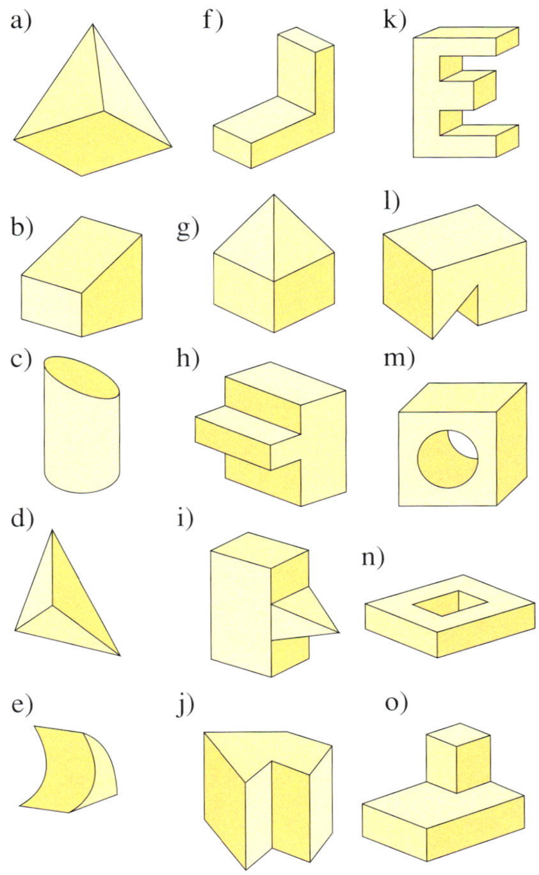

5 Jedes Bild enthält eine zerteilte Figur aus a bis f. Ordne innerhalb von 3 Minuten jedem Bild die Figur zu.

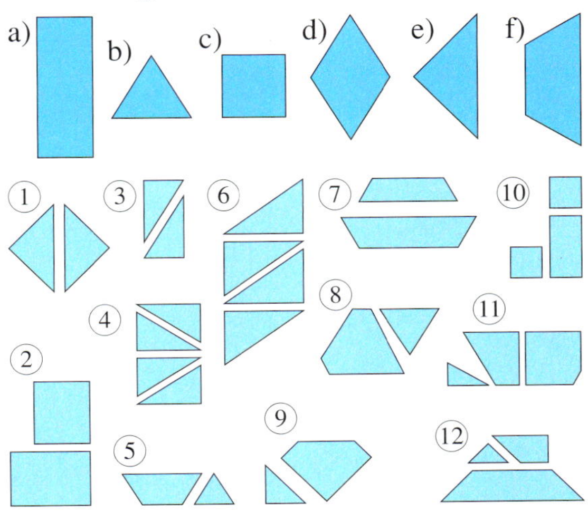

1 a) nacheinander · 2
16; 32; 64

b) nacheinander Zahl · aufeinander folgende natürliche Zahlen
120, 720, 5040

c) abwechselnd Zahl · 4; Zahl – 5
92, 87, 348

d) Beginn 97; Zahl – 14; weiter Zahl – Vorgänger des vorherigen Subtrahenden
47, 37, 28

e) Beginn 3; Zahl · 2 – 2
66, 130, 258

f) Beginn 1, 1; abwechselnd nacheinander erste Zahl · 4 – 1; zweite Zahl · 2 + 1

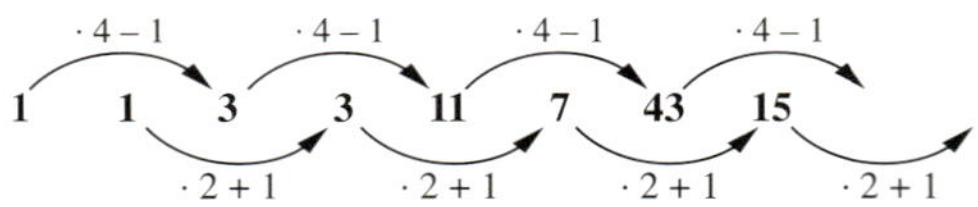

171, 31, 683

g) Beginn 6, 42, 47; abwechselnd nacheinander erste Zahl +7; zweite Zahl – 1 (und weiter – nachfolgende natürliche Zahlen); dritte Zahl + 6 (und weiter + Vorgänger der vorherigen Zahl)

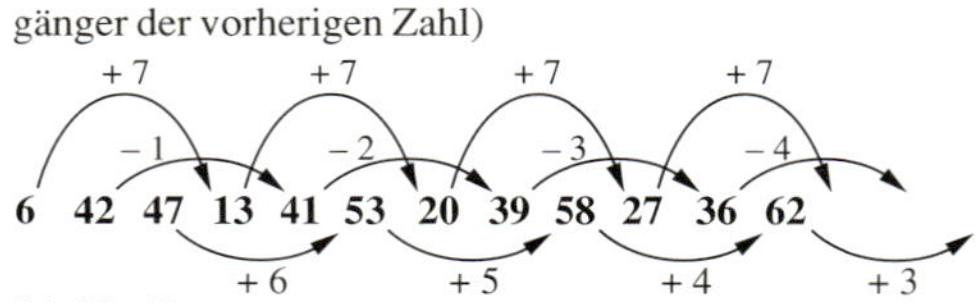

34, 32, 65

h) Beginn 3, 1; abwechselnd nacheinander erste Zahl abwechselnd zunächst · 2, später – 1 (und weiter – Nachfolger der vorherigen Zahl); zweite Zahl + 3 (und weiter + nachfolgende ungerade Zahl)

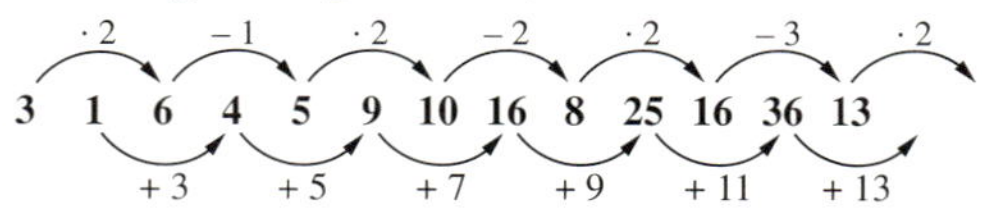

49, 26, 64

2 Zum besseren Verdeutlichen der geforderten Rechnung werden gegebenenfalls Klammern gesetzt.

a) $6 - 2 + 8 = 12$
b) $9 - 1 + 3 = 5$
c) $4 \cdot 2 \cdot 1 = 8$
d) $(5 - 4) \cdot 3 = 3$
e) $(7 + 5) : 3 = 4$
f) $8 : 2 + 2 = 6$
g) $9 \cdot 2 : 3 = 6$
h) $1 \cdot 3 + 2 = 5$
i) $6 : 3 + 4 = 6$
j) $2 : 2 + 2 = 3$
k) $2 \cdot 2 \cdot 2 - 3 = 5$
l) $7 + 2 - 2 - 2 = 5$
m) $(9 - 3) : 3 + 3 = 5$
n) $4 : 4 + 7 + 3 = 11$
o) $(5 \cdot 5 - 4) : 7 = 3$
p) $3 \cdot 4 + 3 - 5 = 10$
q) $8 \cdot 2 - 7 - 2 = 7$
r) $(5 + 3) \cdot 2 - 7 = 9$
s) $(3 + 9) \cdot 2 : 3 = 8$
t) $(8 - 6) \cdot 4 + 2 = 10$

3 a) (9) C
b) (12) JÜ
c) (12) JÜ
d) (5) R
e) (6) T
f) (15) JR
g) (1) J
h) (12) JÜ
i) (11) JJ
j) (29) ÜC
k) (50) RB
l) (57) RV
m) (102) JBÜ
n) (43) AQ
o) (35) QR
p) (102) JBÜ
q) (66) TT
r) (34) QA
s) (22) ÜÜ
t) (78) VY

4 a) 5 Flächen
b) 6 Flächen
c) 3 Flächen
d) 4 Flächen
e) 5 Flächen
f) 8 Flächen
g) 9 Flächen
h) 10 Flächen
i) 11 Flächen
j) 8 Flächen
k) 14 Flächen
l) 8 Flächen
m) 7 Flächen
n) 10 Flächen
o) 11 Flächen

5

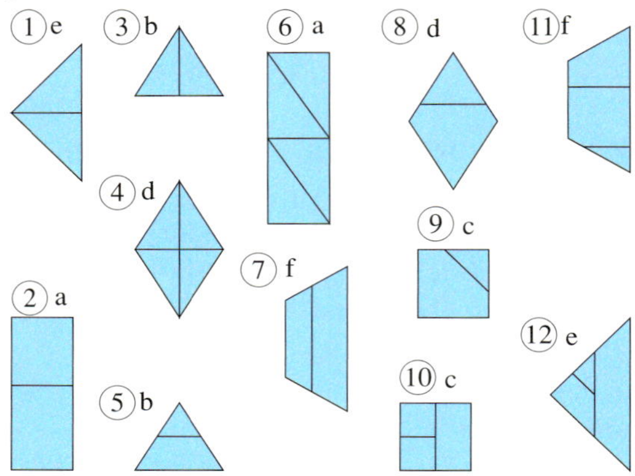

Längenmaße

1 km = 1000 m	
1 m = 10 dm	
1 dm = 10 cm	100 cm = 1 m
	100 000 cm = 1 km
1 cm = 10 mm	100 mm = 1 dm
	1000 mm = 1 m
	1 000 000 mm = 1 km

Flächenmaße

1 km^2 = 100 ha (Hektar)	
1 ha = 100 a (Ar)	10 000 a = 1 km^2
1 a = 100 m^2	10 000 m^2 = 1 ha
	1 000 000 m^2 = 1 km^2
1 m^2 = 100 dm^2	10 000 dm^2 = 1 a
	1 000 000 dm^2 = 1 ha
1 dm^2 = 100 cm^2	10 000 cm^2 = 1 m^2
	1 000 000 cm^2 = 1 a
	100 000 000 cm^2 = 1 ha
1 cm^2 = 100 mm^2	10 000 mm^2 = 1 dm^2
	1 000 000 mm^2 = 1 m^2

Raummaße

1 m^3 = 1000 dm^3	
1 dm^3 = 1000 cm^3	1 000 000 cm^3 = 1 m^3
1 cm^3 = 1000 mm^3	1 000 000 mm^3 = 1 dm^3
	1 000 000 000 mm^3 = 1 m^3

Hohlmaße

1 dm^3 = 1 l 1 cm^3 = 1 ml	
1 hl = 100 l	
1 l = 1000 ml	100 000 ml = 1 hl

Gewichtsmaße

1 t = 10 dt	
1 dt = 100 kg	1000 kg = 1 t
1 kg = 1000 g	1 000 000 g = 1 t
1 g = 1000 mg	1 000 000 mg = 1 kg

Die im geschäftlichen Bereich weitgehend gebräuchliche Bezeichnung *Gewicht* wird für die Größe *Masse* im Sinne eines Wägergebnisses verwendet.

Zeitmaße

1 Jahr = 365 Tage	
1 Tag = 24 h	
1 h = 60 min	1440 min = 1 Tag
1 min = 60 s	3600 s = 1 h

Prozent $1\% = \frac{1}{100}$ $1\% = 0{,}01$ 1% von x ist $\frac{x}{100}$ oder $0{,}01\,x$ $\frac{1}{2} = 50\%$ $\frac{1}{4} = 25\%$ $\frac{1}{10} = 10\%$ $\frac{1}{5} = 20\%$

Prozentwert = Prozentsatz · Grundwert $W = p\% \cdot G$

Zins Zinsen = Zinssatz (pro Jahr) · Kapital $Z = p\% \cdot K$

Zeitfaktor: t (Tage) bezogen auf 360 Zinstage im Jahr $\frac{t}{360}$ $Z = K \cdot p\% \cdot \frac{t}{360}$

Zinseszins bei gleich bleibendem Zinssatz über n Jahre $K_n = q^n \cdot K_0$

Anfangskapital K_0; Wachstumsfaktor $q = (1 + p\%)$

Endkapital nach n Jahren K_n $K_n = (1 + p\%)^n \cdot K_0$

Durchschnitt arithmetisches Mittel

der Zahlen a und b: $d = \frac{a+b}{2}$

von n Zahlen $a_1, \dots a_n$: $d = \frac{a_1 + \dots + a_n}{n}$

Winkel

Nebenwinkel ergänzen sich zu 180°. $\alpha + \beta = 180°$

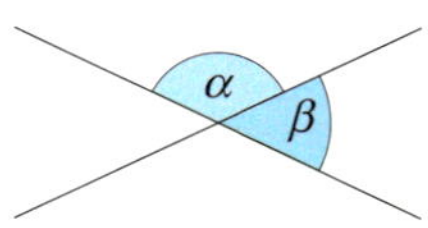

Scheitelwinkel sind gleich groß. $\alpha = \beta$; $\gamma = \delta$

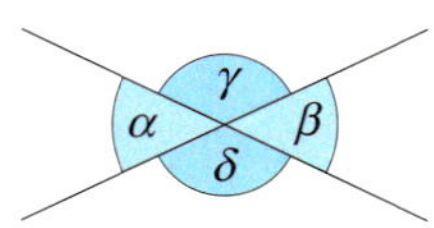

Stufenwinkel sind gleich groß. $\alpha = \beta$; $\gamma = \delta$

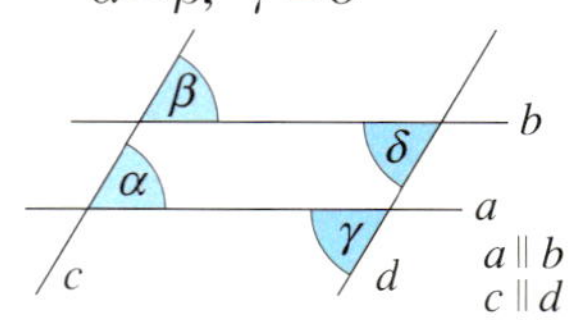

Winkelsumme im Dreieck $\alpha + \beta + \gamma = 180°$ im Viereck $\alpha + \beta + \gamma + \delta = 360°$

Dreieck

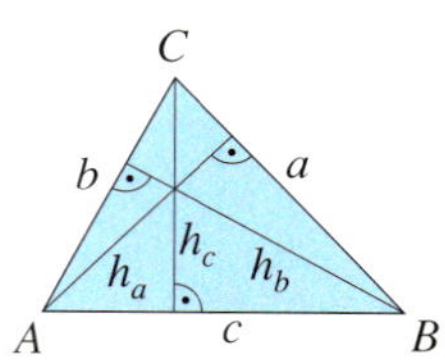

$u = a + b + c$

$A = \frac{g \cdot h}{2}$

$A = \frac{a \cdot h_a}{2} = \frac{b \cdot h_b}{2} = \frac{c \cdot h_c}{2}$

Umfang u
Flächeninhalt A
Grundseite g Höhe h
zugehörige Höhe h_a, h_b, h_c

rechtwinkliges Dreieck

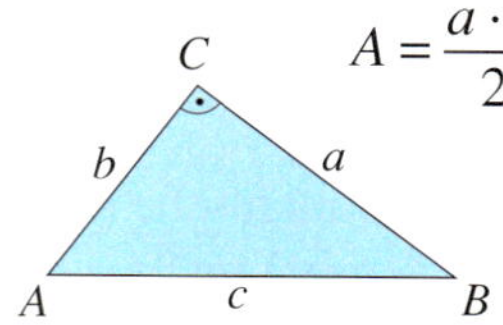

$A = \frac{a \cdot b}{2}$

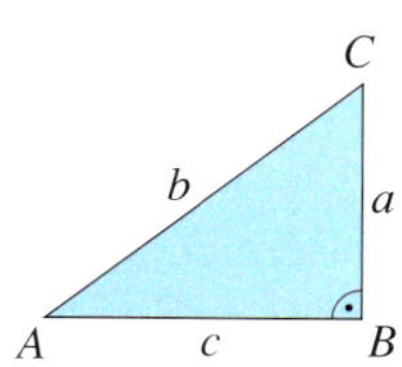

$A = \frac{a \cdot c}{2}$

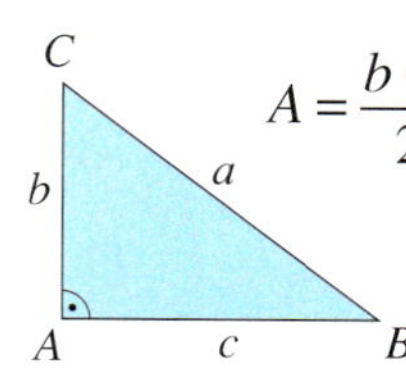

$A = \frac{b \cdot c}{2}$

Quadrat

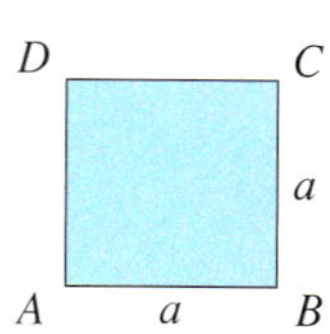

$u = 4a$
$A = a \cdot a$
$A = a^2$

Rechteck

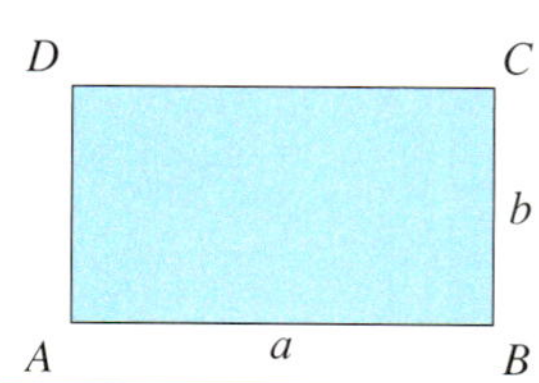

$u = 2a + 2b$
$u = 2 \cdot (a + b)$
$A = a \cdot b$

Länge a
Breite b

Parallelogramm

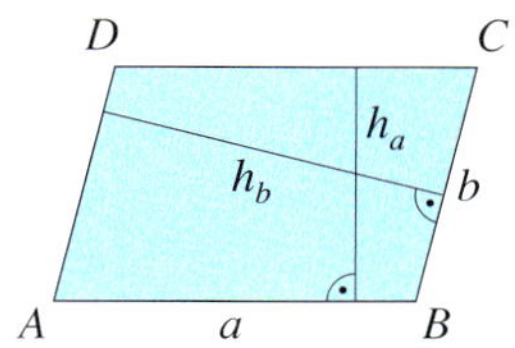

$u = 2a + 2b$
$u = 2 \cdot (a + b)$

$A = g \cdot h$
$A = a \cdot h_a$
$A = b \cdot h_b$

Trapez

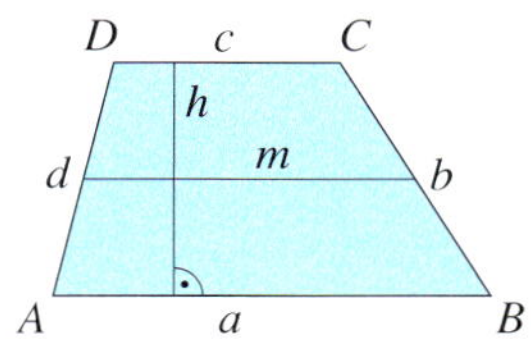

$u = a + b + c + d$

$A = \frac{a + c}{2} \cdot h$
$A = m \cdot h$ Mittellinie m
$m = \frac{a + c}{2}$

Drachen

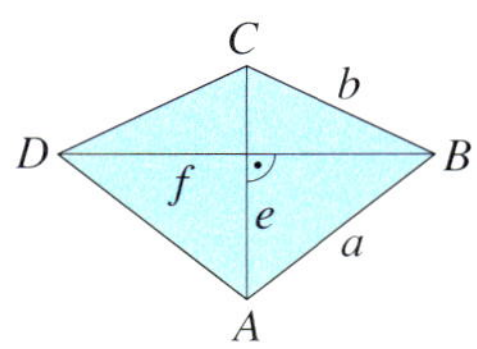

$u = 2a + 2b$
$u = 2 \cdot (a + b)$

$A = \frac{e \cdot f}{2}$ Diagonale e, f

Raute

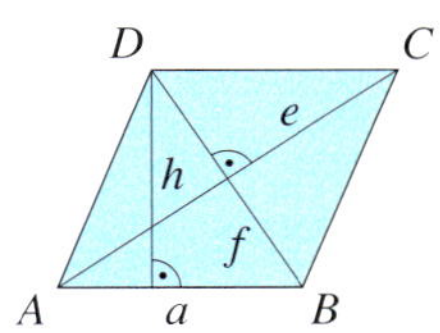

$u = 4a$

$A = a \cdot h$
$A = \frac{e \cdot f}{2}$

Kreis

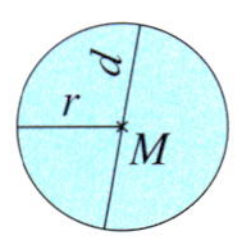

$u = 2\pi r$
$u = \pi d$
$A = \pi r^2$

Würfel

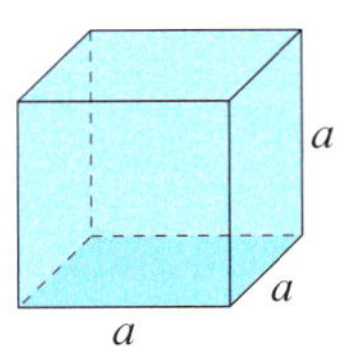

$A_O = 6a^2$ Oberfläche A_O

$V = a \cdot a \cdot a$
$V = a^3$

Rauminhalt V
(Volumen)

Quader

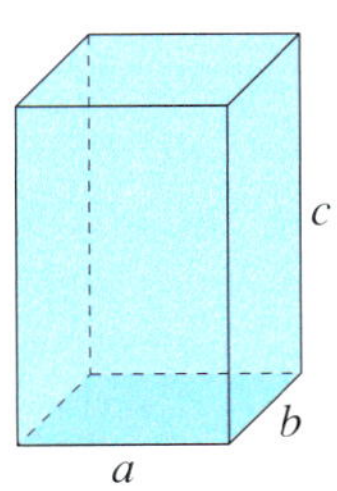

$A_O = 2 \cdot ab + 2 \cdot ac + 2 \cdot bc$
$A_O = 2 \cdot (ab + ac + bc)$

$V = a \cdot b \cdot c$

Prisma

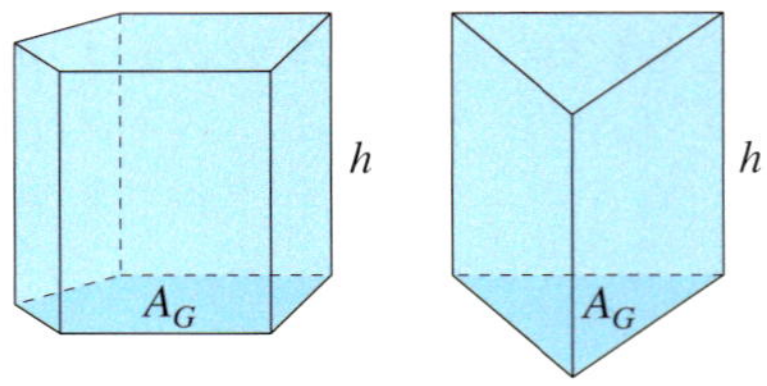

$V = A_G \cdot h$

$A_O = 2\,A_G + A_M$

Körperhöhe h
Grundfläche A_G
Mantelfläche A_M

Zylinder

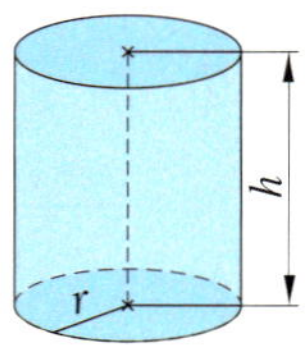

$A_M = 2\,\pi\, r\, h$
$A_O = 2\,\pi\, r\,(r + h)$
$V = \pi\, r^2\, h$

Pyramide quadratisch

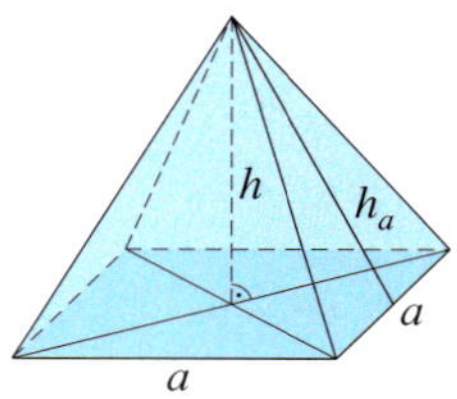

$A_M = 2\,a\,h_a$
$A_O = a^2 + 2\,a\,h_a$
$V = \frac{1}{3}a^2\,h$

Pyramide allgemein

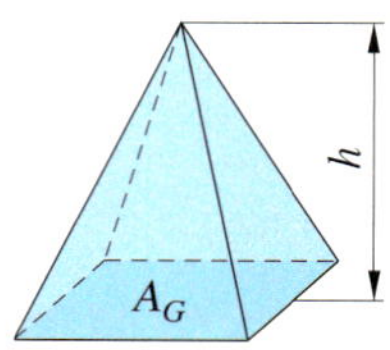

$A_O = A_G + A_M$
$V = \frac{1}{3}A_G \cdot h$

Satz des Pythagoras

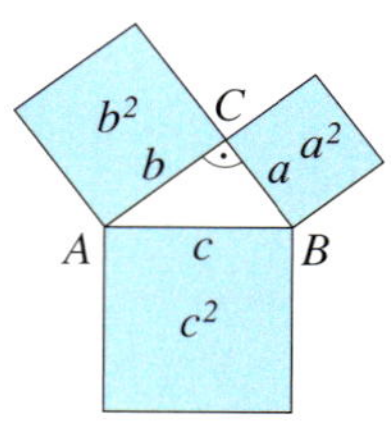

In jedem rechtwinkligen Dreieck haben die beiden Quadrate über den Katheten a und b zusammen den gleichen Flächeninhalt wie das Quadrat über der Hypotenuse.

$a^2 + b^2 = c^2$

Kathetensatz

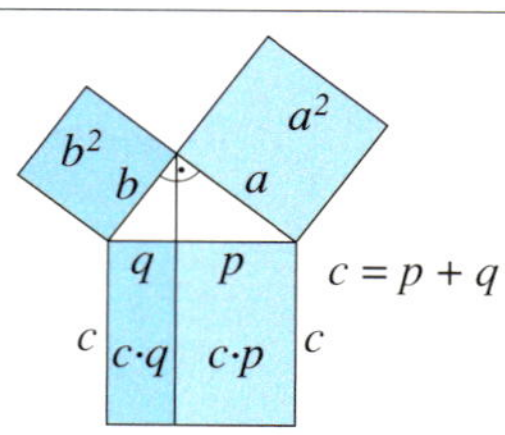

In jedem rechtwinkligen Dreiek hat das Quadrat über einer Kathete den gleichen Flächeninhalt wie das Rechteck aus der Hypotenuse und dem anliegenden Hypotenusenabschnitt.

$a^2 = c \cdot p$ $b^2 = c \cdot q$

Höhensatz

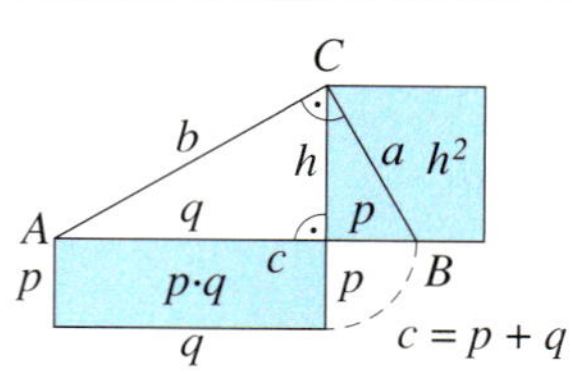

In jedem rechtwinkligen Dreieck hat das Quadrat über der Höhe den gleichen Fläheninhalt wie das Rechteck aus den beiden Hypotenusenabschnitten.

$h^2 = p \cdot q$

A
Abszissenachse 48
Additions- und Subtraktionsverfahren 83f.
Ähnlichkeit 100 ff., 106
Ähnlichkeitsfaktor 102 ff.
Argument 47

B
Basis 18, 22
Baumdiagramm 162

D
Deckungsgleich 102
Definitionsbereich 44, 47
Dezimalbruch 6
Dreisatz 6

E
Eindeutige Zuordnung 46
Einsetzungsverfahren 80 f.
Ereignis 150 ff.
Ereignismenge 150 ff.
Ergebnis 148 ff.
Ergebnismenge 148 ff.
Exponent 18, 23, 25

F
Flächeninhalt 14, 15
Funktion 47
Funktionswert 47, 51

G
Gesetz der großen Zahl 152 f.
Gleichsetzungsverfahren 78 f.
Gleichungen 12 f.
Gleichungssystem 76 ff.
Gleichwahrscheinlichkeit 156 ff.
Graph 52
Grundfläche 137 ff.
Günstige Ergebnisse 156 ff.

H
Hauptähnlichkeitssatz für Dreiecke 108
Höhensatz 134
Hyperbel 73
Hypotenuse 125 f.
Hypotenusenabschnitt 133

K
Kathete 125 f.
Kathetensatz 133
Kongruent 102
Konstante Funktion 63
Koordinatengleichung 51
Koordinatenursprung 61
Kredit 179
Kreisberechnung 14
Kubikwurzel 37

L
Laplace-Wahrscheinlichkeit 156 ff.
Lineare Funktion 63
Lineare Gleichung 74

M
Maßstab 104
Mögliche Ergebnisse 156 ff.

N
Nichtlineare Gleichung 75
Nullstelle 66

O
Oberfläche 138 ff.
Ordinatenachse 48

P
Pfadregel 162 ff.
Potenz 18 ff.
Potenzwert 18, 25
Prozent 6
Pyramide 137 ff.

Q
Quadratzahlen 34
Quadratwurzel 35 ff.

R
Radikand 36
Raten 178
Rationale Zahlen 8 ff.
Rechtwinkliges Dreieck 124

S

Satz des Pythagoras 126
Schnittpunkt 66, 76
Seitenfläche 137 ff.
Steigung 56 ff., 68
Steigungsdreieck 56 ff.
Strahlensatz 112
Strahlensatzfigur 112
Strichliste 152
Summenregel 160

T

Terme 11
Thaleskreis 124

U

Umkreis 14
Ursprungsgerade 61

V

Variable 74, 76, 90 ff.
Volumen 15, 141 ff.

W

Wahrscheinlichkeit 154 ff.
Wahrscheinlichkeitsverteilung 159
Wertebereich 44, 47
Wertepaar 54
Wertetabelle 54
Wissenschaftliche Schreibweise 30
Wurzel 35 ff.

Y

y-Achsenabschnitt 63

Z

Zehnerpotenz 30
Zentrische Streckung 109
Zinsen 8
Zinseszinsen 27
Zinsfaktor 27
Zinsformel 8
Zinssatz 8
Zufallsexperiment 148 ff.
Zuordnungen 44 ff.
Zuordnungsvorschrift 45

Bildnachweis

AKG, Berlin: **78**.1; **156**.4 ▮ Amt für Pressearbeit und Stadtmarketing, Rostock: (Irma Schmidt)**182**.1 ▮ Astrofoto, Sörth: **17**; **29**; **30** ▮ Dr. Wilfried Bahnmüller, Geretsried **5**.1 ▮ Christoph Berten, Berlin: **18**; **158**.4,5 ▮ Bongarts, Hamburg: **120**.2 ▮ Bundesamt für Landestopographie, Wabern (Schweiz): **55**.1 ▮ Citroen Deutschland AG, Köln: **170**.2, **171**.1 ▮ Deutsche Renault AG, Brühl: **171**.2 ▮ Deutsches Museum, München: **126**.1; **130**.1 ▮ Deutsches Zentrum für Luft- und Raumfahrt, Presse- und Öffentlichkeitsarbeit, Köln: (R. Schmidt, T. Kutter) **121**.3 ▮ dpa, Frankfurt: **5**.3; **24**; (Schnoerrer) **137**.2; (Hiekel)**183** ▮ Fiat Automobil AG, Frankfurt: **171**.3 ▮ Focus, Hamburg: (Jürgen Berger, Max-Planck Institute/Science Photo Library) **28** ▮ Fotohaus Pamperin, Lübeck-Travemünde: **105**.2 ▮ Globus Infografik, Hamburg: **73**.1; **159**.1; **170**.1; **173**.2; **175** ▮ Greenpeace, Hamburg: **172** ▮ Uli Hölken, Berlin: **5**.6 ▮ J. Hollatz, Heidelberg: **174**.1 ▮ Huber, Garmisch-Partenkirchen: (Giovanni) **99**.1; (Mehlig) **132**.3 ▮ IMA, Bonn: **173**.1 ▮ Italjet Deutschland GmbH, Diedorf: **178**.1 ▮ Iveco Magirus Brandschutztechnik GmbH, Ulm: **128**.4 ▮ Janicke, München: **5**.5 ▮ Jürgens Ost + Europa-Photo, Berlin: **181**.1 ▮ Kandula, Witten: **51**.1 ▮ Kienberger GmbH, Lechbruck: **34**.1 ▮ Landeszentralbank, Hamburg: **149**.2 ▮ Legoland®, Windsor Park Ltd., Berkshire: **99**.2 ▮ Mangold, Ottobrunn: **140**.1 ▮ Mauritius, Berlin: (Phototake) **32**; (Fischer) **93**.1; (Manning) **100**.1; (Beck) **154** ▮ NASA: **49**.3 ▮ Project Photos, Augsburg: **169** ▮ Quelle AG, Fürth: **178**.2 ▮ Reinhard-Tierfoto, Heiligkreuzsteinach: **71**, **112**.1 ▮ Sächsische Dampfschiffahrt, Dresden: **181**.2 ▮ Jens Schacht, Düsseldorf: **21**.1,2; **35**; **37**; **44**.1; **48**.1; **59**.1,3,4; **74**.1; **95.2**; **100**.2-7; **101**; **104**.2; **110/111**; **119**.3; **124**.1,3; **128**.1; **131**.1; **141**.2-5; **143**.3; **148**.3; **191**.2 ▮ Heinz-J. Schlüter, Maintal: **157**.3 ▮ Stadtverwaltung, Schönau: **59**.2 ▮ Siemens AG, München: **72**.1 ▮ Simone-Tatjana Stehr, Oberhausen: **130**.2 ▮ Dr. Sturm/BAM, Berlin: **33** ▮ Telekom Fernmeldeamt, Aachen: **128**.6 ▮ Tourismusverband Sächsische Schweiz, Bad Schandau: (Frank Richter) **182**.2 ▮ Transglobe Agency, Hamburg: (David Ball) **41**; (Plaumann) **68**.1; (Roland Benoit) **140**.2; (Jost Schilgen) **142**.1 ▮ Verlagsarchiv: **5**.7; **36**; **45**.3; **49**.1; **50**; **95**.1; **132**.4; **136**; **137**.1; **141**.1; **155**.1 ▮ Norbert Vogel, Berlin: **76**.1 ▮ Volkswagen AG, Wolfsburg: **105**.3,4; **171**.5 ▮ Dr. Alfred Warthorst, Münster: **139**.5 ▮ Matthias Wosczyna, Rheinbreitbach: **104**.4; **149**.6; **150**; **151**.1,2; **153**; **158**.1-3 ▮ ZB/dpa, Berlin: (Toby Melville) **5**.4 ▮ Zeitungsverlag, Aachen: **129**.1,3 ▮ Gerald Zörner, Berlin: **5**.2; **145**; **148**.1,2; **149**.5; **152**.1; **156**.1,2; **161**.1,3; **164**.1; **176/177**

Jochen Gebauer-Dieterle, Berlin: *(Grafik)* 11; 27.2; 42/43; 156.3; 160; 162; 163; 166/167; 176/177

Dr. Zlatko Enev, Berlin: (*Grafik*) 75.1

Jörn Hennig, Berlin: (*Illustration*) 22; 26; 27.1; 31; 59.7; 61.2,3; 73.2; 79; 80.2; 81; 85; 88; 89; 91; 92.1; 96; 97; 131.2; 146/147; 149.4; 157.1; 161.2; 164.2; 165; 166/167; 171.4; 179

Skip G. Langkafel, Berlin: (*Grafik*) "Checkpoint"; 82; 110/111; 122; 127.4; 128.3; 130/131; 132.1; 136; 142.2

Falko Mieth, Berlin: (*Grafik*) 5.8; 34.2; 44.2; 45.1,2; 46.1; 47.2,3; 56.3; 78.2; 80.1; 84; 90; 92.2; 93.2; 94.1; 124.2; 129.1,4; 149.3; 157.2; 186.2

Bernd Schneider, Erkrath: (*Illustration*) 117.2,3; 119.1,2; 191.3

Ulrich Sengebusch, Gesecke: (*Zeichnung, Grafik*) 14.2,4; 15; 16; 46.2; 47.1; 48.2; 49.2,4; 51.2; 52-54; 55.2; 56.1,2; 57-58; 59.5,6; 60; 62-67; 68.2,3; 69-70; 74.2,3; 75.2; 76.2; 77; 86; 94.2; 100.8,9; 102-103; 104.1,4; 105.1; 106-107; 108.2-4; 112.2-4; 113.1,2; 114-116; 119.4; 120.1,3; 121.1,2,4; 123; 125.2,3; 126.5; 128.2,5,7; 132.2; 133; 134; 135.4; 137.3,4; 138; 139.1-4; 140.2,4; 141.6; 143.1,2,4; 151.3; 152.2; 155.2; 159.2; 174.2; 175.2 (nach Globus-Grafik 6561); 185; 186.1; 187; 189-190; 191.1, 4; 193; 195; 196; 199; 200; 202-204

Stürtz AG, Würzburg: (*Zeichnung*) 6; 14.1,3; 20; 38; 61.1; 108.1; 109; 113.3-8; 117.1; 118; 124.4; 125.1; 126.2-4; 127.1-3; 135.1,2,3; 144; 192; 197;198

Katrin Tengler, Berlin: (*Grafik*) 28/29; 72/73; 146/147; 149.1; 170/171; 181